经典译丛·光学与光电子学

U0275817

信息光子学

——理论、技术与应用

Information Photonics

Fundamentals, Technologies, and Applications

［印］ Asit Kumar Datta   Soumika Munshi   著

张宝富   项   鹏   王艺敏   译

电子工业出版社

Publishing House of Electronics Industry

北京·BEIJING

内 容 简 介

本书是一本有关信息光子学的理论、技术与应用的专著。本书作者结合自己的研究实践，从信息传输和信息处理这一视角介绍了光子的特性、关键技术和前沿应用。全书分为 12 章，主要内容包括：信息通信，光子学简介，视觉、视觉感知、计算机视觉，用于光信息处理的光源和光电探测器，光子调制、存储和显示器件，变换域信息处理中的光子学，图像的底层光子信息处理，光网络通信中的光子学，光子计算，光子模式识别和智能处理，量子信息处理，以及纳米光子学信息系统。

本书可以作为高校光电信息科学、光电子技术、通信工程、光学工程、应用物理等专业高年级本科生和研究生的参考教材，同时对于从事光电信息领域及其相关领域研发工作的工程技术人员，也是一本难得的参考书。

Information Photonics: Fundamentals, Technologies, and Applications, Asit Kumar Datta, Soumika Munshi
ISBN: 9781482236415

Copyright © 2017 by Taylor & Francis Group, LLC.

Authorized translation from the English language edition published by CRC Press, part of Taylor & Francis Group, LLC, All rights reserved.

本书英文版由 Taylor & Francis Group 出版集团旗下的 CRC 出版社出版，并经其授权翻译出版，版权所有，侵权必究。

Publishing House of Electronics Industry is authorized to publish and distribute exclusively the Chinese (Simplified Characters) language edition. This edition is authorized for sale throughout Mainland of China. No part of the publication may be reproduced or distributed by any means, or stored in a database or retrieval system, without the prior written permission of the publisher.

本书中文简体版专有出版权由 Taylor & Francis Group, LLC 授予电子工业出版社，并限在中国大陆出版发行。专有出版权受法律保护。

Copies of this book sold without a Taylor & Francis sticker on the cover are unauthorized and illegal.

本书封面贴有 Taylor & Francis 公司防伪标签，无标签者不得销售。

版权贸易合同登记号 图字：01-2018-7254

图书在版编目(CIP)数据

信息光子学：理论、技术与应用/ (印)阿西特·库马尔·达塔(Asit Kumar Datta)等著；张宝富，项鹏，王艺敏译. —北京：电子工业出版社，2021.9
（经典译丛. 光学与光电子学）
书名原文：Information Photonics: Fundamentals, Technologies, and Applications
ISBN 978-7-121-41972-0

Ⅰ. ①信… Ⅱ. ①阿… ②张… ③项… ④王… Ⅲ.①光子－高等学校－教材 Ⅳ. ①O572.31

中国版本图书馆 CIP 数据核字(2021)第 180750 号

责任编辑：冯小贝
印　　刷：三河市君旺印务有限公司
装　　订：三河市君旺印务有限公司
出版发行：电子工业出版社
　　　　　北京市海淀区万寿路 173 信箱　　邮编：100036
开　　本：787×1092　1/16　印张：21.75　字数：628 千字
版　　次：2021 年 9 月第 1 版
印　　次：2021 年 9 月第 1 次印刷
定　　价：99.00 元

凡所购买电子工业出版社图书有缺损问题，请向购买书店调换。若书店售缺，请与本社发行部联系，联系及邮购电话：(010) 88254888，88258888。
质量投诉请发邮件至 zlts@phei.com.cn，盗版侵权举报请发邮件至 dbqq@phei.com.cn。
本书咨询联系方式：fengxiaobei@phei.com.cn。

前　言①

　　信息光子学是一个新兴的领域，涉及光子学领域的科学与技术发展，以及不断扩大、无孔不入的信息技术应用。从广义上来讲，光子学研究光的产生、传输和探测，主要研究范围包括从紫外、可见光到远红外的波长光谱。另一方面，信息技术涉及计算机与通信设备在数据存储、检索和传输、信号处理中的应用。随着技术的发展，光子学和信息技术应用领域出现了融合，信息光子学被定义为一种实现方法，目的是开发由光子技术与信息技术融合产生的具有创新性的光子信息处理系统。

　　"光子学"（photonics）一词出现于 20 世纪 60 年代末，用来描述一个新兴的研究领域。当时，该领域的技术目标是用光来完成传统上属于典型电子学领域(如通信、计算和其他信息处理系统)的功能。此外，随着激光器和光纤技术的不断进步，人们对开发器件的兴趣也在不断增长。光子学被认为是物理学，尤其是半导体物理学的一个子集。随着光子技术进入并扩展到每个可能的公共应用领域，这一独特学科领域的边界正变得模糊。如今，以大带宽、高速信息通信为标志的信息时代的优势正在显现，没有光子技术的应用，这是无法实现的。因此，信息光子学被认为是开发光子信息处理系统的一种方法，并作为信息时代的一项有用技术被创造出来。

　　首先，有必要建立一个在信息光子学中使用的通用术语。在过去 50 多年的时间里，当今光子学领域的每一种可能的发展被相继命名为应用光学、光学技术或光学工程。当光子学领域开始从光学和电子学领域演化之后，各种术语如"光学电子学"（optical-electronics）、"光电"（optronics）和"光电子学"（optoelectronics）交替使用。现在，我们认为光电子学是研究和开发能发射、探测和控制光的电子器件的学科，所以光电子学是光子学的一个子领域。

　　在本书中，只考虑遵循光学原理的器件与系统，即光学器件与光学系统。但另一方面，当光子角色和光子遵循的规律发挥作用时，应将这些器件和系统看作光子器件和光子系统。因此，虽然光纤是光学器件，但为了研究涉及光源和光电探测器的通信系统，通常将这些系统称为光子通信系统而不是光通信系统。同样，光学计算机也被称为光子计算机，光源、光电探测器和光调制器也相应改称为光子源、光子探测器和光子调制器。由光学和光子器件组合而成的系统应该称为光子系统。

　　本书的主要目的是向研究生、研究人员、工程师和科学家介绍在各个领域应用的光子信息处理技术。这将有助于读者了解作为一个系统的光子信息处理的概念，构成系统所需的光子器件，以及光子计算机和智能模式识别。作为这些概念的扩展，书中还介绍了光子在其中扮演重要作用的量子通信和量子计算领域。在本书最后一章，介绍了纳米光子学这一新兴领域，在这些系统中，光子晶体和等离子体器件将在不久的将来发挥重要作用。

① 中文翻译版的一些字体、正斜体、图示沿用了英文原版的写作风格。

第 1 章从概率论和香农定理出发，论述了线性信道信息通信的基本原理。第 2 章介绍了光子的性质、电磁理论的概念以及光学系统和定律。第 3 章论述了人类视觉系统和视觉感知的概念，这是人类与信息系统接口的一个组成部分。光子器件在建立光子系统体系结构中起着至关重要的作用，因此在第 4 章介绍了所需的产生光子信号(源)的器件和光子检测器件，并且概述了光子系统的构成。第 5 章继续介绍光子信号控制(调制器和开关)以及最终光子存储和显示所需的器件。

信息处理的一个重要方面是对空间和频域的二维图像进行分析。第 6 章讨论了傅里叶变换、分数傅里叶变换和小波变换的时空变换域信息处理技术，同时还讨论了一些有助于检测问题的其他变换。第 7 章利用算子和形态学处理方法进行图像的底层信息处理，这一章还阐述了用于目标距离采集和轮廓分析的光子仪器。

第 8 章介绍了光子器件和空间时域的基本处理技术，论述了光子处理在通信和网络中的主要应用，讨论了光纤中光波的传播、自由空间光子通信以及保密光子通信技术。光子信息处理的另一个重要领域是光子计算，第 9 章介绍了光子计算的概念和体系结构，提出了无进位二维运算所需的算法和逻辑。由于互连和交换是光子计算的组成部分，因此该章的部分内容讨论互连和交换方法。第 10 章讨论了光子信息处理在智能模式识别中的应用，主要包括神经网络模型和图像相关滤波器。第 11 章讨论了量子通信和量子计算，作为光子信息处理的一个方面，这些技术代表了光子学与量子力学的融合。同时，该章还讨论了量子比特和器件所需的数学基础。第 12 章介绍了纳米光子器件和系统的最新发展，该章重点是光子晶体和等离子体器件的理论与应用。本书的结尾强调了光子信息系统的演变。

本书并没有详细推导建立光子器件和信息处理技术理论所需的方程，只给出主要方程。每章章末给出大量的参考文献和扩展阅读书籍，可以从中深入学习各种方程的推导。

感谢我们的同事在编写本书时提供的帮助。我们特别感谢 Gagandeep Singh，他是 CRC 出版社的编辑部主管和高级编辑(工程/环境科学方向)，由于他的支持和不断鼓励，本书才得以顺利出版。

Asit Kumar Datta Soumika Munshi

目　　录

第1章 信息通信

1.1 信息

信息是人类社会的主要驱动力之一。它已渗透到技术、商业和工业的方方面面。因此本书不可避免地对此进行详细的讨论，重点关注数据、信息和知识等专业术语之间的关系。

英语单词 information（信息），很可能起源于拉丁语 informare（通知），也可能起源于法语 informer（举报人），意思是给予形式或据此形成一个理念。20世纪末，"信息"一词被定义为知识，它可以在不丧失完整性的情况下传播，从而表明信息是知识的一种形式。同样，知识被认为是一种预备状态，一部分由个人的承诺、兴趣和经历，另一部分由社会传统的传承所构建。因此，知识基本上是缄默的、不言而喻的[1][2]。

首先，必须区分三个术语：数据、信息和知识。在日常会话中，数据和信息的区别以及信息和知识的区别通常是模糊的。专业术语中的数据和信息混用，信息和知识的含义也比较模糊。从根本上说，数据是通过我们感官感知的刺激，信息是已被处理成对用户有意义的数据的子集，知识是由用户理解和评估的。以下三个要点概括了三个术语及其概念之间的本质差异[3]。

1. 数据是没有意义的语法实体；它们是解释过程的输入，即决策的初始步骤。
2. 信息是解释的数据。它是数据解释的输出，也是基于知识的决策过程的输入和输出。
3. 知识是用户的推理资源中涉及的学习信息，用于决策过程；知识是学习过程的输出。

因此，当数据用于决策时，它就是信息，但信息的概念又超出了这个定义，因为它将数据的使用与底层预处理过程联系起来，从而使其得以应用，而知识是为解释信息和从新信息中学习所需要的。因此，知识一般在把数据转化为信息、派生其他信息、获取新知识的过程中发挥积极作用[4]。下面的过程提供了将数据转化为知识的途径。

1. 将数据转化为信息（即数据解释）。
2. 从现有信息中获取新信息（即推理或细化）。
3. 获得新知识（即学习）。

信息构成了驻留在用户试图提取的数据中的重要规则。因此，信息是通过修改相关的概率分布从数据中提取的，并且有能力对用户的知识库执行有用的操作。一个系统如果没有知识，就不能拥有信息，即不能将其称为基于知识的系统。然而，术语"信息系统"通常不一定指具有知识和推理能力的系统，而是一种结构系统，用于存储和处理待向用户解释的信息。知识系统和信息系统之间的重要区别可以参阅文献[5]。信息系统中信息的参照系是系统用户，知识系统中知识的参照系是系统本身。因此，信息系统和信息技术，顾名思义，是用来处理计算机科学和工程领域的信息的[6][7]。以上所引用的相关观点的出处请参阅文献[8]和[9]中。

信息通信的主要理论起源于香农（Shannon）的经典代码容量和信道容量定理。香农在他的开创性论文[10][11][12]中第一次提出的观点，对信息和通信技术的发展至关重要。事实上，他的作品被称为信息时代的"大宪章"[13]。然而，香农定理并没有提供根据给定信道统计特性来获得理想信道容量的方法，但这对所有实际的通信系统都可以利用有效性进行评估。香农理论通过演示编码可以获得巨大收益以及为编码系统的正确设计提供指导，讲解了如何设计更有效的信息通信和存储系统。而在发展与信息的各个方面有关的定理和随后的理论时，无论是发送还是接收信息的不确定性问题，都已成为概率论研究中的一个重要课题。概率论主要涉及不确定性的研究。一个事件的不确定性程度由它发生的概率来衡量且与之成反比。事件越不确定，越需要更多的信息来解决事件的不确定性。信息也是一种事件，它影响了能够解释信息的动态系统的状态。

1.2　概率

概率论是对不确定性的研究。对于实际的概率论的方法，有两种不同的表达观点。(1)相对频率:这是通过对一个随机变量进行多次大量采样训练并统计其每一个可能的值出现的时机(次数)，得出最终达到的概率；(2)置信度：概率表示为命题的合理性或某一特定状态(或随机变量的值)发生的可能性，即使其结果可能仅一次决定。在这一节和后面的内容中，概率论的基本方程只在信息技术领域使用。第一种观点在信息论中占主导地位。

使用概率的原因是缺乏用于研究一个确定的事件或过程的信息。对于确定的事件，概率论的方法必须具有一定的确定性推理，因为学习的过程就是推理的过程。对于不确定的情况，产生答案的部分信息处理就是概率的范畴。此外，如果有更多的信息用于后续处理，就会出现一个新的概率。然而，概率本身未必总是实用的，但当比较概率时，它们通常是有用的。如果有其他决定具有更有效的概率，则必须考虑该决定以便采取进一步的行动。如果没有出现其他信息，可以给其他决定分配相等的概率。如果知道某项决定可能带来的各种益处，那么每个益处都具有相同的概率，这就是所谓的理由不足原则(PIR)。

概率论的基本公理是必要的，以便建立与熵和信息处理的关系。在概率论中，样本空间 Ω 被定义为一组随机实验的所有结果。实验结束后，每一个结果可以作为真实世界状态的完整描述。接下来，一个事件的空间 Γ 被定义为一个集合，$A \in \Gamma$ 的元素被称为事件，是 Ω 的子集，即 $A \subseteq \Omega$。事件是实验可能结果的集合。满足以下公理的函数 P 被称为概率测度或简称为概率：

1. $0 \leqslant P(A) \leqslant 1$，对所有的 $A \in \Gamma$。
2. $P(\Omega) = 1$。
3. 如果 $A_1, A_2, \cdots$ 为独立事件 $(A_i \cap A_j = \varnothing，i \neq j$，则 $P(\cup_i A_i) = \sum_i P(A_i))$。

同时考虑两个事件 A 和 B，A 和 B 的并集是 $A \cup B$，表示样本空间 Ω 是 A 或 B 或二者皆是。$A \cap B$ 是 A 和 B 的交集，表示既属于 A 又属于 B 的集合，$\varnothing$ 表示空集。$A \subset B$ 表示 A 包含在 B 中。A^c 表示补集，即样本 Ω 中不属于 A 的点的集合。概率测度具有下列属性：

1. $A \subseteq B \Rightarrow P(A) \leqslant P(B)$。
2. $P(A \cap B) \leqslant \min(P(A), P(B))$。
3. $P(A \cup B) \leqslant P(A) + P(B)$ (即联合界)。

4. $P(\Omega\,|A) = 1 - P(A) = P(A^c)$。

5. 如果 $A_1,\cdots,A_k$ 为独立事件，则 $\bigcup_{i=1}^{k} A_i = \Omega$，有 $\sum_{i=1}^{k} P(A_k) = 1$（即全概率定理）。

一般来说，概率论有两条规则。

1. 乘法规则：表明 A 和 B 的联合概率由 $P(A, B) = P(A|B)\,P(B)$ [或 $P(B|A)\,P(A)$] 给出。A 和 B 为独立事件时，$P(A|B) = P(A)$ 或 $P(B|A) = P(B)$。在这种情况下，联合概率简化为 $P(A, B) = P(A)\,P(B)$。

2. 求和规则：如果事件 A 是依赖其他一些事件 B 有条件地发生，那么 A 的总概率是其对所有 B 的联合概率的总和。即 $P(A) = \sum_B P(A, B) = \sum_B P(A|B)\,P(B)$。根据乘法规则，因为 $P(A, B) = P(B, A)$，所以可以表示为 $P(A|B)\,P(B) = P(B|A)\,P(A)$。

1.2.1 随机变量

通常，空间 $\Re$ 的一个随机变量 X 可表示为函数 $X: \Omega \to \Re^2$。一般来说，一个随机变量用大写字母 X 表示，随机变量的值可以用小写字母 x 表示。随机变量可以是连续的，也可以是离散的。两个随机变量 X 和 Y 是独立的，一个变量取什么值对另一个变量的条件概率分布没有影响。也就是说，如果 X 和 Y 是独立的，那么对于 $A, B \subseteq \Re$，有 $P(X\in A, Y\in B) = P(X\in A)\,P(Y\in B)$，这说明如果 X 与 Y 无关，则 X 的任何函数与 Y 的任何函数无关。

1.2.1.1 期望、方差、协方差

取实数值的随机变量 X，其期望 $E[X]$ 定义为

$$E[X] = \sum_x P(x)x \tag{1.1}$$

它是由 X 的取值 x 对其概率 $P(X = x)$ 加权后的平均值。由于离散的假设，上面的和是有限的。

随机变量 X 的方差 $\mathrm{var}[X]$ 是衡量随机变量 X 的分布集中在其均值附近的一种量度，它被定义为

$$\mathrm{var}[X] = E[(X - E(X))^2] = E[X^2] - E[X]^2 \tag{1.2}$$

由于方差是 X 期望的二次偏差，因此它是 X 在 $E[X]$ 附近分布的量度。两个随机变量 X 和 Y 的协方差被定义为

$$\mathrm{cov}[X, Y] = E[(X - E[X])(Y - E[Y])] = E[XY] - E[X]E[Y] \tag{1.3}$$

当 $\mathrm{cov}[X, Y] = 0$ 时，X 和 Y 是不相关的。

1.2.2 条件概率与独立性

某事件的条件概率是在其他事件已经发生的附加信息条件下获得的概率。如果 B 是一个非零概率事件，那么给定 B，任何事件 A 的条件概率被定义为

$$P(A|B) \triangleq \frac{P(A \cap B)}{P(B)} \tag{1.4}$$

因此，$P(A|B)$ 是一个事件 A 的观察事件 B 发生后的概率测度，即给定 B，事件 A 的概率。如果 $P(A|B)$ 是已知的，那么 $P(B|A)$ 被定义为

$$P(B|A) = \frac{P(A|B)P(B)}{P(A|B)P(B) + P(A|B^c)P(B^c)} \tag{1.5}$$

两个事件被视为独立的，当且仅当 $P(A \cap B) = P(A)P(B)$ 或 $P(A|B) = P(A)$。因此，独立性相当于 B 的测量对 A 的概率没有影响。如果 A 和 B 是独立的，那么 A 和 B^c 也是独立的。

上面给出的公式常用于推导给定一个变量的条件下，另一个变量的条件概率表达式，也被称为贝叶斯(Bayes)定理或贝叶斯法则[14]。

在离散随机变量 X 和 Y 的情况下，条件概率 $P_Y(Y=y) \neq 0$，由下式给出：

$$P(X=x|Y=y) = \frac{P_{XY}(XY=xy)}{P_Y(Y=y)} \tag{1.6}$$

显然，如果 $P_Y(Y=y) = 0$，则条件概率是未定义的。同样，对于连续随机变量，可以得到类似的表达式。

贝叶斯定理使我们能够反转事件发生的条件，随着大量数据的连续到达，为了不断更新，我们对假设的评估提供了一个简单的机制。这样，我们可以从 $P(Y|X)$、$P(X)$ 和 $P(Y)$ 计算出 $P(X|Y)$。通常，这些表达式表示先验概率和后验概率。根据定义，先验概率是在获得任何附加信息之前最初获得的初始概率值。类似地，后验概率是使用后续阶段获得的额外信息进行修正后的概率值。

1.2.3　累积分布函数

累积分布函数(CDF)是处理随机变量时的一种概率测度。对于服从概率测度的连续不间断的实验，有了这些特定的函数通常是很方便的。累积分布函数即函数 $F_X: \Re \to [0, 1]$，指定概率测度为 $F_X(x) \triangleq P(X \leqslant x)$。通过使用积累分布函数，可以计算任意事件的概率。

1.2.4　概率密度函数

对于一些连续的随机变量，累积分布函数 $F_X(x)$ 处处可微。在这种情况下，概率密度函数(PDF)被定义为 CDF 的微分，由下式给出：

$$f_X(x) \triangleq \frac{\mathrm{d}F_x(x)}{\mathrm{d}x} \tag{1.7}$$

对于非常小的 Δx 有

$$P(x \leqslant X \leqslant x + \Delta x) \approx f_X(x)\Delta x \tag{1.8}$$

如果存在 CDF 和 PDF，就可以将其用于不同事件的概率计算。然而，在任何给定点 x 上的 PDF 值不是该事件的概率，即 $f_X(x) \neq P(X)$。例如，$f_X(x)$ 可以取大于 1 的值，但 $f_X(x)$ 在任何子集上的积分至多为 1。

1.3　熵与信息

可以将熵与信息看作概率分布不确定性的度量。获得信息就是以同样的量丢失不确定性。如果事件的出现或收到的消息是完全确定的，就表示没有获得信息(没有丢失不确定性)。然而，熵与相关的概率分布之间的函数关系长期以来一直是统计和信息科学中争论的主题[15][16]，基于熵的性质建立了许多关系。所有这些定义以及对熵的相关解释中，经常讨论的一个概念是香农信息熵。

信息的定量度量建立在对信息的直观理解上，可根据概率进行描述。当事件发生时，后验概率为 1。事件 x 出现 $P(x)$ 的概率与信息 $I(x)$ 之间的关系由下式给出：

$$I(x) = \log \frac{1}{P(x)} = -\log P(x) \tag{1.9}$$

$I(x)$ 是 $P(x)$ 的连续函数，$I(x)$ 的单位由 $\log[.]$ 的底决定，对于数字系统，

$$I(x) = -\log_2 P(x) \text{ 比特} \tag{1.10}$$

对数测度是合理的，因为信息是加性的。当独立的信息包到达时，所接收的全部信息是所有各个部分的总和。但是，独立事件的概率相乘可能给出它们的联合概率。为了获得独立事件的联合概率，必须采用对数形式。因此，这个方程可以概括为

$$I(x) = -\log_D P(x) \quad D \text{ 进制单位} \tag{1.11}$$

信息测度可以是 P 的单调递减函数，随着 $P(x)$ 的减小，信息的信息量增加，反之亦然。两个或多个独立消息或事件的总信息是单个信息的总和。因此，如果两个独立事件 x_1 和 x_2 具有 P_1 和 P_2 的先验概率，则它们的联合概率为 $P = P_1 P_2$，与该事件相关联的信息是

$$I(x_1, x_2) = -\log P = -\log P_1 - \log P_2 = -\sum_i \log P_i \tag{1.12}$$

考虑一种情形，源 S 从其字母表 $X = \{x_1, x_2, \cdots, x_m\}$ 传出信息，概率为 $P\{x\} = \{P_1, P_2, \cdots, P_m\}$。如果传递 N 个消息，则一个符号 x_i 出现 NP_i 次，每出现一次传递的信息为 $-\log P_i$，因此，NP_i 次传递的总信息为 $-NP_i \log P_i$。N 个消息传递的信息为 $-N \sum_1^m P_i \log P_i$，其中 $\sum P_i = 1$。

这个等式使我们能够从随机分布的知识中分析服从该分布的随机变量的信息内容或熵。显然，熵并不依赖于随机变量所取的实际值，它只取决于它们的相对概率。

现在，将信源的香农熵 $H(X)$ 定义为每个源符号的平均信息量，并由下式给出：

$$H(X) \triangleq -\sum_1^m P_i \log P_i \tag{1.13}$$

其中，$\sum P_i = 1$。显然，信息论中的香农熵是在接收前丢失信息量的量度。香农熵与信源相关联，其中信息与消息相关联。

香农熵与热力学熵之间存在着一定的联系，两种熵的表达式类似。对于等概率 $P_i = P = 1/n$，信息熵 H 由下式给出：

$$H = k \log \left(\frac{1}{P} \right) \tag{1.14}$$

其中，k 是常数，决定了熵的单位。

熵的重要特性如下：

1. $H(X) = 0$，当且仅当所有的 $P_i s = 0$，熵的下限相当于没有不确定性。

2. $H(X) = -\sum_1^m \frac{1}{m} \log \frac{1}{m} = \log m$。

3. 如果 $P_1 = P_2 = \cdots P_m$，则 $H(X) = \frac{1}{m}$。

4. 对所有可能的 $P_i s$，$\log m$ 最大。

对于二进制的源，取值为 $\{0,1\}$，对应概率为 $(P, 1-P)$，则有

$$H(X) = P \log \frac{1}{P} + (1 - P) \log \frac{1}{1 - P} \triangleq H(P) \tag{1.15}$$

可以看出，当 $H(P)$ 是 1 且仅当以 $P = 1 - P = 0.5$ 的概率出现时，$H(P)$ 最大。对 m 符号源，最大熵 $H(X)_{\max}$ 随 $\log m$ 的增加而增大，并且对任何其他的 $P(i) \neq P(j)$，源熵是减少的。

也可以计算几个字母的熵。考虑两个源 S_1 和 S_2 传递符号 $x_i s$ 和 $y_j s$ 的情况，它们之间存在一定的相关性。根据联合概率 $P(x_i, y_j)$ 的定义，联合事件 (x_i, y_j) 的熵被称为源 S_1 和 S_2 的联合熵，定义为

$$H(X, Y) = -\sum_{i=1}^{m} \sum_{j=1}^{n} P(x_i, y_j) \log P(x_i, y_j) \tag{1.16}$$

其中，$P(x_i, y_j) = P(x_i) P(y_j|x_i)$。

如果 $\{X\}$ 和 $\{Y\}$ 是相互独立的，则 $P(x_i, y_j) = P(x_i) P(y_j)$ 且 $H(X, Y) = H(X) + H(Y)$。两个随机变量之间的互信息测量了对方所传达的信息量。也就是说，由于学习或者知道了 Y，互信息测量了 X 不确定性的平均减少量。类似地，假定 X 已经发生，给定 Y 的条件熵由下式给出：

$$H(Y|X) = -\sum_{i=1}^{m} \sum_{j=1}^{n} P(x_i, y_j) \log P(y_j|x_i) \tag{1.17}$$

如果 $\{X\}$ 和 $\{Y\}$ 是独立的，那么 $H(Y|X)$ 可以表示为 $H(Y)$。两个变量的结果可以推广到三个变量的情况，给定关系 $H(X, Y, Z) = H(X, Y) + H(Z|X, Y)$ 和 $H(X, Y) \geqslant H(X, Y|Z)$。对于 q 个变量，结果可扩展为

$$H(S_1, S_2, \cdots, S_q) = H(S_1, S_2, \cdots, S_{(q-1)}) + H(S_q|S_1, S_2, \cdots, S_{(q-1)}) \tag{1.18}$$

其中，$H(S_1, S_2, \cdots, S_q)$ 是所有源 S_1 到 S_q 的联合熵。同样可能有最大熵和条件熵[17]。

1.4　信息通信

迄今为止，我们给出的关于熵的有用解释可用于建立由输入(信源)、输出(信宿)和信道构成的信息传输系统模型。信源是一种数学模型，用于描述一个以随机方式从源产生连续符号的物理实体。根据消息的类型，系统可以是离散的，也可以是连续的。在离散系统中，消息和信号都由一系列离散(不连续)符号组成。在一个连续系统中，消息和信号都是连续变化的。

源输出是被称为源字母表的有限集合上的有限随机变量序列。如果随机输出的所有有限维分布已知，则该源就是已知的。因此，一个源实际上是给由字母表中的符号序列集合组成的事件分配概率(测度)。然而，将时间概念明确地用于源生成的序列的转换是很有用的。

源输出序列需要转换成另一个被称为代码字母的有限集序列。转换的方法被称为编码，必须从编码版本中重建原始源输出序列。信道的基本概率模型如图 1.1 所示。信源和信宿的熵分别表示为 $H(X)$ 和 $H(Y)$。信道可以由一个编码器构成，该编码器通常改变源符号 $\{x_i\}$，依赖于传输概率矩阵 $P(Y|X)$。类似地，信息传输信道由于存在噪声而改变了所发送的符号，并且由信宿接收的符号表示为 $\{y_j\}$。接收的符号可以用反转概率矩阵 $P(X|Y)$ 来解释。

噪声的存在会改变源或发射机统计特性 $P\{x_i\}$，尽管如此，一旦在信宿或接收机上计算出概率 $P\{x_i|y_j\}$，就可以获得一定的源统计的概率信息。$\{x_i\}$ 的初始不确定性和最终接收 $\{y_j\}$ 后 $\{x_i\}$

的不确定性分别为$-\log P\{x_i\}$和$-\log P\{x_i|y_j\}$。因此，信道的信息增益被称为信道的传输信息，由下式给出：

$$
\begin{aligned}
I(n_i, y_j) &= \log \frac{P\{x_i|y_j\}}{P\{x_j\}} \\
&= \log \frac{P\{x_i, y_j\}}{P\{x_i\}.P\{y_j\}} \\
&= \log \frac{P\{y_j|x_i\}}{P\{y_j\}} \\
&= I\{y_j, x_i\}
\end{aligned}
\tag{1.19}
$$

两个随机变量之间的互信息测量了对方所传达的信息量。也就是说，由于学习或知道了 Y，它测量了 X 不确定性的平均减少量。接收机获得的平均信息是根据期望 E 得到的，如下所示：

$$
\begin{aligned}
I(X, Y) &= E[I(x_i, y_j)] \\
&= \sum_{j=1}^{n} \sum_{i=1}^{n} P(x_i, y_j) I(x_i, y_j) \quad \text{比特/符号} \\
&= \sum_{j} \sum_{i} P(x_i, y_j) \log \frac{P(x_i|y_j)}{P(x_i)} \tag{1.20} \\
&= H(X) - H(X|Y) \tag{1.21}
\end{aligned}
$$

值得注意的是，当 X 和 Y 是独立的随机变量时，对数的分子等于分母。因此，log 项消失，互信息等于零。此外，互信息总是大于等于零。

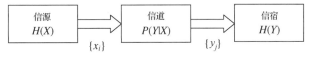

图 1.1　信道的基本概率模型

通过使用 $H(X,Y)$ 的方程，可以将 $I(X,Y)$ 写成

$$
\begin{aligned}
I(X, Y) &= H(Y) - H(Y|X) \\
&= H(X) + H(Y) - H(X, Y) \quad \text{比特/符号}
\end{aligned}
\tag{1.22}
$$

其中，$H(X|Y)$ 是由于信道噪声（或称为模糊）引起的信息损失。

对于一个无噪声的信道，$H(Y|X) = H(X|Y) = 0$ 且

$$
I(X, Y) = H(X) = H(Y) = H(X, Y) \tag{1.23}
$$

对于一个信道，如果 $\{x_i\}$ 和 $\{y_j\}$ 没有关联，并且是独立的，那么 $H(X|Y) = H(X)$ 和 $H(Y|X) = H(Y)$，这样有

$$
I(X, Y) = H(X) - H(X|Y) = 0 \tag{1.24}
$$

因此，没有信息通过信道传输。

1.5　信源编码：无噪声编码

信源编码的主要目标是以最紧凑的方式转换源代码中需实现的信息。事实上，这有利规

范直觉信息以及与熵定义相关的不确定性。

一个概率信源生成一个在有限字母中取值的符号序列,任意符号都被看作一个随机变量。我们将一个 M 进制源字母 $\{x_1,\cdots,x_m\}$ 转换为方便的 $\{0,1\}$ 二进制形式。由于噪声信道的信息传输速率有最大值,如果源概率 $P(x_i)$ 都相等,则 $H(x)=\log m$。转换后的代码字母 $\{C_1,C_2,\cdots,C_D\}$ 以等概率出现。因此,这种方法被称为熵编码。

通常,符号序列是较长序列的一部分。长序列的压缩经过三个步骤。首先,长序列被分成一定长度的块;然后,每个块分别被编码;最后,码字被组合在一起形成一个新的紧凑流。为了避免歧义或破译代码,并且减少消息传输的时间,代码应该具备的最重要特性即该代码是唯一可解的。代码的其他属性如下。

1. 码字的平均长度由下式给出:

$$\bar{L} = \sum P_i L_i \tag{1.25}$$

其中,L_i 是第 i 个码字的长度,P_i 为其发生的概率。

2. $\bar{L}$ 应该接近值 $H(X)/\log D$,对于 D 进制数字,$\bar{L} \geq H(X)/\log D$。

3. 由于 $\sum P_i L_i$ 需要最小化,所以码字较大的 L_i 应该具有更小的 P_i。这种情况导致

$$L_i \propto \log(1/P_i) \tag{1.26}$$

4. 代码的效率 η 被定义为编码语言每个符号的平均信息与每个码元最大可能的信息之比,因此有

$$\eta = \frac{H(X)}{L \log D} \tag{1.27}$$

其中,对于 D 进制数字紧凑码,最佳的 η 值为 1。

5. 代码的冗余定义为 $R=(1-\eta)$。

1.6　香农定理

信息论是香农为研究信息的某些特性而创立的,主要用于分析编码对信息传输的影响。他的主要观点是术语"信息"不需要确切的定义。而语义方面是不相关的,它需要通过数值上可测量的量来表示。此外,信息序列是随机过程,因此在分析与信息系统有关的问题时,需要应用概率论。这一想法的理论成果即著名的香农定理。香农引入了熵这个概念来衡量不确定性,因为熵是衡量传输信息的量。总体来说,熵等于在唯一的解码方式下对一个给定的信息进行编码平均所需的二进制数。

与香农的名字相关联的另一个重要定理即奈奎斯特(Nyquist)-香农采样定理。采样定理是连续时间信号和离散时间信号(通常被称为数字信号)之间的基本桥梁。它为采样率建立了一个充分条件,该采样率允许离散样本序列从有限带宽的连续时间信号中捕获所有的信息。简单地说,如果连续时间信号 $y(t)$ 不包含高于 B 赫兹的频率,则它可以完全由一系列相隔 $1/2B$ 秒的点的坐标来确定。因此,足够的采样率是 $2B$ 个采样/秒,或者更大。同样,对于一个给定的采样率 f_s,一个带限 $B \leq \dfrac{f_s}{2}$ 的完美重建是可能的。读者可以在文献[18]、[19]和[20]中参考历史上关于该定理的产生及推广的讨论。

1.6.1 香农第一基本定理

香农第一基本定理被称为香农信源编码定理,正式出现在每个符号的熵为$H(X)$的无记忆源的系统中。此外,该信道是一个无噪声信道,如图 1.2 所示,每个消息的容量为 C 比特。根据信源编码定理,当且仅当 $C \geqslant H(X)$ 时,可以采用编码器对源 S 的输出进行编码并通过信道传递消息,以便源 S 产生的所有信息通过信道无损耗传输。

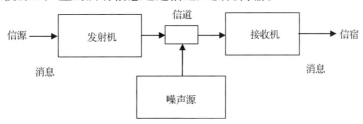

图 1.2 信道的基本模型

通过无噪声编码,编码器输出码字的平均长度 $\bar{L}$ 接近源符号的 $H(X)$,特别是源的第 n 次扩展,其中每个源符号的平均信息是 $H(X)$ 比特。长度为 n 的源符号的消息提供了 $nH(X)$ 比特的信息,等效为源产生 $M_s = 2^{nH(X)}$ 个消息。如果每个符号的持续时间为 t_0 秒,则在时间 T 秒中,源生成的消息数量为 $M_s = 2^{H(x)T/t_0}$,其中 $n = T/t_0$。

对于 D 进制数字,在编码器的输出中,每个码字的平均信息是 $\bar{L} \log D$ 比特,T 秒产生的总消息数量为 $M_c = 2^{n\bar{L} \log D}$,显然有 $M_c \geqslant M_s$。因此,边界约束可以写成

$$M_c = 2^{n\bar{L} \log D} \geqslant M_s = 2^{nH(X)} \tag{1.28}$$

且

$$\bar{L} \geqslant \frac{H(X)}{\log D} \tag{1.29}$$

显然,当 $n \to \infty$ 时,$\bar{L} \to H(X)/\log D$。对于 D 进制数字,$D > 2$ 的边界约束为

$$\log 1/P(x_i) \leqslant L_i \log D \leqslant \log 1/P(x_i) + 1 \tag{1.30}$$

对于 D 进制数字,存在码长为 L_i 的瞬时代码的充分必要条件是 $\sum_i^m D^{-L_i} \leqslant 1$。乘以 $P(x_i)$ 并对所有 i 求和,对于无记忆源有

$$\sum_{i=1}^m P(x_i) \log 1/P(x_i) \leqslant \sum_{i=1}^m P_i L_i \log D \leqslant \sum_{i=1}^m P(x_i) \log 1/P(x_i) + 1$$

或

$$\frac{H(X)}{\log D} \leqslant \bar{L} \leqslant \frac{H(X)}{\log D} + 1 \tag{1.31}$$

在无记忆源中,符号间没有影响且在长消息中以概率 $P(x_i)$ 独立出现。利用 S 的第 n 次扩展,有 $H(S^n) = nH(X)$,可以得到 $\bar{L}_n$ 作为新码长的更好的编码效率。上述方程可以修改为

$$\frac{H(X)}{\log D} \leqslant \frac{\bar{L}_n}{n} \leqslant \frac{nH(X)}{\log D} + \frac{1}{n} \tag{1.32}$$

其中 $\bar{L}_n / n$ 是 S 中每一个符号使用代码符号的平均数。当 $n \to \infty$ 时,得到一种高效编码的平均码长 $\bar{L}_n$,如下:

$$\lim_{n \longrightarrow \infty} \bar{L}_n = \frac{H(X)}{\log D} \tag{1.33}$$

如果编码器的输入为扩展源 S^n 的 n 符号消息，$\bar{L}_n \neq \bar{L}$，其中 $\bar{L}$ 是源 S 的平均码长，则信道的容量由下式给出：

$$(\bar{L}_n / n) \log D = C \quad \text{比特/消息} \tag{1.34}$$

为了成功地通过信道传输消息，可以有以下等式：

$$H(X) \leqslant (\bar{L}_n / n) \log D = C \quad \text{比特/消息} \tag{1.35}$$

上述等式也适用于被称为马尔可夫 (Markov) 源的有限记忆源。在马尔可夫源的情况下，出现符号间影响，即消息的第 0 个位置 S_0 发生的 x 取决于前 q 个符号 $\{s_1, s_2, \cdots, s_q\}$。一个 q 阶马尔可夫源是由条件概率集合确定的。一阶马尔可夫源 S_1 及其共轭 $\bar{S}_1$ 具有相同的一阶符号概率 $P(x_1), P(x_2), \cdots, P(x_m)$，$\bar{S}_1$ 是无记忆源，且 $H(S_1) < H(\bar{S}_1)$；两个源的平均码长相同。因此有

$$\bar{L} \log D \geqslant H(\bar{S}_1) > H(S_1) \tag{1.36}$$

利用 S_1 的第 n 阶扩展，关系方程改写为

$$H(\bar{S}_1^n) \leqslant \bar{L}_n \log D \leqslant H(\bar{S}_1^n) + 1 \tag{1.37}$$

除以 n，对于较大的 n，该方程改写为

$$\lim_{n \longrightarrow \infty} \frac{\bar{L}_n}{n} = \frac{H(S_1)}{\log D} \tag{1.38}$$

将上式方程中的 S_1 替换为 S_q，该结果可扩展到 q 阶马尔可夫源。

1.6.2 香农第二基本定理

这个定理也被称为无记忆噪声信道的编码定理。在这样的信道中，原则上可以设计出一种方法，使得通信系统以任意小的错误概率传输信息，只要信息速率 R 小于或等于信道容量 C。用于实现此目标的技术被称为编码。香浓第二定理可以表述为给定 M 个相同的信源，$M \gg 1$，以速率 R 比特/符号生成信息，没有记忆的离散噪声信道容量为 C 比特/符号，如果 $R < C$，那么有可能通过信道以小错误概率 P_e 传输信息且编码的信息长度为 $n \to \infty$。因此，对于 $n \to \infty$，$R = (C - \epsilon)$，$\epsilon > 0$，$P_e \to 0$，其中 ϵ 是一个任意小的错误。相反，如果 $R > C$，则 $P_e \to 1$，那么可靠的传输是不可能实现的。

这个定理表明：即使在有噪声的情况下，$R \leqslant C$ 的无错误传输是可能完成的。此外，如果信息速率 R 超过指定值 C，则错误概率将随着 M 的增加而增加并趋于 1。此外，编码复杂性的增加也会加大错误概率。

香农定义了通信信道的信道容量 C，即转换信息 $I(X, Y)$ 的最大值：

$$C = I(X, Y)_{\max} = \max[H(X) - H(Y|X)] \tag{1.39}$$

最大化是对能分配给输入符号的所有可能的概率集合实现的。

定理的另一种表述方法如下。如果具有字母 S 的离散无记忆源熵为 $H(S)$ 且每 T_s 秒产生符号，离散无记忆信道容量为 $I(X, Y)_{\max}$ 且每 T_c 秒使用一次，则存在一种编码方案，该源的输出可通过信道传输且能以任意小的错误概率重构，只要符合以下条件：

$$\frac{H(S)}{T_s} \leq \frac{I(X,Y)_{\max}}{T_c} \tag{1.40}$$

参数 C/T_c 被称为临界速率。当该条件的等号满足时，该系统被称为以临界速率发送信号。否则不可能在信道上传输信息，并以任意小的错误概率重构它。

1.7　通信信道

典型的通信信道如图 1.3 所示，该图适用于所有信源与信宿之间的通信情况。

假定消息 m 是 M 比特序列。这个消息首先被编码成一个较长的消息，即 N 比特消息，表示为 x，$N > M$，其中增加的冗余位用于纠正传输错误。因此，编码器的处理为 $\{0,1\}^M \to \{0,$ $1\}^N$ 且编码的消息通过信道发送。信道的输出是一个消息 y，在一个无噪声信道中，显然有 $y = x$。一般来说，在一个实际信道中，y 是不同于 x 的一串符号。但 y 不一定是一串比特。信道可以由转移概率 $Q(y|x)$ 描述。这是在发射信号为 x 的条件下接收信号为 y 的概率。不同的物理信道由不同的 $Q(y|x)$ 函数描述。解码器接收到消息 y，并由此推导出发送的消息 m 的一个估计 m_e。

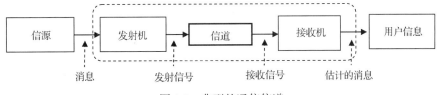

图 1.3　典型的通信信道

在一个无记忆信道中，对于任何输入 $x = (x_1, \cdots, x_N)$，输出消息是一个 N 字母串和 $y = (y_1, \cdots, y_N)$（可能来自字母表但不一定是二进制的）。在这样的通道中，噪声对输入的每一位独立作用。这说明 $Q(y|x)$ 为

$$Q(y|x) = \prod_{i=1}^{N} Q(y_i|x_i) \tag{1.41}$$

其中条件概率 $Q(y_i|x_i)$ 不依赖于 i。

信源的概率行为是由香农和维纳（Wiener）在文献[21]中提出的，他们用熵表示概率行为，这与统计力学中的表达式类似。香农还将这一概念应用于信道容量 C 的一般定义，即

$$C = \max[H(x) - H(y)] \tag{1.42}$$

这个表达式可以解释为消息接收前后不确定性之差的最大值。这个结果也给出了最多有多少信息能够没有错误地通过信道传输。

1.7.1　连续信道

到目前为止，我们考虑了离散信源和离散信道，它们都与信息通信系统有关。然而，信号可以按模拟形式发送，可使用幅度和频率调制。这里的调制信号 $X(t)$ 是要发送的消息集合。与离散情况相反，该消息集合可以等效为一个连续样本空间，其采样点是连续的。因此，连续信道被定义为输入是一个连续样本空间的采样点，输出是一个属于相同或不同样本空间的采样点。此外，无记忆连续信道被定义为信道输出在统计上依赖于相应无记忆信道的信道。

1.7.1.1　连续信道的熵

在离散信道 $\{x_1,\cdots,x_m\}$ 的情况下，熵被定义为

$$H(X) = -\sum_m P_i \log P_i, \tag{1.43}$$

当所有的 $P_i s$ 均相等时，熵是最大的。类似地，连续信道的熵被定义为

$$H(X) = -\int_{-\infty}^{\infty} P(x) \log P(x) \mathrm{d}x \tag{1.44}$$

在连续信号的情况下，最大熵与幅度 A 导致的熵的矩形分布有关，如下所示：

$$H(X) = -\frac{1}{A} \log \frac{1}{A} \int_0^A \mathrm{d}x = \log A \tag{1.45}$$

其中，$P(x) = 1/A$，$0 \leqslant x \leqslant A$。

由于概率局限于 $0 < P_i < 1$，因此在离散的情况下，所有的熵具有正值。在实际系统中，使用平均功率或峰值功率源，因此在这样的限制条件下熵需要最大化。

1.7.1.2　连续噪声信号的互信息

连续信号的熵定义是相对的且使用对数性质，因此，离散信号的所有熵关系也适用于连续信号。因此，对连续信号有

$$H(X,Y) = -\int_{-\infty}^{\infty}\int_{-\infty}^{\infty} P(x,y) \log P(x,y) \mathrm{d}x\mathrm{d}y \tag{1.46}$$

$$H(X|Y) = -\int_{-\infty}^{\infty}\int_{-\infty}^{\infty} P(x,y) \log P(x|y) \mathrm{d}x\mathrm{d}y \tag{1.47}$$

与离散信号类似，给出连续噪声信号的互信息为

$$I(X,Y) = H(X) + H(Y) - H(X,Y) \tag{1.48}$$

与离散信号的情形不同的是，对于连续分布的某些特定情况，熵可为能负值，但在所有线性变换下，互信息不可能是负的，并且保持不变。在连续情况下，需要满足的条件是

$$\int_{-\infty}^{\infty} P(x) \mathrm{d}x = 1$$

信道容量也由 $C = I(X,Y)_{\max}$ 给出。通过假设信道噪声是加性的，并且与所发送的信号统计独立，可以计算连续信道的互信息量。因此 $P(Y|X)$ 取决于 $(Y-X)$，而不是 $\{X\}$ 或 $\{Y\}$。

因为 $Y = X + n$，其中 n 是信道噪声，所以 $y = x + n$，并且当接收信号 $\{Y\}$ 对于发射信号 $\{X\}$ 进行归一化时，有 $P(y|x) = P(n)$。因此，当 $\{X\}$ 有一个给定值时，除了 $\{X\}$ 的直流部分，$\{Y\}$ 的分布与 $\{n\}$ 的分布是相同的。条件熵可以写成

$$\begin{aligned} H(Y|X) &= -\int_{-\infty}^{\infty}\int_{-\infty}^{\infty} P(X)p(Y|X) \log P(Y|X) \mathrm{d}x\mathrm{d}y \\ &= \int_{-\infty}^{\infty}\int_{-\infty}^{\infty} P(x)\mathrm{d}x\, p(n) \log p(n) \mathrm{d}n] \\ &= H(n) \text{ 比特/符号} \end{aligned} \tag{1.49}$$

因为 $\int_{-\infty}^{+\infty} P(x)\mathrm{d}x = 1$。

所以，每次采样的传输速率是 $H(Y) - H(n)$，不确定性(模糊)为 $H(X) - H(Y) + H(n)$。信

道容量表示为 $R_{\max}$，由下式给出：

$$C = R_{\max} = [H(Y) - H(n)]_{\max} \tag{1.50}$$

在给定的约束条件下，当 $H(n)$ 由其熵功率指定时，必须最大化 $H(Y)$。

1.7.1.3 离散噪声的离散信道

数字通信系统通常发送的是二电平或多电平(D 进制)信号，信道噪声会在接收端产生误差。信道性能一般由误码率(BER)或等价由信道的转移/噪声矩阵定义。已定义的互信息 $I(X,Y)$ 由下式给出：

$$
\begin{aligned}
I(X,Y) &= H(X) - H(X|Y) \\
&= H(Y) - H(Y|X) \\
&= H(X) + H(Y) - H(X,Y) \text{ 比特/符号}
\end{aligned}
\tag{1.51}
$$

显然，$I(X,Y)$ 是以比特/符号为单位的传输速率，以比特/秒为单位的传输速率为

$$R(X,Y) = I(X,Y)/t_0 \tag{1.52}$$

其中，t_0 是每个符号的持续时间。假设所有的符号有相同的持续时间，并且没有符号间的概率约束。然而，当去掉这些限制时，香农定理仍然有效。

信道的信道容量 C 被定义为可以通过信道传输的互信息的最大值，并由下式给出：

$$
\begin{aligned}
C &= I(X,Y)_{\max} \text{ 比特/符号} \\
&= R(X,Y)_{\max} \text{ 比特/秒}
\end{aligned}
\tag{1.53}
$$

给定一个噪声矩阵 $P(Y|X)$，C 通过最大化 $H(Y)$ 而得到，并且相应的 $H(X)$ 给出 $P\{X\}$ 的值。信道的传输效率 η 定义为

$$\eta = \frac{I(X,Y)}{C} \tag{1.54}$$

信道的冗余由下式给出：

$$R = 1 - \eta = \frac{C - I(X,Y)}{C} \tag{1.55}$$

1.7.2 带限信道

在一个实际信道中，信息实际上是由一个时间波形而不是随机变量来承载(传输)的。一个白噪声的带限信道可以通过卷积运算描述，即 $y(t) = [x(t) + n(t)] * h(t)$，其中 $x(t)$ 是信号波形，$n(t)$ 是高斯(Gauss)白噪声的波形，$h(t)$ 是理想带通滤波器的脉冲响应，它滤除(切断)了所有大于 B 的频率。

在带限信道中传输时变信号的一个关键问题是采样定理的应用，即如果 $f(t)$ 被限制在 B Hz 上，则时间信号完全由相隔 $1/2B$ 秒的信号采样点确定。这是经典的奈奎斯特采样定理。从这个定理得出，一个带限信号只有 $2B$ 自由度(即维定理)。如果一个信号的大部分能量集中在带宽 B 和时间 T 内，则将有 $2BT$ 自由度，因此时间和带限信号可以采用 $2BT$ 正交基函数表示。

如上所述，系统传输的信息量与该系统的带宽成比例。此外，该信息量与时间 T 和带宽 B 的乘积成比例，且一个数量(的减小)可以交换另一个数量(的增加)。这是由哈特利(Hartley)定理给出的[22]，其中的信息量等于 $KBT \log m$，这里的 m 是电平数或当前值，K 是一个常数。

然而，哈特利定理的根本缺陷，在于公式中没有包含噪声，并以接收机能准确区分的情况，设置了电平数的一个基本限制。

1.7.3 高斯信道

高斯信道是输出 Y_i、输入 X_i 和噪声 N_i 满足如下关系的信道：

$$Y_i = X_i + N_i \tag{1.56}$$

其中噪声 N_i 为零均值的高斯分布，方差为 N，且与 X_i 无关。

高斯信道是常用的连续字母信道，可用作多种通信系统模型。如果噪声方差为零或输入是无约束的，则信道的容量无限。然而，信道可能对输入功率有约束。也就是说，对于输入码字 $(x_1, x_2, \cdots, x_n)$，平均功率 $\bar{P}$ 被限制为

$$\frac{1}{n}\sum_{i=1}^{n} x_{i^2} \leqslant \bar{P} \tag{1.57}$$

通过假设 $\sqrt{P}$ 或 $-\sqrt{P}$ 可以通过信道发送，可以得到二进制传输的错误概率 P_e。接收机检查接收信号幅度 Y，并根据高电平和低电平等概率，利用阈值测试来确定发送的信号。下式给出错误概率 P_e：

$$\begin{aligned} P_e &= \frac{1}{2}P(Y<0|X=+\sqrt{P}) + \frac{1}{2}P(Y>0|X=-\sqrt{P}) \\ &= P(N>\sqrt{P}) \end{aligned} \tag{1.58}$$

其中 P 是发生的概率。值得注意的是，利用该方法已将高斯信道转换成一个二元对称二电平信道。这种转换的主要优点是，以量化引起的信息损失为代价来处理输出信号。

1.7.3.1 平均高斯白噪声信道的容量

考虑平均高斯白噪声信道的情况，如图 1.4 所示，接收信号是由受噪声 n 干扰的发射信号 X 组成的。

假设信号和噪声是独立的，在发射端的联合熵是

$$H(X,n) = H(X) + H(n|X) = H(X) + H(n) \tag{1.59}$$

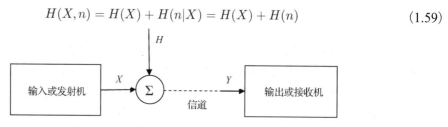

图 1.4　平均高斯白噪声信道的基本模型

接收端的联合熵由下式给出：

$$H(X,Y) = H(Y) + H(X|Y) \tag{1.60}$$

由于接收到的信号是 $Y = X + n$，而信道上的联合熵是不变的，因此有

$$H(X,n) = H(X,Y) \tag{1.61}$$

和

$$I(X, Y) = H(Y) - H(n) \tag{1.62}$$

如果加性噪声 N 是高斯白噪声，则接收信号也具有高斯统计特性。如果平均信号功率受限于 S，平均总功率是 $(S + N)$，则熵 $H(Y)$ 由下式给出：

$$H(Y) = \frac{1}{2} \log 2\pi e (S + N) \text{ 比特/采样} \tag{1.63}$$

和

$$H(n) = \frac{1}{2} \log 2\pi e N \text{ 比特/采样} \tag{1.64}$$

因此，信道容量 C 由下式给出：

$$C/\text{采样} = \frac{1}{2} \log \left(1 + \frac{S}{N} \right) \text{ 比特} \tag{1.65}$$

且带宽 B 内每秒的 C 由下式给出：

$$C/\text{秒} = B \log_2 \left(1 + \frac{S}{N} \right) \text{ 比特} \tag{1.66}$$

这个结果被称为香农-哈特利定理或简称为香农信道容量公式。该公式的主要意义是，在一个带宽为 B 的高斯白噪声信道上，以任意小的错误概率传输 C 比特/秒是可能的，只要信号以这样一种编码方式传输，即其所有采样点是高斯信号。香农-哈特利定理预测，无噪声高斯信道 $(S/N = \infty)$ 具有无限的能力。然而，即使带宽是无限的，信道容量也不会是无限的。

1.8 信息检测

在由信源和信宿构成的通信系统中会出现信号检测问题，接收信号受到信道的非理想特性和随机噪声的破坏。接收机应具有确定信号是否正确接收的能力，而不受上述扰动的影响。此外，信号的接收是一个随机过程，因此可以应用统计决策理论的性质[23][24]。

考虑到信号 $s(t)$ 从源端断续发送，接收机接收到一个信号 $y(t) = s(t) + n(t)$，其中 $n(t)$ 是加性噪声信号。接收器还要确定信号 $s(t)$ 是否出现。通常会出现两种情况：(a)接收机上没有信号，(b)接收机上有信号。这两种情况可以用两种假设进行统计表征：空假设 H_0 和有假设 H_1。因此有

$$H_0 : y(t) = n(t) \quad \text{没有信号}$$

和

$$H_1 : y(t) = s(t) + n(t) \quad \text{有信号} \tag{1.67}$$

$H_0 | H_1$ 的决策基于概率准则，例如选择该假设，其在多次观察的基础上最有可能发生。因此，该决策规则被称为最大后验概率（MAP）准则，即

$$\text{如果 } P(H_1 | y) > P(H_0 | y) \text{，判为 } H_1$$

否则判为 H_0，其中 $P(H_1 | y)$ 和 $P(H_0 | y)$ 为后验概率。

决策规则也可以用先验概率来表示。如果 $P_1 = P(1) = P(H_1)$，$P_0 = P(0) = P(H_0)$，$P_1 + P_0 = 1$，且条件概率 $P(y|1) = P(Y|H_1)$，$P(y|0) = P(Y|H_0)$，则决策规则可表述为若 $\dfrac{P_1 \cdot P(y|1)}{P_0 \cdot P(y|0)}$ 大于 1，

则假设 H_1 是正确的；若 $\dfrac{P_1 \cdot P(y|1)}{P_0 \cdot P(y|0)}$ 小于 1，则假设 H_0 是正确的。基于这个前提的测试被称为似然理性(LR)测试。比值 α_1 和 α_0 被称为似然比，由下式给出：

$$\alpha_1 = \frac{P(y|1)}{P(y|0)} > \frac{P_0}{P_1} \ , \ 假设 \ H_1$$

和

$$\alpha_0 = \frac{P(y|0)}{P(y|1)} > \frac{P_1}{P_0} \ , \ 假设 \ H_0 \tag{1.68}$$

该方法等价于 MAP 准则，执行测试的接收机基于似然理性(LR)测试且被称为理想观测器。样本 y 有时被称为接收机最佳工作的测试统计。

还可以使用基于接收机阈值 y_0 选择的决策规则，以最小化整体错误概率 P_e。y_0 将条件概率曲线分为 R_0 和 R_1 两个区域，如图 1.5 所示。错误概率包括虚报概率 P_f 和漏报概率 P_m，即

$$P_f = P_0 \int_{y_0}^{\infty} P(y|0)\mathrm{d}y$$

和

$$P_m = P_1 \int_{-\infty}^{y_0} P(y|1)\mathrm{d}y \tag{1.69}$$

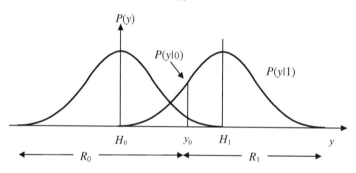

图 1.5　条件概率及决策区域

通过选择合适的 y_0，最小化总的错误概率 $P_e = P_f + P_m$，通过设 $\partial P_e / \partial y_0 = 0$，可以得到最小的 P_e，因而有

$$\frac{P(y_0|1)}{P(y_0|0)} = \frac{P_0}{P_1} = \alpha_{th} \tag{1.70}$$

有决策规则为

$$\alpha_0 \geqslant \frac{1}{\alpha_{th}} \ , \ 对于 \ H_0$$

和

$$\alpha_1 \geqslant \alpha_{th} \ , \ 对于 \ H_1 \tag{1.71}$$

对于进行似然检验的理想观测器，也可以得出相同的最小化误差准则。然而，对于 H_1 和 H_0，概率 P_0、P_1、P_f 和 P_m 都不用加权。

1.8.1 贝叶斯准则

在实际操作中，概率大多是根据所涉及的成本进行加权，这意味着决策对不同的风险值必须有偏差，这就是贝叶斯风险因子[25]。因此，一个代价矩阵和假设 H_1/H_0 确定了决策规则就是一个决策矩阵。代价矩阵[C]可以写成

$$[C] = \begin{bmatrix} C_{11} & C_m \\ C_f & C_{00} \end{bmatrix} \tag{1.72}$$

其中，矩阵[C]的元素 c_{ij} 是选择 H_0 的代价，这时 H_1 为真，反之亦然。在大多数情况下，正确决策 H_1 和 H_0 的代价被视为零，因此[C]为真被简化为

$$[C] = \begin{bmatrix} 0 & C_m \\ C_f & 0 \end{bmatrix} \tag{1.73}$$

错误概率[P]由下式给出：

$$[P] = \begin{bmatrix} 0 & P_m \\ P_f & 0 \end{bmatrix} \tag{1.74}$$

利用 P_m 和 P_f 的方程，推导出每个决策的平均风险 $\bar{C}(y_0)$：

$$\bar{C}(y_0) = P_0 C_f \int_{y_0}^{\infty} P(y|0)\mathrm{d}y + P_1 C_m \int_{-\infty}^{y_0} P(y|1)\mathrm{d}y \tag{1.75}$$

为了获得 y_0 的最佳阈值，最小化每个决策的平均风险 $\bar{C}(y_0)$，得到以下阈值：

$$\alpha_{th} = \frac{P_0 C_f}{P_1 C_m} \tag{1.76}$$

同样的决策规则可以应用于 α_{th} 的加权值，并且这时 $\bar{C}(\alpha_{th})$ 的值是最小的。

1.8.2 极小极大准则

当不知道先验概率 P_0 和 P_1，不能计算贝叶斯风险因子时，可以使用极小极大准则。在这种情况下，对于 P_0 和 P_1 的各种值，可以计算贝叶斯最小风险 $\bar{C}_{\min}(y_0)$，绘制出 $\bar{C}_{\min}(P_0)$ 最大值与 P_0 的曲线。从图中可知，$\bar{C}_{\min}$ 的最大值被看作最小风险。P_0 和 P_1 任何值的平均风险都不能超过这个值，因此该值给出了最大风险条件。

1.8.3 Neyman-Pearson 准则

Neyman-Pearson 准则是贝叶斯准则的特例，应用于不知道先验概率和代价矩阵的情况中。在这种情况下，为可能发生的虚报概率 P_f 赋值，并寻求一个决策规则，以便产生错过 P_m 的概率的最小值，也就是对于给定的虚报概率 P_f，接收机检测概率 $P_d = 1 - P_m$ 的最大化。最大化问题可以在方程 $Q = P_m + \mu P_f$ 中利用拉格朗日乘数来解决，其中对于一个给定的 P_f 需要最小化 Q。替代 $P_1 C_m = 1$ 和 $P_0 C_f = \mu$，平均代价 $\bar{C}$ 由下式给出：

$$\bar{C} = \int_{y_0}^{\infty} P(y|1)\mathrm{d}y + \mu \int_{-\infty}^{y_0} P(y|0)\mathrm{d}y = P_m + \mu P_f \tag{1.77}$$

$Q_{\min}$ 的条件如下：

$$\alpha_1 = \frac{P(y|1)}{P(y|0)} \geqslant \mu \tag{1.78}$$

因此，对于一个给定的 P_f，决策规则是最大限度地减少 P_m，即等效为 P_d 的最大化，

$$\alpha_1(y) > \alpha_{th}，\text{对于 } H_1$$

和

$$\alpha_1(y) \leqslant \alpha_{th}，\text{对于 } H_0$$

其中 α_{th} 和 y_0 是由 P_f 给定的。

迄今为止我们讨论的是二进制类型的决策。与此不同，许多信息通信系统的信源发送 M 个信号，对应于 M 个假设，接收机需要根据一定的标准来决定 M 个假设中的一个。一般来说，只使用贝叶斯准则处理这类问题，因为极小极大准则和 Neyman-Pearson 准则只处理二元假设。详细的计算过程超出了本书的范围。

1.9 信息估计

估计技术根据给定的观测值建立函数，尽可能准确地为未知量获取一个值[26]。根据接收信号的概率密度函数和发射机参数假设，建立了被称为参数估计的一类估计量。这些估计理论使用的技术可以利用密度函数找到数据的依赖性或适应性。另一类被称为非参数估计的估计量，不需要数据的相关参数的假设，因此这些技术更健壮。

1.9.1 贝叶斯估计

在一个二元决策问题中，真实状态的数目只有两个，并对假设 H_1 或 H_0 做出决策。然而，在估计问题中，真实状态的数目和待观察状态的数目是无限大的。在先验概率密度 $P(\theta)$ 给定时，贝叶斯估计给出平均代价的最小值，而当 $P(\theta)$ 未知时，需使用最大似然估计。

同时寻找发送信号 θ 的最佳估计 $\hat{\theta}$，平均风险（代价）$\bar{C}[\hat{\theta}|Y]$ 相对于代价函数 $C(\hat{\theta},\theta)$ 和条件概率密度函数 $P(Y,\theta) = P(y_1, y_2, \cdots, y_n | \theta)$ 被最小化，其中 $(y_1, y_2, \cdots, y_n)$ 是对应 θ 测得的量。代价函数可以是线性的或平方的，由下式给出：

$$C(\hat{\theta}, \theta) = (\hat{\theta} - \theta) \tag{1.79}$$

或

$$C(\hat{\theta}, \theta) = f(\theta)(\hat{\theta} - \theta)^2 \tag{1.80}$$

类似于均方误差，平方代价函数也是常用的。根据下式给出的平方误差代价函数，通过最小化平均风险可以得到贝叶斯估计：

$$\bar{C} = \int \left[\int \{\hat{\theta}(Y) - \theta\}^2 P(\theta|Y)\mathrm{d}\theta \right] P(Y)\mathrm{d}Y \tag{1.81}$$

如果 $\hat{\theta} = \bar{\theta}$，$\hat{\theta}$ 的均方差是最小的，根据 $\partial \bar{C} / \partial \hat{\theta} = 0$ 最小化平均风险 $\bar{C}$，得

$$\hat{\theta}(Y) = \int \theta P(\theta|Y)\mathrm{d}\theta = E[\theta|Y] \tag{1.82}$$

其中 $E[.]$ 是 θ 的条件期望值。

对于来自 $Y = \{y_1, y_2, \cdots, y_n\}$ 测量的多参数 $(\theta_1, \theta_2, \cdots, \theta_n)$ 的同时估计，平均风险同样需要修正。

1.9.2　最小最大值估计

如果先验概率分布函数 $P(\theta)$ 是未知的，则计算出最有利的分布。通过利用最少的有利分布 $\overline{P}(\theta)$ 建立的贝叶斯估计被称为最小最大值估计。它给出了贝叶斯风险 $\overline{C}_{\min}$ 的最大值。如果 $\hat{\theta}_j(Y)$ 的均值为 θ_j，则估计是无偏差的，如果不是，则将 $\hat{\theta}_j - \theta_j$ 称为估计偏差。估计偏差应该很小，并且 $\hat{\theta}_j$ 与均值的差同样很小。由于 Y 变化的随机性，估计 $\hat{\theta}$ 也会变化，因此 $\hat{\theta}$ 的最佳估计应尽可能靠近 θ 并且 $P(\hat{\theta}|\theta)$ 在 θ 附近应达到最大值。

1.9.3　最大似然估计

当成本函数未知时，选择估计的一种方法是最大化后验概率密度函数 $P(\theta|Y)$。这也相当于当 $P(\theta)$ 色散较大时，最大化似然函数 $P(Y|\theta)$。概率密度函数 $P(\theta|Y)$ 在 θ 值附近有一个峰值，最大化峰值并且对应的 $P(Y|\theta)$ 和 $P(\theta|Y)$ 的峰值彼此更接近。随着 $P(\theta)$ 变得更加均匀，参数的初始值变得更加不确定。联合 PDF $P(Y|\theta)$ 最大和观察 $\{Y\}$ 发生时的 θ 作为估计。最大化 $P(Y|\theta)$ 相当于最大化似然比 $\alpha(Y|\theta)$。有时，考虑平均似然比 α_{av} 而不是 α 来获得最大似然（ML）估计是有用的。

在许多的参数情况下，ML 估计是通过求解如下集合方程得到的：

$$\frac{\partial}{\partial\theta_j}P(Y|\theta) = 0, \quad 1 \leqslant j \leqslant n \tag{1.83}$$

这个方程的求解是很难的，因为有许多根，并且人们不得不选择能提供 $P(Y|\theta)$ 最大化峰值的解决方案。

扩展阅读

1. *Principles and Practice of Information Theory*: R. E. Blahut, Addison-Wesley Longman, Boston, 1987.

2. *Information and Information Systems*: M. Buckland, Greenwood Press, New York, 1991.

3. *Transmission of Information*: R. M. Fano, John Wiley, New York, 1961.

4. *Elements of Information Theory*: T. M. Cover and J. A. Thomas, John Wiley, New York, 2006.

5. *Information Technology in Theory*: P. Aksoy and L. DeNardis, Course technology, Thomson Learning Inc., Canada, 2008.

6. *Fundamentals of Information Technology*: S. Handa, Lexis Nexis Butterworths, Ohio, 2004.

7. *Information Technology: Principles and Applications*: A. K. Ray and T. Acharya, Prentice Hall of India, New Delhi, 2004.

8. *Information Theory, Inference, and Learning Algorithms*: D. J. C. MacKay, Cambridge University Press, Cambridge, UK, 2003.

9. *Philosophical Theories of Probability*: D. Gillies, Routledge, London, 2000.

10. *Probability Theory*: A. Renyi, Dover Publications, New York, 2007.

11. *Introduction to Probability Models*: S. M. Ross, Academic Press, Boston, 1989.

12. *Bayesian Inference in Statistical Analysis*: G. E. P. Box and G. C. Tiao, Addison Wesley, New York, 1992.

13. *On Measures of Entropy and Information*: A. Renyi, University of California Press, California, 1961.

14. *Mathematical Theory of Entropy*: N. G. F. Martin and J. W. England, Addison-Wesley, Reading, MA, 1981.

15. *Complexity, Entropy and the Physics of Information*: W. H. Zurek, Perseus, Reading, MA, 1990.

16. *An Introduction to Signal Detection and Estimation*: H. V. Poor, Springer-Verlag, New York, 1988.

17. *Detection and Estimation Theory and its applications*: T. A. Schonho_and A. A. Giordano, Pearson Education, New York, 2006.

18. *Statistical Theory of Signal Detection*: C. W. Helstrom, Pergamon Press, Oxford, 1968.

19. *Bayesian Data Analysis*: A. Gelman. et al., CRC Press, London, 2004.

20. *Probability via Expectation*: P. Whittle, Springer-Verlag, New York, 2000.

21. *Fundamentals of Statistical Signal Processing*: Estimation Theory: S. M. Kay, Pearson Education, New Delhi, 2010.

22. *Entropy and Information Optics*: F. T. S. Yu, Marcel Dekker, New York, 2000.

参考文献

[1]　A. Aamodt and M. Nygard. Di_erent roles and mutual dependencies of data, information, and knowledge. *Data and Knowledge Eng.*, 16:191-222, 1995.

[2]　C. Zins. Conceptual approaches for de_ning data, information, and knowledge. *J. Am. Soc. for Information Sc. and Tech.*, 58(4):479-493, 2007.

[3]　R. Capurro and B. Hjorland. The concept of information. *Annual Rev. Information Sc. and Techn.*, 37(8):343-411, 2003.

[4]　C. Zins. Rede_ning information science: From information science to knowledge science. *J. Documentation*, 62(4):447-461, 2006.

[5]　C. Zins. Knowledge map of information science. *J. Am. Soc. Information Sc. and Tech.*, 58(4):526-535, 2007.

[6]　R. Landaue. The physical nature of information. *Physics Let.*, A:188-217, 1996.

[7]　N. Gershenfeld. *The Physics of Information Technology*. Cambridge University Press, Cambridge, UK, 2000.

[8]　D. Slepian (ed.). *Key papers in the development of information theory*. IEEE Press, New York, 1974.

[9]　B. McMillan. The basic theorems of information theory. *Annals of Math. and Stat.*, 24:196-219, 1953.

[10]　C. E. Shannon. A mathematical theory of communication. *Bell Syst. Tech. J.*, 27:379-423, 623-656, 1948.

[11]　C. E. Shannon. Communication in the presence of noise. *Proc. IRE*, 37:10-21, 1949.

[12]　C. E. Shannon. Coding theorems for a discrete source with a _delity criterion. *IRE. National Conv. Rec.*, 1:142-163, 1959.

[13]　N. J. A. Sloane and A. D. Wyner. (Ed.). *Collected Papers of Claude Shannon*. IEEE Press, New York, 1993.

[14]　G. E. P. Box and G. C. Tiao. *Bayesian Inference in Statistical Analysis*. Addison Wesley, 1973.

[15]　D. P. Ruelle. Extending the de_nition of entropy to nonequilibrium steady states. *Proc. of Nat. Aca. Sc.*, 100:3054-3058, 2003.

[16]　I. Samengo. Estimating probabilities from experimental frequencies. *Physical Rev.*, E, 65:046-124, 2002.

[17]　J. M. Van Campenhout and T. M. Cover. Maximum entropy and conditional entropy. *IEEE Trans. Inf. Th.*, 27:483-489, 1981.

[18] A. J. Jerri. Shannon sampling theorem-its various extensions and applications: a tutorial review. *Proc. IEEE*, 65:1565-1596, 1977.

[19] M. Unser. Sampling-50 years after Shannon. *Proc. IEEE*, 88:569-587, 2000.

[20] P. P. Vaidyanathan. Generalizations of the sampling theorem: Seven decades after Nyquist. *IEEE. Trans. Circuits and Syst.*(1), 48(9), 2001.

[21] N. Wiener. *Cybernetics: or Control and Communication in the Animal and the Machine*. MIT Press, Cambridge, MA, USA, 1948.

[22] R. V. L. Hartley. Transmission of information. *Bell Sys. Tech. J.*, 7:535-563, 1928.

[23] H. V. Poor. *An Introduction to Signal Detection and Estimation*. Springer-Verlag, New York, USA, 1988.

[24] E. T. Jaynes and J. H. Justice (ed.). *Bayesian Methods: General Back-ground, Maximum Entropy and Bayesian Methods in Applied Statistics*. Cambridge University Press, Cambridge, UK, 1985.

[25] A. Gelman et. al. *Bayesian Data Analysis*. CRC Press, London, UK, 2004.

[26] H. L. Van Trees, K. L. Bell, and Z. Tian. *Detection, Estimation, and Modulation Theory*, Part I. John Wiley, New York, USA, 2013.

第 2 章　光子学简介

2.1　信息和物理学

信息在物理学中有明确的含义。迄今为止，信息本质的最基本的分析源于物理学。在物理学中，派生出的意义和信息最接近的子学科是通信理论。通信理论主要关注的是信息传输的挑战，而不是信息本身的内容或意义的相关问题。通信理论处理信息的方法是抽象的，尽管它关注通信信道的技术特性，但这与消息源的自然属性、发送方、接收方或消息目的地和编码策略无关。

物理学的一个发展趋势是把物质世界定义为由信息本身构成。因此，就空间、时间和能量而言，数据和知识（就信息而言）可被视为起源于物理世界中的明显差别。

在物理学中，对物理过程的最基本的分析是在量子水平上进行的。正是在量子信息理论的新领域中[1]，我们面临着信息分析的最深层次的挑战。量子信息论在最抽象的层面上运作，完全脱离了经典的信息概念。量子信息论发展的一个重大突破是发现量子态可被视为信息。因此，如果信息是物理的，那么什么是物理也是一种信息；然而，在经典术语中，最接近信息通信理论和应用的物理学分支，现在被称为光子学。今天的光子学包括电光学、光电子、光学电子等术语所涉及的领域。事实上，现代光学和工程光学的很大一部分被认为是光子学的一部分。

2.1.1　光子学

光子学（photonics）是利用光的科学和技术，包括光的产生、传输和探测。光子学是一项有用的技术，通过引导、调制、交换和放大光来管理光以造福社会[2][3]。

光子学与光和光子的关系，就像电子学与电和电子的关系一样。在 21 世纪，光子学有望成为信息革命的重要组成部分。光子学涵盖光波技术的所有应用，其范围从电磁光谱的紫外波段，经过可见光，直至到达近、中、远红外波段。

photonics 一词来源于希腊单词 photos（光）。光子学这个概念出现在 20 世纪 60 年代末，它描述了一个研究领域，其目标是利用光来完成传统上属于典型的电子和光学领域的功能。光子学研究的动力源于激光的发明，以及随后 20 世纪 70 年代作为信息传输介质的光纤的商业生产和部署。在随后的几年里，这些光子技术的发展导致了信息通信技术中的革命，为因特网提供了基础设施[4]。随之而来的信息革命为全球通信系统的发展做出了重大贡献，并使全球知识社会的发展成为可能。当今，知识社会的特点是社交（通信）能力，以及消耗更少能源的基础设施和与环境友好相处。

信息通信的发展建立在对光的性质及光与物质相互作用的认知基础之上。未来几年，成功的关键将与光子学的解决方案有关，这些方案产生或节约能源、减少温室气体排放、减少污染、产生与环境相适应的输出。未来的重点可能是所谓的绿色光子学领域[5]。

除了在信息技术中的广泛应用，当今的光子学涉及广泛的科学和技术应用，包括基于激光的制造、生物和化学传感、医疗诊断和治疗、照明和显示技术、光学和量子计算及信号处理。高强度激光的发展使研究人员能够研究极端光学响应，即所谓的非线性效应。探索和利用这种未来技术的行为仍然是光子学研究的主要目标。光子技术还可能涵盖光伏发电、高效固态照明、先进传感和环境监测仪器等广泛的应用领域[6]。

近年来，关于光与物质相互作用的新思想，使光子晶体发展成为一种光波波长尺度的规则阵列（波导）。光子晶体可以通过干涉来阻止或引导特定波段的波长，从而产生类似于半导体中的电子的行为。此外，光子带隙晶体提供了前景光明的微米和纳米尺度操纵，微结构光子晶体光纤采用了这一想法。这些光纤作为一种非线性（传输）介质，将来可被用于高功率光源，并输出强烈的白光。

超材料（metamaterials）的演化是光子学研究的又一新成果。超材料是一种复合材料，用来显示与原子类似的电磁反应，产生大量的光学效应（例如折射）。超材料的折射率是负值（−a），有显著的控光特性[7]，为实现负折射率开辟了一条全新的应用道路，例如隐形斗篷的设计，其中光束在物体周围弯曲，以便在空间中创造一个洞，看不见的物体就在其中。

在通过结构材料控制光的过程中，一个有用的现象是光与金属表面的电子振荡耦合，并在金属表面形成等离子体。等离子体的行为允许光受到尺寸小于波长的结构的影响，并为光子学和电子学之间缩小尺度上的差别提供了可能性。物理学家也在研究如何通过材料来减缓甚至阻止光的通过，这是控制光数据传输和存储的一种可行的技术。

所有这些领域的光电子研究正以高度协同的方式而迅速地开展，光子学真正发展的时代即将到来。

2.2　光子与光的本质

描述光粒子的专业术语“光子”（photon）是 Gilbert N. Lewis 于 1926 年在一篇文章 “*The Conservation of Photons*（光子守恒）” 中首次提出的[8]。他在文章中写道：“*I therefore take the liberty of proposing for this hypothetical new atom, which is not light but plays an essential part in every process of radiation, the name photon.*（因此，我冒昧地提出这个假想的新原子，它并不轻，但在辐射的每一个过程中都起着重要的作用，就叫它光子）”。有趣的是，他所定义的光子的概念与我们今天对光子的理解不同。他认为光子是光原子，类似于电子中的原子。

关于光性质的科学论述可以追溯到古希腊人和阿拉伯人。这种信念围绕着光与视觉之间的联系而展开，这种视觉是由眼睛向外接触或感受物体而产生的。之后，11 世纪的阿拉伯科学家 Abu Al Hasan Ibn Al-Haitham 认为，视觉源于眼睛感知的从一个发光物体发射的能量。他还进行了光的折射和色散的研究。后来，欧洲的文艺复兴思想家们把光设想成一股粒子流，它通过以太（一种无形的介质）穿过所有透明的物质。

在 17 世纪，折射现象由费马（Pierre de Fermat）在他的最小线理论中进行了解释，即光线走两点之间的最短路径。这间接指出光线是由沿着几何射线行进的粒子组成的。光是粒子聚集的概念后来被牛顿（Isaac Newton）所采用，他称这些粒子为小体。

另一方面，惠更斯（Cristian Huygens）提出了光的波动性来解释干涉现象，认为其中一个点源产生了波前，干扰是由于二次子波或小波的相互作用产生的。将近一个半世纪后，菲涅耳(Augustin-Jean Fresnel)建立了波动光学理论，表明光不仅显示粒子的特性，还绕障碍物或光圈弯曲。格里马耳迪(Francesco Maria Grimaldi)首先仔细观察了光的衍射效应，并进行了分析表征，他还从拉丁语 diffringere(指光分解成不同的方向)创造出 diffraction(衍射)这个术语。接着，托马斯·杨(Thomas Young)演示了两个狭缝的干涉现象来建立光波传播的波本质。这个实验的主要结果是解释了破坏性相消干涉现象，即在一定条件下两束光束的叠(增)加产生了弱照明。

光的波动理论[9]建立在坚实的理论证据和分析的基础上，由麦克斯韦(James Clerk Maxwell)于 19 世纪末建立了 4 个辐射理论方程[10]。

麦克斯韦理论把电和磁的概念统一起来，认为光的传播不过是电磁波的传播而已。麦克斯韦还回答了另外一个关于光的问题。如果光只是振荡，那么它是在哪个方向发生振荡的呢？电磁波中的磁场在垂直于它们运动方向的方向上振荡。因此，一些波即使有相同的频率和相位，仍然会不同：它们可以有不同的偏振方向。1808 年，法国物理学家马吕斯(Etienne-Louis Malus)发现了光的偏振现象，这强化了光的波动性理论，其中所有可能的偏振形成一个连续的集合。但是，一般的平面波可以被看作两个不同振幅和不同相位的正交线性极化波的叠加。有趣的是，对于一般偏振平面波，也可以看到左右圆极化波的叠加。在 20 世纪末，通过复杂的实验，光的波动性最终得到确认[11]。研究人员直接测量了 375～750 THz 之间光的振荡频率。

在爱因斯坦(Albert Einstein)的光电效应实验之后，人们重新接受了粒子理论。爱因斯坦假设光是由能量的量子组成，即 $E = \hbar v$，其中 E 是能量，v 是辐射的圆角频率，$\hbar$ 是普朗克常量除以 2π。这种关系又重新引入光的粒子性概念，但粒子不局限在空间，相当于一种能量的离散性。有趣的是，能量离散化已由物理学家玻尔(Neils Bohr)在他的原子模型中构想出来。

光电效应的数学表述为 $\hbar v = E + \phi$，其中 ϕ 是功函数，E 是能量。通过光电效应实验，可以注意到三个观察结果：首先，当光照在光电发射表面时，具有动能 E_0 等于 h 乘以入射光的频率 v 再减去功函数 ϕ 的电子被发射；第二，电子的发射速率是入射电场的速率的平方；第三，瞬时电场打开的那一刻与光电子射出的那一刻之间不一定要有延迟。然而，实验的第三个推论并不明显且直接违背了传统的预期结果[12]。

辐射与物质的相互作用是理解光的性质和光子概念的关键[13][14][15]。文献[16]收集了有关光子的有趣的研究工作。事实上，普朗克假说和爱因斯坦的光电效应源于对辐射与物质之间能量交换的考虑。在经典的视角中，物质是量子化的。爱因斯坦的光子思想不需要辐射场的量子化。麦克斯韦电磁方程以辐射波理论和薛定谔方程描述的物质波理论为基础，对光电效应、受激发射、吸收和脉冲传播现象进行了非常精确的描述。此外，激光的许多特性，如频率选择性、相位相干和方向性可以在这个框架内解释。

直到现在，上述内容描述的是一个光子可以被看作一个真正的粒子和一个离散能量 $E = hv$ 的载体，这一概念是通过考虑辐射与物质之间的相互作用而引入的。当它与有限大小的原子相互作用时，可以进一步扩展这个想法，以建立光子的空间离散性。该想法是光检测量子理论的一个基本分支，它试图解释杨氏双缝类型的实验，其中一个光子在通过一个孔或另一个孔时没有独立的"身份"。如果假设一个光子不会比一个适当的正常模式激发的单个量子多或少，那么可以将实验解释为正常模式的叠加，这不过是经典的干涉图案[17]。如果对正常模式进行量化，那么采集干涉图案峰值的光电探测器将响应位于干涉图案峰值位置上的一系列正常模式的单量子激发。当把光电探测器放置在(干涉)图案的交接点上时，其响应为零。这就引出了一个问题，即所谓的光子波函数是否等同于电子波函数或电子概率密度是否存在。

对于光子流情形，电子电流密度连续性方程无法求解，不能得出概率守恒，概率密度函数也不能在光子流情形下计算出来。电子波函数描述了电子在空间中某点处精确局域化所对应的位置态。但这一概念不能用于光子，因为没有粒子产生运算符，能够在空间中的精确点处创造光子[18][19]。然而，在特定时刻的基本区域 dA 中，观察到点 r 处光子的概率 $P(r)$dA 与光强度成正比。光子在高强度的地方更容易被探测到。

2.2.1 光子的特性

为了从总体上概述，而不涉及目前关于光子性质和特性的争论，下面给出一些一般性的陈述。光由光子组成，光子是能量的量子，显示粒子的行为。光子在真空中以光速 c_0 传播(除非特别提到，之后将 c_0 表示为 c)。光在物质中传播时的速度变慢。光子具有零静止质量，但携带电磁能量和动量。光子有一个内在的角动量(或自旋)来控制它的极化性质。光子也呈现波动特性，这决定了它们在空间中的局域化特性，因此会有干涉和衍射现象。

2.2.1.1 光子能量与动量

类似某种类型的电磁场，光和各种波一样，都载有能量。一个光子的能量 E 为 $E = h\nu = \hbar\omega$，其中 $h = 6.63 \times 10^{-34}$ 焦耳·秒(J·s)是普朗克常数，$\hbar = \dfrac{h}{2\pi}$，ν 是频率。能量可以相加或仅以 $h\nu$ 为单位出现。然而，谐振腔系统有零个光子承载能量 $E_0 = \dfrac{1}{2}h\nu$。

光子能量很容易计算。例如，波长 $\lambda = 1$ μm 的光子(频率为 3×10^{14} Hz)具有能量 $h\nu = 1.99 \times 10^{-19}$ J = 1.24 eV。这与一个已加速的、通过 1.24 V 电位能差的电子的动能相同。光子能量可以被转换成波长，即使用关系式 $\lambda = 1.24/E$，其中 E 的单位为电子伏特。

对于光子，要考虑速度能量依赖性[20]。一般来说，单位表面和单位时间的能量流 $\mathbf{T}$ 由下式给出：

$$\mathbf{T} = \frac{1}{\mu_0}\mathbf{E} \times \mathbf{B} \tag{2.1}$$

其中，$\mu_0 (= 4\pi \times 10^{-7}$ N·s^2/C^2)是自由空间的电磁导率，$\mathbf{E}$ 和 $\mathbf{B}$ 是电场和磁场矢量。

因此，平均能量流由下式给出：

$$\langle T \rangle = \frac{1}{2\mu_0}E_{\max}B_{\max} \tag{2.2}$$

光子沿波矢方向传播，光子的动量大小 P 与能量 E 的关系由下列方程给出：

$$P = \frac{E}{c} \tag{2.3}$$

其中，c 是光速。

事实上，如果光线具有线性动量，则很容易推断圆偏振光也具有角动量。对于这样的波，角动量 P_a 由下式给出：

$$P_a = \frac{E}{\omega} = \frac{h}{\lambda} \tag{2.4}$$

同样，一个波的角动量是 $\lambda/2\pi$ 乘以它的线性动量。因此，光束可以使某些材料旋转[21]，用来偏转垂直于光子的原子束。

根据能量流 T，光在物体上施加的压力 P_r 由下式给出：

$$P_r = \frac{T}{c}(1 + r) \tag{2.5}$$

其中 r 是表面的反射率。对于黑体，$r = 0$，对于理想反射镜面，$r = 1$。

2.2.1.2　光子质量

一般来说，光子没有质量也没有电荷，它是电磁能量的载体，并且与其他分立的粒子(如电子、原子和分子)相互作用[22]。麦克斯韦电磁理论的基本含义是，真空中的所有电磁辐射为恒定的速度。事实上，实验证实所有的电磁辐射在很宽的频率范围内都以光速 c 传播，并且已达到非常高的精确性。反过来，这意味着光子似乎是无质量的。量子电动力学(QED)理论使人们接受了无质量光子的概念。然而，尽管接受了这一结果，但人们还是以直接或间接方式进行了大量的实验工作来确定光子质量是否为零。此外，有限光子质量完全符合基本粒子物理学的一般原理。但是，只有通过实验和/或观察才能得到对其质量问题的答案，尽管目前来看这是不可能的[23]。利用不确定性原理，设定光子质量大小的上限，可以确定光子静止质量 m_0 的上限，并且由 $m_0 \approx \left(\frac{h}{\Delta}t\right)c^2$ 或 $\approx 10^{-66}\mathrm{g}$ 给出。这样一个无限小质量的含义是深远的，并且包含了自由空间中光速依赖波长的概念。目前接受的光子静止质量的上限 $\leqslant 1 \times 10^{-49}\mathrm{g}$ [24]。

基本粒子性质的起源和基础(以及它们的存在)是物理学中最具挑战性的难题之一，对决定光子的性质具有深远的意义。

由于光子具有能量($h\nu/c$ 或 hc/λ)，可以假设其具有惯性质量：

$$m = \frac{h\nu}{c^2} \tag{2.6}$$

当光束经过一颗恒星时，它的轨道就会偏转。另外，当光子离开恒星时，它的能量会由于引力场而降低。这体现在频率的减少方面，即重力红移(gravitational red shift)。红移可以通过计算恒星表面的势能 V 来近似计算：

$$V \simeq -\frac{GM}{R} \cdot \frac{h\nu}{c^2} \tag{2.7}$$

其中，M 是恒星的质量，R 是它的半径，G 是引力常数。

当光束到达地球时，它的频率就变成

$$h\nu' = h\nu + V \tag{2.8}$$

或忽略地球引力场，有

$$\frac{\Delta\nu}{\nu} = \frac{GM}{Rc^2} \tag{2.9}$$

根据广义相对论，恒星极限半径，即史瓦西(Schwarzschild)半径，可以求得为

$$R_s = \frac{2GM}{c^2} \tag{2.10}$$

如果恒星的质量包含在半径为 R_s 的球体内,则光束可能永远不会离开恒星。这个恒星就可以被称为黑洞。事实上,半径约 10 km 的黑洞已经被发现,其质量为 10^{34} g。

2.2.2　光速

光是电磁波,任何电磁波都必须以下式给出的速度 c 传播:

$$c = \frac{1}{\sqrt{\varepsilon_0 \mu_0}} \tag{2.11}$$

其中, $\varepsilon_0 (= 8.854 \times 10^{-12}$ C^2/N · m^2) 是自由空间的介电常数, $\mu_0 (= 4\pi \times 10^{-7}$ N · s^2/C^2) 是自由空间的磁导率。自由空间的介电常数 ε_0 和磁导率 μ_0 的值可以通过材料各自的 ε 和 μ 的值乘以相对介电常数和相对磁导率来获得。式(2.11)的右边包含的是电磁量,而左边是一个光学量。

光速通常表示为 c(来自拉丁语 celeritas),最新的值为 $c = 299\ 792\ 458$ m/s。速度 c 是不变的并且是自然界的极限速度[25]。令人难以置信的是,没有人对这种不变性的后果进行过探究,直到 19 世纪 90 年代洛伦兹(Lorentz)和其他几个人开始了相关的研究。很重要的一点是,光速不变性区分了伽利略(Galilean)物理学和狭隘相对论。

2.2.2.1　光速与信号传播

(物理)信号是利用能量传递性而传输的信息。没有能量运动就没有信号。事实上,没有存储能量的方法则是无法存储信息的。对于任何信号,这都可以归因于它具有传播速度。最大可能的信号速度也是考虑全部影响的最大速度或扩散传播导致的最大速度。如果信号是由物质传递的,例如在一封信中的文字,则信号速度就是物质载体的速度。对于像光或无线电波这样的电磁波载体,并不能简单地确定其信号速度。

波的相速度由单色波的频率与波长之比给出:

$$v_{ph} = \frac{\omega}{k} \tag{2.12}$$

对于所有频率,真空中的光具有相同的相速度 $v_{ph} = c$。另一方面,在某些情况下,相速度大于 c,特别是当光通过吸收物质且当其频率接近吸收峰值时。在这种情况下,相速度不是信号速度。信号速度的较好近似是群速度,由下式给出:

$$v_{gr} = \frac{\mathrm{d}\omega}{\mathrm{d}k}\Big|_{k_0} \tag{2.13}$$

其中, k_0 是波包的中心波长。

需要注意的是, $\omega = 2\pi v_{ph}\lambda$ 表示如下关系:

$$v_{gr} = v_{ph} - \lambda \frac{\mathrm{d}v_{ph}}{\mathrm{d}\lambda} \tag{2.14}$$

式(2.14)中最后一项的符号决定了群速度是否大于或小于相速度。对于一个具有各种频率的行波群,其速度大于或小于相速度,这说明新的最大值出现在波群的末端或前端。这种情况发生在光线穿过物质时。对于在真空中行进的光,对于波矢 k 的所有值,群速度有相同的值 $v_{gr} = c$。

物质中的群速度永远不可能大于真空中的光速度,这种说法可能并不正确。事实上,材料中的群速度可以是零、无穷的甚至为负。这些条件出现在光脉冲非常窄时,即当它包括一个宽范围的频率或频率接近吸收跃迁频率时。在许多(但不是全部)情况下,发现这个波群大幅度扩散，甚至拆分，使得很难精确定义波群的最大值及它的速度。例如，某些材料中的群速度的测量值是光速的 10 倍，折射率远小于 1。然而，在所有这些情况下，群速度与信号速度是不同的。

从概念上来讲，有时利用能量速度更容易描述信号的传播。如前所述，每一个信号传播时都会传播能量，能量速度 v_{en} 被定义为能量流密度和能量密度 W 之比。两者都在传播方向上，这个比值由下式给出：

$$v_{en} = \frac{\langle T \rangle}{\langle W \rangle} \tag{2.15}$$

然而正如 $\langle \cdot \rangle$ 所表示的，分母中（下方）的平均过程必须指定能量是由主脉冲还是它的脉冲前沿传播的。

光电探测器技术的进步使人们能够探测到最小的能量。这迫使科学家们将所有这些能量速度中最快的速度作为信号速度。利用灵敏度尽可能高的检波器，振幅不等于零的波列的第一点，即能量到达的第一个极小值，应该被检测为信号。这个速度通常被称为前沿速度或先导速度，由下式给出：

$$v_{fr} = \lim_{n \to \infty} \frac{\omega}{k} \tag{2.16}$$

在真空中，先导速度绝不会大于光速。事实上，它精确地等于 c，由于非常高的频率，ω/k 的比值与材料无关，而以真空特性为主。先导速度是真实的信号速度或真实的光速。

2.2.3　光波在空间和时间上的相干性

托马斯·杨在光学上的双缝实验引起了人们对相干性的最初关注[26]，相干性是所有光源产生辐射统计性质的表现[27]。一个极端的情况是热源，如白炽灯，产生混沌无序的光发射现象；另一极端的情况是连续波气体激光器，它产生相对有序的光发射现象。激光器产生的光接近于包含一个单一的频率，并朝一个方向行进。任何真实的激光都具有统计特性，特别是随机起伏的辐射振幅和相位。此外，辐射是通过中间介质传播的，中间介质具有统计特性，除非它是完美的真空。最后，光到达检测设备（包括我们的眼睛），其参数和测量技术涉及一些统计与概率问题。一般来说，时间和空间相干性的概念与产生光波的光源统计特性有关[28]。

在描述光波的相干性时，应区分两种类型的相干性。它们是时间相干性和空间相干性。时间相干性描述了在不同时刻观测到的波之间的相关性或可预测关系。这种波具有产生干涉条纹（振幅分裂）的能力。空间相干性描述了空间中不同点的波之间的相互关系；它们在空间上移动，而不是被延迟（波前偏移）。利用互相关函数的概念，可以推广这些思想。除此之外，还要考虑光源的光谱相干性。

任意一个光波通过波函数 $u(\mathbf{r},t) = \mathrm{Re}[U(\mathbf{r},t)]$ 来描述，其中 $U(\mathbf{r},t)$ 是复波函数，对于单色光，可表示为 $U(\mathbf{r})\mathrm{e}^{\mathrm{j}2\pi\nu t}$ 的形式，或对于复色光源，可表示为不同 ν 值的许多相似函数之和。在这种情况下，波函数对时间和位置的依赖是完全周期性的和可预测的。对于随机光，两个函数 $u(\mathbf{r},t)$ 和 $U(\mathbf{r},t)$ 都是随机的，因此波函数在时间和位置上的依赖性不是完全可预测的，一般不能用统计方法来描述。需要注意的是，光强 $I(\mathbf{r},t)$ 是相干光强 $I(\mathbf{r},t) = |U(\mathbf{r},t)|^2$，对于随机光，$U(\mathbf{r},t)$ 是时间和位置的随机函数，因此强度也是随机的。平均强度是对许多随机强度函数进行平均而得到的。对静止光，其统计平均操作可以通过在一个较长的时间内进行时间平

均来确定，而不是对许多波实现平均而得到的。由于相干涉及统计平均的定义，因此光源可分为相干光源、非相干光源和部分相干光源。

相干性也是衡量不同点的波相位之间相关性的量度。两个波的相干性用互相关函数来量化，它通过第一个波的值来描述第二个波的值。作为一个推论，如果两个波一直都是完全相干的，那么在任何时候，如果第一个波改变，那么第二个波也会以同样的方式变化。当两者结合时，它们可以在任何时候表现出完全的建设性干涉或叠加，因此第二个波不需要是单独的实体。在这种情况下，相关性的度量是自相关函数（有时称之为自干涉）。相关度涉及相关函数[29][30]。

2.2.3.1　时间相干性

平稳随机波函数 $U(\mathbf{r},t)$ 可以被认为具有恒定强度 $I(\mathbf{r})$，并有可能减少对 $\mathbf{r}$ 的依赖（因为 $\mathbf{r}$ 是固定的），所以 $U(\mathbf{r},t)=U(t)$ 且 $I(\mathbf{r})=I$。$U(t)$ 的自相关函数 $G(\tau)$ 是 $U^*(t)$ 和 $U(t+\tau)$ 的乘积的平均，由下式给出：

$$G(\tau) = \langle U^*(t)U(t+\tau)\rangle \tag{2.17}$$

$U^*(t)\,U(t+\tau)$ 的相位是两个相量之间的角度。当 $\langle U(t)\rangle=0$ 时，相量 $U(t)$ 的相位取 0 和 2π 之间任何可能的值。如果 $U(t)$ 和 $U(t+\tau)$ 不相关，则它们之间的角度是随机变化的，而如果取平均，则自相关函数消失。另一方面，如果 $U(t)$ 和 $U(t+\tau)$ 是相关的，则它们会保持一定的相量关系且平均值不会消失。

自相关函数 $G(\tau)$ 被称为时间相干函数。在 $\tau=0$ 时，强度 $I=G(0)$。时间相干度 $g(\tau)$ 表示如下：

$$g(\tau) = \frac{G(\tau)}{G(0)} \tag{2.18}$$

$g(\tau)$ 值是相干度的量度，$g(\tau)$ 的绝对值介于 0 和 1 之间。

当 $U(t)=Ae^{j2\pi\nu t}$ 时，即光是稳定的单色光，那么 $g(\tau)=e^{j2\pi\nu\tau}$ 且 $|g(\tau)|=1$，波 $U(t)$ 和 $U(t+\tau)$ 是完全相干的。进一步，如果 $|g(\tau)|$ 随时延单调减小，则减小到 $1/e$ 时对应的时延被称为相干时间 τ_c。当 $\tau<\tau_c$ 时，波是强相干的。单色光源的相干时间是无限的，因为任何地方的 $|g(\tau)|=1$。在一般情况下，τ_c 是函数 $|g(\tau)|$ 的宽度。如果距离 $l_c=c\tau_c$ 远大于任何光学系统中的所有路径差，则称光为有效相干且称距离 l_c 为相干长度。

2.2.3.2　空间相干性

空间相干性是在传播方向的横向上不同点的光波相位之间的相关量度。空间相干性描述了空间两点在平均时间内相干的能力。更确切地说，空间相干性是所有时间内波上两点之间的互相关。

$\mathbf{r}_1$ 和 $\mathbf{r}_2$ 处，$U(\mathbf{r}_1,t)$ 和 $U(\mathbf{r}_2,t)$ 的互相关函数由下式给出：

$$G(\mathbf{r}_1,\mathbf{r}_1,\tau) = \langle U^*(\mathbf{r}_1,t)U(\mathbf{r}_2,t+\tau)\rangle \tag{2.19}$$

其中时延为 τ，G 被称为互相关函数，其相对于 $\mathbf{r}_1$ 和 $\mathbf{r}_2$ 处强度的归一化形式被称为复相干度。

在 $G(\mathbf{r}_1,\mathbf{r}_1,\tau)$ 消失的情况下，光在两点的波动是不相关的。复相干度的绝对值局限在 0 和 1 之间。它是衡量 $\mathbf{r}_1$ 处波动之间的相干程度和那些延迟 τ 之后在 $\mathbf{r}_2$ 处的波动之间相干程度的量度。当两个相量波动是独立时，其相位也是随机的。

2.2.3.3 部分相干

部分相干平面波在每一横向平面内都是空间相干的，但在轴向(纵向)上部分相干[31]。波纵向的空间相干性与时间相干性具有一一对应关系[32]。相干长度 $l_c = c\tau_c$ 与系统中的最大光程差 $l_{\max}$ 之比受相干性支配。如果 $l_c \gg l_{\max}$，那么波实际上是完全相干的。

2.2.3.4 相干和非相干光源

白炽灯是非相干光源的一个例子。从非相干光源获得相干光源要以光强为代价。首先对非相干光源进行空间滤波来增加空间相干性，然后通过光谱滤波来增加时间相干性。根据它们的相干性质，光源的不同形式如下：

1. 时间非相干和空间相干：由针孔进行空间限制的白光光源或位于很远地方的光源(如恒星、太阳)。
2. 时间和空间非相干：近距离无空间限制的白光光源。
3. 时间和空间相干：单色激光源，如双掺钕钇铝石榴石(Nd:YAG)、He-Ne、Ar$^+$激光器。
4. 时间相干和空间非相干：单色激光源(He-Ne，Nd:YAG)采用了扩散器，如光束路径中的毛玻璃。

如果用时间(或空间)相干或非相干光源进行照明，那么光学系统的行为会有所不同。时间非相干照明通常与白光(或通常是宽带)有关，并受色差影响。空间相干性的程度改变了光学系统的线性特性。

2.3 电磁波传播

电磁理论形成了光传播现象的理论基础，能够描述大多数已观察到的关于光传播的结果。然而，有一些尤指在短波长或甚低光波段进行的实验，是无法通过经典波理论解释的。麦克斯韦方程预测了电磁能量从波动源(电流和电荷)到波传播的形式。电磁波传播的介质分为：(a)均匀介质和非均匀介质；(b)各向同性和各向异性介质。均匀介质即介质内所有点的属性相同，各向同性介质沿介质内任何方向都显示相同的性质。

2.3.1 麦克斯韦方程

麦克斯韦方程(组)是所有(经典)电磁现象的数学基础[33][34]，并以如下形式(SI 单位)给出：

$$
\begin{aligned}
\nabla \times \mathbf{E} &= -\frac{\partial \mathbf{B}}{\partial t} \\
\nabla \times \mathbf{H} &= \frac{\partial \mathbf{D}}{\partial t} + \mathbf{J} \\
\nabla \cdot \mathbf{D} &= \rho \\
\nabla \cdot \mathbf{B} &= 0
\end{aligned}
\tag{2.20}
$$

$\mathbf{E}$ 和 $\mathbf{H}$ 是电场强度和磁场强度，单位分别是伏特/米(V/m)和安培/米(A/m)。$\mathbf{D}$ 和 $\mathbf{B}$ 是电通密度和磁通密度，单位分别是库仑/平方米(C/m^2)和韦伯/平方米(W/cm^2)或特斯拉(T)。$\mathbf{D}$ 也被称为电位移，$\mathbf{B}$ 也被称为磁感应。工程量 ρ 和 $\mathbf{J}$ 是体电荷密度和任何外部电荷的电流密度(电荷通量)(即不包括任何感应的极化电荷和电流)，它们的单位分别是库仑/立方米(C/m^3)和安培/平方米(A/m^2)。

第一个方程是法拉第电磁感应定律，第二个方程是麦克斯韦为了包含位移电流 $\dfrac{\partial \mathbf{D}}{\partial t}$，修正之后得到的安培定律，第三个和第四个方程是电场和磁场的高斯定律。在预测传播电磁波的存在方面，位移电流项是必要的。第四个方程的右边是零，这是因为没有磁单极电荷。电荷和电流密度 ρ 和 $\mathbf{J}$ 可以被认为是电磁场的来源。对于波传播问题，这些密度在空间中是局部化的。所产生的电场和磁场从源辐射出去，并能传播到很远的距离。远离源或在源空间的自由区域，可以让 $\rho = 0$ 和 $\mathbf{J} = 0$ 来获得麦克斯韦方程的简单形式。

2.3.1.1　本构关系

当已知源时，麦克斯韦方程组代表 12 个未知数（4 个场矢量，每个具有 3 个标量分量）的 6 个独立标量方程组（两个矢量旋度方程）。真实情况是，由于第三个和第四个方程并不独立于第一个和第二个方程，因此它们可以利用电荷守恒定律和磁荷定律从这些方程中推导出来。因此，需要 6 个以上的标量方程才能完全确定场。这些是通过将两个场矢量 $\mathbf{D}$ 和 $\mathbf{B}$ 表示为 $\mathbf{E}$ 和 $\mathbf{H}$ 的函数而得到的。

电场和磁通密度 $\mathbf{D}$ 和 $\mathbf{B}$ 通过所谓的本构关系与场强 $\mathbf{E}$ 和 $\mathbf{H}$ 相关，其精确的表现形式取决于存在场的材料。在真空中，它们具有最简单的形式，如下所示：

$$\begin{aligned} \mathbf{D} &= \varepsilon_0 \mathbf{E} \\ \mathbf{B} &= \mu_0 \mathbf{H} \end{aligned} \tag{2.21}$$

其中 ε_0 和 μ_0 分别为真空中的介电常数和磁导率。

本构关系完全由材料介质决定，其函数形式可以从材料的微观物理定义中推导出来。然后根据这种功能依赖性对材料进行分类。

根据两个量 ε_0 和 μ_0，其他两个物理常数，即光速 c_0 和真空的特征阻抗 η_0，可以定义如下：

$$c_0 = \frac{1}{\sqrt{\mu_0 \varepsilon_0}} \tag{2.22}$$

和

$$\eta_0 = \sqrt{\frac{\mu_0}{\varepsilon_0}} \tag{2.23}$$

取 c_0 的近似值，即 $c_0 = 3 \times 10^8$ m/s，则 $\eta_0 = 377 \ \Omega$。

实际上，利用 $\varepsilon \equiv \varepsilon_r \varepsilon_0$ 和 $\mu \equiv \mu_r \mu_0$，各向同性的材料属性指定了相对自由空间的值，其中 ε_r 被称为相对介电常数或介电常数，μ_r 被称为相对磁导率。材料的参数随频率（或时间）变化被称为时间色散。如果材料参数取决于位置（分层或分层介质如电离层），则这种介质被称为非均匀的或是空间色散的。自然界中几乎没有真正的各向同性介质。多晶、陶瓷或非晶材料以及其材料成分只是在整个介质中部分或随机排列的那些材料，都近似为各向同性。因此，商用天线使用的许多电介质和衬底通常由陶瓷或其他无序物质或含有这种材料的混合物制成。其他材料，特别是晶体材料与场相互作用时，在一定程度上依赖于场的方向。显然，当需要考虑材料的原子结构时，这种材料就被称为各向异性的。

在麦克斯韦方程组中，密度 ρ 和 $\mathbf{J}$ 代表外部或材料介质中的自由电荷和电流。利用如下本构关系，可以在麦克斯韦方程组中导出感应极化 $\mathbf{P}$ 和磁化 $\mathbf{M}$：

$$\begin{aligned} \mathbf{D} &= \varepsilon_0 \mathbf{E} + \mathbf{P} \\ \mathbf{B} &= \mu_0 \mathbf{E} + \mathbf{M} \end{aligned} \tag{2.24}$$

利用场 **E** 和 **B**，麦克斯韦方程组改写如下：

$$\nabla \times \mathbf{E} = -\frac{\partial \mathbf{B}}{\partial t}$$

$$\nabla \times \mathbf{B} = \mu_0 \varepsilon_0 \frac{\partial \mathbf{B}}{\partial t} + \mu_0 [\mathbf{J} + \frac{\partial \mathbf{P}}{\partial t} + \nabla \times \mathbf{M}] \qquad (2.25)$$

$$\nabla \cdot \mathbf{D} = \frac{1}{\varepsilon_0 (\rho - \nabla \times M)}$$

$$\nabla \cdot \mathbf{B} = 0 \qquad (2.26)$$

由于材料的极化而产生的电流密度和电荷密度如下：

$$\mathbf{J}_{\text{pol}} = \frac{\partial \mathbf{P}}{\partial t}$$

$$\rho_{\text{pol}} = -\nabla \cdot \mathbf{P} \qquad (2.27)$$

在非线性材料中，ε 可能取决于外加电场的大小 **E**。非线性效应在某些应用中是希望出现的，例如各种类型的电光效应，可用于光相位调制器和改变极化方向的相位延迟器。然而，在其他应用中是不希望出现非线性效应的。非线性效应的一个典型后果是高次谐波的产生。

材料的介电常数 $\varepsilon(\omega)$ 与频率相关，这种现象就是指材料色散。在时变电场的作用下，材料的极化响应不是瞬时的，其频率依赖性就开始显现。事实上，所有的材料都是色散的。然而，$\varepsilon(\omega)$ 通常仅对特定频率 ω 具有很强的依赖性。例如，水在光学频率的折射率 $n = \sqrt{\varepsilon}$，它的值是 1.33，但在无线电频率，n 的值是 9。

材料色散的一个主要结果是脉冲扩展，即脉冲通过这种材料传播时，脉冲宽度逐渐展宽。这种效应限制了脉冲传输的数据速率。还有其他类型的色散，如多模色散，这是由于材料中多个模式可以同时传播引入的，以及波导色散，这是由波导的结构引入的。对于非线性和色散同时存在的材料，它们支持被称为孤子的非线性波，其中色散的扩散效应被非线性效应抵消。因此，孤子脉冲在这些介质中传播时保持其形状。

2.3.1.2　负折射率材料

麦克斯韦方程组中可能会出现一个或两个 ε、μ 量是负值。例如，低于等离子体频率的等离子体和接近光频的金属，有 $\varepsilon < 0$ 和 $\mu > 0$，在表面等离激元中具有有趣的应用。尽管 $\mu < 0$ 且 $\varepsilon > 0$ 的各向同性介质已经制造出来，但是很难量产。

负折射率介质也被称为左手性介质，其 ε 和 μ 同时为负（$\varepsilon < 0$ 和 $\mu < 0$）。它们有着不同寻常的电磁特性，如具有负的折射率和逆转的折射定律。这种介质被称为超材料，是由周期性排列的导线和开环谐振器以及传输线元件构成的。当 $\varepsilon_{\text{re}} < 0$ 和 $\mu_{\text{re}} < 0$ 时，折射率（$n^2 = \varepsilon_{\text{re}} \mu_{\text{re}}$）由 $n = -\sqrt{\varepsilon_{\text{re}} \mu_{\text{re}}}$ 重新定义。这是因为 $n < 0$ 和 $\mu_{\text{re}} < 0$，表示特征阻抗 $\eta = \eta_0 \mu_{\text{re}} / n$ 为正，这同样说明一列波的能量流与波的传播方向是一致的。

2.3.2　电磁波动方程

最简单的电磁波是均匀平面波，它沿着同一固定方向（如 z 方向）在无损耗介质中传播。均匀性假设是指场不依赖于坐标 x, y，只是 z, t 函数，因此，麦克斯韦方程组解的形式为 $E(x, y, z, t) = E(z, t)$ 和 $H(x, y, z, t) = H(z, t)$。因为与 x, y 无关，偏导数 $\frac{\partial}{\partial x} = 0$ 且 $\frac{\partial}{\partial y} = 0$。因此，梯度、散度和旋度操作可采用简化形式，由下式给出：

$$\nabla = z\frac{\partial}{\partial z}\nabla \cdot \mathbf{E} = \frac{\partial E_z}{\partial z}\nabla \times \mathbf{E} = z \times \frac{\partial \mathbf{E}}{\partial z} = -x\frac{\partial E_y}{\partial z} + y\frac{\partial E_x}{\partial z}$$

假设 $\mathbf{D} = \varepsilon\mathbf{E}$ 和 $\mathbf{B} = \mu\mathbf{H}$，与源无关（无源）的麦克斯韦方程组如下：

$$
\begin{aligned}
\nabla \times \mathbf{E} &= -\mu\frac{\partial \mathbf{H}}{\partial t} \\
\nabla \times \mathbf{H} &= \sigma\mathbf{E} + \varepsilon\frac{\partial \mathbf{E}}{\partial t} \\
\nabla \cdot \mathbf{E} &= 0 \\
\nabla \cdot \mathbf{H} &= 0
\end{aligned}
\tag{2.28}
$$

在无源区域的传导电流计入 $\sigma\mathbf{E}$ 项。均匀的直接后果是 $\mathbf{E}$ 和 $\mathbf{H}$ 沿 z 方向没有分量，即 $E_z = H_z = 0$。

以方程组 (2.28) 中第一个方程的旋度为例，建立如下关系：

$$\nabla \times \nabla \times \mathbf{E} = -\mu\frac{\partial}{\partial t}(\nabla \times \mathbf{H}) \tag{2.29}$$

插入方程组 (2.28) 的第二个等式，给出

$$\nabla \times \nabla \times \mathbf{E} = -\mu\frac{\partial}{\partial t}\left(\sigma\mathbf{E} + \varepsilon\frac{\partial \mathbf{E}}{\partial t}\right) = -\mu\sigma\frac{\partial \mathbf{E}}{\partial t} - \mu\varepsilon\frac{\partial^2 \mathbf{E}}{\partial t^2} \tag{2.30}$$

一个类似的 $\nabla \times \nabla \times \mathbf{H}$ 方程也可以得到。

使用矢量恒等式 $\nabla \times \nabla \times \mathbf{E} = \nabla(\nabla \cdot \mathbf{E}) - \nabla^2\mathbf{E}$，得到如下方程：

$$
\begin{aligned}
\nabla^2\mathbf{E} &= \mu\sigma\frac{\partial \mathbf{E}}{\partial t} + \mu\varepsilon\frac{\partial^2 \mathbf{E}}{\partial t^2} \\
\nabla^2\mathbf{H} &= \mu\sigma\frac{\partial \mathbf{H}}{\partial t} + \mu\varepsilon\frac{\partial^2 \mathbf{H}}{\partial t^2}
\end{aligned}
\tag{2.31}
$$

对于时间谐波场，瞬时（时域）矢量与相量（频域）矢量相关联，从而将瞬时矢量波动方程转化为相量矢量波动方程，由下式给出：

$$
\begin{aligned}
\nabla^2\mathbf{E}_s &= \mu\sigma(\mathrm{j}\omega)\mathbf{E}_s + \mu\varepsilon(\mathrm{j}\omega)^2\mathbf{E}_s = \mathrm{j}\omega\mu(\sigma + \mathrm{j}\omega\varepsilon)\mathbf{E}_s \\
\nabla^2\mathbf{H}_s &= \mu\sigma(\mathrm{j}\omega)\mathbf{H}_s + \mu\varepsilon(\mathrm{j}\omega)^2\mathbf{H}_s = \mathrm{j}\omega\mu(\sigma + \mathrm{j}\omega\varepsilon)\mathbf{H}_s
\end{aligned}
\tag{2.32}
$$

定义复数常数 γ 为传播常数，由下式给出：

$$\gamma = \sqrt{\mathrm{j}\omega\mu(\sigma + \mathrm{j}\omega\varepsilon)} = \alpha + \mathrm{j}\beta \tag{2.33}$$

将相量方程简化为

$$
\begin{aligned}
\nabla^2\mathbf{E}_s - \gamma^2\mathbf{E}_s &= 0 \\
\nabla^2\mathbf{H}_s - \gamma^2\mathbf{H}_s &= 0
\end{aligned}
\tag{2.34}
$$

上面的方程算子 ∇^2 是矢量拉普拉斯算子。

传播常数 α 的实部被定义为衰减常数，虚部 β 被定义为相位常数。衰减常数定义波的场随着波的传播而衰减的速率。电磁波在理想（无损耗）介质中不衰减，即 $\alpha = 0$。相位常数定义波传播时相位变化的速率。

给定介质的 μ、ε、σ 特性，衰减和相位常数方程可以确定如下：

$$\alpha = \omega\sqrt{\frac{\mu\varepsilon}{2}\left[\sqrt{1 + \left(\frac{\sigma}{\omega\varepsilon}\right)^2} - 1\right]} \tag{2.35}$$

$$\beta = \omega \sqrt{\frac{\mu\varepsilon}{2}\left[\sqrt{1+\left(\frac{\sigma}{\omega\varepsilon}\right)^2}+1\right]} \tag{2.36}$$

电磁波的性质，如传播方向、传播速度、波长、频率和衰减，可以通过研究波的电场和磁场波动方程的解来确定。在无源区，相量矢量波动方程可以在直角坐标内变换，通过将矢量拉普拉斯算子 ∇^2 与标量拉普拉斯算子联系起来即可，如下所示：

$$\nabla^2[.] = \frac{\partial^2[.]}{\partial x^2} + \frac{\partial^2[.]}{\partial y^2} + \frac{\partial^2[.]}{\partial z^2} \tag{2.37}$$

相量波动方程可以写成

$$(\nabla^2 E_{xs})\mathbf{a}_x + (\nabla^2 E_{ys})\mathbf{a}_y + (\nabla^2 E_{zs})\mathbf{a}_z = \gamma^2(E_{xs}\mathbf{a}_x + E_{ys}\mathbf{a}_y + E_{zs}\mathbf{a}_z) \tag{2.38}$$

$$(\nabla^2 H_{xs})\mathbf{a}_x + (\nabla^2 H_{ys})\mathbf{a}_y + (\nabla^2 H_{zs})\mathbf{a}_z = \gamma^2(H_{xs}a_x + H_{ys}a_y + H_{zs}a_z) \tag{2.39}$$

单个波方程的相位场分量 E_{xs}、E_{ys}、E_{zs} 和 H_{xs}、H_{ys}、H_{zs}，可以通过使每个矢量波动方程两边的相位分量相等而获得：

$$\frac{\partial^2 E_{xs}}{\partial x^2} + \frac{\partial^2 E_{xs}}{\partial y^2} + \frac{\partial^2 E_{xs}}{\partial z^2} = \gamma^2 E_{xs}$$

$$\frac{\partial^2 E_{ys}}{\partial x^2} + \frac{\partial^2 E_{ys}}{\partial y^2} + \frac{\partial^2 E_{ys}}{\partial z^2} = \gamma^2 E_{ys}$$

$$\frac{\partial^2 E_{zs}}{\partial x^2} + \frac{\partial^2 E_{zs}}{\partial y^2} + \frac{\partial^2 E_{zs}}{\partial z^2} = \gamma^2 E_{zs}$$

$$\frac{\partial^2 H_{xs}}{\partial x^2} + \frac{\partial^2 H_{xs}}{\partial y^2} + \frac{\partial^2 H_{xs}}{\partial z^2} = \gamma^2 H_{xs}$$

$$\frac{\partial^2 H_{ys}}{\partial x^2} + \frac{\partial^2 H_{ys}}{\partial y^2} + \frac{\partial^2 H_{ys}}{\partial z^2} = \gamma^2 H_{ys}$$

$$\frac{\partial^2 H_{zs}}{\partial x^2} + \frac{\partial^2 H_{zs}}{\partial y^2} + \frac{\partial^2 H_{zs}}{\partial z^2} = \gamma^2 H_{zs}$$

$$\tag{2.40}$$

任意时刻谐波电磁波在直角坐标系中的分量场必须分别满足这 6 个偏微分方程。在许多情况下，电磁波不会包含所有 6 个分量。在平面波，$\mathbf{E}$ 和 $\mathbf{H}$ 位于与传播方向垂直（⊥）的方向且彼此也相互垂直。如果平面波是均匀的，$\mathbf{E}$ 和 $\mathbf{H}$ 位于与传播方向垂直的平面，只在传播方向变化。$\mathbf{E}$ 和 $\mathbf{H}$ 的直角坐标系和传播方向如图 2.1 所示。

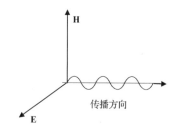

图 2.1　平面波传播的直角坐标系

2.3.2.1　平面波解

均匀平面波只有电场的 z 分量和磁场的 x 分量，它们都仅是 y 的函数。在传播方向上没有电场或磁场分量的电磁波（$\mathbf{E}$ 和 $\mathbf{H}$ 的所有分量都垂直于传播方向）被称为横电磁（TEM）波。所有平面波都是 TEM 波。平面波的极化方向被定义为电场的方向。对于均匀平面波，只有两个场分量 E_{zs} 和 H_{xs} 的波动方程可以大大简化，其中场仅依赖 y。因为 E_{zs} 和 H_{xs} 是 y 的函数，且是线性的，所以在每个波动方程中剩下的单偏导数变成一个纯导数。齐次二阶微分方程由下式给出：

$$\frac{d^2 E_{zs}}{dy^2} - \gamma^2 E_{zs} = 0 \tag{2.41}$$

$$\frac{d^2 H_{xs}}{dy^2} - \gamma^2 H_{xs} = 0 \tag{2.42}$$

简化波方程的一般解由下式给出：

$$E_{zs}(y) = E_1 e^{\gamma y} + E_2 e^{-\gamma y} \tag{2.43}$$

$$H_{xs}(y) = H_1 e^{\gamma y} + H_2 e^{-\gamma y} \tag{2.44}$$

其中 E_1、E_2 是电场振幅，H_1、H_2 是磁场振幅。需要注意的是，E_{zs} 和 H_{xs} 满足相同的微分方程，因此，相比其他的场振幅，场的波特性是相同的。

一般场解定义的波特性可以通过研究下面给定的相应瞬时场来确定：

$$\begin{aligned} E_z(y,t) &= \mathrm{Re}[E_{zs}(y)e^{j\omega t}] \\ &= \mathrm{Re}[(E_1 e^{\alpha y} e^{j\beta y} + E_2 e^{-\alpha y} e^{-j\beta y})]e^{j\omega t} \\ &= E_1 e^{\alpha y}\cos(\omega t + \beta y) + E_2 e^{-\alpha y}\cos(\omega t - \beta y) \end{aligned} \tag{2.45}$$

重点关注电场或磁场，因为它们都具有相同的波特性，并且它们都满足相同的微分方程。

恒定相位点移动的速度是波的传播速度。在定义恒定相位点的方程中求解位置变量 y，如下所示：

$$y = \pm\frac{1}{\beta}(\omega t - 常数) \tag{2.46}$$

给定恒定相位点的纵坐标是时间的函数，通过对位置函数与时间的微分来确定该恒定相位点移动的速度 $u = \omega/\beta$。此外，给出波以速度 u 行进，一个周期 T 的波长 $\lambda = uT = 2\pi/\beta$。

对于在给定介质中传播的均匀平面波，电场与磁场的比值是常数。这个比值有欧姆单位，被定义为介质的本征波阻抗或特征阻抗。由电场所定义的均匀平面行波如下：

$$\mathbf{E}_s = E_{zs}\mathbf{a}_z = E_0 e^{-\gamma y}\mathbf{a}_z \tag{2.47}$$

相应的磁场可以从无源麦克斯韦方程组得到：

$$\nabla \times \mathbf{E}_s = -j\omega\mu\mathbf{H}_s \tag{2.48}$$

和

$$\begin{aligned} \mathbf{H}_s &= -\frac{1}{j\omega\mu}\left[\frac{\partial}{\partial y}(E_0 e^{-\gamma y})\mathbf{a}_x\right] \\ &= \frac{\gamma}{j\omega\mu}E_0 e^{-\gamma y}\mathbf{a}_x \\ &= H_{xs}\mathbf{a}_x \end{aligned} \tag{2.49}$$

这个波的传播方向与 $\mathbf{E}\times\mathbf{H}\,(\mathbf{a}_z\times\mathbf{a}_x) = \mathbf{a}_y$ 是同一方向。这一特性适用于所有的平面波。

波的特征阻抗 η 被定义为电场和磁场分量的比值（复振幅），如下所示：

$$\eta = \frac{E_{zs}}{H_{xs}} = |\eta|e^{j\theta_\eta} = \sqrt{\frac{j\omega\mu}{\sigma + j\omega\varepsilon}} \tag{2.50}$$

一般来说，本征波阻抗是复数。无损介质传播常数是纯虚数（$\gamma = j\beta$），而本征波阻抗是纯实数。无损介质中的电场和磁场处于同相。对于有损介质，唯一的区别是在波传播方向上，无论 $\mathbf{E}$ 还是 $\mathbf{H}$ 都呈指数衰减。有损介质的传播常数（$\gamma = \alpha + j\beta$）和本征波阻抗 $\eta = |\eta|e^{j\theta_\eta}$ 是复数，

产生了如下的电场和磁场方程：

$$\mathbf{E}_s = E_0 \mathrm{e}^{-\alpha y} \mathrm{e}^{-\mathrm{j}\beta y} \mathbf{a}_z \tag{2.51}$$

$$\mathbf{H}_s = \frac{E_0}{\eta} \mathrm{e}^{-\alpha y} \mathrm{e}^{-\mathrm{j}\beta y} \mathbf{a}_x \tag{2.52}$$

和

$$\mathbf{E} = E_0 \mathrm{e}^{-\alpha y} \cos(\omega t - \beta y) \mathbf{a}_z \tag{2.53}$$

$$\mathbf{H} = \frac{E_0}{|\eta|} \mathrm{e}^{-\alpha y} \cos(\omega t - \beta y - \theta_\eta) \mathbf{a}_z \tag{2.54}$$

有损介质中的电场和磁场相差一个相位角，其大小等于特征阻抗的相位角。

空气中的波是在非常低的损耗（衰减可忽略不计）中传播的，具有少量的极化或磁化现象。因此，对于自由空间（真空）近似有 $\sigma=0$、$\varepsilon=\varepsilon_0=1$ 和 $\mu=\mu_0=1$。在良导体中，与传导电流相比，位移电流可以忽略不计。良导体具有很高的导电率和可忽略的极化。良导体中的衰减随频率增加，而良导体中的衰减率可以用趋肤深度定义的距离来表征。

2.4 电磁频谱

电磁频谱是能量按频率或波长分布的电磁辐射。电磁频谱从现代无线电通信所用的低频延伸到短波（高频）端的伽马辐射，覆盖的波长范围从数千千米到比原子还小的尺寸。长波长极限是宇宙本身的大小，而短波长极限被认为是接近普朗克长度。麦克斯韦方程预测了无限数量的电磁波频率，它们都以光速传播。这是对整个电磁波谱存在的第一个理论指示。麦克斯韦预测的波包括非常低频率的波，理论上讲，它们可能是由某种类型的常用电路的电荷振荡产生的。

电磁波通常由频率、波长或光子能量三种物理性质中的一种来描述。在天文学的范畴，观察到的频率从 2.4×10^{23} Hz（1 GeV 的伽马射线）到离子化的星际介质中的等离子体频率（~1 kHz）。波长与频率成反比，所以伽马射线的波长很短，是原子大小的一部分，而光谱另一端的波长可以和宇宙一样长。因为能量与波的频率成正比，γ 射线的能量最高（约十亿电子伏特），而无线电波具有非常低的能量（在飞电子伏特量级）。电磁辐射的行为取决于它的波长。当电磁辐射与单个原子和分子相互作用时，它的行为也取决于它携带的量子（光子）的能量。电磁辐射通过不同的方式在整个频谱范围与物质相互作用。这些类型的相互作用是如此不同，历史上已将不同的名称应用于频谱的不同部分。从数量上来说，虽然这些电磁辐射形成了频率和波长的连续光谱，但从定性上来讲，这些相互作用是有差异的，考虑这一实际情况，频谱仍然可被划分。

一般来说，电磁辐射主要根据它在不同应用中的用途按波长分类，如无线电波、微波、毫米波或太赫兹（或亚毫米波）区域。光子学仪器和通信领域关注的光谱，包括可见光、红外线和一部分紫外线。最近，微波和红外之间的太赫兹区域在光子学研究中越来越重要。

电磁波谱是根据每个光谱区域所采用的源、探测器和材料技术进行分类的。光谱是一种国际商品，它受国际协议的控制。国际电信联盟（ITU）是一个联合国组织，负责协调频率的分配与使用，如用于无线电导航、卫星通信、雷达系统等。ITU 组织了世界无线电通信大会（WRC），WRC 每两到三年按需修改频率分配（或要求）。频谱的使用权是由指定的频谱频带、指定的地理区域、超出地理区域界限指定的信号最大允许强度和指定的时间段来定义的。所有权（永久性）表示在指定的频段，在指定的时间段内超出指定的地理界限，只要不超过指定的信号强度（用伏/米表示）就有权传输的权利。

电磁频谱范围见表 2.1。

表 2.1　电磁频谱范围

辐射类型	频率范围	波长范围
伽马射线	$<3\times10^{20}$	$<1\ fm$
X 射线	$3\times10^{17}\sim3\times10^{20}$	$1\ fm\sim1\ nm$
紫外	$7.5\times10^{14}\sim3\times10^{17}$	$1\ nm\sim400\ nm$
可见光	$4\times10^{14}\sim7.5\times10^{14}$	$0.4\ \mu m$
近红外	$10^{14}\sim7.5\times10^{14}$	$0.75\ \mu m\sim3.0\ \mu m$
中红外	$5\times10^{13}\sim10^{14}$	$3\ \mu m\sim6\ \mu m$
长红外	$2\times10^{13}\sim5\times10^{13}$	$6\ \mu m\sim15\ \mu m$
远红外	$3\times10^{11}\sim2\times10^{13}$	$15\ \mu m\sim1\ mm$
微波和无线电波	$<3\times10^{11}$	$>1\ mm$

2.4.1　红外区

红外（IR）是看不见的辐射能，电磁辐射的波长比可见光波长要长，从可见光谱的红色边缘 700 nm（频率为 430 THz）延伸到 1 mm（频率为 300 GHz）。通过实验已确认，人们可以看到的红外波长高达 1050 nm。物体在室温附近发出的热辐射大部分是红外线。正常体温的人体辐射主要在 10 μm 波长左右。红外热成像被广泛用于军事和民用目的。军事应用包括目标采集、监视、夜视、寻的和跟踪。非军事用途包括热效率分析、环境监测、工业设施的检查、远程温度传感、短距离无线通信、光谱学和天气预报。红外光谱范围可分为三个部分。

（a）远红外区从 300 GHz 延伸到 30 THz（1 mm～10 μm）。这个范围的下部也可以称为微波或太赫兹波。这种辐射通常被气相分子中所谓的旋转模、液体中的运动分子和固体中的声子所吸收。地球大气层中的水在这个范围内对红外线吸收得非常强烈，大气对辐射是不透明的。然而，在不透明的范围内对红外线有一定的波长范围（窗），允许部分光传输，可应用于天文学和地球通信卫星。大约 200 μm 到几毫米的波长范围通常被称为天文学的亚毫米波，波长低于 200 μm 的波被称为远红外波。

（b）中红外区的范围为 30～120 THz（10～2.5 μm）。热物体（黑体辐射体）可以在这个范围内强烈辐射。正常体温下的人体皮肤在该区域的下端辐射强烈。这种辐射被分子振动吸收，其分子中的不同原子在它们的平衡位置周围振动。这个范围有时被称为指纹区域，因为化合物的中红外吸收光谱对于该化合物是特定的。

（c）近红外区的范围为 120～400 GHz（750～2500 nm）。与此范围相关的物理过程类似于可见光的情形。该区域的最高频率可以直接由特殊类型的摄影胶片和许多类型的固态图像传感器直接检测到。

2.4.2 可见光区

可见光谱是人眼可见的电磁波谱的一部分，相对应的频率是在 430～790 THz(波长为 390～700 nm)附近的波段。然而，光谱并没有包含人眼和大脑能够辨别的所有颜色。只有一个波长光谱的颜色被称为纯色或光谱色。

2.4.3 紫外区

下面介绍紫外光谱。紫外(UV)线的波长比可见光谱的紫光端的波长短，但比 X 射线的要长。紫外线在极短的范围内(X 射线旁)甚至能够电离原子，从而大大改变它们的物理行为。在紫外线范围的中间，光线不能电离，但可以打破化学键，使分子异常反应。

2.4.4 太赫兹波段

太赫兹(THz)辐射是在红外辐射与微波辐射之间的电磁辐射，因此兼有二者的特性。在电磁频谱中，1 THz 辐射对应时间为 1 ps、波长为 300 μm、一个光子能量为 4.1 MeV 和 47.6 度的开尔文(Kelvin)等效温度。像红外和微波辐射一样，太赫兹辐射为视距传播且不电离。它可以穿透各种各样的非导电材料，如衣服、纸张、纸板、木材、砖石、塑料和陶瓷。其穿透深度一般小于微波辐射的穿透深度。然而，太赫兹辐射对雾和云的穿透能力有限，不能穿透液态水或金属。尽管有一些困难，太赫兹波的独特性质激发了研究人员开发这一频带的仪器和系统，用于各种安全应用。太赫兹波具有低的光子能量，因此不能像 X 射线那样在生物组织中产生光离子化。因此，对于样品和操作者来说，太赫兹波被认为是安全的。由于极端的水吸收，太赫兹波不能像微波那样穿透人体，其效果仅限于皮肤水平的深度。在太赫兹频率，由于偶极允许旋转和振动跃迁，许多分子表现出强烈的吸收和色散。结合成像技术，利用太赫兹波的检测提供了样品的剖面和组成信息。由于太赫兹波的波长足够短，提供了亚毫米级的空间分辨率，因此低至纳米的更高空间分辨率可以由近场光子技术实现。

2.5 光学成像系统

光学成像是物理情景或场景的二维或三维再现。可以通过以下 6 种技术中的任意一种来实现成像。

1. 摄影：使用光源、镜头、胶卷或其他大面积检测器。摄影可以用于不同光照和不同波长下的反射、透射或结合相位。

2. 光学显微镜：同样使用光源、透镜和胶卷(或其他一些大面积探测器)。如果照明是通过样品的，即在透射模式下，则这种设备被称为亮场显微镜。类似地，当光照在一边时，这种设备被称为斜镜。暗视野显微镜是一种光照仅限于光环外的设备。相衬显微镜采用一个更精细的照明系统。如果偏振照明光束分成两个部分，在接近的位置(但不完全相同)分别通过样品或样本，然后重新汇合，则这种设备被称为差分干涉对比显微镜。在荧光显微镜中，使用氟荧光处理样品，滤除照明光后仅观察到荧光。

3. 望远镜：大地测量学和天文学主要使用这类光学系统。望远镜还可以拍摄各种波长的图像，从无线电、红外、可见光、紫外到 X 射线。简单的望远镜是基于透镜的，高性能的望远镜通常是基于反射镜的。大多数先进的天文望远镜都可以利用自适应光学技术来补偿恒星图像对大气湍流的影响。

4. 光学扫描仪：这种扫描技术通过探测器、光源或两者的运动逐点构造图像。显微镜中使用了许多扫描技术，这类设备有共焦激光扫描显微镜、光纤近场扫描光学显微镜，并且结合使用了荧光技术。许多扫描显微镜技术的分辨率远远低于光波长。

5. 光学层析成像：这种技术是在传输模式下进行，它使用一个源和一个探测器围绕一个物体旋转。实际上，这是一种专门的扫描技术，它可以实现对物理实体的截面成像。

6. 全息术：全息术是用激光和大面积探测器构造全息图的技术，它可以拍摄物体的三维图像。全息术有时被称为三维摄影，且可以用反射或透射的方式进行。

光学成像涉及三个领域：(a) 几何光学或射线光学，其中光线由射线描述，显示出能量传递的路径。这种处理方法可以很好地理解光在透明介质中的传播和光学成像系统的操作，如照相机、望远镜和显微镜等。(b) 物理光学，有时称之为波动光学，考虑了光的波动性，可处理光的偏振、干涉和衍射等。物理光学方法对于理解光学成像系统的分辨率极限是必要的。(c) 量子光学，考虑了光的粒子性质。在这种概念里，光被认为是由光子组成的，需要充分理解光与物质的相互作用。需要量子光学方法处理的主题包括光电效应、光电探测器、激光器和光子器件的主机(光子计算机)。

2.5.1 成像的射线光学理论

射线光学，有时称之为几何光学，与光线有关。从粒子和波动理论的角度，光采用专业术语"射线"进行描述是必要的。如果不把光线定义为与位置和方向有关的规范，就有可能建立涉及成像过程中与光线传播有关的一些物理现象。由于光的波长(为 10^{-7} m 量级)与大部分用于图像形成和图像处理的光学元件的尺寸相比太小，因此假设波长为零。根据射线理论，通常的出发点可能是折射率 n 的一个简单定义，即真空中的光速 c 与光在介质中的传播速度 v 之比。但折射率随波长而变化的依赖性在射线光学中没有明确表示。射线光学主要考虑单色光。多色光系统的输出是各波长输出之和。如果介质中的折射率是一致的，则该介质是均匀介质。如果折射率随位置而变化，则该介质是非均匀性的或非均匀介质。在各向同性介质中，对各个方向与所有极化的光来说，每个点的 n 都是常数。

在粒子理论中，射线被定义为粒子或光子的路径。然而，在这样的描述中，能量密度可以变成无穷大。在波动理论中，射线被定义为一个电磁标量。有时，射线被视为波的短波长或高频极限行为的描述[35]。

射线在均匀介质中按直线传播，在非均匀介质中有弯曲路径。这种物理定义的困难可以通过将射线看作数学实体来避免。但事实上，除非射线被视为几何学上的一个实体，否则几乎不可能从纯几何角度来思考。

射线具有位置、方向和速度等属性。在给定射线的任意一对点之间，有一个几何路径长度和光程长度。几何路径长度是沿射线上任意两点之间测量的几何距离 ds，而光程长度是射线通过 x_1 和 x_2 两点之间的长度。在均匀介质中，射线是直线，光程长度 $O_l(x_1, x_2)$ 由下式给出：

$$O_l(x_1, x_2) = \int_{x_1}^{x_2} n(x)dx = c \int \frac{ds}{v} = c \int dt \tag{2.55}$$

其中，$n(x)$ 是折射率，dx 是几何路径长度。沿射线在介质(均匀和/或不均匀)中的路径进行积分，并且可以包含任意数量的反射和折射。在均匀介质中，射线是直线，光程长度是简单的 $n\int ds$。

　　光在两点之间的行进所需的时间是(光程)÷(光速)。在不同介质之间的光滑界面，光线发生折射和反射。射线路径也是可逆的，反射角和折射角在两个方向上都是一样的。射线携带一定的能量，单位面积的射线功率近似用射线密度描述。

2.5.1.1　费马原理

　　费马原理是射线光学的一个统一原理，有助于推导反射和折射定律[36]。这一原理也可以用来求解在几何异构且均匀介质中描述射线的路径方程和波前方程。根据费马原理[36][37]，射线通过两点之间的光程是极值。极值可能是最小的、最大的或拐点的变化，因此射线沿着附近的其他路径通过这两点需花费更多或更少的时间。在均匀介质中，极值是最小的，因为光在直线上传播。因此，根据费马原理，光沿着费时最少的路径传播。在数学上表示为

$$\delta \int n(r)ds = 0 \tag{2.56}$$

其中 ds 是沿两点之间光线轨迹的微分长度。

　　在笛卡儿坐标系中，通过定义射线矢量 $r(s)$ (在三个轴上有三个分量)，将光线轨迹方程写成如下形式：

$$\frac{d}{ds}\left(n\frac{dr}{ds}\right) = \nabla n \tag{2.57}$$

其中，∇n 是 n 的梯度，是一个具有直角坐标分量的矢量。

　　光线轨迹通常用与其垂直的表面来表征。一个与射线垂直的任意等价表面如图 2.2 所示，是由一个恒定的标量函数 $s(r)$ 描述的，可以很容易地构造光线轨迹。

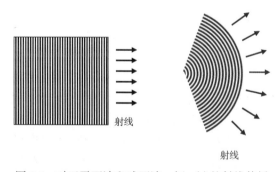

图 2.2　对于平面波和球面波，恒 $s(r)$ 的射线传播

　　位置 r 处，垂直于等价表面的方向是在梯度矢量 $\nabla s(r)$ 的方向。函数 $s(r)$ 被称为程函方程(eikonal)，与电场线的势函数相类似，其中光线发挥的作用与电场线的相同，程函方程的矢量形式如下：

$$|\nabla s|^2 = n^2 \tag{2.58}$$

沿光线轨迹上任意两点对程函方程积分，得出两个 $s(r)$ 值之差，即两点之间光学路径的长度。因此，费马原理和光线方程服从程函方程。程函方程和费马原理被认为是射线光学的主要假设。

2.5.1.2   折射和反射定律

在折射率 n_1、n_2 描述的两个均匀且各向同性介质的分界面，入射角 θ_1 和出射角 θ_2 的关系由斯涅耳(Snell)折射定律给出：

$$n_1 \sin \theta_1 = n_2 \sin \theta_2 \tag{2.59}$$

因此，任意两种介质中的夹角都与它们的折射率有关，而与中间层没有关系。如果折射率随波长变化，则折射角也一样变化。如果 $\sin \theta_1 > 1$，则发生全内反射。斯涅耳定律也可以表示为 $n_1(S \times r_1) = n_2(S \times r_2)$。

通过使最终介质的折射率等于入射介质的负折射率，即 $n_2 = -n_1$，可以从折射率中得到反射方程。给定 $\theta_2 = \theta_1$，即入射角等于反射角，入射光线和反射光线的关系由方程 $(S \times r_2) = (S \times r_1)$ 给出。

2.5.1.3   光学系统的矩阵公式

光线的位置和角度与光轴有关。当光线穿过光学系统时，这些量会发生变化。假设光线只在一个平面内传播，矩阵公式可用于跟踪近轴光线。形式化方法适用于平面几何系统和圆对称系统中的子午射线。因此，光学系统是由一个被称为光线传递矩阵的 2×2 矩阵来描述的。通过矩阵方法的便利性，类似于电力传输线方程，级联光学元件(或系统)的矩阵是单个元件(或系统)的光线传递矩阵的乘积。因此，矩阵光学为旁轴近似下描述复杂光学系统提供了一种正式的方法。该方法包含了旁轴功率和传递方程的表达式，可简单地导出许多有用的结果，特别适用于透镜组合。随着符号运算程序的出现，矩阵方法也为包含若干元件的光学系统提供了一种有用的表达手段。

在 z_1 和 z_2 处的两个横向平面，分别称之为输入平面和输出平面，之间放置一个由几个元件组成的光学系统。该系统的特点是对任意位置和方向 (y_1, θ_1) 的输入射线施加影响，并引导光线到达输出平面上的新位置和新方向 (y_2, θ_2)，如图 2.3 所示。

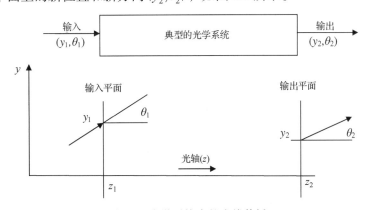

图 2.3   光学系统中的光线传播

在旁轴近似的条件下，对足够小的角度有 $\sin \theta = \theta$，(y_1, θ_1) 和 (y_2, θ_2) 之间的关系是线性的，可以表示如下：

$$y_2 = A y_1 + B \theta_1 \tag{2.60}$$

$$\theta_2 = C y_1 + D \theta_1 \tag{2.61}$$

其中，A、B、C 和 D 是实数。方程可以用矩阵形式写成(其元素是 A、B、C 和 D)

$$\begin{bmatrix} y_2 \\ \theta_2 \end{bmatrix} = \begin{bmatrix} A & B \\ C & D \end{bmatrix} \begin{bmatrix} y_1 \\ \theta_1 \end{bmatrix} \tag{2.62}$$

矩阵 **M**(其元素是 A、B、C 和 D)完全表征光学系统，称之为光线传递矩阵。如果一个周期系统由一系列相同的单元系统(阶段)组成，每个单元都有一个光线传递矩阵(A，B，C，D)，光线以初始位置 y_0 和倾斜角 θ_0 进入系统，然后光线传递矩阵可以相乘 m 次，即可确定在第 m 阶段后光线的出口位置 y_m 和倾斜角 θ_m，如下所示：

$$\begin{bmatrix} y_m \\ \theta_m \end{bmatrix} = \begin{bmatrix} A & B \\ C & D \end{bmatrix}^m \begin{bmatrix} y_0 \\ \theta_0 \end{bmatrix} \tag{2.63}$$

2.5.2　波动光学：衍射和干涉

波动光学描述了光的波动性的两个基本概念：衍射和干涉。虽然在这两个概念之间没有明显的区别，但衍射与波在遇到障碍物时方向的变化有关。这也可以用波的叠加或干涉来解释。同样，波的干涉意味着衍射，因为每一个波都是另一个波的障碍，将反相分量中的能量重新定向到同相分量。当只有少数波叠加时考虑干涉，在涉及多数波的情况下考虑衍射，这是常用的处理方式(虽然并不总是恰当的)。在这一点上，有必要指出电磁波和光波之间波特性的差别(正如我们用普通术语理解的那样)。表 2.2 给出了电磁波与光波之间的一些区别。

表 2.2　电磁波与光波的区别

波特性	电磁波	光波
原理	麦克斯韦方程	薛定谔方程
发射	经典运动	量子跃迁
测量	电场	强度
近似	均匀场	均匀介质
工具	天线、波导	透镜、反射镜、棱镜等

2.5.2.1　标量波动方程

光波由位置 $\mathbf{r}=(x,y,z)$ 和时间 t 的实函数来描述，表示为 $\psi(\mathbf{r},t)$，即波函数或光学波动。如果光传播可表示为一个标量单色波，则标量波动方程由下式给出：

$$\nabla^2\psi(\mathbf{r},t) - \frac{1}{c^2}\frac{\partial^2}{\partial t^2}\psi(\mathbf{r},t) = 0 \tag{2.64}$$

其中 ∇^2 是由 $\nabla^2 = \partial^2/\partial x^2 + \partial^2/\partial y^2 + \partial^2/\partial z^2$ 给出的拉普拉斯(Laplace)算子。

真正的波函数 $\psi(\mathbf{r},t)$ 可以用一个复波函数 $\Psi(\mathbf{r},t)$ 代替，即 $\psi(\mathbf{r},t) = \mathrm{Re}[\Psi(\mathbf{r},t)] = \frac{1}{2}[\Psi(\mathbf{r},t)] + \Psi^*(\mathbf{r},t)]$，波动方程由下式给出：

$$\nabla^2\Psi(\mathbf{r},t) - \frac{1}{c^2}\frac{\partial^2}{\partial t^2}\Psi(\mathbf{r},t) = 0 \tag{2.65}$$

在单色波的情况下，$\Psi(\mathbf{r},t)$ 可变为

$$\Psi(\mathbf{r},t) = \Psi(\mathbf{r})\mathrm{e}^{i2\pi\nu t} \tag{2.66}$$

其中，$\Psi(\mathbf{r})$ 是一个复波函数，描述了波动在空间和相位上的变化，ν 是波频率。

对于单色波，时间依赖性可忽略，空间分量满足下式给出的亥姆霍兹(Helmholtz)方程：

$$\left[\nabla^2 + \left(\frac{2\pi\nu}{c}\right)^2\right]\Psi(\mathbf{r}) = (\nabla^2 + k^2)\Psi(\mathbf{r}) = 0 \tag{2.67}$$

其中，$k = \dfrac{2\pi\nu}{c} = \dfrac{\omega}{c}$ 是波动的波数，$\lambda = \dfrac{c}{\nu}$ 是波长。

光强 $I(\mathbf{r})$ 可以在长于光学周期 $\dfrac{1}{\nu}$ 的时间内求平均而获得：

$$I(\mathbf{r}) = |\Psi(\mathbf{r})|^2 \tag{2.68}$$

均匀介质中，亥姆霍兹方程最简单的解是平面波和球面波。波动方程的任意解的形式为

$$\Psi(\mathbf{r}, t) = \Psi(\mathbf{r} \cdot \hat{s}, t) \tag{2.69}$$

称之为一个平面波解，因为在与单位矢量 $\hat{s}$ 垂直的平面内，任意时刻 t 的 Ψ 是一常数。对于平面波有

$$\Psi(\mathbf{r}, t) = \Psi_1(\mathbf{r} \cdot \hat{s} - ct) + \Psi_2(\mathbf{r} \cdot \hat{s} - ct) \tag{2.70}$$

令 $\mathbf{r} \cdot \hat{s} = \zeta$，$\Psi(\zeta \mp ct)$ 是一个沿 ζ 正方向（上面符号 "−"）或 ζ 负方向（下面符号 "+"）传播的平面波。

对于球面波 $\Psi = \Psi(\mathbf{r}, t)$，其中 r 是离开源点的距离，解由下式给出：

$$\Psi(\mathbf{r}, t) = \frac{\Psi_1(r - ct)}{r} + \frac{\Psi_2(r + ct)}{r} \tag{2.71}$$

$\mathbf{r}$ 可以表示为 $\mathbf{r} = x\mathbf{i} + y\mathbf{j} + z\mathbf{k}$，$\mathbf{i}$、$\mathbf{j}$ 和 $\mathbf{k}$ 是直角坐标轴上的单位矢量。球面波远离源点传播并且在足够远离源点的 z 轴附近，在 $(x^2 + y^2)^{\frac{1}{2}} \ll z$ 给出的菲涅耳近似下，可将球面波看作抛物形波，在非常远的地方，球面波接近为平面波。

2.5.2.2　惠更斯原理

在 17 世纪 90 年代，在考虑波的传输时，惠更斯指出传播波前上的每一点都是球面波的二次子波源。这样，在以后某时刻的波前是这些小波的包络。此外，当通过介质传播时，二次小波将具有相同的传播波速度和频率。遗憾的是，惠更斯原理未能解决衍射现象。菲涅耳用干涉概念解决了这个难题。这样就产生了惠更斯-菲涅耳原理，它指出波前上的每一点都是次级扰动的来源，并且子波由不同点的相互干涉产生。当考虑它们的振幅和相对相位时，任一点上的光场振幅是所有这些子波的叠加。作为一个推论，如果波长比波经过的任何孔径都大，那么波将以大角度向外扩散到障碍物以外的区域。

2.5.2.3　衍射

衍射现象涉及波前与路径中物体的相互作用，并且描述了这种相互作用之后如何进行传播。在所有的成像应用中，衍射的一阶效应是对分辨率的限制。衍射现象通常分为两类：

1. 菲涅耳或近场衍射：当光源和观察平面(可能是一个毛玻璃屏幕)离开衍射孔径为有限距离时，观察到该现象。

2. 夫琅和费(Fraunhofer)或远场衍射：当观察平面离开孔径无限远时，观察到该现象。

衍射的典型结构如图 2.4 所示。通过有效地减少光的波长 λ，夫琅和费衍射图样减为菲涅耳图样。如果 $\lambda \to 0$，衍射图样消失，且根据几何光学，图像呈现出孔径的形状。这是另一个十分靠近光源的区域，即菲涅耳-基尔霍夫区。

点光源产生振幅为 A 的平面波，垂直入射在孔径上，如图 2.5 所示。孔径与观察平面在 z 方向是分离的，各自的坐标平面分别为 (ξ, η) 和 (x, y)。

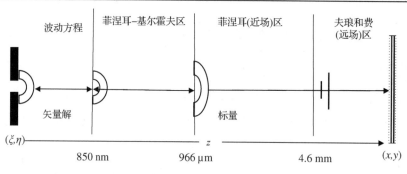

图 2.4　衍射的典型结构

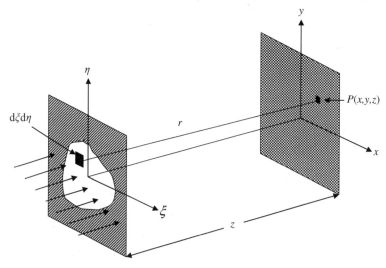

图 2.5　典型的衍射规则

为了解释衍射现象，将光学系统重新绘制成典型模型，如图 2.5 所示。考虑孔径上一个无限小的区域 $\mathrm{d}\xi\mathrm{d}\eta$，由孔径上所有无限小的区域在 P 点所产生的波的总场由下式给出：

$$\Psi(P) = \frac{1}{i\lambda} \int\int \frac{Ae^{ikr}}{r} F(\theta)\mathrm{d}\xi\mathrm{d}\eta \qquad (2.72)$$

其中，$F(\theta)$ 是倾斜因子 $\dfrac{1}{i\lambda}$，是一个比例常数，积分是对孔径的整个区域进行的。r 代表具有坐标 $(\xi, \eta, 0)$ 的源和具有坐标 (x, y, z) 的点 P 之间的距离。

如果给定平面 $z = 0$ 上的振幅和相位分布 $A(\xi, \eta)$，然后在源和点 P 之间为小角度的条件下，上述积分可通过更换倾斜因子 $F(\theta) = \cos\theta = \dfrac{z}{r}$ 改写为下式：

$$\Psi(P) = \frac{z}{i\lambda} \int\int A(\xi, \eta) \frac{e^{ikr}}{r^2} \mathrm{d}\xi\mathrm{d}\eta \qquad (2.73)$$

$(\xi, \eta, 0)$ 和 (x, y, z) 之间的距离由下式给出：

$$\begin{aligned} r &= [(x - \xi)^2 + (y - \eta)^2 + z^2]^{1/2} \\ &= z\sqrt{1 + \alpha} \end{aligned} \qquad (2.74)$$

其中，$\alpha = \dfrac{(x-\xi)^2}{z^2} + \dfrac{(y-\eta)^2}{z^2}$。

对于 $a \ll 1$，忽略 $\sqrt{1+\alpha}$ 的二项展开的二阶项和高阶项，得到如下方程：

$$
\begin{aligned}
r &\simeq z + \frac{(x-\xi)^2}{2z} + \frac{(y-\eta)^2}{2z} \\
&= z + \left(\frac{x^2}{2z} + \frac{y^2}{2z}\right) + \left(\frac{\xi^2}{2z} + \frac{\eta^2}{2z}\right) - \left(\frac{x\xi}{z} + \frac{y\eta}{z}\right)
\end{aligned}
\tag{2.75}
$$

并且 $\Psi(P)$ 的分母中的 r^2 可以更换为 z^2。因此，积分方程可以写成如下形式：

$$
\Psi(x,y) \approx \frac{\mathrm{e}^{ikz}}{i\lambda z} \int\int A(\xi,\eta) \exp\left\{ \frac{ik}{2z}[(x-\xi)^2 + (y-\eta)^2] \right\} \mathrm{d}\xi\mathrm{d}\eta
\tag{2.76}
$$

方程重新改写如下：

$$
\begin{aligned}
\Psi(x,y) \approx \frac{e^{ikz}}{i\lambda z} \exp\left[\frac{ik}{2z}(x^2+y^2)\right] \int\int A(\xi,\eta) \exp\left[\frac{ik}{2z}(\xi^2+\eta^2)\right] \\
\exp\left[\frac{-ik}{z}(x\xi+y\eta)\right]\mathrm{d}\xi\mathrm{d}\eta
\end{aligned}
\tag{2.77}
$$

这些方程被称为菲涅耳衍射积分方程，可以用来计算菲涅耳衍射图样。在菲涅耳近似条件下，与 α^2 成比例的项可忽略。这也是合理的，因为最大相位变化小于 π。衍射图样中的强度分布由 $|\Psi|^2$ 确定。因此，积分前面的系数并不影响强度分布，因为它们的模等于 1。

在夫琅和费近似条件下，z 被认为是很大的，且函数

$$
\exp\left[\frac{ik}{2z}(\xi^2+\eta^2)\right] \to 1
\tag{2.78}
$$

在此近似下，给出夫琅和费衍射积分：

$$
\Psi(x,y) \approx \frac{\mathrm{e}^{ikz}}{i\lambda z} \exp\left[\frac{ik}{2z}(x^2+y^2)\right] \int\int A(\xi,\eta) \exp\left[-\frac{ik}{z}(x\xi+y\eta)\right]\mathrm{d}\xi\mathrm{d}\eta
\tag{2.79}
$$

因此，夫琅和费衍射（远场）模式是孔径函数的傅里叶变换，夫琅和费衍射强度分布图样由 $|\Psi|^2$ 确定。可以看出，积分前面的因素并不影响衍射图样中的光强分布。

菲涅耳衍射图样高度依赖于 z 值，随着 z 值增加，图样也随之改变。矩形孔径的夫琅和费衍射图样最好是利用准直相干光源进行分析，使激光通过矩形孔径，即可在垂直于光束路径的板上看到衍射图样，或者在底片上拍摄该图样。图样可通过透镜垫来聚焦，导线的菲涅耳衍射图样和矩形孔径的夫琅和费衍射图样如图 2.6 所示。

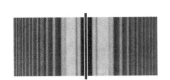
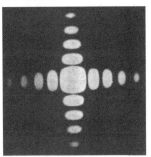

(a) 导线的菲涅耳衍射图样　　　　　　(b) 矩形孔径的夫琅和费衍射图样

图 2.6　导线的菲涅耳衍射图样和矩形孔径的夫琅和费衍射图样

2.5.2.4 干涉

当两个复振幅的单色波叠加时，可以建设性地叠加在一起，形成一个更大的波，或者破坏性地减去对方而创建一个更小的波。这些波的产生取决于各自波前的相对方向，即它们的相对相位。由此产生的波 $\Psi(\mathbf{r})$ 如下所示：

$$\Psi(\mathbf{r}) = \Psi_1(\mathbf{r}) + \Psi_2(\mathbf{r}) \tag{2.80}$$

总的波强度为

$$I = |\Psi|^2 = |\Psi_1 + \Psi_2|^2 \tag{2.81}$$

为了方便计算，$\mathbf{r}$ 已被忽略，且 $\Psi_1 = \sqrt{I_1}\mathrm{e}^{i\varphi_1}$ 和 $\Psi_2 = \sqrt{I_2}\mathrm{e}^{i\varphi_2}$，$\varphi$ 是相位。干涉方程如下：

$$I = I_1 + I_2 + 2\sqrt{I_1 I_2}\cos\varphi \tag{2.82}$$

其中，$\varphi = \varphi_2 - \varphi_1$。

因此，两个波之间的干涉不仅是两个强度的叠加，还包含一个附加项，可能是正的，也可能是负的，这与建设性或破坏性的干涉相对应。光功率是通过光强的空间重新分布来保持的。

1801 年，托马斯·杨进行了一个基本实验，演示了光的干涉和波的性质。实验中来自一个针孔的单色光照亮一个有两个针孔或狭缝的不透明屏幕。光从这些小孔衍射并照射到远在距离大于针孔间距的观察屏幕。由于照射两孔的光来自同一光源，因此两个衍射波前相干且在光束重叠区域形成干涉条纹。图 2.7 显示了在远距离屏幕上观察到的近似干涉条纹位置的几何形状示意图。

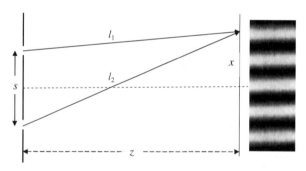

图 2.7 杨氏干涉图样形成实验

假设一个随时间独立的单色波前照射在一个屏幕上，屏幕上有两个间隔 s、大小相同的狭缝，透过狭缝的光波振幅为 A。根据惠更斯-菲涅耳原理，每一个狭缝都可以被认为是一个源，发射的球面波到距离 z 处的目标屏幕上的行进路径长度（简化为一维的）为 $l_1(x)$ 和 $l_2(x)$。在屏幕上任一点 x 处的波前振幅是两个波分量的叠加，如下所示：

$$\Psi(x) = \Psi_1(x) + \Psi_2(x) \tag{2.83}$$

考虑 s 和 x 相对于 z 都是较小的，屏幕上的图样强度由下式给出：

$$
\begin{aligned}
I(x) &= I_0\left(2 + 2\cos\left(\frac{2\pi}{\lambda}[l_1(x) - l_2(x)]/\lambda\right)\right) \\
&= 2I_0\left[1 + \cos\left(\frac{2\pi d(x)}{\lambda}\right)\right]
\end{aligned}
\tag{2.84}
$$

其中 $d(x) = l_1(x) - l_2(x)$ 是两列波在给定屏幕上 x 点处的光程差（OPD）。如果 $s \ll z$，则有

$$d(x) \approx \frac{xs}{z} \tag{2.85}$$

因此,由此产生的干涉图样在屏幕上观察到的强度表现为 $0 \sim 4\,I_0$ 的正弦变化,而不是 $0 \sim 2\,I_0$ 的变化,这可通过简单的能量守恒来解释。

在干涉测量中,定义一个量化干涉条纹图样质量的度量标准是很方便的。破坏性与建设性干涉条纹的对比可通过能见度 V 的概念进行量化,其中

$$V = \frac{I_{\max} - I_{\min}}{I_{\max} + I_{\min}} \tag{2.86}$$

从这个定义可见, $0 \leqslant V \leqslant 1$ 是很显然的, V 越接近 1,条纹的对比度越高。

2.5.2.5　极化

极化通常表示遵循特定的方向。对于矢量场,就是波发生了极化。对于光(电磁波)而言,矢量是电场和磁场强度,极化方向按惯例是沿电场的方向。光波只在与光传播方向垂直的两个方向上有非零分量。为了满足 4 个麦克斯韦方程,光波必须在与传播方向垂直的方向上有 $\mathbf{E}$ 场和 $\mathbf{B}$ 场。光是横电磁波,因此,如果光波沿着 z 轴正向传播,则 $\mathbf{E}$ 场可以平行于 $+x$ 轴, $\mathbf{B}$ 场平行于 $+y$ 轴。光行进的方向由矢量叉积 $\mathbf{E} \times \mathbf{B}$ 的方向决定。

如果在波传播过程中, $\mathbf{E}$ 场保持在与传播方向平行的同一平面上,那么这种波被称为线性极化波。 $\mathbf{E}$ 和 $\mathbf{k}$ 的平面被称为极化平面。

频率为 ω 的单色平面波电场 $\mathbf{E}(z,t)$ 位于 x, y 平面,并以速度 c 在 z 方向传播,可表示为

$$\mathbf{E}(z,t) = \mathrm{Re}\{\mathbf{A} \exp[\mathrm{j}\omega(t - \frac{z}{c})]\} \tag{2.87}$$

其中复振幅矢量 $\mathbf{A} = A_x \hat{x} + A_y \hat{y}$,具有 $\hat{x}$ 和 $\hat{y}$ 方向的复分量,且任意 z 点处矢量 $\mathbf{E}(z,t)$ 的终点是时间的函数。

$\mathbf{E}(z,t)$ 也可以表示为

$$\mathbf{E}(z,t) = E_x \hat{x} + E_y \hat{y} \tag{2.88}$$

其中电场矢量的 x 和 y 分量是

$$E_x = a_x \cos[\omega(t - \frac{z}{c}) + \varphi_x] \tag{2.89}$$

和

$$E_y = a_y \cos[\omega(t - \frac{z}{c}) + \varphi_y] \tag{2.90}$$

E_x 和 E_y 是下式给定的椭圆方程的参数:

$$\left(\frac{E_x^2}{a_x^2}\right)^2 + \left(\frac{E_y^2}{a_y^2}\right)^2 - 2\cos\varphi\left(\frac{E_x E_y}{a_x a_y}\right) = \sin^2\varphi \tag{2.91}$$

其中 $\varphi = \varphi_x - \varphi_y$ 。

波的偏振态是由椭圆的形状确定的,即取决于长轴的方向、椭圆度和椭圆的长短轴的比值。椭圆的大小决定了波的强度 $I = (a_x^2 + a_y^2)/2\eta$,其中 η 是介质的阻抗。在一个固定的时间 t ,电场矢量的末端轨迹在空间是遵循椭圆柱体表面的螺旋形轨迹,并有一个固定的 z 值,电场矢量末端在 $(x - y)$ 平面周期性旋转,从而描绘出这个椭圆。电场随着波向前运动而旋转着,每隔与波长 λ 相对应的一定距离,周期性地重复运动。

如果其中一个分量 a_x 或 a_y 等于零，则光沿另一分量方向（y 或 x 方向）发生线性极化。如果相位差 $\varphi = 0$ 或 π，则波也是线性极化的。在这种情况下，波被认为是平面极化的。

如果 $\varphi = \pm\pi/2$ 和 $a_x = a_y = a_0$，则椭圆方程变成圆方程。椭圆柱面变成圆柱面，这时波被称为圆极化的。在 $\varphi = +\pi/2$ 的情况下，从波接近（我们）的方向观看时，电场在一个固定的位置 z 以顺时针方向旋转，则认为光是右圆极化的。在 $\varphi = -\pi/2$ 的情况下，对应为逆时针旋转，光是左圆极化的。

频率 ω 沿 z 方向传播的单色平面波可用电场 x、y 方向的分量 $A_x = a_x \exp(\mathrm{i}\varphi_x)$、$A_y = a_y \exp(\mathrm{i}\varphi_y)$ 的复包络描述。这些复数可以写成一个列矩阵，称之为琼斯（Jones）矩阵或琼斯矢量，如下所示：

$$\mathbf{J} = \begin{bmatrix} A_x \\ A_y \end{bmatrix} \tag{2.92}$$

给定琼斯矢量，波的总强度可以由 $I = (|A_x|^2 + |A_y|^2)/2\eta$ 确定，并且相位差为 $\varphi = \arg[A_y] - \arg[A_x]$。琼斯矢量可以用来确定两个极化波的正交极化。如果 $\mathbf{J}_1$ 和 $\mathbf{J}_2$ 之间的内积为零，则偏振态是正交的。内积由下式给出：

$$(\mathbf{J}_1, \mathbf{J}_2) = A_{1x} A_{2x}^* + A_{1y} A_{2y}^* \tag{2.93}$$

其中 A_{1x} 和 A_{1y} 是 $\mathbf{J}_1$ 的元素，A_{2x} 和 A_{2y} 是 $\mathbf{J}_2$ 的元素。

在光与物质的相互作用中，偏振起着重要作用，与反射、折射、吸收和散射有关，主要涉及

　　a. 在两种材料分界面上光反射与入射波的偏振有关。

　　b. 某些材料的光吸收是偏振相关的。

　　c. 物质的光散射通常是偏振敏感的。

此外，各向异性材料的折射率取决于偏振。不同的极化波的传播速度不同，因而有不同的相移，这样随着波的传播，椭圆极化被改变（例如，线性偏振光可以转化成圆偏振光）。许多光学器件的设计需用到这一特性。所谓的旋光材料具有旋转线性偏振光偏振面的能力。当存在磁场时，大多数材料的极化面或偏振面会旋转。当把液晶放置在一定的结构中时，同样可作为偏振旋转器。

某些偏振的平面波通过光学器件传输时维持了平面波的性质，但是改变了它的偏振，这可以使用琼斯矢量获得。假定该器件是线性的，以便符合光场的叠加原理。这种系统的两个例子是：两介质之间平面分界面的光反射以及光通过各向异性平板的透射。输入（入射）波的两个电场分量 A_{1x} 和 A_{1y} 以及输出波（透射或反射）的两个电场分量 A_{2x} 和 A_{2y}，通过加权叠加关系联系起来，由以下矩阵给出：

$$\begin{bmatrix} A_{2x} \\ A_{2y} \end{bmatrix} = \begin{bmatrix} T_{11} & T_{12} \\ T_{21} & T_{22} \end{bmatrix} \begin{bmatrix} A_{1x} \\ A_{1y} \end{bmatrix} \tag{2.94}$$

其中，T_{11}、T_{12}、T_{21} 和 T_{22} 是描述器件偏振的常数。如果输入和输出波由琼斯矢量 $\mathbf{J}_1$ 和 $\mathbf{J}_2$ 给出，则上述方程可以写成紧凑的矩阵形式：

$$\mathbf{J}_2 = \mathbf{T}\mathbf{J}_1 \tag{2.95}$$

矩阵 $\mathbf{T}$ 是光学器件的一个特性，决定了它对入射波偏振态和强度的影响程度。例如，对于线偏振光，传输轴与 x 轴的夹角为 θ，琼斯矩阵为

$$\mathbf{T} = \begin{bmatrix} \cos^2\theta & \sin\theta\cos\theta \\ \sin\theta\cos\theta & \sin^2\theta \end{bmatrix} \qquad (2.96)$$

任意极化的单色平面波在两介质之间的平面分界面上的反射和折射也可以用琼斯矢量来研究。如果假定介质为线性、均匀、各向同性、非色散、非磁性的，且折射率为 n_1 和 n_2，那么这些波的波阵面（波前）是与反射定律（$\theta_3 = \theta_1$）和斯涅耳折射定律 $n_1\sin\theta_1 = n_2\sin\theta_2$ 相匹配的。为了将它们的振幅和波的极化联系起来，每个波的 x-y 坐标系在一个与传播方向垂直的平面上是相关的。由琼斯矢量描述的这些波的电场包络是 $\mathbf{J}_1$、$\mathbf{J}_2$ 和 $\mathbf{J}_3$，它们之间的关系可以写成矩阵形式 $\mathbf{J}_2 = \mathbf{t}\mathbf{J}_1$ 和 $\mathbf{J}_3 = \mathbf{r}\mathbf{J}_1$，其中 $\mathbf{t}$ 和 $\mathbf{r}$ 分别是反射波和透射波的 2×2 琼斯矩阵。传输和反射矩阵的元素可根据电磁理论边界条件来确定。

$\mathbf{E}$ 和 $\mathbf{H}$ 的切线分量、$\mathbf{D}$ 和 $\mathbf{B}$ 的垂直分量在边界处是连续的。与每个波相关的磁场和电场是正交的，它们的大小与入射的反射波和透射波的特征阻抗有关。

该系统的两个正常模式是沿 x 和 y 方向极化的线性极化波。x 偏振模式被称为横电（TE）偏振或正交（s）极化，这是由于电场垂直于入射平面。y 偏振模式被称为横磁（TM）偏振或平行（p）极化，由于磁场是垂直于入射平面的，因此电场平行于入射平面。x 极化和 y 极化相互独立，表示琼斯矩阵 $\mathbf{t}$ 和 $\mathbf{r}$ 是对角矩阵。系数 t_x 和 t_y 为 TE 偏振和 TM 偏振的复振幅透射率，系数 r_x 和 r_y 是复振幅反射率。分别对 TE 偏振和 TM 偏振应用边界条件，给出反射和透射系数表达式，这就是菲涅耳方程。TE 偏振的菲涅耳方程为

$$r_x = \frac{n_1\cos\theta_1 - n_2\cos\theta_2}{n_1\cos\theta_1 + n_2\cos\theta_2} \qquad (2.97)$$

$$t_x = 1 - r_x \qquad (2.98)$$

当 $n_1 < n_2$ 时，反射系数 r_x 总是实的负数，相当于相移 π。$\dfrac{(n_2-n_1)}{(n_1+n_2)}$ 在 $\theta_1 = 0$（垂直入射）时为 0 且在 $\theta_1 = 90°$（平行入射）时增加到 1。当 $n_1 > n_2$ 时，对于小角度的 θ_1，反射系数是实的正数且逐渐增大到临界角 $\theta_c = \sin^{-1}(n_2/n_1)$。全内反射具有相移 $\arg(r_x)$。

TM 偏振的菲涅耳方程为

$$r_y = \frac{n_2\cos\theta_1 - n_1\cos\theta_2}{n_2\cos\theta_1 + n_1\cos\theta_2} \qquad (2.99)$$

$$t_y = \frac{n_1}{n_2}(1 + r_y) \qquad (2.100)$$

当 $n_1 < n_2$ 时，反射系数是实数。它从正值 $\dfrac{n_2-n_1}{n_1+n_2}$ 逐渐减少，直到在临界角 $\theta_1 = \theta_B$ 时消失，θ_B 被称为布儒斯特（Brewster）角。

$$\theta_B = \arctan\frac{n_2}{n_1} \qquad (2.101)$$

当 $\theta_1 > \theta_B$ 时，r_y 的符号变反且逐渐增大，在 $\theta_1 = 90°$ 时趋近 1。若 $n_1 > n_2$，在 $\theta_1 = 0$ 时，r_y 是负的。当 θ_1 增加到 θ_B 以上时，r_y 变成正的且逐渐增加，直到在临界角 θ_c 时达到 1。当 $\theta_1 > \theta_c$ 时，波发生全内反射并伴有相移。

2.6　光与物质的相互作用

光和其他电磁辐射一样，主要以两种不同的方式与介质相互作用：吸收，光子消失在介

质中；散射，光子在介质中改变了方向。当光改变其偏振态时，还存在第三种相互作用。在吸收的情况下，光可能会以不同的波长重新发射，如荧光或磷光。经典物理学认为，光与物质的相互作用是振荡电磁场与带电粒子共振相互作用的结果。量子力学认为，光场将作用于物质的耦合量子态。

2.6.1 吸收

吸收是能量从电磁波到介质原子或分子的转移。能量转移到一个原子可以激发电子到更高的能量状态，能量转移到分子可以激发其振动或旋转。能够激发这些能量状态的光波长取决于能级结构，因此也取决于介质中原子和分子的类型。通过介质之后光谱中有些光的波长由于吸收被滤除，这样的光谱被称为吸收光谱。选择性吸收也是物体具有颜色的基础。物体是红色的是因为它吸收了可见光谱的其他颜色，只反射红光。光束的强度因吸收而减弱，透射强度随光线通过材料的层厚度 x 呈指数衰减。透射强度 I 通常写为

$$I = I_0 10^{-\alpha x} \tag{2.102}$$

其中 α 被称为吸收系数，I_0 是入射光强度。

2.6.2 散射

由于光与物质相互作用，散射会引起光的方向变化。散射的电磁辐射可以与入射辐射具有相同或更长的波长（较低的能量），并且也可能有不同的偏振。散射可分为弹性散射和非弹性散射：如果散射光与入射光的波长完全相同，这意味着散射光子与入射光子的能量完全相同，这种散射被称为弹性散射。如果光子在散射过程中伴随着能量变化，则这种散射被称为非弹性散射。这意味着散射光将有比入射光更长或者更短的波长。

如果散射体（例如分子）的尺寸远小于光波的波长，则散射体可以吸收入射光，并以不同的方向再次发射光。如果再发射的光与入射光的波长相同，则这个过程被称为瑞利（Rayleigh）散射。空气分子是可见光的瑞利散射体，波长较短（蓝光和紫光）的散射更有效。单位体积的瑞利散射强度 I_R 由下式给出：

$$I_R \approx \frac{K(n-1)^2}{\lambda^4} I_0 \tag{2.103}$$

其中，K 是常数，n 是散射体的折射率，I_0 是入射光的平均能流密度。因此，散射强度与波长的四次方成反比。

如果再发射的光的波长较长，则分子处于激发态，这个过程被称为拉曼（Raman）散射。在拉曼散射中，当分子返回基态时，重新发射波长较长的二次光子。激发和散射光子之间的能量差对应于激发分子到更高振动模式所需的能量。拉曼散射导致两种可能的结果：(a) 物质吸收能量，所发射的光子比吸收的光子的能量低。这个结果是用斯托克斯（Stokes）拉曼散射来表示的。(b) 物质失去能量，所发射的光子具有比吸收的光子更高的能量。这个结果被称为反斯托克斯拉曼散射。

拉曼散射过程是自发产生的，即在随机时间间隔内，许多入射光子中的一个光子被物质散射，这个过程被称为自发拉曼散射。另一方面，当一些斯托克斯光子已由自发拉曼散射产生（并且由于某种原因被迫留在物质中）或与原始光（泵浦光）一起故意注入斯托克斯光子（信号光）时，可以产生受激拉曼散射。在有些情况下，总的拉曼散射速率增加，超过自发拉曼散

射速率。泵浦光子更快速地转换成额外的斯托克斯光子。已经存在的斯托克斯光子越多，它们被加入得就越快。在泵浦光存在的情况下，这有效地放大了斯托克斯光，可以在拉曼放大器和拉曼激光器中发现这些现象。受激拉曼散射是一种非线性光学效应，可以用三阶非线性极化率来描述。

另一种散射被称为布里渊(Brillouin)散射。这种现象是光通过透明载体传播时发生的。它与载流子的折射率随时间和空间的周期性变化有关。光波与载体变形波相互作用的结果是，经过光波的一小部分沿类似光栅一样的优先角改变了动量(频率和能量)。布里渊散射是来自低频声子的光子散射，而拉曼散射是光子与一阶邻近原子间键的振动和旋转的相互作用。

如果散射体大小相似，或比光的波长大得多，那么能量大小的匹配是不重要的。所有波长的散射相同，这个过程被称为米氏(Mie)散射。当水滴有效地散射所有方向的可见光波长时，可以观察到这种散射现象。

2.7　光度成像

要产生图像，必须用一个或多个光源照明场景。光源一般分为点光源和面光源。点光源具有强度和彩色光谱，起源于空间的一个位置，可能在无穷远处。一般来说，点光源的光分布在一个较大的(球面)区域。一个简单的面或区域光源在一个有限的矩形区域内，并在各个方向上均匀地发出光。

2.7.1　反射和阴影

当光线照射到物体时，它被散射和反射。这种相互作用可以用双向反射分布函数(BRDF)来描述。相对于表面上的局部坐标，BRDF 是一个四维函数，它描述了入射到 v_i 方向的每一个波长有多少在反射方向 v_r 上发射。该函数可以通过相对于表面坐标的入射角和反射角改写成 $f_r(\theta_i,\phi_i,\theta_r,\phi_r,\lambda)$。BRDF 是互易的，因为入射光和反射光可以互换。当光在各个方向上均匀散射时，BRDF 是恒定值。典型的 BRDF 通常可以分为漫反射和镜面反射分量。漫反射分量(也称之为朗伯反射或无光反射)在各个方向均匀散射光，通常与阴影现象相关联，例如，可以看到强度随表面法线平滑(无光泽)变化。漫反射也常常赋予物体在光照下的颜色。因为它是由物体内部光的选择性吸收和再发射引起的。正是因为这个事实，暴露在一定量光照下的表面积在倾斜角处变大，并且随出射表面法向点远离光源而完全是自阴影的。

BRDF 的第二个分量是镜面反射(光泽度或高光)，这种反射强烈地依赖于出射光。入射光线在围绕表面法线旋转 $180°$ 的方向上反射。反射的漫反射和镜面反射分量可以与另一个术语相组合，即环境照明。这一术语解释了物体不仅能被点光源照明，而且也可以被其他表面反射的漫射光照明。

扩展阅读

1. *Fundamentals of Photonics*: B. E. A. Saleh and M. C. Teich, John Wiley, New York, 1991.

2. *Introduction to Information Optics*: F. T. S. Yu, S. Jutamulia and S. Yin (ed.), Academic Press, New York, 2001.

3. *Information Optics and Photonics*: T. Fournel and B. Javidi (eds.), Springer, New York, 2010.

4. *Advances in Information Technologies for Electromagnetics*: L. Tarricone and A. Esposito, Springer, The Netherlands, 2006.

5. *Catching the Light, the Entwined History of Light and Mind*: A. Zajonc, Oxford University Press, New York, 1993.

6. *The Quantum Theory of Light*: R. Loudon, Oxford University Press, New York, 2000.

7. *The Nature of Light—What is a Photon?* C. Roychoudhuri, A. F. Kracklauer and K. Creath, CRC Press, Boca Raton, FL, 2008.

8. *Statistical Optics*: J. W. Goodman. John Wiley Inc., New York, 2000.

9. *Introduction to Statistical Optics*: E. L. ONeill, Addison-Wesley, Reading, 1963.

10. *Coherence of Light*: J. Perina, Van Nostrand-Reinhold, London, 1985.

11. *Optical Coherence Theory*: G. J. Troup, Methuen, London, 1967.

12. *Theory of Partial Coherence*: M. J. Beran and G. B. Parrent, Prentice Hall, New York, 1964.

13. *Electromagnetic Waves*: C. G. Someda, Chapman & Hall, London, 1998.

14. *Electromagnetic Wave Theory*: J. A. Kong, McGraw-Hill, New York, 1984.

15. *Electromagnetics*: E. J. Rothwell and M. J. Cloud, CRC Press, Boca Raton, Florida, 2001.

16. *Electromagnetics*: J. D. Kraus, McGraw-Hill, New York, 1984.

17. *Modern Optics*: R. Guenther, John Wiley, New York, 1990.

18. *Light*: R. W. Ditchburn, Academic Press, New York, 1976.

19. *Geometrical and Physical Optics*: R. S. Longhurst, Longman, Inc., New York, 1973.

20. *Principles of Optics*: M. Born and E. Wolf, Cambridge University Press, New York, 1997.

21. *Optics*: E. Hecht, Addison Wesley, Reading, MA, 1998.

22. *Geometric Optics—The Matrix Theory*: J. W. Blaker, Marcel Dekker, New York, 1971.

23. *Elements of Modern Optical Design*: D. C. O'Shea, John Wiley, New York, 1985.

参考文献

[1]　I. Walmsley and P. Knight. Quantum information science. *Optics and Photonics News*, 43(9), 2002.

[2]　European Technology Platform Photonics:21. *Towards 2020: Photonics Driving Economic Growth in Europe: Multiannual Strategic Roadmap 2014 to 2020*. VDI Technologiezentrum GmbH, Dusseldorf, 2014.

[3]　Committee on Optical Science and Engineering. *Harnessing Light: Optical Science and Engineering for the 21st Century*. National Research Council, USA, 1998.

[4]　M. Watanabe. *Optical Information Technology*. National Institute of Advanced Industrial Science and Technology, 2008.

[5]　M. Leis, M. Butter, and M. Sandtke. *The Leverage Effect of Photonics Technologies: the European Perspective*. European Commission, 2011.

[6]　European Technology Platform Photonics21. *Lighting the way ahead*. 2010.

[7]　S. A. Ramakrishna. Physics of negative refractive index materials. *Progess of Physics*, 68:449-521, 2005.

[8]　G. N. Lewis. *Nature*, 118(2):874-875, 1926.

[9]　J. Z. Buchwald. *The Rise of the Wave Theory of Light: Optical Theory and Experiment in the Early Nineteenth Century*. University of Chicago Press, Chicago, USA, 1989.

[10] J. C. Maxwell. A dynamical theory of the electromagnetic field. *Trans. Royal Soc.*, 155:459-460, 1865.

[11] I. Bialynicki-Birula. On the wave function of the photon. *Acta Physica Polonica*, 86:97-116, 1994.

[12] J. F. Clauser. Experimental distinction between the quantum and classical field theoretic predictions for the photoelectric effect. *Physical Rev.*, D9(4):853-860, 1974.

[13] A. Zeilinger. Happy centenary, photon. *Nature*, 433:230-238, 2005.

[14] A. Muthukrishnan, M. O. Scully, and M. S. Zubairy. The concept of the photon revisited. *Optics and Photonics News Trends*, 3(1):18, 2003.

[15] R. Kidd, J. Aedini, and A. Anton. Evolution of the modern photon. *Am. J. Physics*, 57:27-35, 1989.

[16] C. Roychoudhuri, A. F. Kracklauer, and K. Creath. *The Nature of Light: What is a Photon?* CRC Press, Boca Raton, FL, 2008.

[17] R. Glauber. *One Hundred Years of Light Quanta*. Physics Nobel Prize Lecture, 2005.

[18] J. E. Sipe. Photon wave functions. *Phy. Rev.* (A), 52(3):1875-1883, 1995.

[19] I. Bialynicki-Birula. Photon wave function. *Progress in Optics*, 36:245-294, 1996.

[20] V. Gharibyan. Possible observation of photon speed energy dependence. *Phy. Let.*, 611:231-238, 2005.

[21] L. Allen, M. J. Padgett, and M. J. Babiker. The orbital angular momentum of light. *Prog. Opt*, 39:291-372, 1999.

[22] L. B. Okun. Photon: History, mass, charge. *Acta Physica Polonica*, 37(3), 2006.

[23] J. Luo, L. Tu, and G. T. Gilles. The mass of the photon. *Report. Prog. Physics*, 68:77-130, 2005.

[24] S. Eidelman. Review of particle physics. *Physics Letters. B*, 592:1-5, 2004.

[25] D. R. Smith, R. Dalichaouch, N. Kroll, S. Scholtz, S. L. McCall, and P. M. Platzman. Photonic band structure and defects in one and two dimensions. *J. Opt. Soc. Am.* (B), 10(2):314-321, 1993.

[26] F. Zernike. The concept of degree of coherence and its application to optical problems. *Physica*, 5:785795, 1938.

[27] L. Mandel and E. Wolf. Coherence properties of optical fields. *Rev. Mod. Phy.*, 37:231-287, 1965.

[28] P. Maragos. Tutorial on advances in morphological image processing. *Opt. Eng.*, 26(3):623-630, 1987.

[29] G. J. Troup. *Optical coherence theory*. Methuen, London, 1967.

[30] L. Mandel and E. Wolf. *Selected papers on coherence and uctuation of light*. Dover, New York, 1970.

[31] B. E. A. Saleh and M. C. Teich. *Fundamentals of Photonics*. John Wiley, USA, 1991.

[32] B. J. Thompson. Image formation with partially coherent light. 1969.

[33] S. A. Schelkunoff. Forty years ago Maxwell's theory invades engineering and grows with it. *IEEE Trans. Education*, E-15:2, 1972.

[34] A. M. Bork. Maxwell and the electromagnetic wave equation. *Am. J. Physics*, 35:844-856, 1967.

[35] M. Born and E. Wolf. *Principles of Optics*. Cambridge University Press, New York, 1997.

[36] W . F . Magie (ed.). *Fermat's Principle published in A Source Book in Physics*. Cambridge University Press, Massachusetts, USA, 1963.

[37] H. H. Hopkins. An extension of Fermat's theorem. *Optica Acta*, 17:223-225, 1970.

第3章 视觉、视觉感知、计算机视觉

3.1 引言

人类的视觉感知是人类大脑中一种十分活跃的过程，它始于人类视觉系统中最原始的基本处理过程。视觉感知(或称之为视觉)可以被定义为在观察者思想中对于某个目标或场景建立内部表示的一种过程或者由这个过程所带来的结果。这包括通过对目标反射光线(或者目标光线缺失)的处理过程，使得人们能够得出对于外界某种实体或者实体之间关系存在的一种确信。换言之，所谓视觉感知就是人类通过眼睛-大脑这种机制，实现对可见光中所包含信息进行处理，从而实现对外部场景进行理解的能力。

3.1.1 人类视觉系统

人类视觉系统可被认为是由两个功能单元组成的。在第一个单元中，人眼作为图像接收装置捕获外来的光线并将其转换为电流或神经信号。然后，该信号被传输至人脑的图像处理中心。这个中心通过处理人眼所接收到的信号，在人眼内部重建人眼所见场景的副本。其中，人眼通过化学过程将视觉信号转换为电流脉冲信号。在第二个单元中，大脑一方面对接收到的信号做简单的图像处理，另一方面对人眼内部所建立的场景模型进行操控和处理。

3.1.1.1 人眼的构造

人眼的解剖学结构可分为三个区域：(a)人眼的保护结构区，包括眼眶、眼皮、眼结膜和巩膜；(b)眼前节，包括眼角膜、前房液、虹膜、晶状体和睫状肌；(c)眼后节，包括视网膜和玻璃体液。

人眼的内部构造如图 3.1 所示[①]。眼睛的保护结构包括两个眼窝(眼眶)，它们位于人类颅骨的前端。每一个眼窝的前端部分开口较大，而到后端开口不断缩小，其中视神经连接着视觉通路与大脑。整个眼睛结构由眼皮保护着。眼皮中含有腺体，负责对泪液层进行维护。除眼角膜外，眼球的外表面被透明的黏膜覆盖，这个黏膜就是眼结膜。整个眼球基本上由巩膜构成并提供保护，巩膜从眼睛前端清澈的眼角膜(角膜缘)开始，一

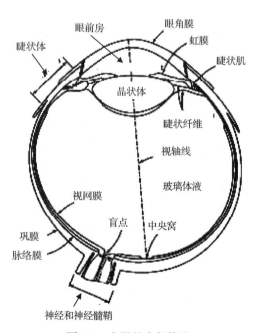

图 3.1　人眼的内部构造

---

① Redrawn from the book *Digital Image Processing* by R. C. Gonzalez and R. E. Wood published by Pearson Prentice Hall, Indian reprint.

直延伸到眼睛后端的视神经。在眼后节，巩膜形成一个网状结构，视神经通过这个网状结构穿过人眼。同时，巩膜也为眼外肌提供了一个锚状组织。

在人眼中，眼前节中所包含的结构实现了将图像聚焦至视网膜的绝大部分功能。眼角膜是眼睛主要的聚焦装置，它完成了人眼 75% 的聚焦功能。晶状体进一步完善这一聚焦功能，从而使得人眼的视线可以聚焦于眼前不同距离的目标上。虹膜控制眼睛的孔径，即瞳孔，从而控制眼睛所见图像的亮度。虹膜是睫状体的延伸，它在眼前节中的功能涵盖了很多方面：从分泌填充眼前节的液体(前房液)到悬挂眼内晶状体以及对它的形状进行控制。

前房液填充了眼前房中处于眼角膜和晶状体之间的空间。这种液体实际上是一种强化的血浆。前房液也提供了眼角膜所需的养分，而且构成了眼睛中视觉通路的一部分。当这些液体中的养分被眼角膜吸收后，它们会被循环至眼外，新分泌的液体将取代它们。前房液的折射率为 1.333，它略小于眼角膜的折射率(1.376)，而且小于晶状体的折射率(晶状体折射率呈梯度分布，处于 1.386～1.406 之间)。这种不同物质之间的折射率差，加之它们各自表面的弯曲度，导致了入射人眼的光线发生折射和弯曲。

透过眼角膜，人们可以看到眼中的虹膜，它赋予了眼睛的颜色。然而，虹膜的主要功能是通过控制眼睛的孔径(即瞳孔)来阻挡过多的光线进入眼睛。在虹膜中有两块能产生相反作用力的肌肉：括约肌和扩张肌，前者的作用是收缩瞳孔，而后者的作用是扩张瞳孔。瞳孔对于外界进入视网膜光强变化的反应绝大多数由来自中脑的一系列复杂信号所控制。

晶状体与眼角膜类似，也是一种透明的结构；然而与眼角膜不同的是，晶状体能通过改变自己的形状来增加或者减少通过折射进入眼睛的光线。晶状体的折射率梯度分布使其折射率从中心部分的 1.406 变化至外围部分的 1.386。晶状体由具有弹性的肌肉细胞外基质所包围，这种基质被称为晶状体囊袋。该囊袋不仅为晶状体提供了一个光滑的光学表面，而且还作为一个锚状结构将晶状体固定于眼中。在晶状体囊袋内，晶状体赤道位置的附近分布着一个网状的非弹性的微纤丝(睫状带)锚状结构，它连接至睫状肌。睫状肌控制着晶状体的形状和位置(向前或向后)，可对进入眼睛的光强实施精细的控制。

眼后节部分主要由玻璃体液和视网膜组成。视网膜的中央窝与黄斑也是眼后节的组成部分。眼睛对于图像最初的处理功能就是在这个高度专业化的感觉组织中实现的。玻璃体液是填充眼后节的透明胶状物，它是外界光线传入眼睛的介质。它还起着保护视网膜的作用。玻璃体液由分布于透明质酸中的胶原蛋白纤丝构成。玻璃体松弛地依附于视神经乳头和黄斑周围的视网膜，但却更加紧密地依附于睫状体后方的视网膜。处于玻璃体前端的连接结构确保了眼前房和眼后房中的液体分离。而处于视神经和黄斑周围的连接结构确保了玻璃体能紧贴视网膜。

如图 3.2 所示，视网膜由 8 层薄组织构成，这些薄组织绝大多数是透明的，它们在人类的进化过程中形成了捕获外来光子的能力，并可以触发人脑中的图像处理过程。从视网膜的表层至人眼的后方，这些薄层组织依次为

1. 视神经纤维层(神经节细胞轴突)。
2. 神经节细胞层。
3. 内网层(神经节细胞与双极细胞或无长突细胞之间的突触)。
4. 内核层(无长突细胞、双极细胞和水平细胞)。
5. 外网织层(双极细胞、水平细胞和感光细胞之间的突触)。

6. 外核层（感光细胞层）。

7. 感光受体层（感光细胞的内部和外部区域）。

8. 视网膜色素上皮细胞，它是进入人眼的光子的最终归宿，并起到降低眼内炫光的作用。

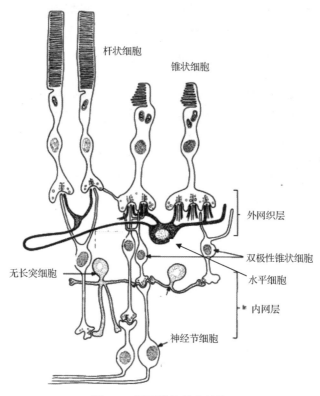

图 3.2　视网膜的基本结构

由于感光受体层位于视网膜的深处，因此入射光信号必须首先穿过视网膜的多层组织才能最终达到这个受体层。受体层吸收入射光信号并将其转换为神经信号，然后该神经信号再由双极细胞、水平细胞、无长突细胞和神经节细胞所构成的网络组织做进一步处理。神经节细胞的输出轴突构成了一个神经纤维层，它汇集了感光神经处的神经细胞，并延伸至眼外[1]。

视网膜内各种神经细胞之间错综复杂的连接能对送入人脑的视觉信息完成初步的处理。视网膜中所产生的信号则沿着视神经继续向大脑后方传播。每只人眼的视神经都由约 100 万个视网膜神经节细胞轴突构成。神经之间的连接被称为视神经头。因为在视神经头上没有感光细胞，所以每只人眼中都存在一个小小的盲点。但当人的双眼同时都张开时，两只眼睛的视觉可以相互弥补彼此的盲点。

在人眼中，视觉信号通过几种不同的神经和神经通路传导[2][3]。眼睛中的神经整合中枢含有水平细胞，该细胞的信息传输都在外网织层中完成，水平细胞还将感光细胞与双极细胞连接在一起。双极细胞可以从感光细胞处直接获取信号，或者经过水平细胞来周转信号。它们的树突在外网织层中，它们的轴突则向内延伸至内网层。在此，它们的突触与其他神经细胞相连，尤其是与无长突细胞和神经节细胞相连。

无长突细胞负责协调双极细胞、其他无长突细胞和神经节细胞之间的信号传输。神经节细胞是这个信号传输链路的最后一个单元,它们接收来自其他双极细胞或无长突细胞的输出。经过双极细胞从锥状细胞至神经节细胞的传输通路是最简单、速度最快的信号传输通路。神经节细胞构成的轴突束是视神经的起点。杆状细胞的连接与锥状细胞的连接不同,它涉及杆状细胞至双极细胞链路中的四个神经,并在神经节细胞处终止。同样,杆状细胞在神经节细胞处的突触标志着视网膜内信息处理的终点和信息传向大脑视觉皮层的起点。

以上所描述的是信息通过人眼视网膜传输过程中最简单一种的情况,实际的情况往往比这复杂得多。在两个杆状细胞之间和两个锥状细胞之间,以及两个双极细胞之间的横向信息传输等情况都可能会出现,而且这些情况之间的不同组合可呈出现几乎是无穷多的情况。

受体细胞的外部区域包含两类光敏性的视色素细胞——杆状细胞和锥状细胞,它们因其形状而得名[4]。成人的视网膜中约有 500 万个锥状细胞和 9200 万个杆状细胞[5]。杆状细胞和锥状细胞的顶端嵌入视网膜后方细胞的色素层。杆状细胞和锥状细胞具有相同的视觉纤维结构,即都是一种圆柱形介质棒包裹在另一种折射率稍低的介质中的结构。进入人眼的光信号会与诸如视青紫素和视网膜紫质的光合色素发生化学反应,从而感知光信号。

杆状细胞和锥状细胞在视网膜中的分布并不是均匀的。如图 3.3 所示,视网膜中锥状细胞的分布主要集中于视轴线的中央区域,而杆状细胞的分布则沿视轴线向周围递减①。分布在视网膜不同区域中的杆状细胞和锥状细胞并不完全相同,但它们仅在形态结构上存在差异。然而,这些细胞分布密度的不同导致了人眼视网膜的中心区域与外围区域之间存在感知能力的差异。

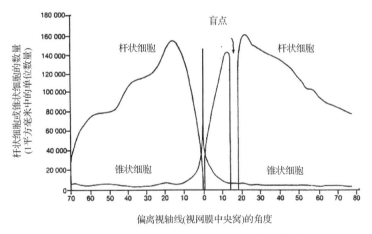

图 3.3　视网膜中杆状细胞和锥状细胞的分布

视网膜最后端的区域被称为中心黄斑,人眼所接收到的光线绝大多数都汇聚于此。该黄斑区域中的色素含量最高,有助于保护视网膜神经细胞。被称为视网膜中央窝的区域就在这个黄斑内,这个地方的人眼视觉最敏感。在这个中央窝处,视网膜的平均厚度降低。为了能使视网膜的中央区域捕获最大数量的光子,视网膜的毛细血管系统不经过视网膜的中央窝,这个区域被称为中央窝无血管区。在中央窝区域,不存在杆状细胞,只有锥状细胞。

---

① Redrawn from the book *Digital Image Processing* by R. C. Gonzalez and R. E. Wood published by Pearson Prentice Hall, Indian reprint.

3.1.1.2　视觉信号在视网膜和大脑中的处理过程

　　尽管在脊椎动物的视网膜中存在数以百万计的杆状细胞和锥状细胞，但是视觉信号的传输具有一定的选择性。在某一个给定的时刻，视网膜中的某些光敏单元是打开的，而另一些则是关闭的，大脑必须对于这些"开"与"关"的分布图样进行理解。这些视觉功能的主要元件之间的连接，即杆状细胞、锥状细胞和大脑之间的连接，需要经过视网膜各层组织之间的协调，从而使得实际进入大脑的输入可以得到控制。这条信息处理的通路如图 3.4 所示[①]。

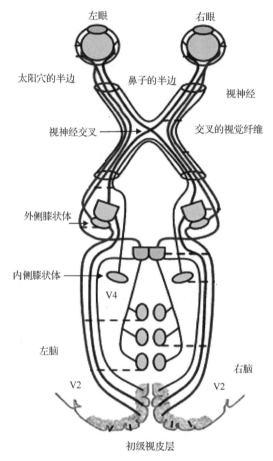

图 3.4　从人眼到大脑的视觉通路

　　每只眼睛的视神经都连续向后方延伸，并在视神经交叉处汇合。也就是在这里，鼻侧(颞侧)视网膜神经的轴突与其另一侧的视神经束交叉。而太阳穴侧的视网膜神经轴突则继续延伸至同一侧的视神经束。这就意味着来自视场右侧的视觉信号是通过左侧的视神经束传至大脑的，而来自视场左侧的视信号则通过右侧的视神经束传至大脑。图 3.5 展示了视神经对视觉信号进行处理的信号流向图。

　　每一个视神经束都终结于外侧膝状体(LGN)。LGN 是一种成对的结构，且位于背侧丘脑。正是在这个部位，进入大脑的视觉信息(尤其是进入视觉皮层的信息)得到了控制，并开始了人眼对视觉信息第一阶段的处理。根据视网膜神经节细胞轴突在视神经交叉和视神经束上的

---

① Figure redrawn from B. Dubuc; The brain from the top to bottom (2011) given in the Website, http://thebrain.mcgill.ca/avance.php.

分布特性，在 LGN 任意一层中的信号处理都表征了一只眼睛视场中的特定区域。LGN 中细胞的排列特点使得人眼能够对外界影像的对比度和运动做出反应。同理，人眼对红-绿和黄-蓝两对颜色信号的反应也产生于 LGN 中，这表明 LGN 的主要功能是对输入信号做进一步的处理。然后，LGN 将前庭神经元信号送入初级视觉皮层。视觉皮层位于大脑的最后方，它负责对来自视网膜的信号做最后的处理。

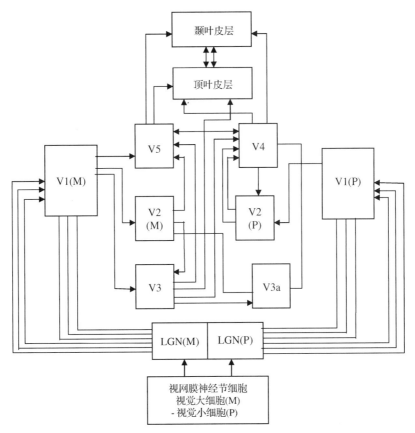

图 3.5　视觉系统中的信号流向图

　　除了视觉皮层中最初的 6 个区域（如图中 3.5 中的 V1、V2、V3、V3a、V4 和 V5 所示），在大脑的顶叶皮层和颞叶皮层中还存在约 30 个视觉信号处理区域，可对视觉信号做进一步的处理。初级视觉皮层，即 V1，是视觉皮层中的第一个组织，它负责解释神经信号中有关空间的信息，包括形式、延时和物体的朝向。V1 掌管着对来自视网膜中央窝信息进行匹配和解释的绝大多数功能区域。这些区域在对形式、颜色和运动方面的信息进行解释时，有着明确的分工。一些神经学家已经提出将这些视觉功能分为两个基本的组成部分，即快/慢视觉或有意识和无意识的视觉。

　　其他一些神经学家将来自 V1 的视觉信息分为两个信息流：(a)关于"在哪里"的背侧流，它是关于外界物体之间相对空间关系的信息流；(b)关于"是什么"的腹侧流，它是对于外界物体进行识别的信息流。关于"是什么"的信息流中所包含的信息能描绘事物的细节，因为它从视网膜中央窝神经节细胞处获取了最多的信息输入。而关于"在哪里"的信息流从视网膜末梢神经处所获取的细节信息较少，但这些信息对于外界物体位置方面的表征能力更强。

经过 V1 处理的信息被传输至 V2，于是人眼便开始了对外界物体颜色信息的处理。而当神经信号继续深入视觉皮层中的其他区域时，人眼还将开启更多相互关联的信息处理功能。在大脑的颞叶皮层区域，包括颞中区(V5)，人脑基于对外界物体复杂形式和模式的理解过程开始了对外界物体的识别。人类最终的视觉心理与感官经验还包括记忆、预期/预测和插值等方面[6]。

下面还有一个问题，简单地说就是大脑是如何进行视觉推理的？为此，人们已提出一系列的计算模型，每个模型都可在图像分析过程中完成一个相对独立的计算步骤。这些计算模型都假定了模型之间和视觉皮层的各区域之间存在大量的信息交互[7]。在此，人们认为 V5 是本地运动信号被集成到全局信号，从而实现孔径问题处理的区域，而 V2 是诸多格式塔组织处理得以实现的区域(详见书中有关视觉感知的那一节)。然而，这些模型的核心思想是将视觉处理分解为低、中、高三个不同的级别，并认为视觉皮层的功能也可分为这样的三个阶段。在这个框架下，最初的视觉处理是检测物体的局部特性，并将其组织成象征性的符号和轮廓。人们认为有关物体的表面和目标模型的表征是在诸如 V4 和 V5 的皮层区域中得到计算和感知的[8]。因此在视觉信息处理的初级阶段，视觉皮层参与了对外界物体的轮廓感知以及表面形状、目标显著性(可能还包括中轴线信息)的计算与表征。

对于图 3.5 所示结构，很有趣的一点是其连接关系中存在往复的反馈连接。一般而言，在大脑的视觉区域之间存在着一个视觉区域的深层与其另一个视觉区域的浅层之间这种成对出现的往复连接。这些从初级视皮层 V1 向下连接到 LGN(它接收来自人眼的信号)的大量反馈连接，表明了人脑对图像处理过程中的假设、检测可能是一种迭代过程，而这种迭代过程是人脑理解其视野内环境和目标所必备的。

3.1.1.3　明视觉、中间视觉与暗视觉

人眼对于入射光强度在很大的变化范围内都是敏感的。从很大的入射光强度直到弱至仅有五六个光子的光强都在人眼所能感知的范围内(其中，对于后一种情况，需要人眼事先在黑暗的环境中适应 1 小时以上)。人眼对事物的感知能力与周围环境的光照度有关。当入射光强度波动时，人眼的瞳孔会增大或者减小，这一过程可将进入人眼视网膜的光强提高 12 倍或者缩小为原来的 1/12；而余下的调节功能则由视网膜上的杆状细胞和锥状细胞来完成。图 3.6 给出了人眼的相对灵敏度性能随外界入射光强度及波长的变化关系。

如图所示，在入射光较强的范围，通常被称为明视觉范围，进入人眼视网膜的光强由锥状细胞来调节；而在入射光较弱的范围，通常被称为暗视觉范围，进入视网膜的光强由杆状细胞来调节。处于上述两者之间的范围，通常被称为中间视觉范围，进入视网膜的光强由锥状细胞和杆状细胞共同调节。人眼对于可见光范围内不同波长的灵敏度是不同的。而且对于同样一束光线，不同的人对其强度和颜色(波长)的感知也是不同的。在明视觉和暗视觉范围，人眼的光谱效率函数被称为光谱光视效率。而在中间视觉范围，光谱效率函数的获得需要在上述两个光谱光视效率之间引入一个在中间视觉范

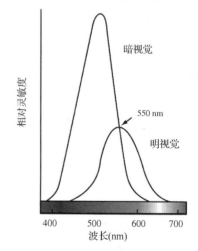

图 3.6　人眼在明视觉和暗视觉条件下相对灵敏度随波长的变化关系

围内逐渐变化的函数，而且还要考虑人眼的视觉适应条件。当外界入射光的强度升高，直至超过了中间视觉的范围时，杆状细胞进入饱和状态，其调节功能停止，由锥状细胞继续对进入视网膜的光强进行调节。此时，人眼进入所谓的明视觉范围。

锥状细胞在明视觉条件下能起到对光强的调节作用，它的分布遍及整个视网膜，但是其主要集中于视网膜的中央窝，而在中央窝的外围分布比较稀疏。在视网膜的中央窝区域，锥状细胞的密度很高，它给大脑视觉中枢提供的信息量也明显增多。因此这个区域可获得较高的视觉分辨率，至少可达 20/20 视力。而在视网膜的外围区域，锥状细胞的密度下降，它们提供给大脑的视觉信息减小，因此视觉分辨率也就下降了，通常仅能达到 20/200 视力[1]。锥状细胞除了能在视网膜中央提供高的视觉分辨率，还支持颜色识别的功能。由于锥状细胞的结构特点，当光线垂直于视网膜表面入射时，它们对光线的捕获效率最高。而当光线以偏离视网膜法线较大的角度入射时，光线被其捕获的效率就会降低，这种现象被称为斯泰尔斯-克劳福德(Stiles-Crawford)效应。由于这种效应的存在，人眼会觉得进入瞳孔外围的光线总是不如进入瞳孔中央的光线明亮。而斯泰尔斯-克劳福德现象所带来的好处是入射光线在人眼中的散射不会影响锥状细胞的视觉分辨率。当入射人眼的光强进一步增强时，锥状细胞最终也会达到饱和状态。

视网膜的中央窝处没有杆状细胞，杆状细胞主要分布于视网膜的其他区域。杆状细胞主要支持低亮度条件下(暗视觉区)的视觉功能。杆状细胞所具有的结构特征使其能获得最大的光线捕获能力。杆状细胞可对仅含有极少数光子的微弱入射光线做出反应，但要对外界事物产生感知，则人眼需要同时吸收至少 5～14 个光子。因为视网膜的中央窝区域没有杆状细胞，在暗视觉条件下(比如在夜间)，正对视网膜 2° 的范围就成为人眼的一个小盲点。人眼的暗视觉区包括从几乎完全黑暗到亮度仅有约 1 坎德拉/平方米 (cd/m^2) 的光强范围。此外，杆状细胞没有感知颜色的能力。由于杆状细胞与其支撑神经的特征，人眼在暗视觉条件下的灵敏度不如上述锥状细胞主导条件下的灵敏度高。而另一方面，杆状细胞更擅长于从更大的视网膜范围内整合入射光线，因此它们可在入射光线较弱的条件下为人眼提供视觉感知，而这样一个很弱的入射光条件已低于锥状细胞发挥功能所需的光强阈值。仅当外界入射光的强度增强至杆状细胞的上限时，锥状细胞才能开始发挥作用。而对于外界入射光的强度介于上述明视觉与暗视觉区域之间的情况(中间视觉区)，杆状细胞与锥状细胞将同时发挥作用[9]。

杆状细胞与锥状细胞在一个很宽的波长范围都很敏感，但它们对于不同波长的灵敏度是不同的。杆状细胞与锥状细胞的灵敏度都有各自的峰值波长。就绝对灵敏度而言，杆状细胞比锥状细胞的灵敏度高。人眼暗视觉(与杆状细胞有关)灵敏度的峰值波长比明视觉(与锥状细胞有关)灵敏度的峰值波长短。所以当外界光强减弱，人眼的视觉从明视觉区转换到暗视觉区的时候，人眼会感觉波长更短的颜色看起来更亮一些，而波长较长的颜色看起来较暗，这一现象被称为朴金耶位移(Purkinje shift)。

在杆状细胞与锥状细胞的正常工作范围内，它们必须能适应光强的变化。当外界光强增加时，感光细胞对光强的灵敏度会降低(称之为明适应)。当外界光强降低时，这些细胞对光

---

[1] 如果一个人拥有 20/20 的视力，说明他能够在 20 英尺(约 6 米远)的地方看清正常视力所能看到的东西，即他的眼睛是正常的；如果一个人的视力为 20/200，说明正常视力在 200 英尺处能够看到的东西，他需要凑近到 20 英尺的地方才能看到，即他的视力低下。在美国，视力低于 20/200 即可认定为失明。——译者注

强的灵敏度增加(称之为暗适应)。锥状细胞暗适应的速度比杆状细胞的快,当光强降低时,约 15 分钟后锥状细胞就能达到其最大灵敏度。而杆状细胞则需要约 40 分钟之后才能完成暗适应过程并达到其最大灵敏度。在暗适应过程完成之后,当进入人眼的光线再次增强时,杆状细胞与锥状细胞都会开启它们的明适应过程,而且它们对光强的灵敏度均降低。如果一只眼睛已经处于暗适应条件的观察者需要使用光源,但同时又想保持其眼睛的暗适应状态,那么使用长波长的红光能将眼睛灵敏度的降低控制到最小的程度。因为杆状细胞对于长波长光线的吸收相对较弱,因此红光对于杆状细胞暗适应的影响最小。同时,锥状细胞对于长波长光线的灵敏度与杆状细胞的相同,所以在长波长条件下,它们在光线较弱的环境中对人眼的视觉也产生了贡献。

3.1.1.4 CIE 的 $V(\lambda)$ 函数

光度函数 $\overline{y}(\lambda)$ 或 $V(\lambda)$ 是由国际照明委员会(CIE)定义的标准函数,它主要用于辐射能至光能的换算[10]。CIE 给出了可见光范围内人眼的相对灵敏度随波长的变化关系,如图 3.7 所示。

光度函数,或称之为亮度有效函数,描述了人眼视觉平均光谱灵敏度随外界光亮度的变化关系。它基于人眼对不同颜色光亮度的主观判断来揭示人眼对不同波长光线的相对灵敏度。该函数为衡量人眼视觉灵敏度提供了一个很好的理论依据,也为相关的实验研究提供了一个基准。

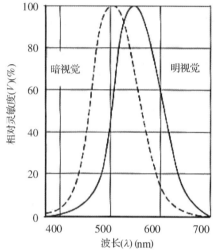

图 3.7 CIE 的 V-λ 曲线

光源的光通量(或可见的光能量)可由发光度函数来定义。光源总的光通量可由式(3.1)来计算:

$$F = 683 \ \ \mathrm{lm/W} \times \int_0^\infty V(\lambda)J(\lambda)\mathrm{d}\lambda \tag{3.1}$$

其中,F 表示光通量,单位为流明(lm),$V(\lambda)$ 为标准光度函数,$J(\lambda)$ 为功率谱密度函数。其中标准光度函数的幅度相对于 555 nm 波长处的光强做了归一化处理。式中积分符号前的常数取值通常被取整为 683 lm/W。这个常数与坎德拉的定义有关(坎德拉是光强的单位)。

对颜色的感知是人类视觉的一个重要特征,它有助于人眼更好地区分不同的目标。人眼视觉系统对颜色所产生的感知主要是基于锥状细胞对入射光波长的吸收而实现的。CIE 的 $V(\lambda)$ 函数是一个与颜色有关的函数。通常,人们使用的光度函数有两种。在日常光照的条件下,标准光度函数对于人眼响应的近似效果最好。而在亮度较暗的环境条件下,人眼的响应函数会发生变化,此时暗视觉光度函数曲线更为适用。

3.2 视觉感知

德国物理学家赫尔曼·冯·亥姆霍兹(Hermann von Helmholtz)通常被誉为现代研究视觉感知的第一人。基于前人已有的经验和他在人眼-人脑机制研究中所获得的不完全视觉分析数据,他得出这样的结论:视觉只是某种无意识的推断。来自各个领域(包括心理学、感知科学和神经科学等领域)的研究人员都提出了各种有关视觉感知的假设。除了外界物体本身的视觉特征，视觉过程还与个人的生物解剖结构、先前的经验、当前的环境和关注点，以及预期、目标和自我调节策略有关[11][12]。这其中有一个理论即无意识推理假设，它认为人类的视觉系统通过了某种贝叶斯推断，从而根据感官数据来推出知觉[13]。

3.2.1　感知规律

视觉信息是如何从场景(尤其是图片和图像)中解码出来的？这个问题一直是人们关注和感兴趣的研究热点。视觉解码的主要任务包括识别形状、分辨颜色、判断目标的大小和距离，以及在三维空间内跟踪和推断物体的运动，这些都有助于视觉感知规律的形成。在长期的研究实践中，人们提出了一系列的感知规律。这些规律主要是基于实验性研究而得出的，但都给出了感知机理的有用信息。

3.2.1.1　韦伯定律

韦伯(Weber)定律是关于人类感知研究的一个重要定律，它主要关注人眼的视觉强度鉴别。设 u 表示平均背景光强，δu 表示目标信号与目标所处的背景信号之间的差别或对比度。设 $T(u)$ 表示人眼在一个固定背景光强 u 内检测目标的二进制函数，其取值只有"是"与"非"两种可能。心理学研究表明：对于某些取值由 u 决定的阈值 $\delta_T u$，$T(u)$ 的特性像是一个赫维赛德(Heaviside)阶跃函数 $H(\delta u - \delta_T u)$，例如当 $\delta u \geqslant \delta_T u$ 时，$T_u|_u = H(\delta u - \delta_T u) = 1$，否则取值为 0。

对于每个固定背景光强 u，$\delta_T u$ 在心理学上通常被称为最小可觉差(JND)。韦伯定律表明 JND 与背景光强的平均值为正比关系。而且还存在一个常数 W，使得平均背景光强 u 在很大的一个取值范围内，都有

$$\frac{\delta_T u}{u} \equiv W \tag{3.2}$$

然而，在定量或统计学的模型中，人眼识别的判决并不一定是二进制的，而且一个人的主观反应也会导致模糊推理。因此，一个理想的推理反应函数应该允许 T 为一个连续函数，并可在 0 和 1 之间取值。

在此，我们使用一个简单的例子来揭示该定律的简单内涵，避开复杂的数学推导。假设 $w_p(x)$ 为一个正数，因此人眼判断长度为 $[x + w_p(x)]$ 的直线比长度为 x 的直线更长的概率为 p。若使用韦伯定律，对于一个固定值 p，$w_p(x) = k_p x$，其中 k_p 的值与 x 无关。简言之，韦伯定律表明：当人类视觉对事物的长度进行比较时，获得的是长度的相对差别而不是绝对差别。

3.2.1.2　费希纳定律

费希纳(Fechner)定律(也可称之为费希纳比例尺)为韦伯定律提供了一个解释[13]。费希纳的解释分为两个部分。第一个部分是说如果来自人眼外部的两个激励产生了超过某个阈值的视觉响应，则它们便是可区分的。第二个部分是说视觉响应 R 对于光强 I 的响应呈对数规律变化，即外部刺激与视觉感知之间为对数关系。这个对数关系意味着当外部刺激呈几何规律增长时(即乘以一个固定的常数的增长规律)，人眼中所产生的视觉感知将呈对数规律增长[14]。

3.2.1.3　斯蒂文斯幂定律

斯蒂文斯幂定律(Steven's power law)[15][16]的内容为：对于一个确定的观察者和一个确定

的观察任务，其眼中的感知强度值服从下面的一般规律：

$$p(x) = \alpha x^{\beta} \tag{3.3}$$

其中，α 和 β 与具体的观察者有关，不同的观察任务和不同的外部刺激类型会产生不同的幂函数规律。对于外部刺激的两个取值 x_1 和 x_2，下列关系成立：

$$\frac{p(x_1)}{p(x_2)} = \cdot \left(\frac{x_1}{x_2}\right)^{\beta} \tag{3.4}$$

这个幂函数规律可被推广到更广泛的感官领域[17][18]，其中感官幅度 S 随着外部刺激强度 I 与一个常数阈值 I_0 的差所构成的幂函数的增长而增长。这个增长的速率由函数的幂指数 β 决定，具体表示如下：

$$S = \alpha(I - I_0)^{\beta} \tag{3.5}$$

斯蒂文斯幂定律描述了感官对于维度值，包括长度、面积和体积的感知。在该定律中，参数 β 非常重要，因此相关的研究人员做了很多实验，试图在人眼感知图像信息的环境下获取参数 β 的值。实验得出的结果是：对于面积维度，参数 β 的值在 $0.6 \sim 0.9$ 之间；对于体积维度，参数 β 的值在 $0.5 \sim 0.8$ 之间；对于长度的判决，参数 β 的值在 $0.9 \sim 1.1$ 之间。可见，对于长度维度，参数 β 接近于 1，因此在这种情况下感官感知的值与实际值更接近。然而，如果考虑的面积取值为 $1/2$ 为不是 1，则感官感知的值为 0.62，这个误差已经相当大了。而对于体积维度而言，参数 β 的值距离 1 更远，这意味着人类感官对于体积的感知更不精确，往往会产生更大的误差。

3.2.1.4 分组定律和格式塔原理

术语"格式塔"（gestalt）的意思是形状或形式（即各部分具有不同分离特性的有机整体）。在感知学领域，格式塔心理学家认为感知是各种不同刺激之间交互的产物。与行为学家对感知过程中多个因素的理解方法不同，格式塔心理学家主要研究各个因素的组织关系。格式塔心理学的中心原则，即认为人类的感知应该是一个具有自组织取向的全局。该原则坚持认为当人类思想（感知系统）产生一个概念或格式塔（此处指感知的最终结果）时，会形成一个全局，而这个全局与其各组成部分是独立的（即人类的感知应该被看成一个整体，而不是各个感觉元素的集合）。

格式塔原理基于视觉感知过程中的主动分组定律假设。这里的分组是人眼视网膜的组件所能识别的。每当一个目标（或前面提到的分组）上的一些点具有一个或若干个共同的特性时，它们就会被分组，并形成一个新的、更大的视觉目标，即一个格式塔。已有的基本分组规则包括相邻性规则、相似性规则、方向连续性规则、变形完成性规则、闭合性规则、宽度恒常性规则、凸性规则、对称性规则、共同运动性规则和先验性规则。比如，颜色恒常性规则认为目标物体上相互连接且亮度（或颜色）变化不明显的区域为一致的（即被视为一个整体，不区分组成部分）。在一条曲线止于另一条曲线的场景，即形成一个 T 形连接时，就可以使用变形完成性规则来描述。在这种情况下，我们的视觉倾向于将这个截断的曲线理解为某种被遮挡目标的边界。另一个例子是宽度恒常性规则，它将两条平行的曲线理解为一个宽度不变物体的两个边界。这个规则经常在人类实践中发挥作用，因为它与人们写字和画画活动中的感知过程有关。

要将外界目标作为一个有意义的整体来进行感知，而不是对其每个独立的特性进行孤立的、表面的感知，这需要将各种特性组合为一个三维(3D)模型。对此，一个经典的例子是纳克方块(Necker cube)〔如图 3.8(a) 所示〕。它是一个包含 12 条线段的集合，人眼看起来总觉得是一个 3D 立体，但是它存在两种相互矛盾的解释①。这两种解释就是感知竞争的一个例子：即对于一个相同的视觉刺激存在两种或两种以上不同的解释。图 3.8(b) 和 (c) 还给出了两个例子，可以看到视觉会在图中不存在轮廓的地方产生虚幻的轮廓。这些例子说明了感知是带有假设性的：感知是自顶向下的解释，它十分依赖于背景、期望和其他外部的因素，而这些因素已经超出了来自人眼外部的刺激。

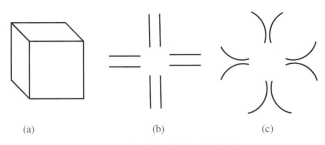

(a) (b) (c)

图 3.8　视觉幻觉的一些例子

3.2.1.5　亥姆霍兹原理

亥姆霍兹原理认为当外界出现随机的刺激时，人类总能从中感知出某种组织结构。尽管人们难以给出一个数学公式来描述这个原则，但或许可以通过引入一个通用的变量，即虚警数(NFA)来解释这一原则。一个事件的虚警数是这个事件发生次数的数学期望。虚警数小于一个给定值 ε 的事件被称为 ε 有意义事件[19][20]。当 $\varepsilon \leqslant 1$ 时，这个事件被认为是有意义的。在均匀随机分布的约束条件下，如果一个事件发生次数的数学期望小于 ε，则这个事件被称为是 ε 有意义的。这个原理可由小点排列的例子来说明。若在视场内存在许多空间上随机分布(泊松分布)的小点，而其中的一些小点都落在一条很细的带状区域中，则它们就被认为是对准的。这些小点对准的精度由这个带状区域的宽度来衡量。这种对准的可见性和有意义性主要取决于这些小点的排列是否是规律的，而不是随机的。如果在已经对准的小点范围内再增加更多随机分布的小点，则这种对准就不再可视，也不再有意义。

需要注意的是，视觉感知并不是上述这些规则中所说的某种全局过程。上述这些规则中所说的感知应该包括多种过程、多种表现以及来自多个感官和记忆的信息之间的相互作用。由于生物感知的多个约束条件之间存在着相互矛盾，因此想获得一个模型统一的理论框架来描述这些相互作用的过程是非常困难的。如何将人类感知拆分成多个子过程，以及人类的视觉感知系统是如何将来自不同信息源的信息进行集成的，这两个问题至今仍在很大程度上都还是未解之谜。

3.2.2　三维中的视觉

尽管人眼具有很强的三维空间感知能力，但基本的视觉感知系统(即人眼视网膜)将外界

---

① 这两种矛盾的解释是指：当人眼凝视这个方块一段时间后，会发现它可以转换方向，似乎视角可以从右上角观察，又可以从左下角观察，这两种感受是互相矛盾的。——译者注

光信号转换而来的电脉冲信号都是二维的。而当人的双眼同时睁开时，其几何和生物机制的共同作用，使得人眼能够在某种程度上感知外界目标的深度信息，而且人脑中对于该目标所留存的记忆也参与了这种感知过程。最终，在对三维场景进行二维表征时，该过程产生了很强的深度感知[21]。然而遗憾的是，人眼在对于真实的三维场景进行感知的过程中也会产生错误。

基于双眼视网膜上所产生的二维图像，人类大脑能够将我们的视场合成为一个丰富的三维表征。由于双眼之间水平方向的间距，两只眼睛所看到的物体在两个视网膜上形成的图像之间存在位置上的差别（称之为双目视差）。这个双目视差为人眼在感知三维场景的过程中提供了一个强有力的信息支撑。单凭这一点，在很多情况下就足以使得双眼能够感知外界事物的深度信息。尽管双目视差在若干关于视觉研究的领域中都得到了人们的关注，但人们对于我们的大脑中是如何产生立体视觉的这一问题还未完全理解。最近，电生理学领域的研究给出了这个过程中的四个环节：首先，人眼的信息感知功能对双目所获得的视差信号进行编码；然后，视神经将该编码信号组织成一个地形图；接下来，人眼中不同的视觉区域都对外界事物的立体感知做出必要的加工处理；最后，大脑通过将处理后的双目视差信息进行集成，并以观察者为中心产生对于外界事物距离的感知。

然而，人脑对于外界事物深度和三维结构的感知也可以通过一只眼睛获得的信息来实现。比如在人眼感知物体之间大小和运动视差的差别时，通过一只眼睛就可以实现。其中利用了观察者在移动过程中的不同时刻所获得的目标图像。然而在这种条件下，大脑所获得的有关物体深度的信息往往不如双眼并用时获得的信息那样生动。因此有人提出，人脑对外界目标深度差别的感知与人眼对深度信息感知的精度有关，而且对于这种深度感知精度的认识也是很有必要的。

3.2.3　视觉感知的贝叶斯解释

绝大多数需要依靠智能来解决的问题，往往都具有一定的不确定性。计算机视觉也不例外，它具有在不确定条件下进行决策的特征。在计算机视觉中，这种不确定性需要利用一定量的概率计算，并基于先验知识来获得一种判决。贝叶斯推断以数学公式的形式建立了先验知识与来自图像序列输入的数据之间的关联，颇具影响力。贝叶斯理论将可能性解释为可信度，而不是事件发生的频率，并要求权衡所有的事实及其所有（可以想到的）的解释，以及它们可能出现的（估计的）概率。其原则就是要将先验知识或理论与实验或观察得到的数据样本结合起来。其本质就是将事实与进行决策的规则相结合。在下图文字的识别过程中，我们可以看到贝叶斯理论对视觉的解释。在这个实例中，同样的文字输入在不同语境中会以完全不同的方式解读（见图 3.9）。

THE CHT

图 3.9　一个视觉解释与推理的例子

在此，我们给出一个基于贝叶斯准则从所获数据中进行视觉推理的一个非正式的表述。设 H 表示对一个场景中某一目标的假设，D 表示所获得的图像数据，则条件概率 $P(H|D)$ 和 $P(D|H)$ 与它们彼此以及各自的无条件概率 $P(H)$ 和 $P(D)$ 都有关，可以表达为

$$P(H|D) = \frac{P(D|H)P(H|D)}{P(D)} \tag{3.6}$$

给定一个状态 H，存在一个相应的条件概率 $P(D|H)$，它表示目标为 H 条件下观察到图像数据 D 的概率。然而，计算机视觉的典型目的是要确定在一个场景中正确识别目标的概率，即计算上式中与条件概率相反的情况。也就是说，对于给定的图像数据 D，需要确定假设 H 成立的概率 $P(H|D)$ 是多少。贝叶斯准则给出了在给定观测样本、无条件概率和先验知识 $P(D|H)$ 的条件下，计算上述这个推测 $P(H|D)$ 的程序性规则。因此，它为知识库与视觉数据之间提供了一个简单的关联。

贝叶斯准则的一个主要特色，是它提供了一种可随输入数据的不断增多而对视觉假设不断进行更新的机制，因此该规则可以递归运转，使用最近一次的假设来解释下一组数据。然而，在许多的视觉计算任务中，可能没有可用（或强有力）的先验假设，对于目标的识别需要纯粹基于从给定目标或图像中所获得的一组特征矢量来进行。如此，其接下来的任务就是要确定这个特征矢量是否与一个特定目标分类中的某个成员具有一致性。

3.3　计算机视觉

对于人类而言，视觉和视觉感知是毫不费力的事情；然而，要想基于计算设备和算法自动化地实现这个过程是相当困难的。计算机视觉的主要内容就是要将视觉感知和认知处理中的诸多过程与表述进行自动化的集成。它力求通过对获取自相机和其他传感装置的信号进行处理，来对视觉场景和序列以及场景中的目标智能化地产生有价值的描述。其目标是将图像进行简化，从而解决一个给定的视觉问题，比如对某个给定的目标进行识别，或在一个三维场景中对一个选定的点进行识别。计算机视觉所面临的挑战可描述为在智能性理解一个场景及其环境所需的信号处理过程中，建立一种合适的信号至符号的转换机制。也就是说，必须要将其中的信号转换为适合计算机解释和操控的符号表示，由此可使机器与这个世界实现智能的交互。

人们在利用硬件和算法来模仿人类视觉系统活动以及大脑信息处理的过程中遇到了一些困难。首先，图像是一种二维（2D）的光学投影，而人类的视觉系统能感知三维（3D）场景。就这一点而言，视觉实际上是一个逆向的光学问题，即计算机视觉系统需要将 3D 场景逆转为 2D 投影来还原这个世界的属性（即物体在空间中的属性，但严格地说，这种对于投影的逆转在数学上是不可能实现的）。然而，计算机图形学通过对所获 2D 图像的咬合面、阴影和暗部、梯度、视角以及其他方面的特性进行计算，开启了对 3D 世界的描述。而人类的视觉系统恰好能完成上述的逆向转换过程。人类的视觉系统可在不同的约束条件下识别目标和场景，人类可通过强大的神经系统资源而毫不费力地、迅速地、可靠地和无意识地完成这一任务。其次，单纯基于数据驱动和硬件的系统，采用所谓的自底向上的图像分析方法，且不考虑遮挡、视角、照明的变化和目标的背景时，计算机视觉仅能完成几个很有限的视觉任务。因此，计算机视觉中的绝大多数问题属于法国数学家哈达马（Hadamard）所描述的不适定性问题，因为它不满足哈达马给出的适定性条件，即 (a) 问题的解是存在的，(b) 问题的解是唯一的，(c) 问题的解连续性地取决于数据[7]。显然，计算机视觉中的问题极少能符合哈达马的适定性条件。

在过去的近十年中，计算机视觉中一项比较突出的技术发展是计算机图形学的进展，尤其是在基于图像的建模和绘制这个跨学科的领域中所取得的进展。该技术通过相机等设备所采集的目标照片，经计算机进行图形图像处理以及三维计算，全自动生成了所拍摄物体的三维模型。与此同时，在刚刚过去的十年中，出现了基于特征学习的目标识别技术。在这个时期，计算机视觉中一些引人注目的技术发展包括星座模型[22]和图形结构[23]。基于特征的目标识别技术在其他的目标识别任务（包括场景识别、全景图的生成和位置识别[24]）中也处于主导地位。当前的主流技术是采用复杂的机器学习技术来解决计算机视觉问题。这一趋势恰好契合了因特网上可获得大量部分标记数据的发展潮流，这使得机器在无须人工干预的情况下对目标分类进行学习变得更加可行。

3.3.1　图像格式

为了以压缩的形式存储和传输图像，人们采用了许多不同的图像格式。因为在压缩之前原始图像的数据量较大，且含有很多的信息冗余（比如图像中相邻像素之间的关联）。目前，图像文件的压缩算法可分为两大类：无损压缩和有损压缩。无损压缩算法可减小图像文件的大小并保留原始未压缩图像的完整信息。通常，经过无损压缩的图像文件要比同等条件下使用有损压缩后所得的图像文件更大，但也并不总是如此。在使用无损压缩的时候，应该避免在进行图像编辑时多级重复的压缩，因为此类算法虽然保留了原始未压缩图像的信息，表面上看似乎是原始图像的完整副本，但实际上并非如此。绝大多数的有损压缩算法都提供了不同的压缩参数，通过调节这些参数，可在进行图像压缩时在图像质量和文件大小之间取得折中。不同的图像压缩格式都是针对某一特定压缩率和可操作性或者打印机和图像浏览器的特性而专门设计的。以下是人们广泛使用的一些图像格式。

- .jpeg（联合图像专家组）：这种图像格式对于连续色彩图像的可调压缩来说是十分理想的，人们可以根据需要来设定压缩后图像的品质因数（典型值为 75）。图像的压缩比范围可在 100:1（有损压缩）至 10:1（几乎无损压缩）之间调节。对于多帧图像中的每一帧图像，人们通常采用.jpeg 压缩格式来减小图像中的冗余，而通过在多帧图像之间采用帧间预测编码和插值方法，还可以进一步压缩冗余。
- .mpeg（动态图像专家组）：该格式标准是由国际标准化组织为压缩与传输音频和视频文件而制定的。这是一个面向流媒体的压缩编码技术，主要用于视频和多媒体文件的压缩。
- .gif（图像互换格式）：该格式对于数据稀疏的二值图像压缩是非常理想的。因此被广泛用于网页浏览器和其他带宽受限的媒体系统中。
- .tiff（标记图像文件格式）：这是一类带有随机嵌入式标记的复杂图像格式，它可以支持最多24 位彩色图像。该格式是无损的图像压缩格式。
- .bmp（点阵图像）：该格式也是一种无损的图像压缩格式，在点阵图像中，人们可以很容易地获得图像中的单个像素点。
- .png（便携式网络图像）：这种图像格式是一个免费、开源的.gif 格式的替代格式。该格式支持 8 位调色板图像（且每种调色板颜色的透明度都可调）和 24 位真彩（1600 万色）或 48 位真彩图像（可带有或不带调节图像透明度的阿尔法通道）。而 gif 格式仅支持 256 色和一个单一的透明度。

除以上图像格式外，还有其他很多的图像格式，可利用颜色坐标，比如 RGB(红、绿、蓝)和 HSI(色调、饱和度、亮度)等来支持图片的色彩分离。

对于单色图像(黑、白两色)，其典型的分辨率为 8 位/像素。这样，每个像素就存在 256 种可能的亮度值，包括黑色(值为 0)到白色(值为 255)以及该范围中所有不同灰度的取值。一个全彩色图像也可以在上述的三个颜色坐标上进行这样的编码，如此，每一个像素需要 24 位的数据量。然而，人们通常使用更稀疏的编码方式来表示颜色，甚至将亮度与色度信息进行组合，使其颜色的总信息量仅为 8 位/像素或 12 位/像素。

因为经过量化的图像信息本质上是离散取值的，所以这个图像矩阵给图像的信息量带来了一个上限。可以用总位数来描述这个信息量，但是这种方法没有包含图像信息的光学特性。更好的方法是采用奎斯特理论来描述，该理论表明：图像信息中所包含的最高频率分量不能大于图像像素矩阵采样密度的一半。因此，一个含有 640 列像素的图像所能表示的图像频率分量不能高于每图 320 个采样周期。同理，如果用每秒 30 个采样周期的速率来对图像进行采样，则采样后图像信息中的最高频率分量为 15 Hz。图像矩阵中独立像素的总数决定了图像的空间分辨率，而这个值与图像的灰度分辨率是无关的，后者由每个像素的灰度信息位数来决定。

3.3.2　图像获取

在视频与图像处理技术诞生之前，人们必须通过相机来获得图像，并将其转换为可处理的实体。这个过程被称为图像获取。图像获取的过程包括三个步骤：首先，所要观察的目标反射光能量；然后，用某种光学系统对这个光能量进行聚焦；最后，借助某种物理机制通过传感器测量或存储这个光能量。最初，人们采用针孔相机来完成上述的三个步骤，其中太阳光作为目标可反射的光能量源，感光胶片作为传感器，而对光能量进行聚焦的功能则由相机中的透镜系统完成。

在数码相机或计算机中，人们采用了带有高速模数转换功能的图像采集卡，将视频信号转换为字节流。常见的视频格式有 NTSC(北美标准)和 PAL(欧洲、英国标准)两种格式。在 NTSC 格式中，视频图像每一帧的分辨率为 640×480 像素，帧频为 30 帧/秒。在 PAL 格式中，视频图像每一帧的分辨率为 768×576 像素，帧频为 25 帧/秒。

3.4　几何图元与变换

在图像信息处理中，尤其是在图形应用中，几何目标通常由一定数量被称为几何图元的要素来定义。这些图元可能对应于点、直线、曲线和面，可用来描述二维或三维形状。比如，一个矩形可由它的四条边(或四个顶点)来定义，而每条边可以采用线段并通过若干个几何操作来构建，这一过程被称为几何变换。比如，变换可以设定直线图元的方位、指向和缩放比例。

3.4.1　几何图元

二维图像的顶点或像素坐标可以用一对坐标值来表示：$\mathbf{x} = (x, y) \in \Re^2$；也可以用齐次坐标来表示：$\tilde{\mathbf{x}} = (\tilde{x}, \tilde{y}, \tilde{w}) \in P^2$。其中 $\Re$ 和 P 分别表示普通的坐标空间和投影空间。齐次坐标用三个参数而不是两个参数来表示二维的点，因此平面上的一个点在齐次坐标中被表示为一个列矢量 $\tilde{\mathbf{x}} = (\tilde{x}, \tilde{y}, \tilde{w})^{\mathrm{T}}$。在齐次坐标中，如果两个矢量仅仅是缩放比例不同，则这两个矢量仍被认为是相同的，因为 $P^2 = \mathfrak{R}^2 - (0, 0, 0)$ [表示 $\mathfrak{R}^2$ 空间里除去 $(0, 0, 0)$ 这个矢量]。齐次坐标的矢量 $\tilde{\mathbf{x}}$ 可以通过除以矢量的最后一个分量 $\tilde{w}$ 而转换为二维坐标的矢量 $\mathbf{x}$，即 $\tilde{\mathbf{x}} = \tilde{w}\mathbf{x}$。在齐次坐标中，点矢量最后一个元素为零（$\tilde{w} = 0$）的点被称为理想点或无穷远处的点，它没有相应的二维坐标表示。

使用齐次坐标的好处是，它使得两点 x_1 和 x_2 之间直线 $\mathbf{l}$ 的计算变得简单。在齐次坐标下，一个点位于一条直线上的情况可以表示为 $\mathbf{l}\tilde{\mathbf{x}} = 0$。如果这个点在直线上，则这个直线矢量必须与这个点矢量垂直。因此，一条通过了两个点的直线就表示成与这两点矢量均垂直的矢量。该矢量可通过求矢量积（即 $\mathbf{l} = x_1 \times x_2$）来获得。

二维直线可用齐次坐标表示为 $\tilde{\mathbf{l}} = (a, b, c)$，相应的直线方程为 $\tilde{\mathbf{l}} = ax + by + c = 0$，$a \neq 0$，$b \neq 0$，还可以改写为下面的矩阵形式：

$$\begin{bmatrix} x \\ y \end{bmatrix} = -\frac{c}{\sqrt{a^2 + b^2}} \tag{3.7}$$

单位矢量 $\mathbf{n}$ 被称为归一化矢量，它与直线垂直。当 $c < 0$ 时，它的方向指向直线，当 $c > 0$ 时，它的方向指向远离直线的方向。矢量 (a, b) 与 $\mathbf{n}$ 相似，与直线垂直，而与其正交的矢量 $(-b, a)$ 与直线平行。

类似地，三维空间中的一个点可在三维坐标中表示为 $\mathbf{x} = (x, y, z) \in \mathfrak{R}^3$，或者在齐次坐标中表示为 $\tilde{\mathbf{x}} = (\tilde{x}, \tilde{y}, \tilde{z}, \tilde{w}) \in P^3$。将三维坐标中的一个点转换到齐次坐标中的表达式为 $\tilde{\mathbf{x}} = (x, y, z, 1)$（其中 $\tilde{\mathbf{x}} = \tilde{w}\mathbf{x}$），可为计算带来方便。

其他的代数曲线，如二维圆锥曲线也可以方便地用齐次坐标表示为多项式形式。比如，二维圆锥截面曲线（因为这些曲线都可以被看作是平面与三维圆锥相交而形成的，故得名）可以用二次方程表示为 $\tilde{\mathbf{x}}^{\mathrm{T}} Q \tilde{\mathbf{x}} = 0$。

与二维平面的处理过程类似，三维平面也可以用齐次坐标中的矢量 $\tilde{\mathbf{m}} = (a, b, c, d)$ 来表示，平面方程可写为 $\tilde{\mathbf{x}} \cdot \tilde{\mathbf{m}} = ax + by + cz + d = 0$。还可以用一个垂直于这个平面的归一化矢量 $\mathbf{n}$ 对这个平面进行归一化处理，其中 d 表示归一化矢量的起点与平面之间的距离。$\mathbf{n}$ 还可以在球面坐标中表示为两个角度 θ 和 ϕ 的函数，即 $\mathbf{n} = (\cos\theta\cos\phi, \sin\theta\cos\phi, \sin\phi)$。图 3.10 给出了二维直线和二维平面在齐次坐标中的表示。

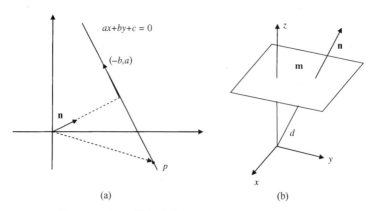

图 3.10　(a)二维直线的表示；(b)三维平面的表示

3.4.2 几何变换

在实际应用中，与图像处理相关的几何变换有五种，它们是：平移变换、相似性变换、刚体变换(欧几里得变换)、仿射变换和射影变换。其中每种变换都会保留原图像的一种属性。平移变换保留图像的指向，相似性变换保留图像的角度，刚体变换保留图像的长度，仿射变换保留图像的平行度，射影变换保留图像中的直线。在实际应用中，上述这些变换还可以组合使用。

一个平面的线性变换(也称之为仿射映射)是从这个平面到它本身的映射 $L: \Re^2 \rightarrow \Re^2$，从而使得

$$\begin{bmatrix} x \\ y \end{bmatrix} \mapsto \mathbf{A} \begin{bmatrix} x \\ y \end{bmatrix} + \mathbf{b} \tag{3.8}$$

其中，$\mathbf{A} = \begin{bmatrix} a_{11} & a_{12} \\ a_{21} & a_{22} \end{bmatrix}$，$\mathbf{b} = \begin{bmatrix} b_1 \\ b_2 \end{bmatrix}$。

通过这个变换，直线 $cx + dy + e = 0$(其中 $c \neq 0$ 或 $d \neq 0$)会被转换为直线 $(a_{22}c - a_{21}d)x + (a_{11}d - a_{12}c)y = (a_{12}b_2 - a_{22}b_1)c - (a_{11}b_2 - a_{21}b_1)d = (a_{11}a_{22} - a_{11}a_{22} - a_{12}a_{21})e = 0$。

平移变换 Trans(b_1, b_2) 是给图像中的每一点的坐标加上一个常矢量 $\mathbf{b}$，从而形成新的点，可将其看作 $\mathbf{A} = \mathbf{I}$ 的仿射变换，其效果是将这一点的位置沿着 x 轴方向移动 b_1 个单位、沿着 y 轴方向移动 b_2 个单位。它的逆变换可表示为 $T^{-1} = $ Trans$(-b_1, -b_2)$。

与此相类似，关于原点的缩放操作[Scale(s_x, s_y)]可以被看作一个仿射变换，其中矩阵 $\mathbf{A}$ 为 $\mathbf{A} = \text{diag}(s_x, s_y)$ 且 $s_x \neq 0$，$s_y \neq 0$，$b = 0$。这种变换将一个点坐标的 x 和 y 分量分别乘以系数 s_x 和 s_y。如果采用矩阵方式表示，则这个缩放操作可表示为

$$\begin{bmatrix} x' \\ y' \end{bmatrix} = \begin{bmatrix} s_x & 0 \\ 0 & s_y \end{bmatrix}' \begin{bmatrix} x \\ y \end{bmatrix} \tag{3.9}$$

上式中若 $s > 1$，则缩放操作为放大，若 $s < 1$，则缩放操作为缩小。当 $s_x = s_y$ 时，缩放操作为保持比例不变的一致缩放。图 3.11 给出了对一个矩形做上述变换的示意图。

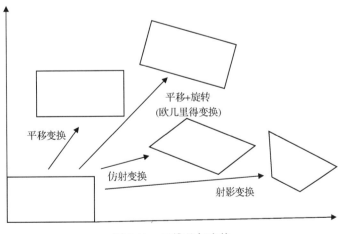

图 3.11 二维几何变换

旋转变换就是把原图中的每一个点 $\mathbf{P}$ 旋转角度 θ 变换为 $\mathbf{P}'$ 点，从而使得 $\mathbf{P}$ 与 $\mathbf{P}'$ 的夹角为 θ。通过下式可由 $\mathbf{P}$ 的坐标求得 $\mathbf{P}'$ 的坐标：

$$\begin{bmatrix} x' \\ y' \end{bmatrix} = \begin{bmatrix} \cos\theta & -\sin\theta \\ \sin\theta & \cos\theta \end{bmatrix} \begin{bmatrix} x \\ y \end{bmatrix} \tag{3.10}$$

在齐次坐标下的二维旋转算子 $\mathbf{T}_{rot}$ 可以表示为

$$\mathbf{T}_{rot} = \begin{bmatrix} \cos\theta & -\sin\theta & 0 \\ \sin\theta & \cos\theta & 0 \\ 0 & 0 & 1 \end{bmatrix} \tag{3.11}$$

欧几里得变换是同时对图像进行平移和旋转操作，它保留图像中各点之间的欧式距离。

仿射变换可表示为 $y = \mathbf{A}\bar{x}$，其中 $\mathbf{A}$ 为任意的 2×3 矩阵，由下式给出：

$$y = \begin{bmatrix} a_{00} & a_{01} & a_{02} \\ a_{10} & a_{11} & a_{12} \end{bmatrix} \bar{x} \tag{3.12}$$

一组平行线经过仿射变换后仍然是平行的。

射影变换也被称为透视变换或齐次变换，该变换用于齐次坐标中。射影变换保留直线的特性(即直线经过该变换后仍然为直线)。但要想获得笛卡儿坐标中的结果，则必须对齐次坐标做归一化处理。

至于 3D 情况下的坐标变换，它们与上述那些 2D 坐标变换很相似，2D 与 3D 坐标转换的主要区别与 3D 旋转的参数化有关。然而在实际应用中，当遇到需要将 3D 目标投影到 2D 平面上时，需要使用 3D 到 2D 的线性投影操作。

3.4.2.1　相机几何模型

简言之，相机几何模型给出了关于将 3D 目标(点、线等)投影到 2D 图像的信息的模型。反之亦然，该模型也给出了 2D 图像反向映射为 3D 目标的方法。相机几何模型可以分为两类：(a)全局相机模型，它给出一组参数，这些参数中任何一个值的改变都会影响整个视场内的投影函数；(b)局部相机模型，它也给出一组参数，但这些参数中任何一个值的改变只会影响视场的一个局部。图 3.12 给出了针孔相机系统的透视投影模型的示意图。

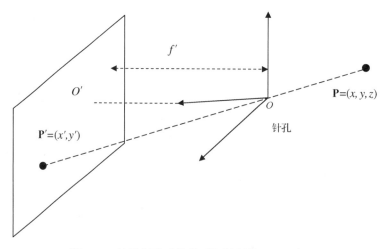

图 3.12　针孔相机系统的透视投影模型的示意图

针孔相机模型是最简单的相机几何模型，它是真实或实际使用的相机的一种数学近似。我们可以将针孔相机想象成一个闭合的盒子，在它一个面的中心处有一个针孔。当来自目标的光线进入这个针孔后，会在盒子里针孔对面的内壁上呈现一个上下颠倒的目标图像。实际的相机中都配备有透镜组，因此可在更广泛的范围内捕获入射光线。因为实际相机中所获得的图像相对于目标是颠倒的，人们通常还考虑一个虚像，它位于针孔前的像平面上。这个虚像的朝向与实际目标是一致的。

实际使用的相机中不使用针孔，因为：(a)它不便于获得更多的入射光；(b)针孔的孔径太小，有可能产生衍射效应。在实际相机中，人们广泛采用了透镜组，这样可从更大的范围内获得入射光，并将其聚焦于相机中的感光装置上。但是，这些光学透镜会给图像带来一些确定性的偏差，可采用一些矫正技术来消除。通常，这些由透镜组带来的偏差包括以下几方面：

1. 球面像差：通常相机中的透镜为球面镜，会产生球面像差。当平行的光线由镜片的边缘通过时，它的焦点位置比较靠近镜片，而由镜片的中央通过的光线，它的焦点位置则远离镜片。受此影响，对于近轴光线所形成的影像，其边缘看起来好像被来自周围的光斑所包围。因此画面的中央及其周围都会受到影响，图像整体看起来好像蒙上一层纱似的，致使图像的锐度降低。

2. 色像差：因为不同波长的光在透镜上的折射角度略有差别，因此透镜在对光线聚焦时往往仅能保证图像光线中某一波长的光线被聚焦到像平面上。而入射光中其他波长的光线会形成模糊图像。

3. 渐晕现象：因为相机中光学透镜的横向尺寸毕竟都是有限的，因此透镜周围光线会部分地受到拦截而比透镜轴上的光线强度更弱，且轴外发光点距离光轴的距离越远，其入射光被拦截的现象越严重。结果使得图像边缘看起来比图像中心更暗。

4. 径向畸变：在实际的相机系统中，直线透视模型的假设并非总是成立的。换句话说，对于实际的相机系统而言，视场全局的中心、图像的中心和相机的中心并非总是共线的。这会带来径向畸变，即图像沿透镜半径方向的分布发生畸变，产生原因是光线在远离透镜中心的地方比靠近中心的地方被弯曲的程度更大。

相机中的透镜系统还有一个有趣的特点，当透镜焦距增加时，目标图像的尺寸也会增大。这种现象被称为光学变焦。在实际应用中，透镜的有效焦距可以通过重新安排光学透镜来实现，比如改变光学系统内两个或多个光学透镜之间的距离。然而光学变焦与数字变焦不同，数字变焦可通过图像处理技术和软件来实现。一台相机所能观察到的区域被定义为相机的视场。相机视场除了依赖于焦距，还依赖于相机中图像传感器的物理尺寸。通常，相机中的图像传感器是矩形的而不是正方形的，因此相机的视场需要考虑水平和垂直两个方向。

相机的景深取决于它的光圈，也就是位于相机前端的一个圆片形部件，它的中央有一个半径可调的小孔。这个光圈相当于人眼中的虹膜，可控制进入相机光线的强度。在极端情况下，光圈缩小至仅允许沿光圈中心轴线的光线进入相机，这会产生无限的景深。而这样做的缺点是更多的入射光线将被光圈阻拦。因此，这时就需要放慢相机快门的速度以确保有足够的光线能进入相机并形成图像。但这样的话，运动中的目标在相机中所产生图像就会变得模糊。

基于相机系统的几何构造，图 3.13 给出了相机平面、像平面之间的坐标关系。如图 3.13 所示，三维空间中的一个点 $\mathbf{P}^w = [x^w, y^w, z^w]^{\mathrm{T}}$ 被映射到相机坐标中，然后又被投射到相机胶片上，也就是物理的像平面上，其坐标为 $[u; v]^{\mathrm{T}}$。为了便于表述，这里考虑了位于焦距 $f = 1$ 处的归一化的像平面。

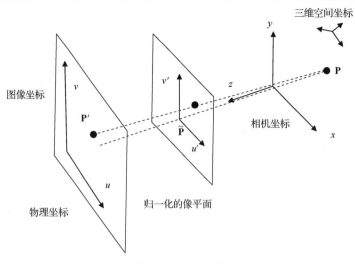

图 3.13　坐标系统

在这个归一化的像平面上，针孔被映射为像平面 $\tilde{c}$ 的原点，而点 $\mathbf{P}$ 被映射为 $\tilde{\mathbf{P}} = [\tilde{u}; \tilde{v}]^T$，其中

$$\tilde{\mathbf{P}} = \begin{bmatrix} \tilde{u} \\ \tilde{v} \\ 1 \end{bmatrix} = \frac{1}{z_c} \begin{bmatrix} \mathbf{I} & 0 \end{bmatrix} \begin{bmatrix} x^c \\ y^c \\ z^c \\ 1 \end{bmatrix} \tag{3.13}$$

和

$$\begin{bmatrix} u \\ v \\ 1 \end{bmatrix} = \frac{1}{z_c} \begin{bmatrix} kf & 0 & u_0 \\ 0 & lf & v_0 \\ 0 & 0 & 1 \end{bmatrix} \begin{bmatrix} x^c \\ y^c \\ z^c \end{bmatrix} = \frac{1}{z_c} \begin{bmatrix} kf & 0 & u_0 \\ 0 & lf & v_0 \\ 0 & 0 & 1 \end{bmatrix} \begin{bmatrix} \mathbf{I} & 0 \end{bmatrix} \begin{bmatrix} x^c \\ y^c \\ z^c \\ 1 \end{bmatrix} \tag{3.14}$$

将上述方程依照相机图像的参数 α、β、u_0 和 v_0 进行转换（其中 $\alpha = kf$，$\beta = lf$），可以得到下面的矩阵方程：

$$\begin{bmatrix} u \\ v \\ 1 \end{bmatrix} = \frac{1}{z_c} \begin{bmatrix} \alpha & 0 & u_0 & 0 \\ 0 & \beta & v_0 & 0 \\ 0 & 0 & 1 & 0 \end{bmatrix} \begin{bmatrix} x^c \\ y^c \\ z^c \\ 1 \end{bmatrix} = \frac{1}{z_c} \begin{bmatrix} \alpha & 0 & u_0 & 0 \\ 0 & \beta & v_0 & 0 \\ 0 & 0 & 1 & 0 \end{bmatrix} \begin{bmatrix} \mathbf{R} & \mathbf{t} \\ 0^T & 1 \end{bmatrix} \begin{bmatrix} x^w \\ y^w \\ z^w \\ 1 \end{bmatrix} \tag{3.15}$$

其中参数 $\mathbf{R}$ 和 $\mathbf{t}$ 为相机坐标与三维空间坐标的转换过程中固有的参数。若 $\mathbf{M}$ 为投影矩阵，则

$$[uv1] = \frac{1}{z^c} \mathbf{M} \mathbf{P}^w \tag{3.16}$$

可以看到，相机的外部参数是那些定义相机相对于已知三维空间坐标的位置和朝向的参数。类似地，相机的内部参数是那些用于定义像素点在相机内部坐标的必要坐标参数。一般而言，确定这些参数有助于得出这两个参考坐标之间相对位置的转换矢量，并有助于得出能对这两个坐标系进行对准操作所需的旋转矩阵。

对于一个给定的相机，估计上述的相机内部参数、相机外部参数以及径向畸变的过程被称为校准。当上述这些参数都为未知时，此时相机处于未校准状态。在校准或未校准的状态下，人们将分别使用不同的算法进行图像处理。但是一般而言，如果要在所期望的尺度单位

（如毫米单位）条件下对目标参数进行测量并期望获得有价值的结果，通常都需要首先对相机进行校准。校准过程通常需要使用一个带有显著视觉特征的真实目标，比如一个已知尺寸参数的棋盘。

扩展阅读

1. *Visual Prosthetics: Physiology, Bioengineering, Rehabilitation*: G. Dagnelie（ed.）. Springer, New York, 2011.

2. *Adler's Physiology of the Eye*: P. L. Kaufman and A. Alm, St. Louis, Mosby, 2003.

3. *Introduction to the Optics of the Eye*: D. Goss and R. West, Butterworth-Heinemann, Boston, 2002.

4. *Wolff's Anatomy of the Eye and Orbit*: R. Tripathi, A. Bron, and B. Tripathi, Chapman and Hall, London, 1997.

5. *Optics of the Human Eye*: D. Atchison and G. Smith, Elseviermedical, London, 2000.

6. *Treatise on Physiological Optics*: H. Von Helmholtz, Dover, New York, 1999.

7. *Perceptual Organization and Visual Recognition*: D. Lowe, Kluwer Academic Publishers, Boston, 1985.

8. *Organization in Vision*: G. Kanizsa, H. Rinehart and C. Winston, 1979.

9. *Computer Vision: A Modern Approach*: D. A. Forsyth and J. Ponce, Pearson Education, New Delhi, 2015.

10. *Multiple View Geometry in Computer Vision*: R. Hartley and A. Zisserman, Cambridge University Press, Cambridge, 2000.

11. *Introductory Techniques for 3D Computer Vision*: E. Trucco and A. Verri, Prentice Hall, 1998.

12. *Multiple View Geometry*: R. I. Hartley and A. Zisserman, Cambridge University Press, Cambridge, UK, 2004.

参考文献

[1]　H. Kolb. How the retina works. *Am. Scientist*, 91:28-35, 2003.

[2]　J. M. Alonso, W. M. Usrey, and R. C. Reid. Rules of connectivity between geniculate cells and simple cells in cat primary visual cortex. *J. Neurosc.*, 21(7):4001-15, 2002.

[3]　A. Angelucci, J. B. Levitt, and E. J. Walton. Circuits for local and global signal integration in primary visual cortex. *J. Neurosc.*, 22(19):8633-46, 2002.

[4]　A. Roorda and D. Williams. The arrangement of the three cone classes in the living human eye. *Nature*, 397:520-522, 1999.

[5]　C. M. Cicerone and J. L. Nerger. The relative numbers of longwavelength-sensitive to middle-wavelength-sensitive cones in the human fovea centralis. *Vis. Res.*, 29(1):115-128, 1989.

[6]　J. Bullier. Integrated model of visual processing. *Brain Res. Rev.*, 36(2,3):96-107, 2001.

[7]　J. Marroquin, S. Mitter, and T. Poggio. Probabilistic solution of ill-posed problems in computational vision. J. *Am. Stat. Asso.*, 82(397):76-89, 1987.

[8]　T. S. Lee. Computations in the early visual cortex. *J. Physio.*, 97:121-139, 2003.

[9]　H. Hofer, J. Carroll, J. Neitz, M. Neitz, and D. R. Williams. Organization of the human trichromatic cone mosaic. *J. Neurosc.*, 25(42):9669-9679, 2005.

[10]　K. McLaren. The development of the CIE 1976 uniform colour-space and colour-difference formula. *J. Soc. of Dyers and Colourists*, 92:338-341, 1976.

[11] I. Biederman. Recognition-by-components: A theory of human image understanding. *Psycho. Rev.*, 94(2): 115-147, 1987.

[12] J. Feldman. How does the cerebral cortex work? development, learning, and attention. *Trends in Cognitive Sc.*, 7(6):252-256, 2003.

[13] D. M. McKay. Psychophysics of perceived intensity: A theoretical basis for Fechner's and Stevens' laws. *Science*, 139:1211-1216, 1963.

[14] S. C. Masin, V. Zudini, and M. Antonelli. Early alternative derivations of Fechner's law. *J.of Hist. of the Behavioral Sc.*, 45:56-65, 2009.

[15] S. S. Stevens. The relation of saturation to the size of the retinal image. *Am. J. of Psycho.*, 46:70-79, 1934.

[16] On the psychophysical law. *The Psychological Review*, 64(3):153-181, 1957.

[17] G. A. V. Borg and L. E. Marks. Twelve meanings of the measure constant in psychophysical power functions. *Bull. Psychonomic Soc.*, 21:73-75, 1983.

[18] G. Lindzey (ed.). *A history of psychology in autobiography*. Prentice Hall, New Jersy, 1974.

[19] A. Desolneux, L. Moisan, and J. M. Morel. Meaningful alignments. *Int. J. Comp. Vis.*, 40(1):7-23, 2000.

[20] A. Desolneux, L. Moisan, and J. M. Morel. Computational gestalts and perception thresholds. *J. Physio.*, 97)2-3):311-324, 2003.

[21] S. Ullman. The visual recognition of three-dimensional objects. In *Attention and performance*, MIT Press, Cambridge, MA, 1993.

[22] R. Fergus, P. Perona, and A. Zisserman. Weakly supervised scaleinvariant learning of models for visual recognition. *Int. J. of Comp. Vis.*, 71(3):273-303, 2007.

[23] P. F. Felzenszwalb and D. P. Huttenlocher. Pictorial structures for object recognition. *Int. J. Comp. Vis.*, 51(1):55-59, 2005.

[24] M. Brown and D. Lowe. Automatic panoramic image stitching using invariant features. *Int. J. Comp. Vis.*, 74(1):59-67, 2007.

第4章 用于光信息处理的光源和光电探测器

4.1 引言

在光频段进行信息处理的系统中需要多种不同的光子器件来实现光信号的产生与检测，还包括信息的交换、调制和存储。因此，光子器件就是用来产生、操控和检测光信号的组件。因为绝大多数光子器件的功耗都比较低，因此人们试图将其集成，形成光子集成电路，从而进一步减小系统的体积和功耗。几乎所有的光子器件都是由半导体材料制作的，并随着半导体材料工艺的发展而不断发展，因此本章有必要先介绍一下有关半导体物理的基本知识。

4.2 半导体物理的相关知识

在半导体的原子中，原子核外电子所允许存在的能量状态形成了连续的能带，而不是离散的能级。半导体的光子学特性与其原子中的电子状态相对应，因此与这些能带紧密相关，并且是这些能带的函数。对于温度为 T 的固态晶体材料，在热平衡条件下任意电子态的能量 E 被一个电子占据的概率服从费米-狄拉克(Fermi-Dirac)分布函数，即

$$f(E) = \frac{1}{1 + e^{(E-E_F)/k_B T}} \tag{4.1}$$

其中 E_F 表示材料的费米能级，k_B 为玻尔兹曼常数。

当温度为 $0°\mathrm{K}$(开尔文)时，费米能级以下的所有状态都被电子占据，而费米能级以上的能级都是空的。如果费米能级处于两个分立的能带之间，则当 $T \rightarrow 0°\mathrm{K}$ 时，这两个能带有一个完全被电子填满，而另一个则完全为空。此时，完全被电子填满的能带被称为价带，而完全为空的能带被称为导带。导带中的最低能级和价带中的最高能级之间由称之为禁带的能带分开，禁带宽度为 E_g。导带中最低的能级被称为导带底，记为 E_c，价带中最高的能级被称为价带顶，记为 E_v。因此二者之间的带隙(即禁带宽度)为 $E_g = E_c - E_v$。对于半导体材料而言，这个带隙通常小于 $4.0\,\mathrm{eV}$，而且会随着温度的升高而减小。比如，材料锗(Ge)的带隙为 $1.12\,\mathrm{eV}$，材料硅(Si)的带隙为 $0.72\,\mathrm{eV}$。

从能带理论的角度来看，如果一种材料内部的所有能带要么完全被电子填满，要么就完全为空，则这种材料是绝缘体，因为处于一个完全填满的能带中的电子在电场中是无法移动的。如果在一种固体材料内部具有一个或多个部分被电子填满的能带，则这种固体就是金属，因为处于部分被填满的能带中的电子可在电场中运动并传导电流。然而，当环境温度不为零时，处于价带中的电子有可能被热激发并移动到导带中。这种热激发的可能性是 $\dfrac{E_g}{k_B T}$ 的函数。被热激发至导带上的电子便成为可携带负电荷的载流子。电子离开价带后会留下一个空缺，被称为空穴，它是能带中未被电子占据的空位。价带中的空穴可以像载流子一样移动并传导

正电荷。半导体中的电子和空穴都对半导体的导电性有贡献。

　　电子的能量是量子力学波矢 **k** 的函数，它取决于形成半导体能带结构的电子能量。如果半导体中导带的最低能级（导带底）与价带的最高能级（价带顶）有不同的 **k** 值，这样的半导体就被称为间接带隙半导体。而与此相反，若半导体导带的最低能级与价带的最高能级有同一个 **k** 值，则这样的半导体就是直接带隙半导体，半导体 GaAs 就属于这种情况。对于能量等于某种半导体禁带宽度的光子，它在自由空间中的波长 λ_g 与该半导体材料的禁带宽度存在如下关系：

$$\lambda_g = \frac{hc}{E_g} \tag{4.2}$$

　　半导体中的电子浓度为单位体积的半导体中处于导带上的电子数量，空穴浓度是单位体积的半导体中处于价带上的空穴数量。一个能带上的电子数量取决于这个能带中能级的数量和每个能级被电子占据的概率。半导体材料中的能级密度是单位体积半导体材料中的能级数量。对于能量值 $E \geq E_c$，在 E 和 $E + \mathrm{d}E$ 之间的能量范围内，半导体导带中电子状态密度 $\rho_c(E)\mathrm{d}E$ 可表示为

$$\rho_c(E)\mathrm{d}E = A_c(E - E_c)^{1/2}\mathrm{d}E \tag{4.3}$$

同理，对于能量值 $E \leq E_v$，在上述同样的能量范围内，处于价带的空穴状态密度 $\rho_v(E)\mathrm{d}E$ 可表示为

$$\rho_v(E)\mathrm{d}E = A_v(E_v - E)^{1/2}\mathrm{d}E \tag{4.4}$$

式中的 A_c 和 A_v 是与电子和空穴有效质量相关的常数。

　　在导带中，能量处于 E 和 $E + \mathrm{d}E$ 之间的电子浓度（带有负电荷的载流子）为

$$n_0(E)\mathrm{d}E = f(E)\rho_c(E)\mathrm{d}E \tag{4.5}$$

因为空穴是未被电子占据的空位，因此在能量 E 上空穴出现的概率为 $[1 - f(E)]$。类似地，在上述同样的能量范围内，空穴浓度的表达式为

$$p_0(E)\mathrm{d}E = [1 - f(E)]\rho_v(E)\mathrm{d}E \tag{4.6}$$

在热平衡条件下，电子和空穴的总密度为

$$n_0 = \int_{E_c}^{\infty} f(E)\rho_c(E)\mathrm{d}E \tag{4.7}$$

和

$$p_0 = \int_{-\infty}^{E_v} [1 - f(E)]\rho_v(E)\mathrm{d}E \tag{4.8}$$

对于等效的能量状态密度，导带和价带中的载流子密度关系可近似表示为

$$\begin{aligned} n_0 &= N_c(T)\mathrm{e}^{-(E_c - E_F/k_B T)} \\ p_0 &= N_v(T)\mathrm{e}^{-(E_F - E_v/k_B T)} \end{aligned} \tag{4.9}$$

其中 N_c 和 N_v 分别表示半导体导带和价带中等效的能级密度。

　　在本征半导体中，杂质对于电子和空穴密度的贡献可以忽略。因此在本征半导体中，电子和空穴的数量相同，即 $n_0 = p_0 = n_i$，此时费米能级十分接近禁带中央的位置。然而，在非本征半导体（即掺杂半导体）中，n_0 和 p_0 是不相等的，这是因为杂质对半导体载流子有贡献。

若杂质原子对半导体导带中的电子有贡献(即施予电子),则该杂质被称为施主杂质;若杂质原子对于半导体价带中的空穴有贡献(即接受电子),则该杂质被称为受主杂质。由于整个半导体材料对外呈电中性,因此下式成立:

$$n_0 + N_a^- = p_0 + N_d^+ \tag{4.10}$$

其中 N_a^- 表示受主杂质的原子浓度,受主杂质的原子呈负电性;N_d^+ 表示施主杂质的原子浓度,施主杂质的原子呈正电性。

若 $N_d^+ > N_a^-$,则该半导体被称为 n 型半导体,此时半导体中 $n_0 > p_0$。在 n 型半导体中,电子为主要载流子,空穴为次要载流子。若 $N_a^- > N_d^+$,则该半导体被称为 p 型半导体,此时半导体中 $p_0 > n_0$。在 p 型半导体中,空穴为主要载流子,电子为次要载流子。在 n 型半导体中,费米能级移向导带边缘;而在 p 型半导体中,费米能级移向价带边缘。对于重度掺杂的 p 型半导体,费米能级可移至价带内部;类似地,对于重度掺杂的 n 型半导体,费米能级可移至导带内部。重度掺杂的半导体又被称为简并半导体。

导带中的电子和价带中的空穴会产生复合。当半导体与其所处的环境达到热平衡状态时,载流子的复合速率与热激发所导致的载流子的分离速率恰好达到平衡态,此时半导体中电子和空穴的浓度保持其热平衡状态时的值(n_0 和 p_0)。当有电流注入或是光激励导致半导体内电子和空穴的浓度高于它们各自在热平衡状态下的浓度值时,通过载流子复合过程可使多余的载流子恢复到其热平衡状态下的值。如果半导体外部的激励条件始终存在,则半导体会达到一个准平衡状态,此时电子和空穴无法用一个统一的费米能级来描述,而是在导带和价带中出现了两个分立的准费米能级 E_{Fc} 和 E_{Fv}。此时,电子占据半导体导带和价带的概率分别服从两个分立的费米-狄拉克分布函数。在这样的准平衡条件下,电子和空穴浓度随能量变化的函数关系为

$$n = N_c(T)\mathrm{e}^{-(E_c - E_{Fc}/k_B T)}$$
$$p = N_v(T)\mathrm{e}^{-(E_{Fv} - E_v/k_B T)} \tag{4.11}$$

如此,n 与 p 的乘积为

$$np = n_0 p_0 \mathrm{e}^{(E_{Fc} - E_{Fv})/k_B T} \tag{4.12}$$

多余电子或空穴的弛豫时间常数,即电子和空穴的寿命,可分别表示为

$$\tau_e = \frac{n - n_0}{R}$$

和

$$\tau_h = \frac{p - p_0}{R} \tag{4.13}$$

其中 R 表示复合速率。

半导体中少数载流子的生存周期被称为少数载流子寿命,对应的术语还有多数载流子寿命。使得电子和空穴的寿命相同的充分条件为电子和空穴的浓度都远大于复合中心的载流子密度。

4.2.1　电流密度

半导体中的电流密度是指半导体内通过单位截面面积(如每平方米)的电流总量,其中电流的单位为安培。导致半导体内电子和空穴流动的原因有两方面:漂移和扩散。其中,漂移是指载流子在电场作用下的流动,而扩散是由于载流子在半导体内的浓度分布存在空间梯度

而造成的。半导体中的电子流密度 $\mathbf{J}_e$ 和空穴流密度 $\mathbf{J}_h$，可以基于过剩电子和空穴浓度的形式 [即 $\nabla n = (n - n_0)$ 和 $\nabla p = (p - p_0)$] 而表示如下：

$$\mathbf{J}_e = e\mu_e n\mathbf{E}_e + eD_e\nabla n$$

$$\mathbf{J}_h = e\mu_h n\mathbf{E}_h + eD_h\nabla p \tag{4.14}$$

其中 e 为电子的电量，μ_e 和 μ_h 分别为电子和空穴的迁移率，$\mathbf{E}_e$ 和 $\mathbf{E}_h$ 分别为电子和空穴所在的电场，D_e 和 D_h 为电子和空穴的扩散系数。

半导体中电子和空穴的迁移率与温度、半导体材料的类型及半导体杂质和缺陷紧密相关。通常，电子和空穴的迁移率随着半导体杂质和缺陷密度的增加而降低。对于非简并半导体，其载流子的扩散系数与迁移率由爱因斯坦关系决定：

$$D_e = \frac{k_B T}{e}\mu_e$$

$$D_h = \frac{k_B T}{e}\mu_h \tag{4.15}$$

在导带和价带的边缘处，电子和空穴所在的电场可表示为梯度的形式，即 ∇E_c 和 ∇E_v。在各向均匀的半导体中，导带和价带边缘相互平行，且上述的两个梯度通常是相同的。

在电子流和空穴流密度中，基于载流子漂移的分量 J_e^{dri} 和 J_h^{dri} 可分别表示为

$$J_e^{dri} = \mu_e n\nabla E_c$$

$$J_h^{dri} = e\mu_h p\nabla E_v \tag{4.16}$$

同理，电子流和空穴流密度各自的扩散分量 J_e^{dif} 和 J_h^{dif} 按准费米能级 E_{Fc} 和 E_{Fv} 可表示为

$$J_e^{dif} = \mu_e n\nabla E_{Fc} - \mu_e n\nabla E_c$$

$$J_h^{dif} = \mu_h p\nabla E_{Fv} - \mu_h p\nabla E_v \tag{4.17}$$

将以上载流子的漂移与扩散分量相加，可得半导体中总的电流密度 $\mathbf{J}$ 为

$$\mathbf{J} = \mathbf{J}_e + \mathbf{J}_h = \mu_e n\nabla E_{Fc} + \mu_h p\nabla E_{Fv} \tag{4.18}$$

在热平衡条件下半导体内部没有净电流，因此 $\mathbf{J} = 0$。另一方面，若半导体中带有电流，则半导体处于准热平衡状态，此时存在两个准费米能级，$E_{Fc} \neq E_{Fv}$。

材料的电导率 σ 是材料中电流密度和电场之间的比例常数。在半导体材料中，电子和空穴对于它的电导率取值都有贡献。但其中只有漂移电流对电导率有贡献，因为扩散电流的产生与电场无关。$\mathbf{J}$ 由下式给出：

$$\mathbf{J} = e(\mu_e n + \mu_h p)\mathbf{E} = \sigma\mathbf{E} \tag{4.19}$$

其中 $\sigma = e(\mu_e n + \mu_h p)$，$\mathbf{E}$ 为电场。

显然，对于本征半导体，有 $\sigma_i = e(\mu_e + \mu_h)n_i$。对于绝大多数的半导体而言，有 $\mu_e > \mu_h$，因此在同样的掺杂浓度条件下，n 型半导体比 p 型半导体的电导率更高。此外，半导体的电导率与它的温度密切相关，因为载流子的浓度和迁移率都对温度十分敏感。

4.2.2　光子器件的半导体材料

制作光子器件的主要半导体材料都来自元素周期表中的 IV 族元素硅(Si)和锗(Ge)。尽管碳(C)不是半导体，但是它能与 Si 形成 IV-IV 族复合半导体材料(碳化硅，SiC)，在这种材

料的内部可以形成许多不同的带隙结构。在元素周期表中沿着某一列向下查看，可以发现元素的带隙依次递减，这是因为半导体元素的原子量递增。而且当光子能量低于带隙，这个波长的光在这些元素所构成的半导体晶体中传输时，折射率也随着其原子量的增加而增加。

对于光子器件而言，使用最广泛的半导体材料是 III-V 族复合半导体材料。这些材料可以通过将 III 族元素（比如 Al、Ga 和 In）和 V 族元素（比如 N、P、As 和 Sb）进行化合来获得。Si 和 Ge 经化合后可以形成 IV-IV 族合金半导体材料 Si_xGe_{1-x}。这些 IV 族半导体材料和上述的 IV-IV 族化合物都属于间接带隙半导体材料。目前存在数十种 III-V 族二元（素）半导体材料，比如 GaAs、InP、AlAs 和 InSb。不同的二元 III-V 族化合物可以采用不同的组分合金，形成三元合金和四元合金的混合晶体。

三元 III-V 族合金由三种元素化合而成，其中两种来自 III 族元素，一种来自 V 族元素，比如 $Al_xGa_{1-x}As$；或者一种来自 III 族元素，两种来自 V 族元素，比如 $GaAs_{1-x}P_x$。四元 III-V 族合金由两种 III 族元素和两种 V 族元素化合而成，比如 $In_{1-x}Ga_xAs_{1-y}P_y$。III-V 族半导体材料有可能是直接带隙材料，也有可能是间接带隙材料，这主要取决于它的带隙结构。

在 III-V 族化合物中，氮化物是制作光子器件的重要材料。这些化合物经常被用于制作蓝光、紫光和紫外光波段的激光器、发光二极管与半导体光电探测器。基于氮化物和它们构成的合金材料制作的光子器件，其工作波段几乎可以覆盖整个可见光波段，并可向紫外光波段延伸。二元氮化物半导体（比如 AlN、GaN 和 InN）和三元氮化物合金（比如 InGaN）都属于直接带隙半导体材料。

Zn、Cd 和 Hg 属于 II 族元素，它们也可以与 VI 族元素合金（如 S、Se 和 Te）制成二元 II-VI 族半导体材料。在这些化合物中，Zn 和 Cd 化合物、ZnS、ZnSe、ZnTe、CdS、CdSe 和 CdTe 都属于直接带隙半导体材料。II-VI 族化合物还可进一步化合形成混合 II-VI 合金，比如三元合金 $Hg_xCd_{1-x}Te$ 和 $Hg_xCd_{1-x}Se$。由这些材料制成的光子器件具有很宽的带隙，工作波段可覆盖可见光至中红外波段。

基于晶格匹配的化合物在不断发展的光子器件中逐渐得到了应用。根据定义，如果两种晶体具有相同的晶格结构和晶格常数，它们就是晶格匹配的。晶格匹配的三元或四元化合物通过调整化合物的组分，能使其带隙实现可变宽度，但是在调整组分时，其晶格常数要保持固定。当带隙变化时，该化合物的折射率会朝着相反的趋势改变。对于四元化合物，如 $Al_xGa_{1-x}As$ 和 $In_{1-x}Ga_xAs_yP_{1-y}$，通过调整参数 x 和 y，在 $0 \leqslant x \leqslant 1$ 和 $0 \leqslant y \leqslant 1$ 范围内均可实现晶格匹配，具有很大的灵活度。而且在 $0 \leqslant x \leqslant 0.45$ 范围内，半导体 $Al_xGa_{1-x}As$ 和 GaAs 的晶格十分匹配，它表现为直接带隙半导体材料，然而当参数 x 进一步增大时，$Al_xGa_{1-x}As$ 就成为间接带隙半导体材料。

4.2.3　半导体结

对于各向异性的半导体材料，无论是掺杂不均匀、带隙分布不均匀或是这两种情况皆有的各向异性半导体材料在光子器件中都有着广泛的应用。

半导体结可以是突变的或是梯度变化的。在结构突变的半导体结中，从半导体的一个区到另一个区存在掺杂或带隙的突变，或者二者兼有。在梯度的半导体结中，从半导体的一个区到另一个区，其掺杂或带隙的变化是渐变的。半导体结可分为两种：同质结和异质结。同质结由同一种半导体材料构成，只是结两边半导体的掺杂不同；而异质结是由两种不同的半导体材料构成的。p-n 同质结是由同一种 n 型半导体和 p 型半导体构成的，二者仅是掺杂情况不同。同质结也可以是 p-i 或 i-n 结构，它们分别由 p 型半导体和未掺杂的本征半导体构成，或由未掺杂的本征半导体和 n 型半导体构成，而它们的半导体材料都是相同的。此外，还可以基于金属材料和半导体材料构成金属-半导体结。

对于半导体同质结，其结区两边半导体材料的带隙在热平衡条件下恒定不变，因此其导带和价带的边缘在任何位置都是相同的。但在带隙突变的同质结中，带隙在空间的变化导致半导体同质结中电子和空穴所处的内建场随空间位置变化，且在半导体内的任何位置上电子和空穴所处的内建场相等，即 $E_e = E_h$。静电场导致了 p-n 结中产生了电位为 V_0 的静电势，这个电势被称为结的接触电势。p-n 结 n 区的接触电势高于 p 区的接触电势。图 4.1 给出了突变型 p-n 结中的能带图。

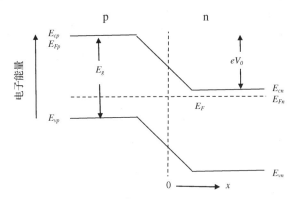

图 4.1　突变型 p-n 结中的能带图

图中的 E_{cp} 和 E_{cn} 表示同质结中 p 区和 n 区半导体的导带边缘，E_{vp} 和 E_{vn} 分别表示表示同质结中 p 区和 n 区半导体的价带边缘，它们服从以下方程：

$$E_{cp} - E_{cn} = E_{vp} - E_{vn} = eV_0 \tag{4.20}$$

其中 eV_0 是电子从半导体 n 区向 p 区移动时的能量势垒，同时，它也是空穴从半导体 p 区向 n 区移动时的能量势垒。载流子浓度的关系可以表示为

$$\frac{p_{p0}}{p_{n0}} = \frac{n_{n0}}{n_{p0}} = \mathrm{e}^{eV_0/k_B T} \tag{4.21}$$

根据质量作用定律，$p_{p0}n_{p0} = p_{n0}n_{n0} = n_i^2$，在 $p_{p0} \approx N_a \gg n_{p0}$ 和 $n_{n0} \approx N_d \gg p_{n0}$ 的条件下，接触电势可表示为

$$V_0 = \frac{k_B T}{e} \ln \frac{N_a N_d}{n_i^2} \tag{4.22}$$

4.2.3.1　有偏置电压条件下的同质结

偏置电压 V 会改变 p-n 同质结中 p 区和 n 区之间的静电势。若 $V > 0$，则 p-n 结工作在正向偏置条件下。正向偏置电压会提高 p 区相对于 n 区的电势，使得势垒 $(V_0 - V)$ 降低。结果导致 p 区和 n 区之间的能量势垒降低 eV。同理，若 $V < 0$，则 p-n 结工作在反向偏置条件下。反向偏置电压会降低 p 区相对于 n 区的电势，使得势垒增加为 $(V_0 - V) = V_0 + |V|$。这将导致该同质结中 p 区和 n 区之间的能量势垒增加 $e|V|$。在偏置电压作用下，突变型 p-n 同质结中的能带和电势分布图如图 4.2 所示。

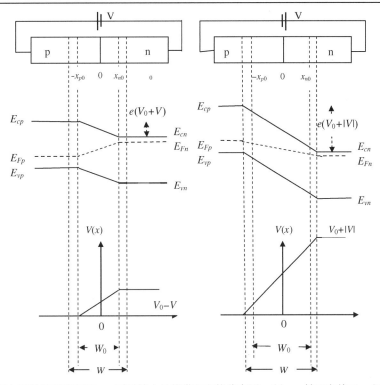

图 4.2　不同偏置电压条件下突变型 p-n 同质结中的能带和电势分布图：（a）p-n 结正向偏置；（b）p-n 结反向偏置

　　偏置电压会改变半导体 p 区和 n 区内 E_{cp} 和 E_{cn} 的值，以及 E_{vp} 和 E_{vn} 之间的电势差。偏置电压会导致电子和空穴的费米能级分裂为两个独立的准费米能级 E_{Fc} 和 E_{Fv}，从而导致半导体内形成电流，形成空间的梯度电场可支持载流子不断地流动。当有电流在半导体中流动时，半导体中不同位置 E_{Fc} 和 E_{Fv} 的梯度变化都是不同的，不同位置的电子和空穴的密度也不同。在 p-n 结的耗尽层，E_{Fc} 和 E_{Fv} 的电压差达到最大，而 E_{Fc} 和 E_{Fv} 的梯度变化在紧靠耗尽层的扩散区达到最大。然而准费米能级在同质的 p 区和 n 区内分别逐渐合并为 E_{Fp} 和 E_{Fn}。因此，半导体结的 p 区和 n 区两侧之间的费米能级之差为 $E_{Fn} - E_{Fp} = eV$。对于正向偏置，有 $E_{Fn} > E_{Fp}$ 和 $E_{Fc} > E_{Fv}$；而对于反向偏置，有 $E_{Fn} < E_{Fp}$ 和 $E_{Fc} > E_{Fv}$。

　　在 p-n 结的两侧，由于空穴从 p 区扩散到 n 区（因为 p 区的空穴浓度高，而 n 区的空穴浓度低），同时电子从 n 区扩散到 p 区（因为 n 区的电子浓度高，而 p 区的电子浓度低），因此形成了耗尽区，也被称为空间电荷区。耗尽区的宽度为 $W = x_p + x_n$，其中 x_p 和 x_n 为半导体 p 区和 n 区中耗尽区的穿透深度。x_p 和 x_n 与半导体内多子和少子的密度[1]之间的关系为

$$x_p = W \frac{N_d}{N_a + N_d}$$

$$x_n = W \frac{N_a}{N_a + N_d}$$

(4.23)

若半导体 p-n 结上没有加偏置电压，则在热平衡条件下，$W = W_0$。若 $V > 0$，则 $W < W_0$，若 $V < 0$，则 $W > W_0$。因此，当 p-n 结加正向偏置电压时，耗尽区会变薄，而当 p-n 结加反向偏置电压

---

[1] p 区的空穴浓度高，因此空穴为多数载流子，称之为多子，电子为少数载流子，称之为少子；同理 n 区中的电子为多子、空穴为少子。

时，耗尽区会变厚。耗尽区的厚度可以表示为偏置电压 V 和介电常数 ϵ 的函数：

$$W = \left[\frac{2}{\epsilon} e \left(\frac{N_a + N_d}{N_a N_d} \right) (V_0 - V) \right]^{1/2} \tag{4.24}$$

耗尽区的 p 区带有负电荷而 n 区带有正电荷，因此它表现为一个电容。若结区的截面面积为 A_c，则电荷量 Q 为

$$Q = eN_a x_p A_c = eN_d x_n A_c = eW A_c \frac{N_a N_d}{N_a + N_d} \tag{4.25}$$

因此，耗尽区的电容 C_j 可表示为

$$C_j = \left| \frac{\mathrm{d}Q}{\mathrm{d}V} \right| = \frac{\epsilon A_c}{W} \tag{4.26}$$

偏置电压可导致 $x = -x_p$ 和 $x = x_n$ 处少子浓度的大幅度变化，这两个地方正是耗尽区的边界。相对于热平衡条件下的少子浓度，偏置电压所导致的少子浓度的变化为

$$\triangle n_p = n_p|_{-x_p} - n_{p0} = n_{p0}(\mathrm{e}^{eV/k_B T} - 1)$$

$$\triangle p_n = p_n|_{x_n} - p_{n0} = p_{n0}(\mathrm{e}^{eV/k_B T} - 1)$$

偏置电压所导致的少子漂移并不仅仅局限于耗尽层的边界处，而是在扩散区随空间位置的变化而变化：

$$n_p(x) - n_{p0} = n_{p0}(\mathrm{e}^{eV/k_B T} - 1)\mathrm{e}^{(x+x_p)/L_e}, \qquad x < -x_p$$

$$p_n(x) - p_{n0} = p_{n0}(\mathrm{e}^{eV/k_B T} - 1)\mathrm{e}^{-(x-x_n)/L_h}, \qquad x > -x_n \tag{4.27}$$

其中 $L_e = \sqrt{D_e \tau_e}$ 为 p 区的电子扩散长度，$L_h = \sqrt{D_h \tau_h}$ 为 n 区的空穴扩散长度，τ 为少子寿命。

由于耗尽区呈电中性，少子浓度也会随着位置的变化而变化，如下式所示：

$$p_p(x) - p_{p0} = n_p(x) - n_{p0}, \qquad x < -x_p$$

$$n_n(x) - n_{n0} = p_n(x) - p_{n0}, \qquad x > -x_n \tag{4.28}$$

4.2.3.2　有偏置电压条件下的同质结电流

在施加了偏置电压的条件下，半导体内的电流包含电子电流和空穴电流两部分，而且这两者均含有漂移电流和扩散电流的成分。当偏置电压一定时，半导体内的总电流是恒定的。在耗尽层，电流同时由电子与空穴的漂移和扩散形成。在耗尽层中存在较大的电场，电子和空穴的载流子浓度梯度都很大。在耗尽层内，强大的电场推动载流子运动形成电流，而耗尽层内产生载流子的数量很少，可以忽略。总的电子流密度 $J_e(x)$ 和空穴流密度 $J_h(x)$ 在耗尽层内都为常数。假设在结区中心的 $x = 0$ 处（如图 4.2 所示），耗尽区内的少子电流是纯粹的扩散电流，其表达式为

$$J_e(-x_p) = \frac{eD_e}{L_e} n_{p0}(\mathrm{e}^{eV/k_B T} - 1)$$

$$J_h(x_n) = \frac{eD_h}{L_h} p_{n0}(\mathrm{e}^{eV/k_B T} - 1) \tag{4.29}$$

如此，其总电流密度 J 随偏置电压 V 的变化关系为

$$J = J_e(-x_p) + J_h(x_n) = J_s(\mathrm{e}^{eV/k_B T} - 1) \tag{4.30}$$

其中 J_s 为饱和电流密度，如下所示：

$$J_s = \frac{eD_e}{L_e} n_{p0} + \frac{eD_h}{L_h} p_{n0} \tag{4.31}$$

因为电子比空穴的迁移率更大，$D_e > D_h$。除非半导体内的 p 区比 n 区的掺杂程度更高，否则半导体同质结内通过结区的电流主要由 n 区注入 p 区的电子形成。

设结区的面积为 A_c，偏置电压为 V，则总电流可表示为

$$I = I_s(\mathrm{e}^{eV/k_BT} - 1) \tag{4.32}$$

其中 I_s 表示饱和电流。图 4.3 给出了 p-n 结的电压(V)－电流(I)特性曲线。

4.2.3.3　半导体异质结

异质结是由两种具有不同带隙的半导体经晶格匹配形成的。在对异质结进行命名的时候，常用小写字母(如 n、p 或 i)来表示其中带隙较小的半导体材料，用大写字母(如 N、P 或 I)来表示其中带隙较大的半导体材料。根据构成异质结的两种半导体材料的是相同的(即 p-P 或 n-N)还是不同的(即 p-N 和 P-n)，异质结又分为同型和异型两种。而 p-n 同质结与 p-N、P-n 异质结之间的区别是，构成后者的两种半导体材料具有不同的能带结构。

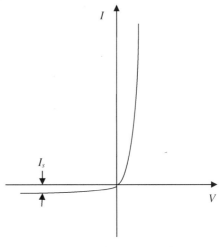

图 4.3　p-n 结的 V-I 特性曲线

对于 p-N 异质结，其 n 区半导体材料的能带比 p 区更大，即 $E_{gn} > E_{gp}$。但由于导带的抵消作用，异质结 n 区中电子的能量势垒比同质结时的 eV_0 降低了 ΔE_c，同时由于导带的抵消作用，p 区中空穴的能量势垒比同质结时的情况提高了 ΔE_v。因此，有

$$E_{cp} - E_{cn} = eV_0 - \Delta E_c$$
$$E_{vp} - E_{vn} = eV_0 + \Delta E_v \tag{4.33}$$

因此，对于非简并的 p-N 结，接触电势 V_0 也改变了。对于 P-n 型异质结的分析可获得类似的结论。用来描述 p-n 同质结中载流子分布的关系式对于 p-N 和 P-n 异质结也成立。对于异质结，若 $\Delta E_g > k_BT$，则能量势垒随带隙的变化更为明显。能量势垒与带隙之间的依赖关系在绝大多数的异质结中都存在。因此，对于 p-N 异质结 $E_{gn} > E_{gp}$，有 $J_e \gg J_h$。对于 P-n 异质结 $E_{gn} < E_{gp}$，有 $J_e \ll J_h$。因此在 p-N 异质结中，扩散电流的主要来源是宽带隙材料的 n 区向窄带隙材料的 p 区注入的电子，而在 P-n 异质结中，扩散电流的主要来源是宽带隙材料的 p 区向窄带隙材料的 n 区注入的空穴。

4.2.4　量子阱结构

量子阱(QW)是一种非常薄(厚度约为 50 nm)的半导体双异质结(DH)。量子阱结构是通过将一种诸如 GaAs 的半导体材料像制作三明治那样夹在两层具有更宽带隙的半导体材料(比如 AlAs)之间而形成的。另一种量子阱结构的例子是将 InGaN 夹在两层 GaN 中。这些结构可以通过分子束外延或化学气相沉积的方法来制备，其厚度可控制到单分子水平。当半导体 DH 的结区变得更薄时，其结区内在垂直于结区平面的方向上就会显现出量子效应，对电子和空穴产生进一步的束缚作用。

　　半导体量子阱并不是无限势阱，因为在 DH 结区，能量势垒的高度是有限的。这种限制作用导致了结区垂直方向上空穴和电子运动动能的量子化，这就导致了它们离散的能级状态。而在水平方向，电子和空穴不受限制，因此能级状态不是量子化的（即连续的）。量子化使得半导体的导带和价带被分解成一系列与能级相对应的子能带，量子阱的有效能量带隙不再是原先半导体材料结区中的带隙 E_g。由于量子化效应，带隙成为导带中能量最低子能带和价带中能量最高子能带之间的能量差。它们都与所谓 $q=1$ 时（q 为量子数）的量子能级有关。

　　半导体量子阱最重要的一个特性是它的能量状态密度与常规的体半导体材料的不同。由于在结区的垂直方向产生了量子态效应，每个子能带的状态密度变成间隔为量子阱厚度的二维系统。导带和价带中的每个子能带都具有相同的状态密度，如图 4.4 所示。

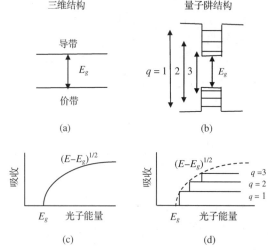

图 4.4　常规三维半导体结构的能带与量子阱结构的能带的对比：(a)常规三维半导体结构中的能带；(b)量子阱结构中的能带；(c)常规三维半导体吸收带中的量子化；(d)量子阱吸收带中的量子化

　　在量子阱结构中，薛定谔方程的解是一系列离散的能级，而不再是常规半导体结构中的连续能带。若近似地认为势阱的深度为无穷的，则量子阱中所允许的能级可表示为

$$E_n = \frac{(n\pi\hbar)^2}{2m_c L_x^2} \tag{4.34}$$

其中 $n=1,2,3,\cdots$，m_c 为势阱中粒子的等效质量，L_x 为量子阱的厚度。

　　设价带顶部的能量值为零，则半导体量子阱中电子可取的能量值为 $E=E_g+E_{mcc}$，其中 E_{mcc} 为等效质量 m_c 的能量。价带中所允许的空穴能量值为 $E=-E_{mcv}$。因此所允许的跃迁能量被限定为

$$E = E_g + E_{mcc} + E_{mcv} + \frac{\hbar^2 k^2}{2m_c} \tag{4.35}$$

其中 k 为波矢。

　　电子在量子化的导带和价带的各个子能带之间做发光跃迁时，只能在具有相同量子数的子能带之间进行，也就是发光跃迁只能在具有相同量子数的导带子能带和价带子能带之间进行。因此，在量子阱中，电子在导带和价带之间跃迁的最小能级差对应于 $q=1$ 时的情况。通常，电子在导带和价带之间具有相同量子数 q 的子能带之间跃迁时所需的光子能量为

$$h\nu > E_g + \frac{q^2 h^2}{8m^* d_{qw}^2} \tag{4.36}$$

其中 $m*$ 是减少的有效质量。因此，量子阱的有效带隙比相同条件下传统半导体结构的带隙更大，且它们的差值与量子阱深度的平方成正比。

量子阱相对于传统半导体结构而言具有若干优势。在量子阱结构中注入的载流子在量子化的子能带中可以更加集中。因为量子阱中每个子能带的状态密度为常数，不随能量值变化，且量子阱中的导带子能带的边缘与价带子能带的边缘分别汇聚了大量的电子和空穴。因此，采用量子阱结构相对于传统半导体结构而言，在结区可以显著获得更大的发光增益，且增益的带宽也更大。一个典型量子阱结构的增益带宽为 20～40 THz，这个值几乎是相同条件下传统半导体结构的两倍。

4.3　光源

对于光信息处理系统中所使用的各种光源，人们通常根据它们的结构或者发光机理的不同来对其命名[1]。激光是这些光源中最主要的一种，它主要是基于受激辐射放大的原理来实现发光的。其他的光源还有发光二极管和注入型激光二极管。这些光源器件都是基于半导体中的注入发光效应来实现发光的。

"laser"（激光）这个单词是"light amplification by stimulated emission of radiation（受激辐射光放大）"的英文缩写。激光器这个术语一般是指激光振荡器，它可以在没有外部输入光的条件下产生激光。一种能够通过受激辐射放大效应对激光束进行放大的装置通常被称为光放大器，也可将其看作激光器的另一种类型。

激光与其他光源的主要区别在于它的相干特性，即激光具有高度的时间相干性和空间相干性。空间相干性使得激光的方向性很好，可以被聚焦为一个很小的光斑，而时间相干性使得激光具有极窄的频谱。优越的空间相干性和方向性使得激光可以在经历了长距离的传输之后依然保持很窄的光束。除了相干性，激光还是一种单色性好、高亮度和方向性很好的光源。

几乎所有的激光都是经由电子从高能级的激发态跃迁至低能级的基态过程中产生的。在这个过程中，受激辐射放大效应使得激光束被不断加强。能产生这种受激辐射放大效应的物质主要有几下几种：

(a) 原子，比如氦-氖(HeNe)激光器、氩离子激光器、氦镉(HeCd)激光器和铜蒸气激光器(CVL)就属于基于原子的受激辐射放大效应而制成的激光器。

(b) 分子，比如二氧化碳(CO_2)激光器，受激准分子，比如氟化氩(ArF)和氟化氪(KrF)所构成的激光器，还有氮脉冲激光器就属于基于分子的受激辐射放大效应而制成的激光器。

(c) 液体，包括各类溶解于各种溶剂中的有机染料激光器，利用了液体介质的受激辐射放大效应。

(d) 固体介质，比如将钕掺入石榴石(YAG)或玻璃所构成的掺钕钇铝石榴石(Nd:YAG)激光器或钕玻璃激光器，利用了固体介质的受激辐射放大效应。

目前，人们已经制成了多种激光器，所有这些激光器能产生从 X 射线至远红外波段的激光，输出功率的范围可从几毫瓦至太瓦量级，输出可以是连续光或脉冲光的形式，其输出光谱宽度可以从几赫兹到若干太赫兹(THz)。激光器的体积也可以从 10 μm^3 的微米量级至非常巨大的尺寸。

　　激光器由一种增益或放大介质构成。可以采用的增益介质包括等离子体、自由电子、离子、原子、分子、气体、液体等。而在一个实际的激光器中，除了需要有增益介质提供的光放大效应，还需要有某种光学正反馈效应。这可通过将增益介质放置于一个光学谐振器内实现。光学谐振器能对光信号的增益提供选择性的正反馈。

　　另一方面，诸如半导体发光二极管和注入式激光二极管的半导体光源都是基于电致发光效应实现的，都用到了半导体内的电子与空穴发生辐射复合的原理。在这种半导体激光器不断演进的过程中，人们采用了砷化镓或磷化铟晶体，以及在其中掺入各种杂质所形成的其他半导体材料。这样的光源比较结实耐用且体积小，此外它们的能量效率很高，因为相比其他光源，它们工作在同样的光亮度输出条件下仅需要消耗很少的功率。这些光源通常被称为冷光源，因为它们工作时的温度远比它们在热平衡条件下输出光谱的温度低。这些光源可以是单色的或者宽谱的光源，这主要取决于它们输出光谱的分布情况。描述这些光源的主要特性参数是它们的中心波长、谱线宽度（或带宽）以及输出光功率。

4.3.1　光放大器

　　从量子力学的角度来看，原子或分子必须都处于一些离散的能级。除了能量最低的能级（基态能级），其余的都被称为激发态能级。在热平衡条件下，几乎所有的原子和分子都处于基态能级。在二能级原子系统中，存在三种电子跃迁过程，如图 4.5 所示。首先，入射光子通过受激吸收过程，将原子或分子从较低的能级态激发至较高的能级态。这个过程减少了处于低能级 E_1 的粒子数 N_1，并增加处于高能级 E_2 的粒子数 N_2。高能级态的电子可经自发辐射跃迁到低能级上，并放出光子。这个过程会减小处于能级 E_2 的粒子数而增加处于能级 E_1 的粒子数。原子系统经自发辐射过程放出的光子能量等于发生电子跃迁的两个能级之间的能量差。自发辐射有可能会引起受激辐射，若发生电子跃迁的两个能级之间的能量差为 $h\nu$，就会在受激辐射条件下产生一个新的光子，它的能量也为 $h\nu$。通过受激辐射过程所产的新光子与引起受激辐射的光子具有相同的方向、相位、偏振态和频率。因此，由于受激辐射效应，经激光放大器放大的光信号会保留原入射光信号的绝大多数特征。

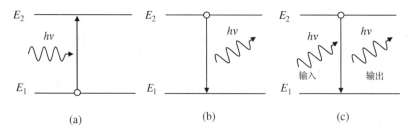

图 4.5　二能级原子系统中的电子跃迁过程：(a)吸收；(b)自发辐射；(c)受激辐射

　　电子跃迁的谐振频率 ν_{21} 主要取决于发生跃迁的两个能级之间的能量差，即

$$\nu_{21} = \frac{E_2 - E_1}{h} \tag{4.37}$$

单位时间内这种谐振发生的概率由这个过程的跃迁率来衡量。设每秒从能级 1 到能级 2 的跃迁率为 W_{12}，则在 ν 至 $\nu + \mathrm{d}\nu$ 的频率范围内，受激辐射跃迁概率为

$$W_{12}(\nu)\mathrm{d}\nu = B_{12}u(\nu)g(\nu)\mathrm{d}\nu \tag{4.38}$$

其中 $g(\nu)$ 表示归一化的高斯谱线形状，它由跃迁的特性决定，B 为爱因斯坦系数。

类似地，设每秒电子从能级 2 到能级 1 的跃迁率为 W_{21}，则在 ν 至 $\nu + d\nu$ 的频率范围内，受激辐射跃迁概率为

$$W_{21}(\nu)d\nu = B_{21}u(\nu)g(\nu)d\nu \tag{4.39}$$

每秒的自发辐射率 W_{sp} 与辐射的能量密度无关，对于一个特定的谐振跃迁，它仅由辐射的线形 (line-shape) 函数决定，即

$$W_{sp}(\nu)d\nu = A_{21}g(\nu)d\nu \tag{4.40}$$

其中系数 A 和 B 被称为爱因斯坦系数。而 A_{21} 和 B_{21} 的比值与几个物理常数的关系为

$$\frac{A_{21}}{B_{21}} = 8\pi\left(\frac{nh\nu}{c}\right)^3 \tag{4.41}$$

和

$$g_1 B_{12} = g_2 B_{21} \tag{4.42}$$

其中 g_1 和 g_2 为简并系数。

然而，在一个原子或分子系统中，一个能级往往由一些简并的量子力学态构成，它们具有相同的能量。在温度为 T 的热平衡条件下，上能级与下能级上的粒子数服从玻尔兹曼分布。考虑到简并系数 g_1 和 g_2 以及这些能级，与跃迁能量 $h\nu$ 相关的粒子密度之比为

$$\frac{N_2}{N_1} = \frac{g_2}{g_1}e^{-h\nu/k_B T} \tag{4.43}$$

在热平衡条件下，稳态粒子数分布符合下面的关系：

$$\frac{N_2}{N_1} = \frac{W_{12}}{W_{21} + W_{sp}} = \frac{B_{12}u(\nu)}{B_{21}u(\nu) + A_{21}} \tag{4.44}$$

还可以证明：受激复合与受激吸收的跃迁率都与自发辐射率成正比。

谐振跃迁发光的频谱宽度是有限的，它是由有限的弛豫时间所决定的。从能级 2 到能级 1 跃迁的辐射弛豫时间是由爱因斯坦系数 A_{21} 或时间常数 $\tau_{sp} = 1/A_{21}$ 决定的，它被称为能级 2 与能级 1 之间的自发辐射寿命。

4.3.1.1　粒子数反转

粒子数反转是实现光增益和激光产生的基本条件。谐振跃迁的频谱特性不可能形成无限窄的谱线。在热平衡条件下，处于低能级上的粒子数总是多于高能级上的粒子数，因此在通常情况下，粒子数反转是不可能发生的。要实现粒子数反转，必须通过一个被称为泵浦的过程，将低能级上的粒子激发到高能级上。因为粒子数反转是一种非热平衡的状态，所以要保持恒定的光增益，必须持续不断地提供泵浦，以确保这种粒子数反转的状态能够持续下去。这就要求提供泵浦的能量源能够持续地将能量提供给增益介质，使其不断产生光波的放大作用。而泵浦方式的选择主要取决于增益介质的属性。目前已有多种泵浦方式，包括放电泵浦、电流注入泵浦、光激励泵浦、化学反应泵浦和粒子束激励泵浦。半导体激光器通常选用光泵浦或电流注入泵浦方式。最常见的泵浦方式是光泵浦，它可以采用非相干光源来实现，如闪光灯和发光二极管，或采用相干光源来实现，如使用另一台激光器作为泵浦。在光信息系统中，最常用的激光器和光放大器主要是通过在固体介质材料中掺入激活离子来实现的，比如 Nd:YAG 和铒 (Er) 玻璃光纤，或者用直接带隙半导体材料 (如 GaAs 和 InP 材料) 来实现。

4.3.1.2　速率方程

速率方程描述了给定的能量状态下粒子数密度增加的净速率。简单地说，对于能级 2 和能级 1 而言，考虑各能级上的粒子密度分别为 N_2 和 N_1。这样，由于泵浦和跃迁导致能级 2 和能级 1 上的粒子数增加或减少的情况，可用速率方程描述如下：

$$\frac{\mathrm{d}N_2}{\mathrm{d}t} = P_{r2} - \frac{N_2}{\tau_2}$$

$$\frac{\mathrm{d}N_1}{\mathrm{d}t} = -P_{r1} - \frac{N_1}{\tau_1} + \frac{N_2}{\tau_{21}} \tag{4.45}$$

其中 P_{r1} 和 P_{r2} 是粒子经泵浦进入能级 1 和能级 2 的总的泵浦速率，τ_1 和 τ_2 分别为这两个能级跃迁到更低能级的寿命，τ_{21} 为能级 2 上粒子消耗的寿命，包括粒子从能级 2 到能级 1 的辐射与非辐射跃迁的粒子消耗。

在稳态条件 $\dfrac{\mathrm{d}N_1}{\mathrm{d}t} = \dfrac{\mathrm{d}N_2}{\mathrm{d}t} = 0$ 下，能级之间的粒子数差 $N_0 = (N_2 - N_1)$ 为

$$N_0 = P_{r2}\tau_2 \left(1 - \frac{\tau_1}{\tau_{21}} \right) + P_{r1}\tau_1 \tag{4.46}$$

显然，要获得大的增益系数，需要上述粒子数差 N_0 的值为正，且数值越大，增益系数越大。这要求 τ_2、P_{r1}、P_{r2} 的值都较大。因此激光上能级的寿命 τ_2 是一个很重要的参数，因为它决定了增益介质发光的有效性。一般而言，对于一种可用的增益介质，其激光上能级必须是一个具有较大 τ_2 值的亚稳态。

对于频率为 ν、强度为 I 的单频相干光输出，速率方程需要稍做修改来考虑光的放大与吸收。受激辐射会导致光场的放大，光吸收会导致光场的损耗。当输出光频率为 ν 时，上述两能级之间每秒的跃迁率为

$$W_{21} = \frac{I}{h\nu} \sigma_e$$

$$W_{12} = \frac{I}{h\nu} \sigma_a \tag{4.47}$$

其中 σ_e 和 σ_a 表示频率为 ν 时的辐射与吸收截面。

从光场到材料的净功率转移 W_p 为

$$W_p = I[N_1\sigma_a - N_2\sigma_e] \tag{4.48}$$

当 $W_p < 0$ 时，净功率从材料流向光场，导致光场被放大，并且在频率 ν 处的增益系数 g 为

$$g = \sigma_a \left(N_2 - \frac{g_2}{g_1} N_2 \right) \tag{4.49}$$

因此，在相干光场中，速率方程可改写为

$$\frac{\mathrm{d}N_2}{\mathrm{d}t} = P_{r2} - \frac{N_2}{\tau_2} - \frac{I}{h\nu}(N_2\sigma_e - N_1\sigma_a)$$

$$\frac{\mathrm{d}N_1}{\mathrm{d}t} = -P_{r1} - \frac{N_1}{\tau_1} + \frac{N_2}{\tau_{21}} + \frac{I}{h\nu}(N_2\sigma_e - N_1\sigma_a) \tag{4.50}$$

当频率 ν 处的光增益满足下面的条件时，可以保证粒子数反转，即

$$N_2\sigma_e - N_1\sigma_a > 0 \tag{4.51}$$

为了满足这一条件，不同介质对于泵浦的要求是不同的。然而，对于一个二能级系统，无论使用何种泵浦都无法实现稳态的粒子数反转。因为在二能级系统中，泵浦在使得粒子状态向上能级跃迁的同时，也会使得粒子向下能级跃迁。因此在稳态下，二能级系统最终会达到热平衡条件，但此时泵浦却抑制了粒子数反转。然而，如果一个系统不是真正的二能级系统，而是一个准二能级系统，其中的一个能级或者两个能级都分裂为几个紧挨着的能带，那么通过采用适当的泵浦，有可能在稳态条件下实现粒子数反转，从而对特定频率 v 的光场实现放大，如图 4.6 所示。

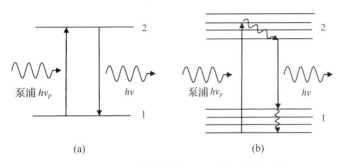

图 4.6　在不同能带条件下的二能级系统泵浦

在具有三个能级的系统中，更容易实现稳态条件下的粒子数反转。低能级 1 为基态，或者接近基态，该能级态上存在大量的粒子。通过泵浦将粒子抽运到能级 2 和能级 3 上。在一个有效的三能级系统中，粒子从能级 3 跃迁至能级 2 的弛豫时间(即寿命)非常短，以至于 $\tau_2 \gg \tau_{32} \approx \tau_3$。这有助于被泵浦激励至能级 3 上的原子迅速地跃迁至能级 2 上。而且能级 3 距离能级 2 有一定的高度，能级 2 上的粒子无法通过热激返回到能级 3 上。而更低的能级 1 是基态，它的弛豫时间很长。于是，可实现粒子数反转，并且可得到该稳态条件下由于粒子数反转而形成的恒定光增益为

$$W_p > \frac{\sigma_a}{\sigma_e \tau_2} \tag{4.52}$$

其中 W_p 为将原子从基态抽运至激发态的有效泵浦效率，它与泵浦的功率成正比。

四能级系统与三能级系统的不同之处是，四能级系统发生粒子跃迁的低能级为能级 1，它位于基态能级(即 0 能级)之上，且与基态能级之间存在足够的能量间距。在热平衡条件下，能级 1 上的粒子数相比于能级 0 上的粒子数而言是可以忽略的。泵浦将粒子从能级 0 抽运到能级 3 上。除了需要满足上述三能级系统中粒子数反转的条件，四能级系统还必须确保能级 1 上的粒子能够很快地返回到基态能级上，从而在泵浦的作用下仍能确保能级 1 上存在的粒子数比能级 2 的少。四能级系统相对于三能级系统而言发光的效率更高，因为让四能级系统达到粒子数反转状态的过程中，不存在一个最低的泵浦功率要求。这是因为在初始条件下，四能级系统中的能级 1(即发生粒子辐射跃迁过程中的低能级)上没有粒子。而在三能级系统中，为了实现粒子数的反转，存在一个最低的泵浦功率，因为三能级系统中发生粒子辐射跃迁的低能级为基态能级，上面存在大量的粒子数。此外，相比而言，在三能级系统中，存在粒子从能级 3 到能级 2 的一个非辐射跃迁；而在四能级系统中，存在两个非辐射跃迁，其中一个是从能级 3 到能级 2 的跃迁，另一个是从能级 1 到基态能级的跃迁。上述跃迁过程如图 4.7 所示。

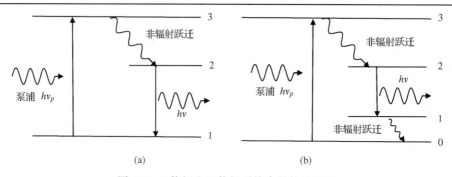

图 4.7　三能级和四能级系统中的粒子跃迁

4.3.1.3　光放大器的特性

对于一个光放大器而言，其放大增益、效率、带宽和噪声是 4 个主要特性参数。当强度为 I_s 的光信号经过一台光放大器时，其光放大的强度可以用增益系数 $g_0(z)$ 和增益介质的饱和强度 I_{sat} 增益来描述（其中增益系数是其轴向 z 坐标的函数）：

$$g = \frac{g_0(z)}{1 + I_s/I_{sat}} \tag{4.53}$$

光泵浦光放大器的非饱和增益系数 $g_0(z)$ 主要取决于泵浦的强度和增益介质的几何长度。如果噪声可以忽略，并且输出光束经过校准，则上式中的电流可以用功率来替代。对上式做积分运算后，可以看出光信号的功率随着光在增益介质中的传输距离呈指数规律增长。当光功率接近饱和功率时，其增长会变慢，最终信号仅随传输距离呈线性规律增长。光信号的功率增益为

$$G = \frac{P_{out}^s}{P_{in}^s} \tag{4.54}$$

其中 P_{in}^s 和 P_{out}^s 分别表示输入和输出放大器的光功率。对于功率较小的小信号而言，其增益就是非饱和增益，有时也称之为小信号增益。如果信号功率接近，甚至超过了放大器的饱和功率，则其增益便会减小。

光放大器的效率可以用功率转换效率或量子效率来衡量。光放大器的功率转换效率 η_c 可定义为

$$\eta_c = \frac{P_{out} - P_{in}}{P_p} \tag{4.55}$$

其中 P_p 为泵浦功率。

对于使用光泵浦的光放大器而言，其量子效率 η_q 由每个泵浦光子所能产生的信号光子数来定义。当采用电泵浦时，量子效率定义为增益介质每吸收一个泵浦电子所产生的光子数。因为量子效率的最大值为 1，所以光泵浦光放大器所能达到的最大功率转换效率为 $\frac{\lambda_p}{\lambda_s}$，其中 λ_s 和 λ_p 分别为自由空间中的信号光波长与泵浦光波长。

光放大器的带宽 B 取决于增益系数的谱宽 $g(v)$ 以及该器件中可能含有的光滤波器。光放大器的带宽一般为泵浦速率的函数。因为激光跃迁的属性决定了光放大器的增益，因此光放大器的带宽一般都不太大。

光放大器中的噪声主要来源于自发辐射产生的量子噪声以及与黑体辐射有关的热噪声。

热噪声在长波长范围居于主导地位, 而量子噪声主要影响短波长范围。因此在光辐射波段(主要是短波长范围), 当光放大器在室温条件下工作时, 其热噪声相对于自发辐射引起的量子噪声而言是可以忽略的。由于自发辐射噪声的存在, 光信号经过光放大器后, 其光信噪比(SNR)总是会劣化。

4.3.2　激光振荡器

激光振荡器是一种能将输出以相位匹配的方式反馈回其输入端的谐振光放大器。在这个光放大器带宽内, 少量的输入噪声就能开启它的激光振荡过程。输入振荡器的信号被放大, 输出后又被反馈回它的输入端, 此后又被进一步放大。这个过程会持续下去, 直到光放大的增益达到饱和并限制其输出信号功率的进一步增加。如此, 这个系统便达到了稳态, 此时输出信号的频率处于该振荡器的谐振频率。若要确保振荡器能顺利工作, 必须满足两个条件: (1)振荡器中放大器的增益必须大于其反馈系统中的损耗, 从而使得光信号在振荡器中经过一个周期的传输后能获得净增益。(2)光信号经过一个周期的传输后, 其总相移必须是 2π 的整数倍, 从而能与原始输出信号实现相位匹配。

因此, 激光振荡器在空间和时间上都是相干的, 其输出为激光。激光振荡仅在直通或折叠腔的轴向方向产生。增益介质中的自发辐射在各个方向都能产生, 但是只有沿光腔轴向传输的辐射才能获得足够的增益来达到起振的阈值条件。因此, 激光振荡器必须采用开放光腔, 且光信号的反馈仅发生在光腔轴向。

激光振荡器可通过将增益介质放置于光腔中来实现, 具体可以有多种形式, 比如线性激光谐振腔, 又被称为法布里-珀罗(Fabry-Perot)腔, 由一对面对面放置且精确对准的镜面组成(其中一个为全反射镜、另一个为半反射镜)。该振荡器可提供具有选频特性的光反馈, 因此可为增益介质的光放大提供正反馈。腔内产生的激光从振荡器中配置了半反射镜的一端输出。为了对此光腔进行分析, 我们需要研究腔内光场的特性或模式。所谓模式, 是由于振荡而造成的电磁场分布特性。由于腔内正向与反向传输的光波会发生干涉, 产生驻波, 因此形成了一定的模式。每个模式都是独立的, 一旦某个模式被激起, 它会在腔内独立地振荡, 而不影响其他的模式。在一个长度为 L 的光腔中, 相邻两个模式之间的频率间隔 $\Delta \nu$ 为

$$\triangle \nu = \frac{c}{2nL} \tag{4.56}$$

其中 c 为光速, n 为腔内介质的折射率。

在图 4.8 所示的法布里-珀罗腔中, 左右两个反射镜的曲率半径分别为 R_{c1} 和 R_{c2}。对于凸面镜和凹面镜来说, 这个曲率半径分别取正值和负值。若要使光腔成为能够支持高斯模式的稳定腔, 则其两个反射镜的曲率半径必须与镜面处光束的高斯模式的波前曲面相匹配, 即要满足 $R(z_1) = -R_{c1}$ 和 $R(z_2) = R_{c2}$, 其中 z_1 和 z_2 是以高斯光束腰的位置作为坐标原点的光腔轴向坐标。此时, 腔长可以表示为 $L = (z_2 - z_1)$, 还有如下关系成立:

$$z_1 + \frac{z_R^2}{z_1} = -R_{c1}$$
$$\tag{4.57}$$
$$z_2 + \frac{z_R^2}{z_2} = R_{c2}$$

当光腔的 R_{c1}、R_{c2} 和 L 参数都给定, 并且上面的两个表达式对于一个正实数 $z_R > 0$(即光斑的

尺寸有限且为正数)都成立时，该光腔中可支持稳定的高斯模式。基于该条件，可以推导出法布里–珀罗腔成为稳定腔的判决条件为

$$0 \leqslant \left(1 - \frac{L}{R_{c1}}\right)\left(1 - \frac{L}{R_{c2}}\right) \leqslant 1 \tag{4.58}$$

基于同样的理论，还可以分析带有多个反射镜的光腔，比如折叠法布里–珀罗腔或环腔。

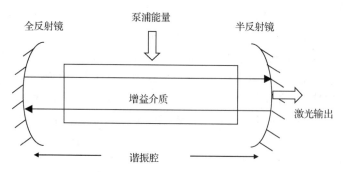

图 4.8　法布里–珀罗腔的原理图

　　要构成激光振荡器，其光腔内必须含有增益介质。增益介质为腔内的光场提供放大机制，而谐振腔提供正反馈机制。如果没有外部注入光场来开启谐振腔的起振过程，则谐振腔的起振必须依靠腔内增益介质的自发辐射来实现。腔内的增益介质可以占据整个谐振腔的长度，或者也可以占据腔长的一部分。若假设增益介质的长度等于谐振腔的长度，即增益介质占据整个谐振腔的长度，则当腔内的光场完成腔内一个周期的传输并回到原来的位置 z 时，光场会增加一个复数的因子 a(可以表示增益或损耗系数)，该因子可表示为

$$a = G\mathrm{e}^{i\varphi_{RT}} \tag{4.59}$$

其中 G 表示光场在腔内传输一个周期的幅度增益系数，它等效于光场单程通过法布里–珀罗腔的功率增益，φ_{RT} 表示光场在腔内传输一个周期后的相移量。G 和 φ_{RT} 都是实数。若 $G > 1$，则表示腔内光场得到放大，否则腔内的光场被衰减。

　　对于固定的光路长度 L_{RT} 和本地相移，其谐振条件 $\varphi_{RT} = 2q\pi\,(q = 1, 2, \cdots)$ 仅当腔内光信号的频率满足下列条件时才能得到满足：

$$\nu_q = \frac{c}{L_{RT}}\left(q - \frac{\varphi_L}{2\pi}\right) \tag{4.60}$$

其中 ν_q 表示光信号频率，φ_L 为本地固定相移。L_{RT} 的取值对于线性腔而言为 $2nL$，对于环形腔而言为 nL。

　　那些离散的谐振频率被称为谐振腔的纵模频率，因为它们是由光场沿着谐振腔的纵向传输一个周期时的相位匹配条件决定的。如此，当光腔的两镜面之间的距离为 L 时，沿光腔轴向的谐振条件为

$$L = \frac{\lambda}{q}2n \tag{4.61}$$

相应地，此时光腔输出光信号的离散频率 ν 为

$$\nu = \frac{qc}{2nL} \tag{4.62}$$

　　因为谐振腔的截面面积是有限的，所以光腔中谐振的光场不可能是理想的平面波。因此，光

腔的横向也存在某种光场分布的模式，这些模式被称为光腔的横模。当光腔中存在多个横模时，光场在光腔中传输一个周期的相移通常是横模指数的函数，对此相移方程也需要相应地进行修正。

对于一个腔内含有各向同性增益介质的谐振腔(增益介质填满整个谐振腔)，并考虑到光场在镜面反射上的相位变化，谐振腔两端镜面的反射系数 r_1 和 r_2 可表示为

$$r_1 = \sqrt{R_1}\mathrm{e}^{\mathrm{i}\varphi_1}$$
$$r_2 = \sqrt{R_2}\mathrm{e}^{\mathrm{i}\varphi_2}$$

(4.63)

其中 R_1 和 R_2 为光腔左、右两面反射镜的反射系数，φ_1 和 φ_2 为光场镜面反射时的相位变化。当谐振达到稳态时，在腔内的任何一个位置，相干光场的相位和幅度都不随时间变化。对于这种稳定的激光振荡条件，其增益和相位条件为

$$a = G\mathrm{e}^{\mathrm{i}\varphi_{RT}} = 1$$

(4.64)

其中 $|G| = 1$ 且 $\varphi_{RT} = 2q\pi$，$q = 1,2,\cdots$。这个条件中隐含了这样一个事实：激光振荡器要能起振，其增益必须达到一个阈值，而这个阈值增益对应着一个阈值泵浦功率。从上式可以推出这个阈值增益系数 g_{th}，即

$$g_{th} = \left[\alpha - \frac{1}{L}\ln\sqrt{R_1 R_2}\right]$$

(4.65)

其中 α 表示模式相关损耗，可以忽略。

能使激光振荡达到阈值增益条件的泵浦功率被称为阈值泵浦功率。因为这个阈值增益系数与模式和频率都有关，所以泵浦功率也必然与模式和频率相关。对于某种激光模式的阈值泵浦功率，可以通过计算能使得这个模式的增益系数达到其起振阈值增益时所需的泵浦功率来求得。

我们还可以对激光器的输出功率进行估算。图 4.9 给出了激光振荡器泵浦功率与其输出功率之间的关系曲线。对于谐振在单纵模和单横模的连续激光输出，激光振荡器腔内阈值能量的增速等于谐振腔的衰减速率。腔内的平均光子密度 S 为

$$S = \frac{n}{c}\frac{I}{h\nu}$$

(4.66)

其中 n 为增益介质的平均折射率，I 为腔内空间的平均光强，$h\nu$ 为该谐振激光模式的光子能量。然而，平均光子密度 S 受限于饱和光子密度。

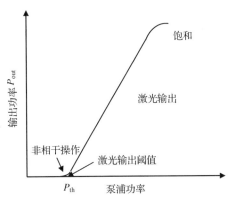

图 4.9　激光振荡器的输出特性

4.3.3　发光二极管

　　发光二极管(LED)是一种 p-n 结器件，在加正向偏置电压的条件下，LED 中可不断形成载流子的辐射复合，从而发光。当有多数载流子(即 p 型半导体中的空穴和 n 型半导体中的电子)注入这样一个正向偏置的 p-n 结时，电子和空穴就会复合并发出非相干光。这个电致发光的过程是自发辐射的发光过程。在该条件下，电子重新占据了空穴的位置并发出光子，发出光子的能量等于这个过程中所涉及的电子和空穴之间的能量差。注入的载流子必须在发生再复合之前找到合适的能量状态，从而确保这个状态在复合的过程能够持续，而不是瞬间就结束了，同时还要满足能量和动量守恒定律。然而，半导体材料中掺入的杂质能够形成电中性的等电子中心，它所具有的本地电势能够捕获电子或空穴。在基于等电子中心的辐射复合过程中，无论其宿主半导体材料是直接带隙的还是间接带隙的，都可以很容易地满足动量守恒定律[2]。图 4.10 给出了 LED 的工作原理图，图中所示为一个正向偏置的同质结半导体 p-n 结，其能级带隙的宽度(带隙能量)为 E_g。在 p-n 结的耗尽区产生能量为 hv 的光子。

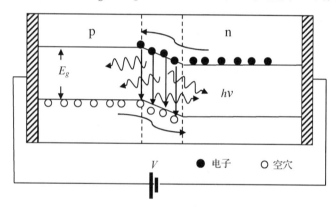

图 4.10　LED 的工作原理图

　　为了获得最大效率的光辐射复合，需要提高内量子效率 η_i，表示为

$$\eta_i = \frac{\tau_n}{\tau_n + \tau_r} \tag{4.67}$$

其中 τ_n 和 τ_r 分别为少数载流子发生非辐射复合与辐射复合时的寿命。为了达到较高的复合效率，需要优质的半导体材料，以获得较大的 τ_n 值和较小的 τ_r 值。在最佳条件下，内量子效率可以接近 100%。

　　输出光波长，即颜色，取决于构成半导体 p-n 结材料的带隙能量(即导带与价带之间的禁带宽度)E_g。带隙能量 E_g 与其输出波长 λ 之间的关系可近似表示为

$$\lambda \simeq \frac{hc}{E_g} \simeq \frac{1.24}{E_g} \tag{4.68}$$

其中 h 为普朗克常量，c 为光速，E_g 是以电子伏特为单位的带隙能量。

　　对于发出光在可见光频段的 LED，在分析其发光效率时还需要考虑人眼的频率响应。LED 的发光效率定义为：对应于单位瓦特电功率输入时，LED 输出的光通量。因为考虑了人眼的频率响应，对于具有同样发光效率的 LED，绿光 LED 看起来会比蓝光或红光 LED 的发光效率高。

　　未加任何涂覆层的半导体材料(比如硅)相对于空气来说具有很高的折射率，因此当入射

光以较小的角度入射半导体-空气界面时难以集中,此时半导体内产生的光子在输出之前会存在部分光子泄漏,影响了 LED 的发光效率。为此,人们常用外量子效率 η_e 来衡量 LED 的发光效率。该参数描述的是 LED 输入电能转换为其实际输出光能的效率。

一般而言,未加涂覆层的平面半导体 LED 芯片只能在与半导体表面垂直的方向上,或者偏离垂直方向角度不大的角度范围内输出光信号。这个角度范围在空间构成一个圆锥形状,称之为光锥或者逃逸锥。能使得光线恰好逃逸半导体束缚的最大光线入射角被称为临界角。任何入射角大于这个临界角的入射光线,都因为发生全内反射而无法逃逸半导体的束缚。但当入射光投射到晶体表面时,入射角较小,未能达到全内反射条件,且该晶体足够透明时,产生的光子有可能从晶体中逃逸,从而无法再度被吸收。

绝大多数商用 LED 都是采用重度掺杂的 p-n 结制成的。最初的 LED 采用了以 GaAs 为基础的材料,其输出光主要为红外光或红光。对于材料带隙能量为 $E_g = 1.4$ eV 的情况,LED 输出红外光(波长为 $\lambda = 900$ nm);对于材料带隙能量为 $E_g = 1.9$ eV 的情况,LED 输出为红光(波长为 $\lambda = 635$ nm)。通过在该材料中添加 GaP,人们可以在 1.4~2.23 eV 的范围内对半导体材料的能级带隙进行任意的裁剪,此时获得的半导体材料是一种三元合金 $GaAs_{1-y}P_y$[3]。目前,能发出明亮蓝光的 LED 主要基于宽带隙的复合半导体而制成,如 ZnSe 或者氮化物 GaN、AlGaN、AlGaInN 和 InGaN。蓝光 LED 的有源区中通常具有较薄的 InGaN 材料层夹在较厚的 GaN 材料层之间的结构,并且形成了一个或多个量子阱,其中较厚的 GaN 材料层被称为包层。通过调整 InGaN 量子阱中的 InGa 材料层,可使 LED 的输出光在紫色与琥珀色之间变化。基于 InGaN/GaN 材料制成的绿光 LED 与基于非氮化物材料制成的绿光 LED 相比,前者的亮度和发光效率都更高。如果在氮化物里掺入 Al,常见的情况是构成 AlGaN 和 AlGaInN 结构,还可以让 LED 输出光信号的波长更短。蓝光 LED 可以与现有的红光 LED 和绿光 LED 组合在一起,使得 LED 能产生白光输出。

通常 LED 以 n 型半导体为基底材料制成,其电极安装在沉积于该基底上的 p 型半导体层。还有的半导体以 p 型半导体为基底材料,但并不常见。这个沉积过程被称为外延生长。常见的外延生长结构为同质结或单、双异质结结构。同质结有两个主要缺陷。首先,其中的过剩载流子既不被约束也不够集中,有可能扩散。因此,同质结有源层的厚度通常在几个 μm 量级。而且这个结构不利于对光信号进行约束。图 4.11(a)给出了基本的同质结结构,它是在重度掺杂的 GaAs 基底上形成的,由 Au-Ge 和 Al 材料构成电极[4]。

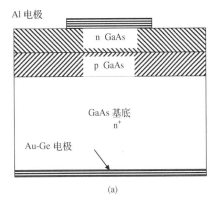

(a)

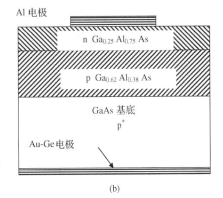

(b)

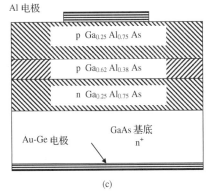

(c)

图 4.11　典型 LED 的同质结和异质结

其次，同质结中过剩载流子的分布主要由 p 型半导体区中少数载流子（即电子）的扩散决定，该效应会给 LED 的频率响应带来不利影响。为了减少这种不利影响，可以在 p 型半导体处安插 P-p 同质结来限制经由 p-n 结注入 p 型半导体区的过剩电子的扩散。安插了 P-p 同质结后就会形成半导体 P-p-n 结。异质结可以使用晶格匹配的多层复合半导体材料来制成。复合半导体材料的组成部分可以灵活选择，但是目前三元化合物 GaAlAs 是制作半导体异质结的最基本材料。图 4.11 (b) 和 (c) 展示了典型的异质结结构[5]。

另一种类型的 LED 是超辐射二极管（SLD），它在通信领域的应用中很有优势[6]。该器件所能提供的优势包括：(a) 高输出功率；(b) 输出光束方向性好；(c) 输出光谱宽度窄。

4.3.3.1 光功率-电流特性

当给 p-n 结外加正向偏置电压时，其中载流子的漂移会形成电流。其电流 I 随电压 V 的增加呈指数规律增加（如图 4.12 所示），这个关系式是众所周知的，即

$$I = I_s(e^{eV/k_B T} - 1) \tag{4.69}$$

其中 I_s 表示 p-n 结的饱和电流。

然而，人们主要关心的是光子器件中通过电流时能产多少光功率。当注入电流 I 给定时，载流子注入速率为 I/e，其中 e 表示电子的电量。在稳态条件下，电子-空穴对的复合速率，包括辐射复合与非辐射复合，应等于载流子注入速率。由于内量子效率 η_i 决定了通过自发辐射过程而形成的载流子复合，因此光子产生的速率为 $\eta_i I/e$。这样，器件内部获得的光功率为

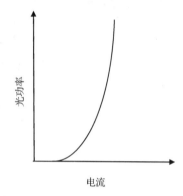

图 4.12 LED 的光功率-电流关系曲线

$$P_i = \eta_i(\hbar\nu/e)I \tag{4.70}$$

其中 $\hbar\nu$ 为光子的能量。如果 η_e 为逃逸出器件的那部分光子，则器件的输出功率（发射光功率）P_e 为

$$P_e = \eta_e P_i = \eta_e \eta_i(\hbar\nu/e)I \tag{4.71}$$

外量子效率可在综合考虑了光子内部吸收及其在半导体-空气界面上全内反射的条件下计算。只有当光信号在圆锥角 $\theta_c = \arcsin(1/n)$ 内辐射时才能逃逸 LED 的表面，其中 n 为半导体材料的折射率。因此，如果假设光辐射在立体角 4π 范围内向各个方向均匀分布，则外量子效率可表示为

$$\eta_e = \frac{1}{4\pi} \int_0^{\theta_c} F_t(\theta)(2\pi \sin \theta)d\theta \tag{4.72}$$

其中 F_t 为菲涅耳透射率，由入射角 θ 决定。考虑到半导体材料的折射率为 n，而它外部材料（空气）的折射率为 1，上述方程可以简化为

$$\eta_e = \frac{1}{n(n+1)^2} \tag{4.73}$$

衡量 LED 性能的参数为总量子效率 η_t，它的定义为器件发射光功率 P_e 与注入电功率 $P_{ele} = V_0 I$ 的比值，其中 V_0 为器件的电压降。η_t 的表达式为

$$\eta_t = \eta_e \eta_i(\hbar\nu/eV_0) \tag{4.74}$$

因为 $\hbar v \approx eV_0$，$\eta_t \approx \eta_e\eta_i$，总的量子效率 η_t 被称为功率转换效率，它是衡量器件总体性能的参数。响应度是另一个描述 LED 性能的参数，定义为 $R_{\text{LED}} = I/P_e = \eta_t V_0$。只要 P_e 和 I 之间保持线性关系，响应度就是常数。在实际应用中，只要将输入 LED 的电流控制在一定的范围内，这种线性关系就能成立。

4.3.3.2　光谱宽度与调制带宽

LED 的输出光谱宽度可以通过对方程 $\lambda = \dfrac{hc}{E_g}$ 进行微分而得出，即

$$\triangle \lambda = -\frac{hc}{E_g^2}\triangle E_g \tag{4.75}$$

因此，其分数谱宽(谱宽与中心波长的比值)为

$$\gamma = \left|\frac{\triangle \lambda}{\lambda}\right| = \frac{\triangle E_g}{E_g} \simeq \frac{2.4kT}{E_g} \tag{4.76}$$

在大多采用了 LED 作为光源的高速光通信和光信号处理的应用领域，LED 的调制带宽都成为限制系统性能的因素。影响 LED 调制带宽的主要因素是 LED 的响应随注入电流的变化特性，以及它的结电容。如果注入该器件的直流功率为 P_o，则在频率 ω 处 LED 的相对输出(LED 在频率 ω 处的输出与 P_o 的比值)为

$$\frac{P_\omega}{P_o} = [1 + (\omega\tau)^2]^{-1/2} \tag{4.77}$$

因此，非相干的调制速度主要受限于载流子的寿命 τ。当注入电流为 I 时，LED 的输出光功率与小信号带宽的乘积为

$$P_{\text{out}}f_{\text{3dB}} = \eta_e \frac{h\nu}{e}\frac{I}{2\pi\tau} \tag{4.78}$$

因此，在一定的注入电流等级条件下，LED 的调制带宽与其输出功率成反比。

4.3.4　半导体激光器：注入型激光二极管

注入型激光二极管是一种电泵浦半导体激光器，其增益介质为 p-n 结半导体二极管。对其施加正向偏置电压，致使多数载流子(即空穴和电子)从结区中相对的一侧注入耗尽区中。半导体激光器中包含的增益介质和光学谐振腔使得激光激射成为可能。由于在激光二极管中进行了电注入并使其发光，因此这种激光器有时被称为注入型激光器或注入型激光二极管(ILD)。

ILD 相比其他的半导体激光器具有如下几项优势：

1. 注入型激光二极管的带宽比 LED 的窄，前者通常为 1 nm 量级，而 LED 的带宽通常为 50 μm 量级。
2. 因为基于受激辐射效应，注入型激光二极管能提供更高的光辐射输出功率。
3. 注入型激光二极管的时间和频率相干性都比 LED 的更好。

ILD 和 LED 的主要区别体现在：当它们工作在阈值电流以下时，ILD 产生自发辐射输出，其输出与 LED 的类似。但 ILD 必须工作在受激辐射状态下，这使得其输出的激光集中在几个特定的模式上。达到阈值电流时，ILD 的工作状态与 LED 的等效。但仅当其工作在阈值电流以上时，ILD 才开始产生激光。从图 4.13 所示的典型 ILD 的电流-光功率特性曲线中可以

明显看出这一点。

　　半导体激光器中的增益主要来自电子与空穴的复合发光。为了能使其发光效率足够高并产生激光，半导体激光器的增益区，即载流子发生复合的地方，必须由直接带隙半导体材料构成。而增益区外围的载流子注入层，通常称之为包层，可以使用间接带隙半导体材料。当增益区中的注入载流子浓度超过一定的值（即阈值）时，便实现了粒子数反转，此时增益区可对入射光信号产生放大作用。若入射光信号在增益区中传输，则获得的增益为 e^{gz}，其中 g 为增益系数。当载流子密度 N 增加时，g 在某一频谱范围内为正值。增益的峰值 g_p 也随

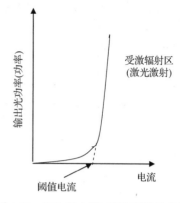

图 4.13　ILD 的电流-光功率特性曲线

N 的增加而增加。但当 N 增加时，g_p 会向着光子能量更高的频率偏移。

　　早期的半导体激光器都是同质结的，它们基于单 p-n 结的发光特性实现激光激射，无法在室温条件下工作。同型或异型异质结的使用改善了激光器的特性。同型异质结的结构中存在一个电势垒，可在增益区内对少数载流子产生限制作用。另一方面，异型异质结可以提高载流子的注入效率。对于一个实用化的激光器而言，其包层材料的带隙往往比增益区材料的带隙更宽，而增益区的折射率比包层材料的折射率更低。这种半导体激光器被称为双异质结（DH）激光器，因为其增益区两边的包层材料都与增益区的不同。其增益区的带隙较窄，可将载流子的复合限制在一个很窄的光增益区。而增益区外面的包层材料则具有更高的折射率，恰好形成了一种波导结构，将激光器中产生的光模式限制在了增益区内[7]。

　　为了实现更高效的载流子复合，激光器的增益区必须很薄，从而使得产生的光信号中有很大一部分进入到包层中。为了将产生的光信号模式完全限制在激光器的半导体材料中，这个包层必须足够厚。对于一个简易的半导体激光器而言，其光学谐振腔是通过在其两端进行切割而成的解理面构成的。通过使用介质镀膜技术，可以按需改变这些解理面的反射率。

　　未加泵浦的半导体材料只能吸收能量大于或等于其带隙的光信号。而如果给半导体材料加光泵浦或电泵浦，且当泵浦功率达到某一特定值时，那么半导体材料将不再吸收光信号，这个状态被称为透明状态。当泵浦功率超过这个值时，半导体材料的增益为正。半导体激光器的输出既有内部损耗又有外部损耗。为了使激光器起振，即达到其阈值条件，其增益必须大于或等于这些损耗的总和。对于单位长度的增益介质，这个阈值增益系数为

$$g_{th} = \alpha_i + \frac{1}{2L} \ln\left(\frac{1}{R_f R_r}\right) \tag{4.79}$$

其中 α_i 为单位长度增益介质的内部损耗，L 为激光器光腔的长度，R_r 和 R_f 分别为光腔前后两个反射镜面的反射率。

　　双异质结（DH）半导体激光器可由多种晶格匹配的半导体材料制成。最常见的两种材料是 GaAs/Al$_x$Ga$_{1-x}$As 和 In$_{1-x}$Ga$_x$As$_y$P$_{1-y}$/InP，其中 x 和 y 的取值必须经过适当的选择，不仅要保证晶格匹配，还要保证产生所期望的光波长。所有这些半导体材料都是 III-V 族元素的合金材料。对基于 GaAs 材料的激光器，其增益区通常采用 GaAs 材料。当前可用于光数据存储的可见光激光器引起了业界广泛的研究兴趣，这类激光器主要使用了 $(\text{Al}_x\text{Ga}_{1-x})_{0.5}\text{In}_{0.5}\text{P}$ 材料。

为了制成蓝光半导体激光器,还需要配合使用其他 II-VI 族的半导体材料。图 4.14 给出了 ILD 中采用的一种基本 DH 结构。

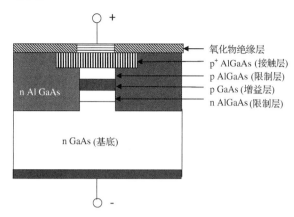

图 4.14　ILD 中采用的一种基本 DH 结构

　　DH 结构不仅可以限制载流子,还能在其结构的横向形成波导结构,从而提高激光器增益区的发光效率,而且双异质结在其结构的侧向也可以形成这种限制结构。实现这种侧向限制的方法有增益导引、正折射率导引以及负折射率导引。对于增益导引型激光器(或称之为条形激光器),其半导体上表面的电极为一个条形金属电极,其目的是使电流注入的面积由这个条形电极的尺寸决定。而正、负折射率导引型激光器的物理结构则在侧向形成波导结构,实现了对光信号的限制。使用掩埋异质结(BH)结构可在沿着接触面的方向形成较强的折射率导引机制,从而实现了对横向模式的限制。在 BH 结构中,激光器的增益区被完全掩埋在具有更宽带隙且折射率更低的另一种材料中。

　　在激光二极管中,通过解理激光器轴向的两个端面,也可以形成传统的法布里-珀罗腔。因为腔内、外材料折射率的差异较大,可以很好地形成对激光的限制作用。半导体激光二极管的灵活性在于它的法布里-珀罗腔并不是其中唯一的反馈机制。采用分布式反馈(DFB)腔结构还能实现频率选择性的反馈。图 4.15 对 DFB 激光器和一个基本的法布里-珀罗激光器做了对比。

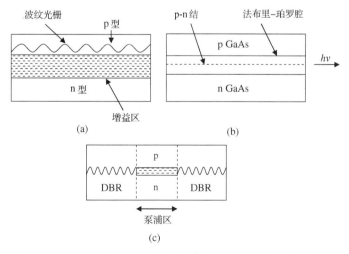

图 4.15　不同激光器结构的原理图:(a)分布式反馈(DFB)激光器;(b)基本的
法布里-珀罗激光器;(c)多段激光器中的分布式布拉格反射镜(DBR)

在 DFB 激光器中，波导区刻制了波纹光栅，该光栅的作用是产生布拉格散射，从而对产生的光信号提供了频率选择性的反馈，这样就选定了激光器的纵模输出和波长。DFB 激光器的优势是对于电流和温度的波动不敏感，它的另一个优势是输出光的波长可调谐。近年来，业界已经设计出几种可调谐的 DFB 激光器。其中一种方案是通过改变分布式布拉格反射镜 (DBR) 激光器内部光栅的周期来实现激光器的调谐。在另一种方案中，激光器内的分布式布拉格反射镜部分采用了超结构光栅，如图 4.15(c) 所示。超结构光栅通常由间隔固定的一组光栅阵列构成（这些光栅可以是均匀光栅或啁啾光栅）。结果，其反射光谱中出现多个峰值波长点，并且这些反射峰值波长由这个光栅阵列中相邻光栅之间的间隔决定[8]。

另一类半导体激光器，通常被称为垂直腔面发射激光器 (VCSEL)，可以按照单模输出的方式工作，这得益于其非常短的谐振腔长度。由于该激光器的腔长极短，使其内部形成的纵模间隔超出了激光的增益带宽[9][10]，因此只能保留一个稳定振荡的纵模。这类激光器输出光束的方向与增益区平面垂直。而且，其输出光束的形状为圆形光束，这对于许多的光信息处理领域而言都是一大优势。VCSEL 的制作需要在一个基底上生长多个介质薄层。其增益区形成若干个量子阱结构，在激活区两端通过外延生长技术产生两个反射率极高的 DBR，从而构成谐振腔。每个 DBR 都是由多层 GaAs 和 AlAs 介质层交替生长而成的，每层的厚度恰好为 $\lambda/4$，其中 λ 表示 VCSEL 输出光的波长[11]。

近期，在半导体激光器领域中，量子阱和量子点激光器引起了人们广泛的研究兴趣。但传统双异质结 (DH) 激光器的增益区材料（称之为块状材料）很厚，其中无法形成量子效应。图 4.16 给出了一个量子阱激光器的结构，并给出了激光出射方向[12]。

在传统的 DH 激光器中，其增益区的导带和价带都是连续的。但如果半导体激光器的增益区做得很薄，薄至与电子的德布罗意波长在一个数量级上，就会显示出量子效应。此时激光器的增益区就形成了量子阱结构。在量子阱激光器中，既可以使用单量子阱 (SQW) 结构，又可以使用多量子阱 (MQW) 结构，它们分别是激光器中含有一个或多个增益区的情况。

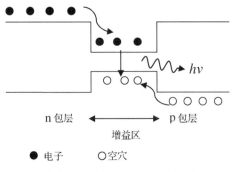

图 4.16　量子阱激光器的结构

还有的激光器被制成增益区为单个原子的结构，这就是所谓的量子点 (QD) 结构。量子点的尺寸很小，接近载流子的德布罗意波长，可形成能对载流子在三维方向上进一步限制的量子阱结构。该结构可采用半导体晶体材料制成，尺寸一般在几纳米至几微米之间[13]。

能级的量子化会改变能量状态密度，而能量状态密度的差异直接影响注入载流子时光信号产生的模式增益。光限制因子，定义为激光器增益区激光激射模式的光强与腔内总光强的比值，这个值非常小。因此要进一步降低这个光限制因子面临着巨大的挑战。在量子阱与包层之间还需要添加一个导引层。

通过在激光器的增益区使用量子阱技术，可极大地提高半导体激光器诸多方面的性能，包括：可明显降低激光器的阈值电流，提高激光器的量子效率，可使激光器在更高的温度条件下稳定工作，实现更高的调制速度，并使其输出光谱的谱线更窄。

4.3.5　有机发光二极管(OLED)

有机发光二极管(OLED)是一种通过将电致发光有机物薄膜夹在两个导体或电极之间而制成的光源。在典型的 OLED 中，这两个电极中至少有一个是透明的。当有电流经过这个有机物薄膜时，其中的电子与空穴复合发光。在早期的 OLED 中，两个电极之间仅配备了一层有机物薄膜，而现在的 OLED 中都含有双层有机物薄膜，即在两个电极之间夹着一个发光层和一个导电层[14]。OLED 的结构中需要使用一个具有低逸出功的金属阴极来注入电子，以及使用一个具有高逸出功的金属阳极来注入空穴，而这两者之间需要使用一个能发光的有机物薄膜，通常是一种高分子聚合物，比如聚乙烯咔唑。

在有机物分子中，由于其部分或全部分子中的共价键电子发生电离而使其能够导电。这类材料的导电性处于绝缘体和导体之间，因此被认为是有机物半导体。有机物半导体中能量最高的已占用分子轨道(HOMO)和能量最低的未占用分子轨道(LUMO)与非有机物半导体中的价带和导带的功能类似。当电子从 OLED 阴极有机物层的 LUMO 注入，而从阳极的 HOMO 输出时，通过器件的电子从阴极流向阳极。其中，后一个过程也可看作空穴被注入 HOMO。静电作用拉动电子和空穴彼此靠近，二者复合发光，最终电子和空穴都进入束缚态。这个过程会在更靠近发射层的地方出现，因为在有机物半导体中，空穴的迁移率比电子的更大。当电子从受激态回落到基态时，伴随着光子辐射的出现，其输出光的频率取决于材料的能带带隙，且输出光的频率处于可见光频段。对于 OLED 而言，带隙就是 HOMO 和 LUMO 之间的能量差。图 4.17 给出了 OLED 的结构。

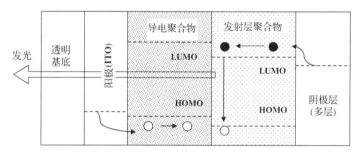

图 4.17　OLED 的结构

OLED 通常在镀有氧化铟锡(ITO)的玻璃基底上制成。ITO 材料具有较高的逸出功，在器件中作为阳极，实现空穴的注入。在它下面的一层中实现空穴的传输(即空穴传输层，HTL)，也可同时抑制电子的通过。下面紧接着的是电致发光层，电子和空穴便是在这一层中发生复合的。然后是电子传输层(ETL)，它能抑制空穴的通过。最后一层是金属阴极层，它由具有较低逸出功的金属材料制成，如镁：银(Mg:Ag)。从 Mg:Ag 阴极发射的电子可进入有机发光材料 8-羟基喹啉钕铝(Alq₃)层以及二胺层。Alq₃ 是一种复合分子，它有多种晶相结构，通常基于气相沉积法制成，形成非结晶模。后来人们经研究发现聚合物是更好的发光材料，尤其是链状共轭聚合物(如对苯乙炔)，可通过旋转镀膜的方式来制备[15][16][17]。这样可制成聚合物发光二极管(PLED)。PLED 也被称为发光聚合物(LEP)，在外加电压的条件下可发光。它可制成薄膜，用于制作全光谱颜色显示器。聚合物 OLED 的发光效率很高，且功耗较低。人们也曾尝试用 OLED 来产生白光[18][19]。

4.3.6　光信息领域常见的激光器

4.3.6.1　气体激光器

气体激光器是最常见的一种激光器。氦-氖(He-Ne)、氩离子(Ar+)激光器和氦-镉(He-Cd)气体激光器可分别发出红-橘红色光、绿光和蓝光。目前，这些激光器被广泛用于光子仪器领域。在氦-氖激光器中，氦原子由电子冲击而被激发，随后其能量通过谐振传递给氖原子。氖原子在其两个能级之间发生能量跃迁，并发出波长为 1.15 m 的红外光。此外，该激光器还能产生许多其他波长的激光，包括 632.8 nm、543.5 nm、593.9 nm、611.8 nm、1.1523 μm、1.52 μm 和 3.3913 μm。该激光器的泵浦由气体放电提供。

与氦-氖激光器类似，氩离子激光器的泵浦也由气体放电提供，其产生的激光的波长为 488 nm、514.5 nm、351 nm、465.8 nm、472.7 nm 和 528.7 nm。氪离子激光器与氩离子激光器的情况类似，其输出波长为 416 nm、530.9 nm、568.2 nm、647.1 nm、676.4 nm、752.5 nm 和 799.3 nm。氪离子激光器也由气体放电提供泵浦，它可在紫外波长 350 nm 至红光波长 647 nm，甚至超过该红光波长的光谱范围内实现百毫瓦量级的激光功率输出。而且这种激光器可以同时实现多波长输出，形成所谓的白色激光输出。

分子气体激光器，比如二氧化碳(CO_2)和一氧化碳(CO)激光器，都工作在中红外波段，它们的功率效率很高，能实现高功率的激光输出。这类激光器基于分子振动-转动能级跃迁而实现激发。CO_2 激光器的输出波长主要为 10.6 μm 和 9.4 μm。该激光器通过横向(高功率)或纵向(低功率)放电来提供泵浦。此类激光器广泛用于钢铁切割、焊接等材料加工工业和外科手术领域。CO 激光器能产生 2.6～4 μm 和 4.8～8.3 μm 波长的激光，也使用气体放电来提供泵浦，其输出功率可达 100 kW。

紫外波段的气体激光器通常为准分子激光器。准分子激光器主要以惰性气体[氩(Ar)、氪(Kr)或氙(Xe)]与活性气体[氟(F)或氯(Cl)]的混合物作为增益介质。在适当的电激励和高压条件下，会产生一种被称为准分子的伪分子状态，该伪分子状态只能存在于激发态，当其回落至基态时便在紫外波段产生激光。准分子(KrF)仅在于增益介质达到激发态时会形成分子，因为构成增益介质的混合气体成分是互相排斥的。因此，当该激光器的增益介质处于基态时，其粒子数为空，因而极易实现粒子数反转。各种准分子激光器能产生 193 nm(ArF)、248 nm(KrF)、308 nm(XeCl)和 353 nm(XeF)波长的激光。

4.3.6.2　化学激光器

化学激光器通过化学反应获得泵浦能量。化学激光器能产生兆瓦量级的连续激光输出，主要用于切割和打孔等工业领域。常见的化学激光器有氧碘化学激光(COIL)、全气相碘(AGIL)激光器、氟化氢(HF)激光器和氟化氘(DF)激光器，后面两种都工作在中红外波段。此外，还有 DF-CO_2(氘氟二氧化碳)激光器。

4.3.6.3　液体染料激光器

液体染料激光器的重要特性主要源于其增益介质的特殊性。此类激光器的增益介质是溶解在乙荃、酒精、甘油或水中的有机染料。这些染料可以通过氩离子激光器的输出光实现激发，从而产生诸如 390～435 nm、460～515 nm、570～640 nm(rhodamine 6G)波长以及许多其他波长的激光。这些激光器的输出波长可调。但遗憾的是，这些有机染料有毒，可致癌，因此很少得到应用。

4.3.6.4　固体激光器

固体激光器是指采用了介质晶体(或玻璃)掺入少量杂质作为增益介质的激光器。基于红宝石的激光器能发出 694.3 nm 的激光。红宝石由天然形成的氧化铝晶体组成，也被称为刚玉。在红宝石晶体中，部分 Al^{3+} 离子被 Cr^{3+} (铬离子)所替代。红宝石能发光，主要是靠其中的铬离子，其原理与铬离子的能级跃迁有关。红宝石激光器的增益介质是一种柱状晶体，其长度为几厘米，直径为几毫米。红宝石激光器为三能级激光器：能级 0 是基态，能级 1 为第一激发态，能级 2 包含两个吸收能带。该激光器的泵浦光由弧光灯提供，它产生包含绿光和紫光波长的宽谱光输出，能将铬离子激发至能级 2 上。能级 2 上的粒子再经过自发辐射跃迁回落至能级 1 上。其中能级 2 的寿命为皮秒量级，而能级 1 的寿命为毫秒量级。

Nd^{3+}:YAG 和 Nd^{3+}:玻璃也可作为固体激光器的材料。与红宝石激光器不同的是，此类激光器在工作时存在两个激发态，也就是说，它们属于四能级激光器。其优点是激光器的阈值功率比红宝石激光器的低一个量级。因为该激光器的增益介质可通过其他半导体激光器激发到上能级，Nd^{3+}:YAG 激光器成为工作在 1.064 μm 波长的一种结构紧凑且高效率的激光光源。最初，Nd^{3+}:YAG 激光器由弧光灯来提供泵浦，但是如今的 Nd^{3+}:YAG 激光器都由半导体激光二极管或激光二极管阵列来提供泵浦。由激光二极管泵浦的 Nd^{3+}:YAG 激光器的体积很小、效率很高，在材料加工、测距和外科手术等应用领域颇受青睐。还有钕激光器，它发出的激光可通过二次谐波产生技术实现倍频，因此还可产生波长为 532 nm 的绿光。钕元素还可以掺入其他晶体中，构成具有不同发射波长的激光器，比如掺入氟化钇锂(Nd:YLF)、玻璃(Nd:石英玻璃)，磷酸盐玻璃可以分别制成工作在 1.047 μm、1.062 μm、1.054 μm 波长的激光。钇钪镓石榴石(YSGG)晶体激光器还可用来产生太瓦级的超高功率激光器。

还有一种基于 YAG 制成的固体激光器。它是一类准三能级激光器，其发光波长为 1.030 μm。该激光器工作介质的较低能级仅比其基态能级的能量高 60 meV，因此它在室温条件下就能处于深度热激发的状态。该激光器通常由发光波长为 941 nm 或 968 nm 的激光二极管提供高亮度泵浦并获得增益。其他的固体激光放大器和激光振荡器还包括紫翠玉宝石(Cr^{3+}:Al^2 BeO)激光器。这些激光器可在 700～800 nm 的波长范围实现对输出波长的调谐。

钕是一种稀土元素，而钛与钕不同，它是一种过渡金属。通过在蓝宝石晶体(Al_2O_3)中用 Ti^{3+} 离子取代 Al^{3+} 离子，可以制成钛:蓝宝石激光器，其波长可调范围更宽，可以在 660～1180 nm 的波长范围实现波长调谐，而 Er^{3+}:YAG 激光器通常只能工作在 1.66 μm 波长。

4.4　光电探测器

光电探测器是将输入光信号转换为电压/电流信号的器件，它的响应与入射光的强度有关。所有光电探测器都是平方律器件，它们只能响应光信号的功率或强度，而不是光信号的幅度。光电探测器可分为两类：(a)光子探测器和(b)热探测器。其中光子探测器根据其工作原理的不同又可分为两种：一种是基于外光电效应的，另一种是基于内光电效应的。基于内光电效应的探测器在实现光电转换时存在三个过程：(a)探测器吸收入射光子，产生载流子；

(b)产生的载流子流过增益区/吸收区；(c)最后，器件汇聚载流子产生光电流。基于外光电效应的光电探测器为光电发射探测器，比如真空光电管和光电倍增管，这些器件在实现光电探测的过程中，将有光电子从光电阴极的表面发射出来。另一方面，热探测器是通过将光能转换为热能来实现对光信号的响应，而不是根据探测器所吸收光子的数量来响应光信号的[20]。

对于一个特定的应用领域，光电探测器的选择主要取决于工作波长范围、信号的响应速度或响应时间，还有量子效率。而光电探测器工作的波长范围取决于其构成材料。在通信领域可选用多种光电探测器，比如光电导型光电探测器、p-n 结光电二极管、p-i-n 光电探测器、雪崩光电二极管和电荷耦合器件(CCD)。还有一些光电探测器，比如光子探测器，具有极高的灵敏度和极快的响应速度。相对而言，热探测器的响应速度较慢，因为热量扩散是一个较为缓慢的过程。因此，对于检测光信息系统中较弱的光信号，使用光子探测器比较合适。而热探测器主要用于光功率测量或红外成像领域。

光电探测器的特性主要包括响应度、光电探测的波长范围、量子效率、击穿阈值或最大可容忍功率，还有响应时间、暗电流[21]等。下面对这些特性进行解释。

1. 量子效率：量子效率 η 定义为当入射光照射到光电探测器光敏组件表面时，每个光子所能产生的光电子数。换句话说，量子效率衡量光电探测器对于每个入射光子能产生载流子的概率。因此，对于 n_{ph} 个入射光子，若光电探测器能产生的光电子数为 n_e，则其量子效率为

$$\eta = \frac{n_e}{n_{ph}} \times 100\% \tag{4.80}$$

式(4.80)还可以改写为

$$\eta = \frac{i_p h\nu}{P_i e} \tag{4.81}$$

其中 i_p 表示产生的光电流，$h\nu$ 表示入射光子的能量，e 为电子的电量，P_i 为入射光中光子能量处于对应的波长的那部分功率。由于光电探测器具有一定的频率响应特性，因此其量子效率是入射光波长的函数。

2. 响应度：光电探测器的响应度定义为其输出光电流或电压与输入光功率的比值。对于一个不带内部增益的光电探测器而言，其响应度定义为

$$\mathcal{R} = \frac{i_p}{P_i} = \eta \frac{e}{h\nu} \tag{4.82}$$

光电探测器的频谱响应通常由探测器的响应度随光频率变化的函数 $\mathcal{R}(\nu)$ 来描述，也可称之为频谱响应度。

3. 响应速度和频率响应：光电探测器的响应速度由探测器有源区载流子的渡越时间以及器件的时间常数决定。载流子的渡越时间 t 定义为载流子通过探测器有源区的时间，由下式给出：

$$t = \frac{d}{v_{sat}} \tag{4.83}$$

其中 d 为有源区的厚度，v_{sat} 为电子/空穴的饱和速度。为了减少探测器的响应时间(即提高响应带宽)，载流子的渡越时间通常都被设计为最小值，从而获得器件的最大响应速度。通过减小有源区的厚度，可实现这一目的。但是减小有源区的厚度又会增

加器件的时间常数，这又会降低器件的响应速度。因此，光电探测器的响应时间与时间常数需要优化设计，使光电探测器的响应速度达到最大值。光电探测器的频率响应由给定波长条件下响应度随频率的变化关系 $\mathcal{R}(\nu)$ 描述。

4. 暗电流：在没有入射光的条件下，反向偏置的光电探测器中存在的漏电流被称为暗电流。为了让光电探测器的性能更佳，暗电流应该尽可能地减小。光电探测器的暗电流 I_d 可表示为三项漏电流之和：

$$I_d = I_d^{gr} + I_d^{Dif} + I_d^{sl} \tag{4.84}$$

其中 I_d^{gr} 表示由于载流子产生与复合而形成的暗电流，I_d^{Dif} 项表示由于载流子扩散而产生的暗电流，I_d^{sl} 表示表面漏电流。光电探测器的暗电流可以在没有入射光和保持器件反向偏置的状态下采用探针来测量。

5. 灵敏度：光电探测器的灵敏度是指它检测微弱光信号的能力。灵敏度被定义为探测器等效噪声功率（NEP）的倒数。光电探测器中的主要噪声来源为背景辐射噪声电流 i_b 和暗电流 I_d，它们往往与探测器的光敏表面积 A 成正比。对于受到暗电流限制且不带内部增益的光电探测器而言，其灵敏度 D^* 定义为

$$D^* = \frac{\sqrt{A\mathcal{R}}}{\sqrt{2ei_d}} \tag{4.85}$$

4.4.1　光电导器件

光电导器件是基于光电导原理而制成的光电探测器。在有光激励的条件下，这类半导体器件的内部会因为电子-空穴对的产生而使其电导率升高。若在其两端的电极施加合适的偏置电压，这两个电极能分别对电子和空穴进行收集，就构成了光电导型光电探测器。光电导率是指由于光激励在半导体器件内产生了载流子而导致的器件电导率的增量 $\Delta\sigma$，可表示为

$$\triangle\sigma = e(\mu_e \triangle n + \mu_h \triangle p) \tag{4.86}$$

其中 $\Delta n = (n - n_0)$ 和 $\Delta p = (p - p_0)$ 为光激励所产生的那部分电子与空穴，μ_e 和 μ_h 分别为电子和空穴的迁移率。为了尽量降低暗电流的影响，要尽量减少光电导器件中热平衡条件下的载流子数量 n_0 和 p_0。

光电导器件的光电导率存在一个光子能量阈值 E_{th}，这对应着一个入射光的波长阈值 λ_{th}，它是由光电导本身的材料所决定的。显然，器件的本征光电导率是由其半导体材料的能级带隙决定的，即 $E_{th} = E_g$。而非本征光电导率则取决于非本征半导体材料的能级带隙，它与器件有源区半导体的掺杂浓度有关。光电导型光电探测器的频谱响应覆盖很宽的波长范围，从紫外波段一直延伸到远红外波段。一个光电导器件的频谱响应取决于 λ_{th} 和 E_{th}，还有材料在入射光波长范围的吸收系数。

直接带隙和间接带隙半导体材料都可用于光电导器件的制备。IV 族半导体材料、III-V 和 II-VI 族化合物以及 IV-VI 族化合物可用于本征光电导器件的制备。本征硅光电导材料广泛用于可见光和近红外波段的光电导型光电探测器的制作。光电导器件的有源区通常在绝缘性很好的基底材料上采用外延生长或离子注入的方法制备。其有源区的厚度对于器件吸收更多的光子和性能的提高至关重要，但是需要进行优化设计以减小噪声电流的影响。

光电导器件的光电导增益与很多器件参数以及器件的电极特性都有关。该器件在工作的

时候需要加电压。光电导型光电探测器的光电导增益定义为电子流过器件的速率(即单位时间内流过器件的电子数)与单位时间内器件内部产生的电子-空穴对数量的比值。对于夹在两个电极之间、长度为 l 的光电导器件,若设其宽度为 w、厚度为 d,则在其体积 lbw 内所产生的电子-空穴对为

$$g_{eh} = \frac{\eta}{lbw}\phi \qquad (4.87)$$

其中 η 为量子效率,ϕ 为入射光通量。

对于一个 n 型光电导,在稳态条件下,其载流子产生的速率与载流子复合的速率相同。当有光照时,其电导率的增量为

$$\triangle\sigma = e\triangle n(\mu_e + \mu_h) = e(\tau g_{eh})(\mu_e + \mu_h) = e\tau\frac{\eta}{lbw}(\mu_e + \mu_h)\phi \qquad (4.88)$$

其中,μ_e 和 μ_h 分别为电子和空穴的迁移率,Δn 为由于电子跃迁产生的附加电子密度,τ 为少数载流子的寿命。

当给光电器件加电压 V 时,产生的光电流为 i_s,可表示为

$$i_s = V\frac{\triangle\sigma wd}{l} \qquad (4.89)$$

在 n 型非本征光电导器件中,电子的移动速率比空穴的更大,因此器件内部所产生的电子会以更快的速度流向器件一端,同时外部电路会有电子流入器件以补充流逝的电子。如此,对于一个入射光子,会有多个电子流经光电导器件直到载流子复合的发生。因此,光电导增益可表示为

$$G = \frac{\tau}{\tau_e} \qquad (4.90)$$

其中 τ 表示少数载流子的寿命,τ_e 表示载流子的渡跃时间。

当外量子效率和光电导增益为已知时,其响应度可表示为

$$\mathcal{R} = G\eta\frac{e}{h\nu} \qquad (4.91)$$

因为光电导增益 G 与外加电压 V 有关,因此光电导器件的响应度除了与入射光的波长和器件参数有关,也是电压 V 的函数。

4.4.2　结型光电二极管

结型光电二极管是信息光子技术领域最常用的光电探测器[22]。此类光电探测器可基于半导体同质结、异质结和金属-半导体结制成。它与光电导器件的相似之处在于,光电二极管对光信号的响应也基于光激励条件下电子-空穴对的产生。但与光电导器件的不同之处是,光电二极管的半导体材料一定是非本征半导体,而光电导器件的材料可以是本征半导体或非本征半导体。半导体光电二极管的阈值光子能量等于其有源区的带隙能量,即 $E_{th} = E_g$。

在半导体光电二极管中,因为光吸收可在不同的区域(包括耗尽层、扩散区和同质区)产生电子-空穴对,所以当耗尽区内由于光激励而产生了一个电子-空穴对时,内建场会推动电子和空穴分别向二极管的 n 区和 p 区移动。这个过程会分别在位于 n 区和 p 区的负、正电极之间产生逆向的漂移电流。若在耗尽区的边界处,由于光激励产生了电子-空穴对,则少数载流子可通过扩散过程达到耗尽区,然后又被内建场推向另外一侧。这个过程会产生逆向扩散电流。然而,同质区内吸收的光子不产生任何光电流,因此光电二极管的有源区仅由耗尽层

和扩散区组成。位于光电二极管两端的同质区相当于起到了阻碍光电流的作用，因为无论是漂移电流还是扩散电流都无法通过这些区域。

设光电二极管的增益为单位增益，即 $G = 1$，外部信号电流仅为光电流，由下式给出：

$$i_s = i_{ph} = \eta \frac{eP_0}{h\nu} \tag{4.92}$$

该光电流为逆向电流，它仅依赖于入射光信号的功率。当在光电二极管上加偏置电压时，光电二极管的总电流为二极管增益电流与光电流之和，由下式给出：

$$i(V, P_0) = I_s(\mathrm{e}^{eV/K_BT} - 1) - i_s \tag{4.93}$$

图 4.18 给出了结型光电二极管在不同入射光功率条件下的电流-电压关系曲线。如图所示，结型光电二极管存在两种工作模式。在该电流-电压曲线坐标系的第三象限中，它的工作模式为光电导模式，曲线与纵轴的交点表示短路条件。在该坐标系的第一象限和第四象限，它工作在光伏模式，曲线与横轴的交点表示开路条件。总之，光电二极管的工作模式取决于外部电路的配置与偏置电压条件。

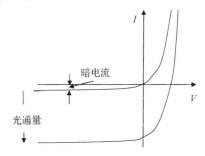

图 4.18　在不同入射光功率条件下，光电二极管的电流-电压关系曲线

4.4.2.1　p-i-n 光电二极管

p-i-n 光电二极管内含一个本征半导体区夹在两个重度掺杂的 p$^+$ 区和 n$^+$ 区之间的结构。由于施加于探测器的偏置电压几乎全部作用于本征区，因此该二极管的耗尽区就是本征区。而且耗尽区内的电场也是均匀分布的。当偏置电压改变时，耗尽区的厚度不会有明显变化。

通过优化的结构设计，可使 p-i-n 光电二极管的量子效率和频率响应都达到优化。而 p-i-n 光电二极管的主要缺点是它通常由间接带隙半导体材料制成，如 Si 和 Ge，它们对于入射光的吸收率比较低，因为这些半导体材料仅能间接地吸收入射光。

p-i-n 光电二极管还可以采用异质结来实现，这样可进一步优化其性能。在异质结光电二极管中，有源区材料的能级带隙通常比其两侧或位于一侧同质区材料的带隙小。同质区可以是位于探测器顶端的 p$^+$ 区，或者是位于基底的 n 区，它为光信号的进入打开了一扇窗。如此，在重度掺杂的 N$^+$ 型基底上生长一个本征层（轻度掺杂），在本征层上生长一个 p$^+$ 层[23]。整个探测器结构可以生长在 P$^+$ 型基底上，在这个基底上还需生长一个本征层和一个 n$^+$ 层。图 4.19 给出了一个典型的 p-i-n 光电二极管结构。器件顶部的欧姆接触突出来，便于电路连接。对于绝大多数的 p-i-n 光电二极管而言，往往还需要在光入口处使用增透膜。

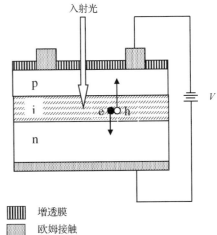

入射光

V

▨ 增透膜
▨ 欧姆接触
▨ 高吸收率的本征层

图 4.19　p-i-n 光电二极管结构

4.4.2.2　雪崩光电二极管

雪崩光电二极管(APD)可以实现内部增益,从而可对入射光激励产生的电子-空穴对实现倍增放大[24][25]。APD 中内部增益实现的物理过程基于碰撞电离而形成的载流子雪崩倍增效应。当入射光子被 APD 有源区吸收时,会在其中产生电子-空穴对,其中电子处于导带上,而空穴处于价带上。若外加的偏置电压足够强,电子会被加速并奔向 n 区,同时空穴奔向 p区。当电子同时加速运动时,会与半导体材料的晶格发生碰撞,从而发生能量的传递。若在这个过程中晶格的电子所获得的能量超过了其能级带隙的能量 E,会碰撞出新的电子-空穴对,该过程可将电子送入导带,而空穴则留在价带上。如果原来的电子和被碰撞激发的电子都具有超过 E 的能量,它们还会进一步与半导体晶格碰撞而激发出更多的电子-空穴对。只要能量足够大,这样的过程还会持续下去。类似地,空穴也可通过这种碰撞电离激发出新的电子-空穴对。

当 p^+ 层和 n^+ 层之间的反向偏置电压很强时,少数载流子也会产生碰撞电离效应,此时APD 中的少数载流子也可获得倍增增益。设电子和空穴的碰撞电离系数分别为 α_e 和 α_h,则 APD 中的电离比值 κ 为

$$\kappa = \frac{\alpha_h}{\alpha_e} \tag{4.94}$$

APD 的 κ 参数设计得越小越好,这样才能实现 APD 的最大增益。

APD 可以基于多种结构实现。从理论上看,只要 p-n 或 p-i-n 二极管被偏置在击穿电压附近,都可以获得倍增效应,从而都可以实现 APD 的功能。图 4.20 给出了一个基本的 APD结构与其中的电场分布。如图可见,在 p 层处存在高电场,而在本征层中电场几乎恒定不变。在 p^+ 区和 p 区的耗尽层都存在电场的降低现象。

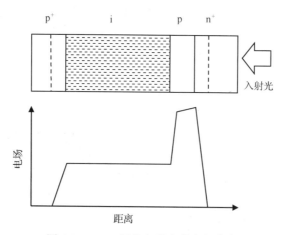

图 4.20　APD 结构与其中的电场分布

APD 的总电流增益 G 由光生载流子的雪崩倍增增益 M 决定,取决于 APD 雪崩区的厚度和结构,也与 APD 所加的反向偏置电压有关。在理想条件下,电子或空穴注入雪崩区时 APD的雪崩倍增增益由下式给出:

$$M = \frac{1-\kappa}{e^{-(1-\kappa)\alpha_e d} - \kappa} \tag{4.95}$$

其中 d 为载流子发生倍增的区域的厚度。如果将 κ 换成 $1/\kappa$,M 也可以表示为 α_h 的函数。APD的增益对于其反向偏置电压和温度的变化都很敏感。对于任何给定的 κ 值,APD 的倍增增益

M 都随着 $\alpha_e d$ 和 $\alpha_h d$ 的增加而非线性地增加。M 值有可能接近无穷大,此时 APD 会被击穿。由于存在内部增益,APD 的响应度为 $\mathcal{R} = M\mathcal{R}_0$,其中 $\mathcal{R}_0$ 是在不考虑 APD 内部增益的条件下其等效光电二极管的本征响应度。

在实际使用中,还可以通过一个经验公式来计算 APD 的雪崩倍增增益 M:

$$M = \frac{1}{1 - (V_r/V_{br})^n} \tag{4.96}$$

其中 V_r 为 APD 的反向偏置电压,V_{br} 为 APD 的击穿电压,n 为常数,取值范围为 3～6。

通过增加 APD 吸收层的厚度,可以提高其量子效率,但是该吸收层的厚度需要优化,以实现对雪崩倍增增益的稳定控制。Si 和 Ge 为间接带隙半导体,可作为制作 APD 的材料,因为其中的带间量子隧道效应比较弱。通常,Si 用于制作响应波长范围为 0.8～1.0 μm 的光电二极管,Ge 用于制作响应波长范围为 1.0～1.55 μm 的光电二极管。在这个波长范围,甚至 III-V 族材料也可以用来制作 APD。通过采用光子吸收和倍增增益分别优化的 APD 结构,可以同时对 APD 中的光生电流和雪崩倍增增益实现优化。这种 APD 结构中存在两个不同的区域,可分别实现光生电流的产生和雪崩倍增增益。其中光电流的产生发生在一个相对较厚且电场较强的区域,从而可以减少载流子的渡跃时间,而碰撞电离所产生的载流子则被注入一个相对较薄且电压极高的区域来实现更高的雪崩倍增增益。

4.4.3　电荷耦合器件

电荷耦合器件(CCD)是一种可以将图像中的每个像素都转换为电荷,从而实现数据存储和显示的感光集成电路。在该器件的内部,电荷在器件中的不同电容之间被一次一组地不断转移,最终运送到一个可以对其进行数字化处理的区域[26][27]。CCD 被广泛运用于高分辨率的数码相机中。

CCD 中包含一个光敏区(一个硅材料的外延层),还有一个由移位寄存器构成的电荷传输区。光敏区由一个能将入射光子转换为电荷的二维像素传感器阵列构成。这些像素传感器由 p 型掺杂的金属氧化物半导体(MOS)电容构成。这些电容都被偏置于其阈值电压以上,从而在图像获取开始时可实现极性的反转,最终在半导体氧化物的表面将入射光子转换为电荷。在 n 型沟道的 CCD 中,位于偏置电极下的材料为轻度 p 型掺杂的硅。图像通过透镜被投射到电容阵列上,使得处于每个像素点对应位置的电容开始积累电荷,且电荷数量与那一点光信号的强度成正比。电荷在电容或势阱中积累,然后就可以使用 CCD 将这些电荷信号读出,CCD 中的控制电路可将每个电容中的电荷信号转移到其相邻的另一个电容中(该过程类似移位寄存器的工作过程)。阵列中的最后一个电容将其电荷送入一个电荷放大器,从而将电荷信号转换为电压信号。通过重复这个过程,CCD 的控制电路将其中图像阵列的全部内容都转换为一个电压信号的序列。在数字器件中,还包括对这些电压信号进行采样、数字化处理等过程,然后将信号存储在一个内存中。如此,CCD 不仅能够检测二维图像信息,还能实现图像的显示[28]。

图 4.21 给出了一个 MOSFET 型的 CCD 结构。其

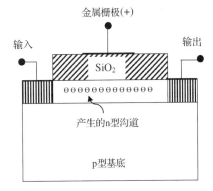

图 4.21　耗尽型 MOSFET CCD

中金属栅极、基底和二者之间的 SiO_2 层形成了平行极板电容。栅极加正电压，偏置在其阈值电压之上，形成强极性反转。这将在 MOSFET 中的栅极下方形成 n 型沟道。由于栅极上的正电压偏置，半导体材料中的空穴被推向基底深处，因此在半导体氧化物的表面没有运动的正电荷。这样 CCD 工作在被称为深度耗尽的非平衡状态下。当有入射光进入 CCD 传感器时，该耗尽区内将产生电子-空穴对。然后这些电子-空穴对被电场分离，其中电子移向器件的表面，而空穴移向器件的基底。因此，在电容附近所产生的自由电子就被存储并送入势阱。

存储于势阱中的电子数量反映了入射光的强度，在 CCD 的边缘可通过电荷转换来对其进行检测。图 4.22 展示了 CCD 阵列中通过栅极时钟序列实现的信号势阱转移过程，从而实现了电荷的传输过程。在电荷从 CCD 的一个单元转移到另一个单元的进程中，存在三个主要过程：自激漂移、热扩散和边缘场漂移。自激漂移即载流子扩散，它是由同性电荷之间的排斥力所引起的，它是多数载流子转移的源动力。电荷转移效率 η_{cte} 是 CCD 中电容阵列转移电荷能力的度量，其定义为电荷从一个单元转移到另一个单元的比值。如果总电荷 Q_0 经过 n 级的寄存器转移，则转移后所剩的静电荷为 $Q_n = Q_0(1 - n\epsilon_{cte})$，其中 ϵ_{cte} 表示转移电荷损失。

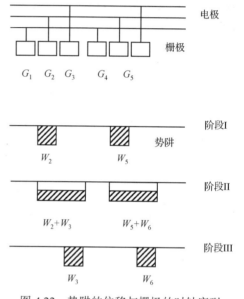

图 4.22 解释了 CCD 的栅极时钟序列和电荷的串行传输过程。在阶段 I，栅极 G_2 和 G_5 被打开，其他栅极关闭，电子在势阱 W_2 和 W_5 内积累。在下一个时钟周期的阶段 II，栅极 G_2、G_3、G_5 和 G_6 都被打开，而其余栅极关闭，接着势阱 W_2 和 W_3 合并在一起，形成一个更宽的势阱，W_5 和 W_6 也是如此。

在下一个时钟周期的阶段 III，W_2 和 W_5 都关闭了，而 W_3 和 W_6 保持打开状态；之前存储于 W_2

图 4.22　势阱的位移与栅极的时钟序列

和 W_5 的电子都被移动并分别存储在 W_3 和 W_6 之中。通过这样的栅极序列时钟控制，所有电荷都被转移到 CCD 的边缘，然后被电荷放大器汇聚，并最终转换为电压信号。

4.4.4　硅光子器件

硅光子技术是通信领域中的重要器件技术，它自诞生之日起就一直在迅速发展。硅光子器件是基于将光子和电子器件集成在一个硅基平台上实现的。所谓硅光子学，其主旨就是研究并开发先进的硅基材料与技术，实现能对光子进行传输和处理的光子器件与系统。硅光子技术之所以引起了人们广泛的研究兴趣，是因为它成本低、可以使用比较单一的制造工艺，即 CMOS 工艺来实现。如此，光子器件的集成度可以得到继续提升，从而有效提高光子器件的性能。尽管硅光子技术的基础材料为硅，但其他半导体材料，主要是 Ge 和 III-V 族半导体，也已经被用来实现功能更好的器件模块。

在硅光子器件中，硅材料通常要使用亚微米的加工精度，从而可制成微光子器件。此类器件绝大多数工作于 1.55 μm 波长的红外波段。所谓的硅基光子集成电路 (PIC)，其工作波段主要取决于其中的光波导材料是否为硅还是其他材料。本征硅在它的直接带隙波长范围，即

1.1～100 μm 附近对光信号是透明的，因此本征硅器件允许很宽的工作波长范围。然而，单 Si 或 SiGe/Si 化合物在所有中红外、远红外和波长很长的太赫兹(THz)波段都能工作。

在这种器件结构中，通常将硅置于二氧化硅的上表面层，称之为绝缘体上硅膜(SOI)。如此，整个元件都在一层绝缘体上构建，目的是减少寄生电容的影响，从而提高器件的性能。光在硅器件中的传输服从一系列的非线性光学现象与规律，包括光克尔效应、拉曼效应、双光子吸收与互作用。这些光学非线性效应的存在是十分重要的，它使得器件中光信号之间可以互相作用，而不仅仅是只能实现光信号的传输。正是这些非线性效应的存在，使得波长转换和全光信号路由等重要的应用技术成为可能。硅光子器件的优势在于：

1. 在很宽的红外波段中对信号是透明的，工作波段宽。
2. 可实现低噪声的高速集成电路。
3. 导热性能好。
4. 可实现三维封装。

硅对于波长超过 1.1 μm 的红外波段而言都是透明的。而且硅的折射率很高，约为 3.5。由于折射率较高，使得光信号在硅中传输时，能实现对光信号较强的约束作用，因而可制成非常微小的光波导结构，其截面尺寸可小至仅有几百纳米。这比光信号的波长还小，可与亚波长直径的光纤比拟。在这种器件中，光信号可以按照单模形式传输(与光信号在单模光纤中传输的情形类似)，于是可以避免光信号传输中的模间色散问题。

由于硅对光信号较强的限制作用，引起了所谓的介质边缘效应，它可显著地改变器件的光学色散效应。人们可通过优化设计波导的几何结构而任意地改变波导的色散，从而使其具有人们所期望的特性，这一点对于那些需要超窄光脉冲的应用场合而言尤为重要。尤其值得一提的是，这种器件可控制光信号的群速度色散(即群色散随波长的变化)。在体硅器件中，对于 1.55 μm 波长的光信号，其群速度色散(GVD)是正常色散，即光脉冲在其中传输时，长波长分量比短波长分量具有更高的群速度。然而，通过设计合适的波导几何结构，可以改变这一点，即实现反常的 GVD，使得光脉冲中短波长分量传输得更快。

为了使硅光子器件与其底部的体硅晶圆相对独立，有必要在二者之间插入一层绝缘介质。这个绝缘介质通常为氧化硅，它具有很低的折射率(在光通信波段约为 1.44)，因此当光信号在硅-氧化硅界面发生反射时会发生全内反射，从而使得光信号保持在硅器件中传输(就如同光信号在硅-空气界面上反射时会发生全内反射的情形一样)。虽然基于硅光子技术可实现工作于近红外波段的紧凑光子集成电路，但对于高效的电流注入型光源和放大器而言，这一技术尚处于研究阶段，因为硅是间接带隙材料(即无法实现高效率的发光)，因而不适合用于制作光源和光放大器。有关的研究报道给出了将 III-V 族半导体层(可用于制作光源、光放大器的材料)集成于硅基波导平台的思想，以解决硅光子集成电路与基于不同半导体材料的光源、光放大器集成的问题。这两种不同材料之间的异构集成可通过半导体晶圆键合技术来实现。这种 III-V 族材料与硅材料的异构集成技术还可以用来实现其他的有源器件，如光调制器、光电探测器和光开关。

4.4.4.1　光源中的硅光子技术

在光源的发展过程中，基于硅材料的发光器件是一个空白的研究领域。基于直接带隙半导体材料制成的光源,其发光的内量子效率接近100%,其能级的辐射寿命比非辐射寿命更短。然而硅属于间接带隙材料,它的辐射寿命更长,用它所制成的光源内量子效率相比前者低几个量级[29]。因此,为了提高其内量子效率,必须设法抑制硅中载流子的非辐射复合。为此,人们研究了体SiGe合金材料的发光特性。晶体硅(c-Si)和晶体锗(c-Ge)都是间接带隙半导体材料,因此SiGe合金呈现出间接带隙半导体材料的特性。SiGe合金是一种带有高密度失配错位的晶体材料(因为Si与Ge的晶格失配率很高)。因此,需要通过一定的调节手段来提高SiGe合金中的载流子复合发光的可能性。但这种SiGe合金晶体的实际应用价值比较低,因为它在室温下就会发生温度淬灭[30]。然而$Si_{1-x}Ge_x$多层合金(0.1 < x < 0.2)引起了人们广泛的研究兴趣,因为它提供了一种形成双异质结或量子阱结构并对电子-空穴对进行限制的可能,这样就可以降低温度淬灭的可能性。已有研究指出,采用这种材料实现了高发光效率的光源,但是它需要在较低的温度条件下工作[31]。

通过在光源材料中掺入稀土离子的方法,可以对光源进行改进。此类光源具有很窄的发光光谱,类似于原子光谱,而且其发光波长不随温度变化。掺入稀土离子的半导体光源拥有一个重要的优势,那就是掺入的杂质不仅可以直接吸收能量而达到激发态,还可以吸收从其宿主半导体材料转移而来的能量而达到激发态。它可以通过能带之间的光激发而实现发光,也可以通过电流注入而实现电致发光[32]。在众多可选的半导体稀土元素掺杂方案中,人们的研究兴趣主要集中于InP半导体中的Yb掺杂和Si中的Er掺杂。对于在SiO_2材料中掺入Er^{3+}离子而形成的发光器件,通常使用激光泵浦激励[33]。具体是采用一个激光束直接将其激励到一个激发态上。掺入Er的晶体Si(c-Si:Er)成为制作硅光源的重要材料,人们在其中使用了最先进、最成功的Si技术,使其发光波长恰好与1.5 μm的光纤通信波长吻合[34][35]。

基于能带工程的Ge-on-Si半导体材料也被用于激光器的制作。基于外延生长的Ge-on-Si是用于实现高效单片集成光发射模块和激光器的一种极具潜力的候选材料,因为它具有准直接带隙材料的特征,而且与Si CMOS工艺兼容。然而在这种基于能带工程的Ge-on-Si材料的制备过程中,有两个关键问题需要关注:(1)应变力的引入[11][36][37]和(2)N型掺杂[38]。目前已有研究报道了室温条件下Ge-on-Si单片集成激光器在电流激励和光激励条件下的激光振荡与光增益,并展示了它广阔的应用前景。而对于实际的应用而言,最终的目标是实现电流泵浦的Ge-on-Si激光器。

4.4.4.2　电光调制器中的硅光子技术

硅光子技术在发展过程中所面临的诸多挑战之一是制造高速、低损耗、结构紧凑的电光调制器,从而可在电信号的控制下实现对连续光的调制[39][40]。在目前已报道的硅光子调制器中,基于等离子色散效应实现的电光调制器是最为成功的,这种等离子色散效应主要是通过改变材料中自由电子和空穴的浓度来改变材料的折射率和吸收系数[41]。这样,当有光信号通过时,材料折射率的变化会导致光信号的相位得到调制,再配合一个干涉仪或谐振腔结构,这种对光相位的调制又可转化为对光信号强度的调制。目前已有多种基于等离子效应的电光调制器,大致可以分为三类:载流子注入型[42][43]、载流子积累型和载流子耗尽型[44][45]。载流子注入型调制器主要是基于形成于波导本征区内的PIN二极管。当给该器件外加正向偏置电压时,电子和空穴会被注入器件的波导区,导致其折射率降低,从而可对经过该器件的光信号实现相位调制。尽管这种载流子注入型调制器的调制速度正在被不断地提高,但其调制带宽依然受制于其硅材料中少数载流子较长的寿命。载流子积累型器件在其波导中采用了一个很薄的绝缘层。当给该器件外加偏置电压时，自由载流子会在绝缘层的一侧积累，就像电容中电荷在介质层周围积累一样。自由载流子的积累也会导致硅材料的折射率降低，从而实现对光信号相位的调制。载流子耗尽型调制器在其结构中采用了反向偏置的 p-n 结。当给该器件外加反向偏置电压时，该 PN 二极管的结区与经过器件的光信号之间发生互相作用，其 p-n 结中的耗尽区会变宽，从而降低了波导中自由载流子的密度，改变了它的折射率。该器件的相位调制效率与其 p-n 结中 p 区和 n 区的掺杂浓度密切相关，也与 p-n 结和波导的相对位置有关。

还有一类基于电吸收效应的调制器，这类调制器使用了某些材料的光吸收率与其中电场的相关特性来实现对光信号强度的调制。电吸收调制器主要基于两种物理机理来实现：弗兰之-克尔德什效应(Franz-Keldysh Effect，FKE)[46] 和量子限制斯塔克效应(Quantum-Confined Stark Effect，QCSE)[47]。FKE 是体半导体材料中的一种物理机理，而 QCSE 是量子约束态下的 FKE 效应。这些效应主要出现在直接带隙半导体材料中，比如 GaAs、InP、Ge 和 SiGe。FKE 是体半导体材料中的物理机理，可以理解为当有外加电场时电子与空穴的波函数由于隧道效应而进入了能级带隙，从而使得材料能吸收低于其能带边缘的光子。与 FKE 类似，QCSE 是当半导体材料外加电场时，其吸收带移向更低的能级(即更长的波长)。当两种直接带隙半导体材料形成了异质结(形成势阱)时，在 QCSE 的作用下其中的电子和空穴将被有效地限制在势阱材料中。

在这些可实现高性能调制器的不同方案之中，基于硅的载流子耗尽型调制器和基于 Ge 的电吸收调制器是目前最有前途的方案[48][49]。

4.4.4.3　光电探测器中的硅光子技术

目前，光通信系统中最先进的光电探测器主要是基于 III-V 族材料实现的。在 850 nm 波长，制造光电探测器的典型材料是 GaAs。然而在 1300 nm 和 1550 nm 波长，制造光电探测器的主要材料为 InGaAs。类似地，工作在人眼安全波段($\lambda > 1300$ nm)的红外成像设备也采用了 InGaAs 材料。为了克服 Si 材料的缺点，人们还使用了能够集成到 Si 基上的 Ge 光电二极管。Ge 是实现红外光探测器的一种近乎理想的材料。它对光信号的吸收极限可覆盖至 1800 nm 波长，而且它对于波长小于 1550nm 的光信号表现出很强的吸收能力，而这个波长恰好对应 Ge 的直接跃迁能级。然而要将 Ge 材料集成到 Si 基上面临着很大的技术挑战，因为 Si 与 Ge 晶体之间存在高度的晶格失配。因此，人们将光电二极管生长在 $Si_{1-x}Ge_x$ 缓冲层上，从而降低了技术难度。近年来出现了将 Ge 直接生长在 Si 材料上、绝缘体上集成 Ge(Ge-on-insulator)[50] 和绝缘体上集成硅再集成 Ge(Ge-on-silicon-on-insulator，Ge-on-SOI)的光电探测器结构。Si 上集成 Ge(Ge-on-Si)的体材料光电探测器具有多种结构，包括垂直入射纵向 p-i-n 结构、横向 p-i-n 结构和金属-半导体-金属结构。近期 Ge 光电探测器使用了纵向 p-i-n 结构[51]。在纵向 p-i-n 结构中，其光电探测器的吸收区中可以形成均匀的电场，因此器件内部载流子至电极的迁移主要是漂移而不是扩散。这一特性优化了光电探测器响应速度与响应度的优化设计，从而使得光电探测器的吸收层可以做得更厚，使得它能收集更多的载流子[52]。

Ge-on-SOI 和绝缘体上集成 Ge 的自由空间光电探测器是在光电探测器发展过程中出现的两个新的类型。在这些类型的光电探测器中，掩埋在其中的绝缘体层能够消除 Si 材料中产生的载流子。从而使得这类光电探测器可以在 Si 材料所能吸收的光信号波段采用更薄的 Ge 吸收层。而且掩埋的绝缘层还可以作为背面光反射层来提高光电探测器的效率。通过制造分离的吸收区和倍增区，还能基于 Ge/Si 异质结制成性能更好的 APD。在 Ge/Si APD 中，Ge 材料主要用于光子的吸收，而雪崩倍增过程在 Si 材料中产生[53]。

扩展阅读

1. *Photonic Devices*: Jia-Ming Liu, Cambridge University Press, 2005.

2. *Fundamentals of Photonics*: B. E. A. Saleh and M. C. Teich, Wiley, 1991.

3. *Lasers and Electro-Optics*: Fundamentals and Engineering: C. C. Davis, Cambridge University Press, 1996.

4. *Elements of Photonics in Free Space and Special Media*（Vol-1）: K. Iizuka, Wiley, 2002.

5. *Lasers*: P. W. Milonni and J. H. Eberly, Wiley, 1988.

6. *Fundamentals of Optoelectronics*: C. R. Pollock, Irwin, 1995.

7. *Lasers*: A. E. Siegman, University Science Books, 1986.

8. *Laser Fundamentals*: W. T. Silfvest, Cambridge University Press, 1996.

9. *Laser Electronics*: J. T. Verdeyen, Prentice-Hall, 1995.

10. *Applied Photonics*: C. Yeh, Academic Press, 1994.

11. *Solid State Lasers*: New Development and Applications: M. Inguscio and R. Wallenstein, Plenum Press, 1993.

12. *Solid-State Laser Engineering*: W. Koechner, Springer-Verlag, 1988.

13. *Lasers*: P. W. Milonni and J. H. Eberly, Wiley, 1988.

14. *Laser Fundamentals*: W. T. Silfvest, Cambridge University Press, 1996.

15. *Semiconductor Lasers*: G. P. Agrawal and N. K. Dutta, Van Nostrand Reinhold, 1993.

16. *Semiconductor Optoelectronic Devices*: P. Bhattacharya, Prentice-Hall, 1997.

17. *Physics of Optoelectronic Devices*: S. L. Chuang, Wiley, 1995.

18. *Optoelectronics*: B. E. Rosencher and B. Vinter: Cambridge University Press, 2002.

19. *Physics of Semiconductor Devices*: S. M. Sze, Wiley, 1981.

20. *Physical Properties of Semiconductors*: C. M. Wolfe, N. Holonyak, and G. E. Stillman, Prentice-Hall, 1989.

21. *Light Emitting Diodes*: K. Gillessen and W. Schairer, Prentice-Hall, 1987.

22. *Photodetectors*: Devices, Circuits, and Applications: S. Donati, Prentice-Hall, 2000.

参考文献

[1]　A.V. Mitrofanov and I. I. Zasavitskii. Optical sources and detectors. *Physical methods, instruments and measurements*, II, 2005.

[2]　E. F. Schubert. *Light-Emitting Diodes*. Cambridge University Press, New York, 2006.

[3]　K. Streubel, N. Linder, R. Wirth, and A. Jaeger. High brightness AlGaInP light-emitting diodes. *IEEE J. Sel. Top. Quant. Elect.*, 8（2）:321-332, 2002.

[4]　J. Kovac, L. Peternai, and O. Lengyel. Advanced light emitting diodes structures for optoelectronic applications. *Thin Solid Films*, 433:22-26, 2003.

[5]　G. F. Neumark, I. L. Kuskovsky, and H. Jiang. *Wide Bandgap Light Emitting Materials and Devices*.

Wiley-VCH, 2007.

[6] Y. Kashima, M. Kobayashi, and T. Takano. High output power GaInAsP/InP superluminescent diode at 1.3 m. *Elect. Let.*, 24(24):1507-1508, 1988.

[7] H. Kressel and M. Ettenburg. Low-threshold double heterojunction AlGaAs laser diodes: theory and experiment. *J. App. Phy.*, 47(8):3533-3537, 1976.

[8] K. Saito and R. Ito. Buried-heterostructure AlGaAs lasers. *IEEE J. Quantum Elect.*, 16(2):205-215, 1980.

[9] S. F. Yu. *Analysis and Design of Vertical Cavity Surface Emitting Lasers*. John Wiley, New York, 2003.

[10] C. W. Wilmsen, H. Temkin, and L. A. Coldren. *Vertical-Cavity Surface-Emitting Lasers: Design, Fabrication, Characterization, and Applica-tions*. Cambridge University Press, Cambridge, 2001.

[11] C. J. Chang-Hasnain. Tunable VCSEL. IEEE J. Sel. *Top. Quant. Elect.*, 6(6):978-987, 2000.

[12] V. M. Ustinov, A. E. Zhukov, A. Y. Egorov, and N. A. Maleev. *Quantum Dot Lasers. Oxford University Press*, Oxford, 2003.

[13] X. Huang, A. Stintz, H. Li, J. Cheng, and K. J. Malloy. Modeling of long wavelength quantumdot lasers with dots-in-a-well structure. *Conf. Proc. CLEO 02. Tech. Dig*, 1:551-557, 2002.

[14] F. J. Duarte, L. S. Liao, and K. M. Vaeth. Coherence characteristics of electrically excited tandem organic light-emitting diodes. *Opt. Let.*, 30(22):30724, 2005.

[15] J. H. Burroughes, D. D. C. Bradley, A. R. Brown, R. N. Marks, K. MacKay, R. H. Friend, P. L. Burns, and A. B. Holmes. Light-emitting diodes based on conjugated polymers. *Nature*, 347 (6293):539541, 1990.

[16] R. Holmes, N. Erickson, B. Lussem, and K. Leo. Highly effcient, singlelayer organic light-emitting devices based on a graded-composition emissive layer. *App. Phy. Let.*, 97:083308, 2010.

[17] S. A. Carter, M. Angelopoulos, S. Karg, P. J. Brock, and J. C. Scott. Polymeric anodes for improved polymer light-emitting diode performance. *App. Phy. Let.*, 70 (16):2067, 1997.

[18] J. N. Bardsley. International OLED technology roadmap. *IEEE Journal of Selected Topics in Quantum Electronics*, 10:3-4, 2004.

[19] K. T. Kamtekar, A. P. Monkman, and M. R. Bryce. Recent advances in white organic light-emitting materials and devices (WOLEDs). *Adv. Materials*, 22 (5):572-582, 2010.

[20] F. Stockmann. Photodetectors: their performance and their limitations. *App. Phy.*, 7(1):1-5, 1975.

[21] K. L. Anderson and B. J. McMurty. High speed photodetectors. *Proc. IEEE*, 54:1335, 1966.

[22] Melchior, M. B. Fisher, and F. R. Arams. Photodectors for optical communication systems. *Proc. IEEE*, 58:1466, 1970.

[23] R. G. Hunsperger (ed). *Photonic devices and systems.* Marcel Dekker, 1994.

[24] T. Kaneda. *Silicon and germanium abalenche photodiode.* Academic Press, New York, 1985.

[25] R. J. Mcintyre. Multiplication noise in avalanche photodiode. *Trans. Elect. Devices*, 13:164-168, 1966.

[26] W. S. Boyle and G. E. Smith. Charge coupled semiconductor devices. *Bell Syst. Tech. J.*, 49 (4):587-593, 1970.

[27] G. F. Amelio, M. F. Tompsett, and G. E. Smith. Experimental verification of the charge coupled device concep. *Bell Syst. Tech. J.*, 49 (4):593-600, 1970.

[28] J. P. Albert. *Solid-State Imaging With Charge-Coupled Devices.* Springer, 1995.

[29] INSPEC. *Properties of crystalline silicon.* IEE, 1999.

[30] L. C. Lenchyshyn, M. L. W. Thewalt, J. C. Sturm et al. High quantum effciency photoluminescence from localized excitons in Si-Ge. *App. Phy. Let.*, 60(25):3174-3176, 1992.

[31] Y. H. Peng, C. H. Hsu et al. The evolution of electroluminescence in Ge quantum-dot diodes with the fold number. *App. Phy. Let*, 85(25):6107-6109, 2004.

[32] H. Vrielinck, I. Izeddin, and V. Y. Ivanov. Erbium doped silicon single and multilayer structures for LED and laser applications. *MRS Proc.*, 866(13), 2005.

[33] N. Q. Vinh, N. N. Ha, and T. Gregorkiewicz. Photonic properties of Er-doped crystalline silicon. *Proc. IEE.*, 97(7):1269-1283, 2009.

[34] M. A. Loureno, R. M. Gwilliam, and K. P. Homewood. Extraordinary optical gain from silicon implanted with erbium. *App. Phy. Let.*, 91:141122, 2007.

[35] A. Karim, G. V. Hansson, and M. K. Linnarson. Inuence of Er and O concentrations on the microstructure and luminescence of SiEr LEDs. *J. Phy. Conf. Series*, 100:042010, 2007.

[36] M. J. Lee and E. A. Fitzgerald. Strained Si SiGe and Ge channels for high-mobility metal-oxide-semiconductor field-effect transistors. *J. App. Phy.*, 97:011101, 2005.

[37] X. Sun, J. F. Liu, L. C. Kimerling, and J. Michel. Room-temperature direct bandgap electroluminesence from Ge-on-Si light-emitting diodes. *Opt. Let.*, 34:1198-1200, 2009.

[38] J. M. Hartmann, J. P. Barnes, M. Veillerot, and J. M. Fedeli. Selective epitaxial growth of intrinsic and in-situ phosphorous-doped Ge for optoelectronics. *Euro. Mat. Res. Soc. (E-MRS) Spring Meet. Nice, France*, 14(3), 2011.

[39] D. A. B. Miller. Device requirements for optical interconnects to silicon chips. *Proc. IEEE*, 97(7):1166-1185, 2009.

[40] A. Liu, R. Jones, L. Liao, D. Samara-Rubio, D. Rubin, O. Cohen, R. Nicolaescu, and M. Paniccia. A high speed silicon optical modulator based on a metal-oxide-semiconductor capacitor. *Nature*, 427:615-618, 2004.

[41] L. Friedman, R. A. Soref, and J. P. Lorenzo. Silicon double-injection electro-optic modulator with junction gate control. *J. App. Phys.*, 63:1831-1839, 1988.

[42] P. D. Hewitt and G. T. Reed. Improving the response of optical phase modulators in SOI by computer simulation. *J. Lightwave Tech.*, 18:443-450, 2000.

[43] C. E. Png, S. P. Chan, S. T. Lim, and G. T. Reed. Optical phase modulators for MHz and GHz modulation in silicon-on-insulator. *J. Lightwave Tech.*, 22:1573-1582, 2004.

[44] F. Y. Gardes, G. T. Reed, N. G. Emerson, and C. E. Png. A submicron depletion-type photonic modulator in silicon on insulator. *Opt. Exp*, 13:8845-8854, 2005.

[45] C. Gunn. CMOS photonics for high-speed interconnects. *Micro. IEEE*, 26:58-66, 2006.

[46] W. Franz. Inuence of an electric field on an optical absorption edge. *Z. Naturforsch*, 13a:484-490, 1858.

[47] D. A. B. Miller, D. S. Chemla, and S. Schmitt-Rink. Relation between electroabsorption in bulk semiconductors and in quantum wells: The quantum-confined Franz-Kedlysh effect. *Phy. Rev. B*, 33(10):6876-6982, 1986.

[48] A. Frova and P. Handler. Shift of optical absorption edge by an electric field: modulation of light in the space-charge region of a Ge p-n junction. *App. Phy. Let.*, 5(1):11-13, 64.

[49] R. M. Audet, E. H. Edwards, P. Wahl, and D. A. B. Miller. Investigation of limits to the optical performance

of asymmetric Fabry-Perot electroabsorption modulators. *IEEE J. Quant. Elec.*, 48(2):198-209, 2012.

[50] L. Colace, G. Masini, and G. Assanto. Ge-on-Si approaches to the detection of near-infrared light. *IEEE J. Quant. Elec.*, 35:1843-1852, 1999.

[51] H. Y. Yu, S. Ren, W. S. Jung, D. A. B. Okyay, A. K.and Miller, and K. C. Saraswat. High-effciency p-i-n photodetectors on selective-area-grown Ge for monolithic integration. *IEEE Elect. Device Let.*, 30:1161-1163, 2009.

[52] M. Jutzi, M. Berroth, G. Wohl, M. Oehme, and E. Kasper. Zero biased Ge-on-Si photodetector on a thin buffer with a bandwidth of 3.2 Ghz at 1300 nm. *Mat. Sci. in Semiconductor Processing*, 8:423-427, 2005.

[53] O. I. Dosunmu, D. D. Cannon, M. K. Emsley, L. C. Kimerling, and M. S. Unlu. High-speed resonant cavity enhanced Ge photodetectors on reecting Si substrates for 1550 nm operation. *IEEE Photonics Tech. Let.*, 17:175-177, 2005.

第 5 章 光子调制、存储和显示器件

5.1 光束调制的光子器件

应用于光束调制的光子器件被称为调制器。这类器件主要是用于对通过介质或自由空间以及通过波导传输的光束进行调制。根据所调制光信号属性的不同，光调制器可以分为幅度调制器、相位调制器和偏振调制器。调制器的调制功能通常是基于电光效应、声光效应、磁光效应而实现的，或者利用了液晶分子的极化现象。还有使用法拉第效应实现的调制器。基于液晶的调制器通常用于中、低速信号调制的应用领域[1]。

5.1.1 电光效应

电光效应是指某些晶体在外加电场的作用下折射率会发生改变的现象[2]。如果这种折射率的变化与所加电场成正比，则这种效应就被称为线性电光效应或泡克尔斯(Pockels)效应。如果折射率的变化与所加电场呈二次函数规律变化，则这种效应就被称为二次电光效应或克尔(Kerr)效应。该效应是由于外力改变了材料分子的极化、指向或形状，对外表现为折射率的变化。这种改变量通常很小，但是由于光在介质中的传播路径远大于光的波长，因此对于光的调制作用是十分显著的[3]。

各向异性介质的光特性随电场 E 变化的函数关系可由其介电常数 η 来描述，$\eta = \epsilon_0 / \epsilon = 1/n^2$。$\eta$ 的增量微分为

$$\Delta\eta = (\mathrm{d}\eta/\mathrm{d}n)\Delta n = (-2/n^3)(-\frac{1}{2}\zeta n^3 E - \frac{1}{2}\varrho n^3 E^2) = \zeta E + \varrho E^2 \tag{5.1}$$

因此

$$\eta(E) \approx \eta(0) + \zeta E + \varrho E^2 \tag{5.2}$$

其中，ζ 和 ϱ 为电光系数，$\eta(0)$ 为 $E = 0$ 时的介电常数。系数 ζ 和 ϱ 的值主要取决于所加电场的方向和它的极化方向。

电光介质的折射率随外加电场 E 变化的函数 $n(E)$，可在 $E = 0$ 处展开为

$$n(E) = n(0) + a_1 E + \frac{1}{2}a_2 E^2 + \cdots \tag{5.3}$$

其中 $a_1 = \mathrm{d}n/\mathrm{d}E$，$a_2 = \mathrm{d}^2 n/\mathrm{d}E^2$。而其他三阶及其以上的项可以忽略。函数 $n(E)$ 还可用电光系数表达为

$$n(E) \approx n - \frac{1}{2}\zeta n^3 E - \frac{1}{2}\varrho n^3 E^2 + \cdots \tag{5.4}$$

对于很多介质而言，上式中与 E^2 有关的项相对于式中的第二项而言都可以忽略。这样的介质被称为泡克尔斯介质，系数 ζ 被称为泡克尔斯系数或线性电光系数。最常见的泡克尔斯介质包括 $NH_4H_2PO_4$(ADP)、KH_2PO_4(KDP)、$LiNbO_3$、$LiTaO_3$ 和 CdTe。

如果介质是中心对称的，则 $n(E)$ 为偶函数，因为当 E 变为相反数时函数的值不变。因此，上式中的第一个导数项也会消失，进而得

$$n(E) \approx n - \frac{1}{2}\varrho n^3 E^2 \tag{5.5}$$

这样的介质被称为克尔介质，系数 ϱ 被称为克尔系数或二阶电光系数。在一些气体、液体和某些晶体中都存在克尔效应[4]。

5.1.1.1　电光调制器

相位调制器　在相位调制器工作时，电场 E 通常沿着与泡克尔斯材料长度 L 相交的方向加入。当一束偏振光通过该材料时，它会产生相移 $\varphi = 2\pi n(E)L/\lambda_0$，其中 λ_0 为入射光在自由空间中的波长，n 是当电场为零时的介质折射率。如果采用泡克尔斯系数 ζ，则这个相移 φ 还可以表达为

$$\varphi = \frac{2\pi n L}{\lambda_0} - \frac{\pi}{\lambda_0}\zeta n^3 E L \tag{5.6}$$

电场 E 与电压 V 的关系为 $E = V/d$，其中 V 加在介质的两个表面，二者之间的距离为 d。因此经调制后，光信号的相位变化可以表示为

$$\varphi = \frac{2\pi n L}{\lambda_0} - \pi\frac{V}{V_{hwv}} \tag{5.7}$$

其中参数 V_{hwv} 为调制器的半波电压，它是光信号的相位变化 π 时调制器所需的电压值。半波电压主要取决于材料的特性 n 和 ζ，可以表示为

$$V_{hwv} = \frac{d}{L}\frac{\lambda_0}{\zeta n^3} \tag{5.8}$$

因此，通过改变相位调制器的电压 V，光信号通过调制器时可以进行线性相位调制。给调制器施加电场的方向可以与光的传播方向垂直（横向调制器）或平行（纵向调制器）。图 5.1 给出了基于泡克尔斯材料的相位调制器的示意图。

电光调制器的调制速度主要受限于其中的电容效应和光通过介质材料的时间。然而，可以将电光调制器制成集成光子器件，其调制速度比传统的体（bulk）器件更高，而所需的电压却更小。

强度调制器　仅靠相位调制的原理无法改变光信号的强度。然而，如果将一个相位调制器置于干涉仪结构的某一臂上，就可以实现对光信号的强度调制。这样便可构成强度调制器。在基于马赫-曾德尔（Mach-Zehnder）干涉仪结构的强度调制器中，干涉仪结构的某一臂上安装了一个相位调制器。如果光分束器均匀分配输入光信号的强度，则输出光强 I_0 与入射光强 I_i 之间的关系为

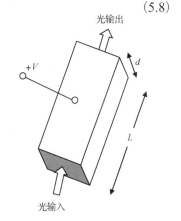

图 5.1　基于泡克尔斯材料的相位调制器的示意图

$$I_0 = I_i \cos^2\frac{\varphi}{2} \tag{5.9}$$

其中 φ 为两束光沿着干涉仪两臂传输之后，二者之间所产生的相位差。如前文所述，通过改变加在相位调制器上的电压，可以对这个相位差进行线性控制。图 5.2 给出了这种基于马赫-曾德尔干涉仪结构的强度调制器的示意图。

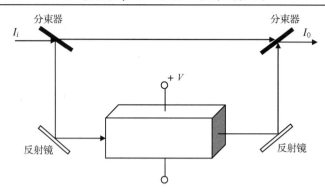

图 5.2　基于马赫-曾德尔干涉仪结构的强度调制器的示意图

通过将泡克尔斯材料加在两个检偏器之间，也可以实现强度调制器。这种调制器通过施加电压来转动输出检偏器的检偏方向，从而实现了对入射光信号的强度调制。当所加电压在零和半波电压 V_{hwv} 之间变化时，调制器可使输出光强在其最大值和最小值之间变化。

5.1.2　液晶空间光调制器

为了实现光信息的处理，并将其运用于图像处理系统中，需要通过电信号来实现光信号的空间调制，对此人们尝试应用了多种不同的光子器件。这类光子器件被称为空间光调制器（SLM）[5]。SLM 是能够基于输入的编码信号（光信号或电信号），在空间对输入光束进行相位、强度或二者兼有调制的一类调制器。因此从定义上来看，空间光调制器可以在空间实现对入射光的强度进行调制，或者对入射光的相位进行调制，或者同时对入射光的相位和强度进行调制。

SLM 通常以液晶（LC）作为控制单元来实现对光信号的调制。液晶是一种介于液体和固体之间的中间态介质，它同时具有晶体和各向同性液体的性质。液晶中的分子通常具有特定的指向。绝大多数液晶化合物都展现出多态性，或者说在液晶态中存在多个相位。术语“中间相”通常被用来描述液晶的相位属性。中间相一般是通过在一维或二维方向上改变材料中的有序参数或者使分子产生一定程度的平移运动而形成的。

液晶的特性主要源于其棒状的分子形状。液晶中的分子通常是杂乱无序的。液晶分子的极化方向是指分子或一组分子的平移对称性，尽管液晶分子通常没有指向上的秩序。液晶的定向秩序表示液晶分子长时间按某一特定的指向排列的程度。在通常情况下，液晶分子不会同时具有统一的指向。液晶分子通常会有多个指向，然而在某一段时间内，朝着特定指向的液晶分子可能会多一些。液晶的有序参数可以通过将液晶样品中所有分子的指向角 θ 进行平均来获得，其中 θ 是液晶分子的长轴与某一特性方向之间的夹角。这个有序参数与液晶样品的温度关系密切。

根据液晶本身的属性与温度，液晶能以几种不同的相态存在，即向列相、近晶相和胆甾相。这种分类方式主要是根据不同的液晶分子取向。处于向列相的液晶分子平行排列，都指向同样的方向，但是液晶分子的中心处于随机的位置。在近晶相液晶中，液晶分子指向同样的方向，但是它们的分子中心都排列在一系列平行的液晶分子层上，仅在每个分子层中，分子是无序排列的。根据近晶相液晶中分子有序性程度的不同，近晶相液晶还可以分为近晶相 A 或近晶相 B，如图 5.3 所示。胆甾相可描述为一种特殊的近晶相液晶类型，其中液晶分子层沿着其纵向的轴线旋转某个角度，而且其指向方向随着距离的增加而逐渐规律性地变化，因此它们的方向服从一个螺旋路径。

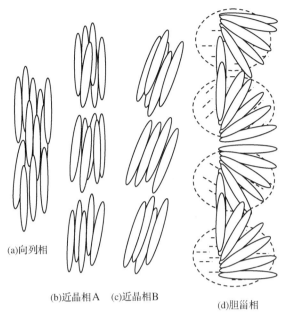

(a)向列相

(b)近晶相A　(c)近晶相B

(d)胆甾相

图 5.3　液晶不同的相态：(a)向列相，(b)近晶相 A，(c)近晶相 B，(d)胆甾相

在近晶相液晶中，有一类液晶被称为铁电液晶(FLC)，铁电液晶中位于单个液晶分子层上的分子与分子层法线方向成 θ 角，如图 5.4 所示。FLC 分子具有一个永恒电偶极矩，因此即使外界电场撤除，它们依然会保持原有分子的指向，也因此具有记忆效应。给具有永恒电偶极矩的液晶分子外加电场会导致液晶分子的指向转动到与电场平行的方向。如果液晶分子起初没有电偶极子，则外加电场后会使其具有电偶极子。无论该液晶分子起初有没有电偶极子，外加电场最终的效果都会使

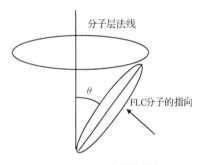

图 5.4　FLC 分子的指向

得液晶分子的指向与外加电场的方向相同。因为液晶分子的电偶极矩与液晶分子的长度和宽度有关，因此一些液晶可能需要较弱的外界电场就能改其变分子的指向，而对于其他一些液晶而言则可能需要更强的电场。单位体积的液晶内所含有的电偶极矩与外加电场强度之比被称为电极化率，可用来衡量液晶材料因外加电场而产生极化的程度。为了重置 FLC 分子的状态，可以对液晶施加与对其极化时所加电场方向相反的直流(DC)电场。由于 FLC 分子具有永恒电偶极矩，因此 FLC 的电场响应时间或切换时间(约 50 μs)比向列相液晶的切换时间(约 20 ms)短得多。

液晶具有双折射特性，在不同的方向上它具有两种不同的折射率。其中一种折射率呈现于入射线偏振光的偏振态沿液晶主轴方向的情形，另一种折射率呈现于入射线偏振光的偏振态与液晶主轴方向垂直的情形。对于传播方向一定的光波，其电场和磁场分量的方向总是与其传播方向垂直。因此在与光波传播方向垂直的平面上，其电场和磁场分量都可以分解为相

互垂直的两个分量，其中一个与液晶的主轴方向平行，而另一个与液晶的主轴方向垂直。当光在液晶中传播时，由于受到双折射效应的影响，无论是它的电场还是磁场，它们的这两个分量在液晶中传播的速度都是不同的。因此，当它们从液晶中出射时，两个分量之间很可能会存在一定的相位差。这样，当一束线偏振的光波入射到液晶时(即入射液晶的光波的电场和磁场分量只有一个振动方向)，光波从液晶中出射后就有可能不再是线偏振的，除非入射到液晶的线偏振光的偏振方向与液晶的主轴方向呈 0° 或 90° 角。根据光波的两个偏振态分量从液晶出射后二者之间相位差的大小(这取决于液晶的厚度)，最终合路输出光信号的偏振态有可能是保持线偏振的，也可能是椭圆偏振的(此时光矢量在与光波传播方向垂直的平面上的运动轨迹为围绕光传播方向的某种椭圆形)。

　　还有一种液晶，它呈现出一种不同的双折射效应，这种液晶被称为手性向列相型液晶。考虑到其螺旋结构与光的传播方向平行，不同的圆偏振光(左旋圆偏振或右旋圆偏振)在该晶体中的传播速度不同，因为这种手性向列相型液晶分子的螺旋形结构具有圆双折射效应。这种圆双折射效应与入射光的波长是紧密相关的，因此不同颜色的光在通过这种晶体时会产生不同的变化。

　　一般而言，基于液晶的空间光调制器(SLM)可根据其控制模式分为电寻址或光寻址两类。对于前一种，输入的调制信号为电信号，该信号驱动调制器实现对输入光信号的调制，调制器基于吸收、传输或相移过程改变入射光场的分布。而对于后一种，SLM 的功能是将非相干的图像转换为相干图像，这样可以增强图像。这一功能也可实现波长转换。图 5.5(a) 和 (b) 给出了一个常见的基于电寻址的传输型 SLM 及其寻址模式。制作电寻址空间光调制器(EASLM)的常用方法是给一个基底施加矩阵寻址的电极。在电极的横截面形成像素，这些电极可对加载于整个三明治结构的液晶调制介质上的电压进行调制。

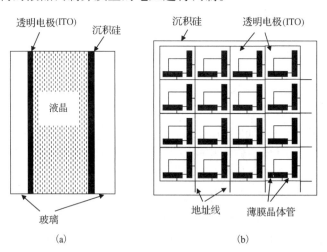

图 5.5　(a)电寻址空间光调制器上的液晶元结构和(b)它的寻址模式

5.1.2.1　电寻址空间光调制器

　　电寻址空间光调制器(EASLM)一般是基于向列相液晶或铁电液晶(FLC)材料制成的。在该调制器中，液晶层被加在两个玻璃板之间。通过在玻璃板上镀上一层柔软的校准层，使得液晶的边界对齐。玻璃板的内表面还镀有一层透明的导电层，通常为氧化铟锡薄膜，如图 5.6 所示。

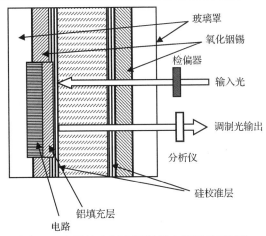

图 5.6　电寻址空间光调制器中的液晶元结构

EASLM 可以制成透射型或反射型的。在一个反射型的 EASLM 中，其反射表面为功能区。输入图像通过基于电场的光调制读入。FLC 的主轴方向与输入检偏器的检偏方向平行，输入光可以通过液晶元，且通过后仍然保持线偏振态，但会被输出检偏器所阻挡。通过对 FLC 加电压来切换它的偏振方向，使得 FLC 的主轴方向转过 2ϕ 角度，其中 ϕ 为 FLC 主轴方向与其平面法线之间的夹角，即光信号通过液晶元后其光偏振矢量方向的旋转角度为液晶元主轴旋转角度的两倍。

为了能有序地对许多行的液晶元进行寻址，EASLM 中对应于每个像素的液晶元处都配有一个晶体管来对其电信息进行转换。因此，该调制的寻址速度较快，而信息的读取则以较慢的速度在帧周期剩余的时间内进行。EASLM 也可基于一个集成电路(IC)硅基底寻址矩阵和一个液晶光调制介质来制成。这些 SLM 有源底板上的像素仅能使用超大规模集成(VLSI)电路来制成。在实际使用 EASLM 时，需要考虑其最大像素数量、帧速率、填充系数(调制器中可调制光信号的那部分面积占总面积的比例)、灰度级数和对比度等参数。如今，EASLM 的驱动电路通常使用传统的电信号接口，如视频图形阵列(VGA)或数字视频接口(DVI)来对像素进行寻址。

5.1.2.2　光寻址空间光调制器(OASLM)

光寻址空间光调制器(OASLM)主要由一个光传感器[非晶硅(α Si:H)或光电晶体管]加一层液晶构成。图 5.7 给出了一个反射型 OASLM 的液晶元结构。

当入射光照到该空间光调制器上的光传感器时，投射到调制器的液晶层上的光信号往往存在一定的空间强弱分布(比如来自一幅图像的光信号)。于是含有图像编码信息的入射光会在 OASLM 的前表面或后表面上产生一个光信号图样。这些光传感器使得 OASLM 可以感知图像中每个像素点的光强度，从而使 OASLM 可在其液晶层重建这个图像。只要 OASLM 的电源供电不间断，即使入射光突然被关闭，这个重建的图像依然会保持在调制器的液晶层中。再使用一个适当的电信号，就可以立即将调制器中所存储的图像清除。OASLM 也可分为传输型与反射型两种。反射型 OASLM 的结构与 EASLM 的结构类似，但是 OASLM 中还包括一个光传感器层 α Si:H(非晶硅)，它代替了 EASLM 中控制电路矩阵的电极。图 5.7 中还画出了 OASLM 的读出光束与写入光束。衍射光束包括–1 级、0 级和+1 级的光。在该调制器中，光写入的图像直接通过光传感器读入，然后该图像信号被传输至调制层。

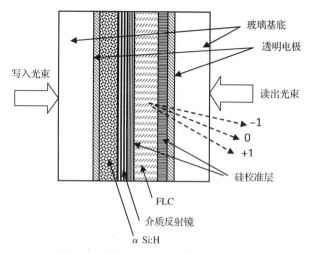

图 5.7　反射型 OASLM 的液晶元结构

OASLM 的典型应用是进行波长转换或将非相干光转换为相干光，如图 5.8 所示。非相干光所承载的图像作为写入光束被投射于 OASLM，而另一束经分光器分出的相干光束作为读出光束。在读出光束中可获得相干的图像。通过对 OASLM 的灵活设计，在其光传感器与像素之间可以设计电路，基于该电路还可以实现某种特定的光学图像处理功能，比如边缘检测。

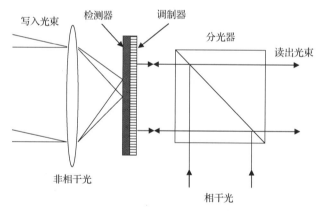

图 5.8　OASLM 用于非相干光到相干光的转换

通常，OASLM 被用于极高分辨率显示器的第二级处理单元，比如计算机全息显示器的第二级处理模块。在一个被称为图像主动平铺的过程中，图像首先显示于 EASLM 上，紧接着图像又被传输至 OASLM 上的不同组件，然后位于 OASLM 上的整幅图像再被呈现在显示器上。因为 EASLM 能以很高的帧频工作，于是可以快速地将 EASLM 上的许多图像依次平铺到 OASLM 上，从而在 OASLM 上产生全动态影像。

5.1.3　磁光空间光调制器

上述的 EASLM 的工作原理主要依靠电光效应。然而，基于法拉第效应或通过外加磁场来旋转偏振光的偏振角度，也可以实现 SLM，这种调制器也被称为磁光空间光调制器（MOSLM）。这种磁场导致线偏振光偏振态旋转的情形被称为法拉第旋光效应。然而在该调制器中，法拉第旋光效应与光波的传播方向是无关的。对于本身不带磁性的顺磁性或逆磁性材料，线偏振光信号在其中通过磁场传输距离 l 后，其法拉第旋光的角度与外加磁场的强度成正比。此时，法拉第旋转角 θ_F 通常可以表示为

$$\theta_F = V_c H l \qquad (5.10)$$

其中，V_c 被称为维尔德（Verdet）常数。对于顺磁性材料而言，维尔德常数为正数；对于逆磁性材料而言，维尔德常数为负数。对于给定的材料，维尔德常数是其温度和入射光波长的函数。在光辐射波段，其绝对值通常随着入射光波长的增加或温度的降低而增加。在铁磁性或亚铁磁性材料（即材料本身带有磁性）中，法拉第旋光的角度取决于材料的磁性而不是外加磁场的强度，但是与外加磁场的方向有关。此外，其法拉第旋光的角度也与材料是铁磁性还是亚铁磁性有关。

MOSLM 由夹在一个起偏器和一个检偏器之间的一维或二维法拉第旋光器矩阵组成，这个矩阵中的每个法拉第旋光器都可以可独立寻址[6]，如图 5.9 所示，这是一个单晶磁性薄膜（通常为具有较大法拉第旋光系数的掺铋铁石榴石薄膜）生长于晶格匹配、透明的非磁性石榴石基底上所形成的结构。

这个磁性薄膜呈一维或二维的石榴石方块矩阵，每个石榴石方块之间相互隔离，且每一个方块都带有 X-Y 驱动电路或沿着石榴石方块沉积的金属电极。这样就可以通过驱动电流对调制器中的每一个石榴石方块进行控制。在一般情况下，这些石榴石方块对于入射光而言都是透明的，但是外加偏置电流使其磁化后，由于法拉第效应，它们会使得通过这些石榴石薄膜的线偏振输入光发生偏振角度的旋转，其旋转的方向由这些石榴石方块的磁化方向决定。这些像素化的方形石榴石薄膜的周围都围绕着偏置线圈，可分别从两个方向对其加入驱动电流，因此可以分别建立起与光传输方向平行或反向平行的磁场。

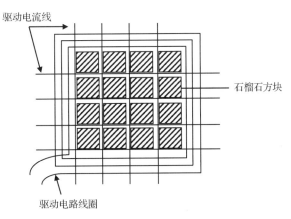

图 5.9　MOSLM 结构

这些偏置线圈由注入 X-Y 矩阵电极的电流脉冲提供驱动信号，从而可在所需的磁化方向上对其引入强磁场。每个石榴石方块的状态仅当其外加磁场达到了一定的强度时才会改变。此时在通过偏振线圈的电流脉冲的一个周期内，每个石榴石方块被写入信息。

法拉第效应使得输入调制器的线偏振光的偏振角度发生旋转，但是该旋转角度 θ 一般是

很小的，远小于 90°。这种法拉第旋光效应起源于输入光信号的左旋圆偏振分量和右旋圆偏振分量所经历的折射率不同(将一束线偏振光看作频率相同的一束左旋圆偏振光和一束右旋圆偏振光的合成)。这个旋转角度 θ 由下式给出：

$$\theta = \frac{\pi(n_2 - n_1)d}{\lambda} \tag{5.11}$$

其中 λ 表示入射光的波长，d 表示薄膜的厚度，n_1 和 n_2 分别表示入射光中左旋圆偏振与右旋圆偏振所分别经历的不同折射率。接着，使用一个检偏器就可以将这种旋光效应转换为图像的亮度变化。为了使这个调制器能实现所期望的光强度调制功能，应该确保调制器中的输出检偏器与光信号经偏振态旋转后的其中一个偏振态垂直。

5.1.4　声光调制器

声光调制器(AOM)是基于声波与光信号的相互作用来对入射光信号波前进行调制的一种调制器[7]。通过控制该调制器晶体中的声波参数，可实现对输入光(激光)束的频率、强度和方向进行调制。在构成声光调制器的晶体材料中，当有声波通过时，由于驻波效应会在晶体中形成密度周期分布的布拉格光栅，从而可对入射光产生散射作用。

声光调制器材料中所需的声波可通过压电换能器来产生。声波在晶体材料中的传播会导致其折射率的变换，从而在材料中形成一个相位光栅。声光调制器可以工作于两种模式，即拉曼-纳斯(Raman-Nath)衍射模式和布拉格衍射模式。在这两种模式条件下，声光调制器显示出不同的特性。当入射光进入这样一个折射率周期性变化的晶体介质中时会被散射，此时光信号会产生类似于布拉格衍射的光干涉效应。设衍射光的角度为 θ，入射光的波长为 λ，声波的波长为 Λ，则这三者之间满足下列关系：

$$2\Lambda \sin\theta = m\lambda \tag{5.12}$$

其中入射光的方向与声波传播方向垂直，$m = \cdots, -2, -1, 0, 1, 2, \cdots$ 为衍射级数。

图 5.10 描绘了声光调制器的原理及其衍射级数。入射光的强度、频率或者相位可以被该调制器调制。当声波经过调制器的介质传播时，由于光栅的移动而对入射光产生布拉格衍射作用。如此，对于 m 级衍射光，其产生的多普勒频移等于声波的频率 F，该过程满足能量与动量守恒定律。即 $f \to f + mF$，其中 m 为整数，表示频移的级数。衍射光的相位也会因声波的相位而产生相移。

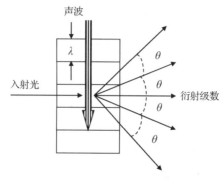

图 5.10　声光衍射

AOM 可用于激光器实现 Q 开关、锁模，可用于光通信实现对光信号的调制，也可用于光谱学实现频率控制。AOM 可对入射光产生调制作用的时间大致上受限于声波穿越光束的时间(典型值为 5～100 ns)。这个时间所对应的调制速度足够用于超快激光器产生主动锁模。

5.1.5　用于光信号调制的变形反射镜器件

变形反射镜器件(DMD)利用薄膜或反射镜的电致机械形变效应来实现对反射光的调制[8][9]。尽管经典的变形反射镜器件通常基于那些可在电压作用下发生形变的薄膜来制成，但如今的 DMD 已经演变为使用带悬臂的反射镜阵列来制成，其中每个反射镜都可以通过加载于浮动 MOS(金属-氧化物半导体)的电压信号来实现寻址。DMD 也可以通过将镜面安装于可在电场作用下灵活移动转动的支架上来实现。

基于薄膜的 DMD 通常由镀有金属的聚合物薄膜制成，并将其安置在两个定位支架之间，从而使薄膜与下方的寻址电极分开。当寻址电极上加正向电压时，薄膜会朝向下方电极弯曲，但当电压撤去时，薄膜恢复原状。如此，可实现对入射光的相位调制，而且通过设计适当的光学装置，还可以将这种光相位调制转换为光强调制。

图 5.11 给出了一个由带悬臂的反射镜构成的 DMD。该 DMD 结构中包含一个镀有金属膜的扭转支架，它被置于两个定位支架之间，并且加载了反向偏置电压。当寻址电极上加载了正向偏置电压时，金属镜面会向下方弯曲，当反射入射光束时便产生了对入射光束的强度调制。最先进的 DMD 使用了两边皆有连接的扭转镜面，而不是将镜面连接到一个支点上。该结构采用了一个扭转棒来连接镀有金属膜的镜面，可支撑一个方形像素对角线的两端，如图 5.12 所示。

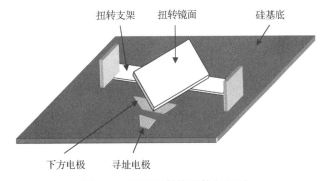

图 5.11　变形反射镜器件(DMD)

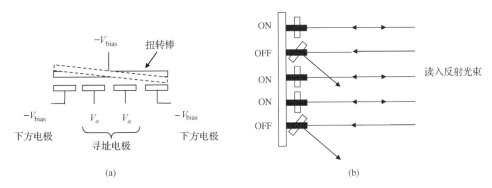

图 5.12　(a)扭转型变形反射镜器件(侧向视图)和(b)关闭状态(OFF)像素上的光线偏折

在反射镜上加载了反向偏置电压。对于每个像素，都安装有两个寻址电极和两个下方电极，这两种电极分别在旋转轴两侧，如图 5.12(a) 所示。当其中一个寻址电极上加载了正电压时，镜面朝一个方向转动；而当另外一个寻址电极上加载了正电压时，镜面则朝相反的方向转动。如此，当寻址电极启动时，入射光会被镜面朝着上述两种情况中的一个方向反射。例如，图 5.12(b) 给出了一个包括 5 个像素的扭转型变形反射镜器件。图中展示了 2 个像素上光线被偏斜反射的情况，此时这 2 个像素处于关闭状态。

5.2　光开关器件

本书在前面介绍了电光、磁光和声光调制器，它们的工作原理都是基于这样一个事实：某些晶体介质的光学特性会随着其外加电场、磁场和声波场的强度而发生变化。当晶体介质中光信号的强度足够大时，晶体介质的光学特性呈现为光场的非线性函数。这种对于光场所呈现的非线性响应产生了介质中的多种非线性光学效应。光开关就是这些非线性光学效应的一大应用领域，得到了人们的广泛关注，其中双稳态器件更是人们关注的热点。光开关器件的性能通常由以下参数来衡量：

1. 开关时间 τ：该时间是指光开关接通时输出光功率从 10% 上升到 90% 时所需的时间。该参数与 –3 dB 带宽 $\Delta\nu$ 之间的关系为

$$\tau = \frac{0.35}{\Delta\nu} \tag{5.13}$$

2. 对比度 R_c：该参数也被称为通断率。它是指光开关接通时所能通过光开关的最大光强 I_{max} 与光开关断开时所能通过光开关的最小光强 I_{min} 之比：

$$R_c = 10\log\frac{I_{max}}{I_{min}} \tag{5.14}$$

3. 插入损耗 R_l：该参数是指光开关给系统引入功率损耗的比率，可表达为

$$R_l = 10\log\frac{P_{out}}{P_{in}} \tag{5.15}$$

其中 P_{out} 为系统中没有光开关时的传输功率，P_{in} 是当系统中配备了光开关时的传输功率。

4. 功率损耗：该参数衡量光开关工作时系统中的功率损失。

5. 串扰：具有一个输入通道和两个输出通道的路由开关，其串扰是衡量从不期望的输出通道中输出的光功率。在理想情况下，光开关输出光信号的全部功率都应该从所期望的光开关输出通道中输出，不期望的输出通道中应该没有光功率输出。

当双稳态器件有一个输入时，它应该有两个稳定的输出状态。实现光双稳态的必要条件是存在非线性光学效应与正反馈。双稳态功能由器件的非线性光学效应产生，而根据产生双稳态功能的非线性光学效应是来自非线性磁化率的实部还是虚部，其非线性光学效应可能存在两个分量，即色散非线性分量和损耗非线性分量。对于色散非线性分量而言，介质折射率 n 是光强的函数，对于损耗非线性分量而言，介质的吸收系数 α 是光强的函数。根据双稳态器件正反馈方式的不同，又可将其分为全光双稳态器件和混合双稳态器件。在全光双稳态器件中，相互作用的信号和反馈信号都是光信号。在混合双稳态器件中，使用电反馈信号来改变光信号之间的相互作用，因此产生了光学非线性效应。

图 5.13 描绘了一个双稳态光学器件的强度双稳态的一般特性。对于光强范围 I_{in1} 和 I_{in2} 之间的任意输入光强 I_1，输出光强 I_{out} 存在三种取值。但其中只有位于曲线上半部分和下半部分的两种取值 I_{out1} 和 I_{out2} 是稳定的取值。而处于曲线中间部分的取值是不稳定的，因为曲线在这个取值处的斜率是负的。当输入光强从零开始逐渐增大时，输出光强沿着图中曲线的下半部分上升，直至输入达到上转换点 I_{in1}。在此，输出信号会突然跳变至曲线的上半部分。当系统输出处于曲线的上半部分时，若输入信号降至下转换点 I_{in2}，则系统输出又会回到曲线的下半部分。而当系统的输出光强处于双稳态区之间时，系统输出可能是两个稳态中的一个，这取决于系统之前的历史状态。当有合适的外部输入时，双稳态器件可以从一个稳态转换到另一个稳态，否则它将不定期地停留在其中的一个稳态。因为 I_{in} 和 I_{out} 都是正实数，因此该器件只存在两个稳态转换点，即 (I_{in1}，I_{out1}) 和 (I_{in2}，I_{out2})。

由于双稳态器件的状态转换具有二进制特性，它们在数字信号处理方面具有诸多应用领域，比如可作为开关、存储器、寄存器和触发器。因此双稳态器件可用于光子信号处理系统中的光逻辑门、存储器和模数转换器。

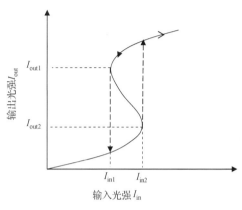

图 5.13　强度双稳态特性

5.2.1　标准具开关器件

介质的色散非线性效应会导致光信号在介质中的传输特性是介质折射率的单调函数，且介质折射率与光信号的强度有关。此时，介质折射率为 $n = n_0 + n_1 I_0$，其中 n_0 和 n_1 为常数，I_0 为光信号的强度。基于色散非线性效应的器件有干涉仪，比如马赫-曾德尔干涉仪，还有法布里-珀罗标准具，其中的介质会呈现出光克尔效应。

在马赫-曾德尔干涉仪中，非线性介质被安放在干涉仪的其中一臂。干涉仪的功率传输函数 T 为

$$T(I_0) = \frac{1}{2} + \frac{1}{2} \cos \left(\frac{2\pi d n_1}{\lambda_0} \right) I_0 + \varphi \tag{5.16}$$

其中相位 φ 为常数，d 和 n_1 分别为干涉仪介质的长度和折射率，λ_0 为光信号在真空中的波长。

另外一种简单的双稳态器件被称为法布里-珀罗标准具，它可以通过将非线性光学介质置于一个谐振腔内来实现。

谐振腔两端的镜面为非线性光学效应的产生提供了所需的正反馈。在法布里-珀罗标准具中，光波在每次往返一周的过程中会两次通过非线性光学介质，并在其中形成驻波。因为腔内光信号会发生多次反射，因此当介质具有增益时，腔内所得的光强可能会比最初入射光的强度更大。如图 5.14 所示，标准具的两个反射镜面分别具有高反射系数 R_1 和 R_2，二者之间的距离为 L，其中介质折射率为 n。当 $R_1 = R_2$ 时，标准具的最大传输系数为 1，而当镜面的反射率接近 1 时，标准具的最小传输系数接近 0。为了简化，假设布里-珀罗标准具的两个反射镜面的反射率相同，都为 R，且忽略反射损耗。在此条件下，若用 I_{in} 和 I_{out} 表示标准具的输入（入射）光强和输出（出射）光强，则其传输系数 T 可表达为

$$T = \frac{I_{\text{out}}}{I_{\text{in}}} = \frac{(1-R)^2 e^{-\alpha L}}{(1 - Re^{-\alpha L})^2} + 4Re^{-\alpha L} \sin^2 kL \qquad (5.17)$$

其中 k 和 α 分别表示光波传播常数和介质的吸收系数。若要用上式来描述法布里–珀罗标准具中的色散非线性双稳态，就需要对其进行修改，还要考虑光克尔效应，此时介质折射率与腔内的光强有关。

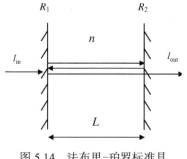

图 5.14　法布里–珀罗标准具

5.2.2　自电光效应器件

自电光效应器件 (SEED)[10] 是基于多层 GaAS 和 AlGaAs 的多量子阱 p-i-n 结构中光吸收与电流产生的原理而制成的。图 5.15(a) 给出了一个基本的 SEED 结构，它也被称为电阻偏置的 SEED。

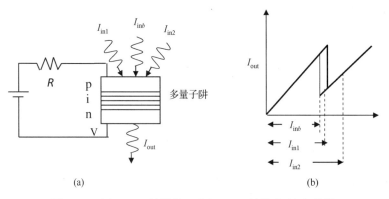

图 5.15　(a) SEED 的结构；(b) SEED 的输入/输出特性

如图 5.15 所示，该 p-i-n 二极管可同时作为调制器和检测器。因为 AlGaAs 的带隙比 GaAs 的带隙更宽，因此当其中形成量子阱时，电子会被约束在器件的 GaAs 层中。通过外加电压，可在器件材料中加入电场。在量子阱中，材料对光信号的吸收率是外加电压 V 的非线性函数。光信号被吸收时，材料中会产生载流子，而载流子的产生又会改变材料的电导。当二极管中没有入射光信号时，电路中就没有电流，外加电压在其本征区的多量子阱结构上产生电压降。当有入射光时，部分光信号被器件吸收，此时 p-i-n 二极管成为一个光电二极管，产生光电流。此时，在其外接电路中电阻上的电压降增大，而二极管上的电压降减小。二极管上电压降的减小使得其中光信号的吸收率提高，从而产生更大的电流，导致其外接电路中电阻上的电压降进一步增大，而二极管上的电压降进一步减小。当入射光信号减小时，二极管中则出现与上述相反的变化过程。所以，如果用该器件构成图像处理器件的多个像素处理单元，则对于有光照的像素，它吸收光信号，而对于其余没有光照的像素，它们对于光信号是透明的。这种光吸收率的增大现象会导致输出信号 I_{out} 的非线性变化，如图 5.15(b) 所示。如果将 SEED 偏置于非线性点 I_{inb} 附近，并对该器件输入高电平信号 I_{in1} 和低电平信号 I_{in2}，就可以形成光逻辑门。

在诸多 SEED 结构中，有一种被称为对称 SEED 或 S-SEED，如图 5.16 所示。在图像处理组件中，这样的两个二极管串联构成一个像素处理单元。

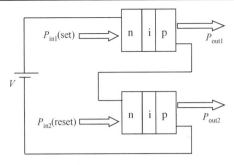

图 5.16　对称 SEED(S-SEED)的结构

该器件工作时需要一组互补的输入 P_{in1} 和 P_{in2}，因此会产生一组互补的输出 P_{out1} 和 P_{out2}。在没有入射光的条件下，外加电压均匀地在两个二极管上分配。若有两束互补的光信号输入该器件，即 P_{in1} 有输出光，P_{in2} 没有输入光，则上图中位于器件上方的二极管进入饱和状态，并开始产生电流。进而在上方二极管的两端形成高电压降，而在下方二极管的两端形成低电压降。下方二极管上的电压降较低，又会促使上方二极管对入射光的吸收率更大。因此下方没有光照的二极管对于入射光仍然是透明的。但是，如果上方二极管没有入射光，而下方二极管有入射光，则上方二极管对于入射光透明，下方二极管吸收入射光。由于该器件的双稳态与它的两路输入光有关，因此只要其两路输入光来自同一个光源，器件对于入射光的功率波动不敏感。

5.3　三维光存储

数字形式的信息是以二进制比特流的形式存储和读取的，因此信息往往是以一维(1D)形式存在的。但在计算机和通信系统中，为了获取最大的存储密度，往往需要将这样的 1D 信息转为二维(2D)或者三维(3D)格式。光盘上的信息存储基本上都是二维的，它们包括各种格式的 CD 或 DVD(数字多用途光盘)，已被广泛用作信息存储。目前已有多层的光盘，能以 3D 的形式存储信息。已有很多著作详细介绍了此类存储器件的工作原理，本书不再赘述。这里仅介绍一些可用于 3D 信息存储的新兴光子技术。

5.3.0.1　基于光折变材料的光存储

光折变效应是存在于某些晶体材料中的非线性效应，当有光信号进入这些晶体材料时，晶体的折射率会发生变化。在有光照的晶体区域，掺杂晶体中的电子吸收光能量，并从杂质能级激发至导带，电子离开后在原来的位置便留下一个空穴。此类晶体材料的杂质能级处于其导带和价带之间。导带中的电子可以自由移动并在晶体材料中扩散，这些电子也有可能与空穴复合并再次回到杂质能级上。复合的速率取决于电子扩散的距离，进而也决定了晶体材料中光折变效应的强度。一旦电子回到杂质能级，电子就被约束，不再自由移动，直到有入射光再次激励它。

光折变晶体材料[11]包括 $LiNbO_3$、$BaTiO_3$、有机光折变材料和一些特殊的光子聚合物。人们可以利用这些材料的折变效应来实现信息的存储[12]和光学显示。存储于光折变晶体中的信息能够一直保持，除非借助某种手段将其擦除。若要将光折变晶体中存储的信息擦除，则可以采用均匀光全面照射晶体，从而将其中的电子重新激发回导带，并使这些电子重新均匀分布。信息存储中的信息写入时间、获取时间和存储密度取决于光折变晶体材料的物理属性。

5.3.0.2　基于光致变色材料的光存储

光致变色效应是指某些介质材料可以通过光吸收过程在两种化学状态之间转换的现象，且该过程是可逆的。由于介质的这两种化学状态具有不同的光吸收谱，故呈现不同的颜色。光致变色效应可以简单描述为介质在光照条件下颜色发生变化的一种可逆过程。相应地，光致变色材料具有两个不同的稳态，称之为色心，它们决定着材料的两个光吸收波长。当有某种波长的光照入该材料时，材料会从一个状态转移至另一个状态，而且状态转移之后材料对原入射光波长保持不敏感的状态。因为此时材料的光吸收带已经转移至另一个波长。因此，光学数据信息可以通过一种波长的光写入光致变色材料，再使用另一种波长的光来读取。这种可实现信息存储的光致变色材料在使用时，必须确保其两个分子状态具有一定的温度稳定性，能在相当长的一段时间内不受环境温度变化的影响。光致变色材料的使用大大提高了光学存储的密度。因此，采用这种光致变色材料，有望实现太比特容量的 3D 数据存储。

光致变色材料还可以实现光子型光信息存储[13]，该过程基于光信号与介质之间的光化学反应。在光子型光信息存储过程中，光信号的参数，比如波长、偏振态和相位都可以实现复用来进行信息存储，这有望进一步提高信息存储的密度。目前，已经有一类光致变色介质被用于实现可擦写的数字影音碟片（DVD）的报道。在 450 nm 波长（蓝光）处，信息写入前后碟片的透射率之比为 3:1，而在 650 nm 波长（红光）处，该透射率之比变为 2:7。能够获得的状态转换时间可达 2～3 ns。

5.3.0.3　基于双光子吸收材料的光开关

双光子吸收效应通常又被称为光子选通，其含义是指用一个光子来控制其他光子的行为。双光子吸收材料需要一个写入光束来存储数据，另一个读取光束用来对材料中写入数据的部分进行激发从而使其发光。这种双光子吸收效应在光子信息存储领域中颇受青睐的一个原因是，在基于该原理所实现的 3D 存储系统中，相邻存储介质层之间的信号串扰最小。使用双光子热激励还可以减小多次散射。这是因为该存储系统所使用的入射光在红外波段。文献[14～16]报道了双光子吸收螺吡喃分子的研究进展，该材料在 3D 光内存/存储的应用中极具潜力。

尽管双光子激励是 3D 光存储中实现二进制数据存储的最佳选择，但单光子激励存储也是可以接受的，因为使用该方法可以确保 3D 存储系统中不同存储层之间的隔离度达到最优。而且单光子存储不需要使用超短脉冲激光器，可以使用传统的半导体激光器。

5.3.0.4　基于细菌视紫红质的光存储

细菌视紫红质属于与视紫红质相关的细菌蛋白质，它是一种染料，存在于人眼的视网膜上，可以实现感光功能。它是一种膜本体蛋白质，通常存在于二维结晶斑中，几乎可占据古菌（archaeal）细胞表面积的一半。由于细菌视紫红质是紫色的，因此也被称为紫膜。该材料分子可吸收 500～650 nm 波长范围的绿光，吸收峰位于 568 nm。膜蛋白吸收光子后，光子所具有的能量使其穿过隔膜至细胞的外部。已有文献报道了关于可用于光存储的改性菌紫质（BR-D96N）光学薄膜特性的实验研究结果[17][18]。

细菌视紫红质的嗜盐菌光合作用是在光能激励下的一种从光能到化学能的转换过程。细菌视紫红质的初始状态被称为 B 状态。当其吸收了波长为 570 nm 的光子后，B 状态就会转变为另一个状态——J 状态，随后其他状态得到松弛。最后松弛的状态又转换为一个被称为

M 状态的稳态。而当细菌视紫红质吸收了另一个波长(412 nm)的光子后,其 M 状态又会回到 B 状态。因此,M 状态和 B 状态为细菌视紫红质的两个稳态,可用来制成双稳态存储单元中的触发器。

5.3.1　全息存储器件

与只能记录 3D 目标的 2D 图像的摄影技术不同,全息图像能记录并重建目标的 3D 图像。光学影像仅能记录入射光束的强度信息,而全息图像不仅能记录入射光束的强度信息,还能记录入射光束的相位信息,因此全息图像可以记录目标的 3D 图像信息。尽管一个物体的全息图像并不能完全代表这个物体,但是它能记录和重建来自这个物体光线的所有强度和相位信息,使目标图像信息的存储更加全面,图像看起来更加逼真。

全息摄影包括两个步骤:(1)写全息图像,该过程主要是用激光束照亮物体,并将其反射光的强度和相位信息都记录在一个特殊的图像胶片上。(2)读全息图像,在该过程中需要使用一束与写全息图像时所用光束相干的激光束来照射全息图像。通过记录来自物体的光束 $O(x, y) = |O(x, y)| e^{i\phi(x,y)}$ 与参考光束 $R(x, y) = |R(x, y)| e^{i\psi(x,y)}$ 之间的干涉图样,可以达到记录相位信息的目的[19]。来自物体的光束 $O(x, y)$ 与参考光束 $R(x, y)$ 之间的干涉图样可表示为

$$I(x, y) = |O(x,y)|^2 + |R(x,y)|^2 + 2|O(x,y)||R(x,y)| \cos[\psi(x,y) - \phi(x,y)] \quad (5.18)$$

上式中的前两项取决于物体发出光束与参考光束的强度,第三项取决于它们之间的相对相位。因此,光线的强度和相位信息都被记录于感光干板上。通常,记录全息图像需要专用的感光胶片或干板。假设记录全息图像的感光胶片具有线性响应,其幅度传输系数 $T(x, y)$ 与其所接收到的光场的强度成正比,可表示为

$$T(x, y) = T_0 + \beta[\{|O(x,y)|^2 + |R(x,y)|^2 + O(x,y)R^*(x,y) + O^*(x,y)R(x,y)\}] \quad (5.19)$$

其中 T_0 表示传输系数中的偏置透射率,β 为常数,由所用的胶片决定。对于正透明度,β 为正数,对于负透明度,β 为负数。$T(x, y)$ 给出了目标光信号的幅度与相位信息。图 5.17(a)和(b)分别给出了记录和读取全息图像的光学装置。

为实现 3D 全息图像的重建,需要使用一束相干的入射光 $R_c(x, y)$ 来照射全息图像。经过全息图像反射后的重建光束可表示为

$$R_c T = T_0 R_c + \beta O O^* R_c + \beta R^* R_c O + \beta R R_c O^* \quad (5.20)$$

为了使公式看起来更简洁,上式中没有标出坐标 (x, y)。

如果用于全息图像重建的光束 R_c 与拍摄全息图像所用的参考光束 $R(x, y)$ 源自同一光源,则上式中的第三项就可简化为 $\beta |R(x,y)|^2 O(x, y)$,也就是说,重建光束完全是目标发射光束 $O(x, y)$ 的副本乘以一个常系数。类似地,如果使 $R_c(x, y)$ 等同于参考光的共轭,则上式中的第四项为 $\beta |R(x,y)|^2 O^*(x, y)$,这个光束与目标光束波前的共轭成正比。

然而,对于 $R(x, y) = R_c(x, y)$ 和 $R_c(x, y) = R^*(x, y)$ 的情况,上式中的光场分量还存在其他三个需要分开考虑的场分量。一般而言,在使用同一波长的光信号来照射全息图像时,全息图像的重建过程会同时产生目标物体的一对图像。为了防止在光轴上形成两个混叠在一起的全息图像,在进行图像重建时要确保参考光束的入射角应与物体发出的光束成 θ 角,这样物体的实像和虚像可在离轴全息图像的重建过程中分开观察。

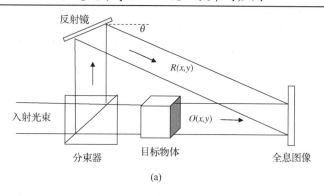

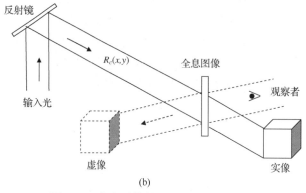

图 5.17　全息图像的(a)记录和(b)读取

　　全息图像通常记录在光敏材料或全息干板上。使用薄膜或干板记录平面全息图，而使用厚的光敏材料记录体积全息图。通过调整参考光束的入射角、波长或记录介质，可以同时在一块光敏材料上记录多个全息图像。全息图像的读取可使用同样的光学装置和参考光束。

　　(a)数字全息图：信息与计算技术的不断发展，开启了全息图像的新纪元，这些技术使得人们能够以数字化的形式读写全息图像，而不依赖于光学技术的使用。在数字全息图中，全息图像的记录方法与传统基于光学的全息图像一样，但是全息图像的记录材料被电子器件代替，比如可以使用电荷耦合器件(CCD)。而且，还可以不采用任何光学干涉现象来形成数字化的全息图像，通常称之为计算全息图。通过计算机生成的全息图像也可通过光学手段来实现图像的重建。然而对于所有的数字全息图而言，目标物体光线与参考光线干涉的波前都是通过计算机模拟的方法产生的。数字全息图与位于它后方的衍射平面或观察平面之间的衍射也都是基于计算机模拟的方法产生的。因此，数字信号的产生和光线衍射的数字计算是数字全息技术的核心。数字全息技术拥有诸多显著优势，比如可以快速获得全息图像，可同时获得光场的强度与相位信息，而且对于复数光场数据的处理可采用多种灵活的数字处理技术。

　　(b)平面全息存储：全息数据存储基于两个激光束的干涉来记录信息，这两个光束包括一个目标物体透射或反射的光束和一个参考光束。待记录的信息通常为二进制比特流的形式。在存储过程中，这个比特流首先被整理成一种称为内存页的 2D 格式。在光学系统中，内存页可通过空间光调制器(SLM)来显示，空间光调制器在此作为内存组织器。一个经过调制的光载波通过透镜实现傅里叶变换，其中光载波可由一个经过准直的激光器产生。如果将内存页进行傅里叶变换来记录全息图像，那么是很有优势的，因为该过程所需的信号频谱带宽最小。采用全息介质记录参考光的干涉图样，采用傅里叶变换在焦平面上记录内存页。内存页的重建可以使用另一个透镜通过傅里叶变换的方法来实现。而内存页重建后所得的图像需要使用一个检测器阵列来读取。在全息图像的记录和读取过程中，必须使用同一参考光束，但如果参考光束的入射角不同，则可以同时记录多个全息图像。如此，全息图像的读写可实现复用。多个平面全息图还可以堆叠在一起形成一个 3D 光学存储介质。利用一个电信号，就可以有选择性地激活这个图像堆叠中所需的特定一层。

(c) 用于 3D 光存储的体积全息图：与将信息存储在一个平面上的传统图像存储方式不同，这种 3D 全息技术将图像记录中的 2D 图样转换为 3D 干涉图样来进行信息存储。所形成的 3D 信息图样被称为体积全息图。在图像重建过程中，体积全息图可以转换回 2D 图像。使用体积全息图可以成倍地提高信息存储容量。需要注意的是，平面全息图用于展示物体的 3D 图像，而体积全息图则用于记录和展示 2D 内存页。

5.4　平板显示器

显示器是用来实现信息显示并将其作用于人类视觉的装置。这里的信息可以是照片、动画、电影或其他的图像类型。显示器的基本功能是以二维或三维的形式显示或再现色彩与图像。大部分的平板显示器(FPD)的厚度都比较薄，即只有几厘米或几毫米。FPD 具有一个很大的显示单元矩阵，这些显示单元被称为像素，它们构成了平面显示屏。当今的绝大多数电视和计算机显示器都采用了 FPD，代替了老式的阴极射线显像管(CRT)显示器。

平板显示器必须具备：(1)全彩色，(2)全灰度，(3)高效率和高亮度，(4)可显示全动态视频，(5)大视角，(6)容易达到工作条件。平板显示器还必须具有以下优势：(1)厚度薄、质量轻，(2)线性度好，(3)对磁场不敏感，(4)不产生 X 射线。而这 4 个优势对于以前的阴极射线显像管来说是不可能实现的。

任何一个平板显示器的性能都可以用以下特性参数来描述：

1. 显示器的尺寸与宽高比：显示器的尺寸通常由其对角线的长度来衡量。比如一台显示器为 15 英寸，它表示显示器可视区域的对角线长度为 38.1 cm。根据图像的宽高比，显示器的图像模式可以设定为风景(landscape)、相等(equal)或肖像(portrait)模式。其中风景模式是指显示图像的宽度比长度大，相等模式是指图像的宽度与长度相等，而肖像模式是指图像的宽度比长度小。显示器图像的宽度与高度的比值被称为显示器的宽高比，其典型值为 4:3、16:9 或 16:10。

2. 显示器的分辨率：典型的 FPD 都由像素点矩阵组成，可以显示图像或字符。显示器的分辨率与显示器的像素点的总数有关，它直接影响图像的质量。显示器的分辨率高就表示显示器上有更多的像素点，这样图像的质量就更高。此外，对于一个全彩色的显示器，至少需要三基色来显示一个色彩像素。因此，每个色散像素都含有处于同一像素区域的三色子像素(RGB)。

3. 显示器的像素间距：该参数是指显示器上相邻像素的中央间距(通常以毫米为单位)。这个间距越小，显示器的分辨率越高。类似地，人们还可以定义显示器的填充因子来描述显示器的这个参数。填充因子定义为显示器上一个像素的显示区域面积与这个像素实际所占面积的比值。

4. 亮度与色彩：亮度与色彩是 FPD 的两个非常重要光学特性。典型情况下，FPD 所显示的物体的亮度应该与真实物体看起来是一样的（或比真实物体看起来稍稍更亮一些）。一般而言，在黑暗的房间里，显示器的亮度看起来应该是炫目的。另一方面，如果显示器的亮度不足，在光照比较充足的环境中看起来会反白，从而看不清图像。此外，如果显示器显示区域内的亮度或色彩分布不均匀，就会呈现很严重的问题，因为人眼对于亮度和色彩的差别是很敏感的。

5. 可视角度和可视距离：平板显示器的可视角度有很多种定义方法，比如可在一定的亮度阈值以上、最小对比度或最大色偏的条件下测量显示器的可视锥形区域。显示器与观测者之间的可视距离是决定显示器针对某一具体应用是否适合的重要因素。对于较远的可视距采用较小的分辨率就能满足要求，而对于较近的可视距离则需要更高的分辨率。

6. 功耗：功耗是显示器的一项重要指标，尤其是对于移动终端上的显示器而言，因为它会影响显示器电池的寿命。对于使用墙上插头供电的显示器而言，较低的功耗意味着更低的发热量，这样显示器的散热就不会成为一个很严重的问题。对于笔记本电脑、电视而言，低功耗意味着它们不需要太多的散热处理。而散热问题对于小型的笔记本电脑而言是一个很重要的问题。

平板显示器可分为三类：透射型、发光型和反射型。透射型显示器具有背光灯，其图像基于一个空间光调制器来产生。通常，透射型显示器具有较低的功率效率；用户仅能看到来自背光灯的一小部分亮光。发光型显示器仅在选通的像素处产生亮光。因此发光型显示器的功率效率应该比透射型显示器的高，但是由于此类显示器的发光效率比较低，在实际使用中发光型显示器与透射型显示器的实际功率效率相接近。反射型显示器的功率效率最高，它通过反射环境光线来显示图像。当环境光线充足时，比如在阳光下，该显示器的亮度很高。然而当环境光线不足时，该显示器的显示效果也较差[20]。

当前，绝大多数商用的平板显示器都是液晶显示器（LCD）。平板显示器的性能以有源矩阵液晶显示器（AMLCD）为基准。目前并存的几种平板显示器技术包括电致发光显示器、等离子显示器、真空荧光显示器和场发射显示器。电致发光显示器通常用于工业和医学领域，因为这类显示器的耐用性很好，可在很大的环境温度范围内工作。等离子显示器通常用于大屏幕的平面电视机中，而真空荧光显示器常用于展示信息量较少的领域，比如电器和汽车上的显示器。场发射显示器是最新的平板显示器技术。

对于任何一个能够显示高分辨率彩色图像的平板显示器而言，它所需达到的基本要求是：(1)具有电光效应，(2)透明的导体，(3)非线性寻址单元。在过去的很多年，阴极射线显像管（CRT）是显示灰度或彩色图像的主要电子器件之一。但是由于此类显示器的体积大、工作时需要高电压等缺点，因此推动了具有高图像质量、快速响应能力和可在低电压条件下工作的平板显示器的产生与发展。当今的 FPD 基于电光效应制成，具备完善的选址系统，为电信号至可见光信号的转换提供了一个优良的解决方案。该方案通常采用两种方法来实现图像的显示。第一种通过发光来实现图像的显示，第二种则通过调制环境光亮来实现图像的显示，这种显示器有时又被称为消减显示器。对于这些显示器而言，人们除了考虑使用最有效的发光材料，还关注了其中光信号的调制。目前，人们关注最多的光调制效应主要包括控制材料的光吸收、光反射和光散射现象。消减显示器的能量效率很高，但是当环境亮度不够时，它还需要采用一个第二光源才能正常工作。场发射显示器在环境光线较弱或中等条件下具有一定优势，但是当有外界光线照射显示器时，人眼很难看到该显示器上的图像。

将非晶硅薄膜晶体管沉积在显示器 X-Y 矩阵的每一个交叉点处，是将数据传输至显示器显示区域内上百万个图像元素(PEL)的一个有效的解决方案。矩阵寻址的常见方法包括顺序寻址矩阵的一边，比如逐次一行一行地访问这些晶体管，并显示图像信息。这种顺序寻址的方法逐行向下寻址 X 行，并在恰当的时间给 Y 列加电压，从而消除图像的模糊，但却增加了串扰的概率。解决这个问题的方法是给每个像素增加一个具有陡峭阈值的电路单元，比如半导体二极管或晶体管，从而可将无源矩阵转换成一个有源矩阵，如图 5.18 所示。图中给出了图像显示的数据线与扫描线。这些像素需要以薄膜形式集成在平板上。薄膜晶体管(TFT)可在每个扫描间隔中保持状态，并提高像素的响应速度。TFT 实际上就是在玻璃基底上形成矩阵排列的微型晶体管开关(及与其相连的存储电容)，从而实现对每个图像单元(或像素)的控制。

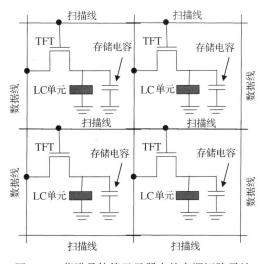

图 5.18　薄膜晶体管显示器中的有源矩阵寻址

显示器介质需要两个电极，而且其中至少有一个必须是透明的，这样显示器像素到人眼之间的光路才会达到最低的损耗。对于实际的应用，像素电极与这条光路是垂直的，并且宽度占据了显示器的全宽。电极的导电性必须足够好，从而使得整个显示区域内的电压是均匀分布的。掺锡的氧化铟(ITO)一直是人们所青睐的显示器材料，该材料是基于溅射技术制成的。还有一种替换材料是基于溅射技术制成的掺铝 ZnO。

5.4.1　液晶显示器

液晶显示器(LCD)[21][22]是一类基于液晶光调制特性的平板显示器和电子视觉显示器。通常每一个 LCD 像素都是由一层夹在两个透明电极之间的液晶分子和两个偏振滤光器(一个为水平方向的，另一个为垂直方向的)组成的。其中两个偏振滤光器的偏振方向(在绝大多数情况下）是相互垂直的。通过控制加在每个像素液晶层上电压，可以控制光线的通过量，从而改变图像的灰度。

描述液晶（LC）电光特性的重要物理参数包括弹性系数和旋转黏度。液晶开关的阈值电压 V_t 为

$$V_t = \pi \left[\frac{k}{\varepsilon_0(\varepsilon_\parallel - \varepsilon_\perp)} \right]^{1/2} \tag{5.21}$$

其中 k 是与液晶扭转和弯曲有关的常数，$\varepsilon_\parallel$ 和 $\varepsilon_\perp$ 为沿液晶分子纵向与横向的介电常数。

仔细调整液晶像素层上的电压，即以很小的增量缓慢地增加，可以调谐像素的灰度。当今绝大多数的 LCD 的像素都支持 256 级亮度，而一些用于高分辨率显示器的高端 LCD 还支持 1024 种不同级别的亮度[23]。

扭曲向列型 LC 单元的视觉效果与所观察的角度密切相关，而且还与显示器的对比度有关。在液晶像素关闭的状态下，液晶分子或多或少地呈现垂直配向结构。而当液晶分子通上电压时，每个晶畴内的液晶分子与突起结构垂直（其实就是一种金字塔形状），因此光线被导入一个锥形区域，从而允许一个广阔的观察角度。广角（WV）薄膜是一种光学补偿图像的装置，它显著地增大了扭曲向列（TN）薄膜晶体管 LCD 的视场。LCD 中使用了三醋酸纤维素膜（TAC 薄膜）起偏器。图 5.19 展示了 LCD 的多层结构。

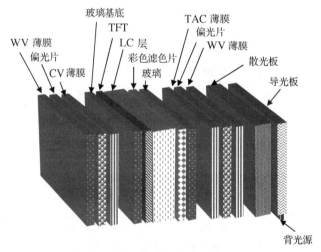

图 5.19　LCD 的多层结构

LCD 可以是背光式或反射式的。与 CRT 不同，LCD 通常需要使用外部光源来显示图像（比如背光式 LCD）。但是反射式 LCD 可通过反射环境光来显示信息，它的成本最低。然而为了确保显示效果，计算机显示器和 LCD 电视中都使用了外部光源，通常为直径只有几毫米的内置型显微荧光管，通常将其置于 LCD 的上方、旁边或背后。在 LCD 的后方通常使用了白色光学扩散膜平板，从而使光线均匀散射分布，确保显示器上的亮度均匀分布。最新的 LCD 背光灯还采用了基于 LED 的背光系统。基于 LED 背光源的 LCD 可以是边缘局部控光型或全阵列局部控光型，后者可提供卓越的图像质量且能耗更低。

对于只显示一些简单数字或固定符号的显示器而言，将这些数字符号分段，每段采用独立的电极控制就可以实现这些数字和符号的显示功能（比如在数字式电子手表和袖珍式计算

器中的应用等）。但是，对于需要显示全字符和（或）可变图像的显示器，情况与上述不同，它需要使用很多排列成矩阵的像素点来实现，这些像素点在横向上都连接着位于 LC 层一侧的一排排的电极，在纵向上同时连接着位于 LC 层另一侧的一列列的电极，从而可以实现对每一个位于这个矩阵行与列交叉点的像素进行寻址。

LCD 的寻址系统可基于无源矩阵或有源矩阵来实现。对于采用无源矩阵寻址的显示器，显示屏的性能依赖于显示器像素连续两次刷新时刻之间的状态保持能力。这种显示器的性能主要受限于其像素启动时间与像素关闭时间之比。在使用中，基于无源矩阵寻址的 LCD 采用了一个简单的驱动网格来提供显示器上某一像素所需的电压。供电后，位于 LCD 面板矩阵的行与列交叉点处的这个像素点便实现了液晶分子的逆扭转，从而实现了对通过光线的控制。一旦寻址该像素的电压信号被撤销，该像素点就如同被放电的电容，由于电荷损耗而慢慢被关闭，该像素点处的液晶分子又回到它原来的扭转状态。基于无源矩阵寻址的 LCD 制造简单，因此价格比较便宜，但是它的响应速度比较慢，响应时间通常在几百毫秒量级，而且电压控制的精度也不够高。

为了克服反射式液晶显示器在阳光下无法正常显示的弊端，同时保持较高的图像质量，人们提出了一种称之为半反半透式 LCD 的混合液晶显示器（TR-LCD）。对于 TR-LCD 而言，每个像素被分为两个子像素：一个为透射式（T），另一个为反射式（R）。根据不同的应用需求，T 子像素与 R 子像素之比可以按需调整。TR-LCD 是一个大家族，其中包括多种类型：有双间隙的和单间隙的，有双 TFT 的和单 TFT 的。这些不同类型的 TR-LCD 都可以解决显示器上光线从 T 子像素和 R 子像素发出时的光路长度差问题。

在透射模式下，液晶显示器发出的光线来自它的背光源，光线只透过 LC 层一次。而在反射模式下，液晶显示器发出的光来自环境光的反射，光线需要两次透过 LC 层。因此两种模式下存在光路长度差问题。为了平衡这个光路长度差，人们可以将 T 子像素的间距扩大到 R 子像素的两倍。这就是所谓的双间隙方案。而单间隙方案对于 T 子像素和 R 子像素都采用同样的间距。为了平衡两种子像素的光路长度差，人们由又提出了几种不同的方案，比如双 TFT 型、双场型（即对于 T 子像素使用更强的电场，而对于 R 子像素使用较弱的电场），还有双排列型。当前，绝大多数的 TR-LCD 都采用了双间隙方案，其原因有两方面：（1）在该液晶显示器方案中，T 模式和 R 模式都可以获得最大的光效率；（2）在该液晶显示器方案中，伽马曲线（亮度随不同灰度阶变化的关系曲线）与电压控制下的液晶透射（VT）与反射（VR）几乎实现了完美匹配。然而，这种双间隙方案也存在两个缺点：首先，T 子像素的响应速度比 R 子像素的慢，因为前者的像素间距约为后者的两倍；其次，该显示器的视角范围较小，尤其是当采用了各向同性的液晶时更是如此。为了扩展该方案下液晶显示器的视角，必须使用一种特殊的棒状 LC 聚酯补偿薄膜。

5.4.2　LED 和 OLED 显示器

当前，全彩色、大尺寸的 LED 显示器已经得到了普遍的应用。市场上多种不同亮度、色彩和图像性能组合的 LED 显示器广泛地受到了消费者的欢迎。LED 显示器是一种基于 p-n 结二极管的半导体光源技术而实现的显示器。这种显示器如今非常流行，而且 LCD 也使用了 LED 背光源。基于 LED 背光源的 LCD 在市场上通常被称为 LED 电视。

目前，人们已经研制出真正基于 LED 显示器的电视，其中 LED 已真正用于显示图像，而不是作为 LCD 的背光源。这种显示器被称为晶体 LED 显示器，它在每个红–绿–蓝（RGB）

彩色像素上采用了超精细的 LED 光源来显示图像的一个像素。这个 RGB LED 光源被直接安装于显示器的前端，极大地提高了显示器的光能利用效率。这使得显示器与目前已有的 LCD 和等离子显示器相比具有更高的对比度(无论是在明亮或黑暗的环境中都是如此)、更广阔的色彩显示范围、更快的视频图像响应时间和更大的视角。

OLED 也是一种电致发光器件，与 LED 类似，但它是一种非晶体的有机物薄膜。本书第 4 章中已经详细介绍了 OLED 的工作原理。由于该材料的非晶体特性，人们可以基于 OLED 制成大尺寸的显示屏(大于 40 英寸)。OLED 所具有的两个优势在于：(1) 低处理温度；(2) 对基底材料没有要求，这就决定了它适于制作柔性显示器。由于可大尺寸地进行制作、加工，因此 OLED 的制作成本可以比 LED 的更低。

与普通 LED 类似，OLED 基于电致发光的原理工作，即通过注入载流子复合发光。所有的 OLED 都由四个基本部分构成：基底、阳极、有机层和阴极。其中柔性的基底材料通常为塑料、薄玻璃膜或金属箔。阳极是一个具有低逸出功的透明金属层，它负责在有电流流过器件时去除电子[24]。阴极是具有高逸出功的金属层，当有电流流过时，它负责注入电子。在阳极与阴极之间是有机层，电子和空穴在这一层发生复合。不同的 OLED 显示器中可能会有一层、两层甚至多层有机层。

OLED 也可以像 LED 或 LCD 那样采用有源矩阵寻址，如图 5.20 所示。基于有源矩阵寻址的 OLED(AMOLED)显示器由沉积或集成在 TFT 矩阵上的 OLED 像素构成，这些 OLED 像素构成像素矩阵，通电时便可发光。有源矩阵 TFT 驱动背板用作一个开关矩阵，可对流经每个 OLED 像素的电流进行控制。TFT 矩阵可连续地控制流经每个 OLED 像素的电流，从而控制每个像素的发光亮度。通常流经每个像素的电流至少需要两个 TFT 进行连续的控制，其中一个控制像素点处电容充电的开始或停止，而另一个则在像素需要恒定电流时，为其提供相应的恒定电压。

OLED 制作过程中的一个关键步骤是将有机层集成到基底材料上。这一过程通常可采用两种方法实现：有机物气相沉积法或喷洒印刷方法。有机物气相沉积方法要用到一种运载气体和一个低压、热壁的反应室。运载气体将气化的有机物分子运送到冷却的基底上，凝结形成薄膜。通过使用运载气体，可以提高 OLED 的制作效率并降低其制作成本。而在使用喷洒印刷技术时，有机物层被喷洒到基底材料上，类似于打印机工作时将油墨喷洒到纸上的过程。通过一卷卷地滚印，这种喷洒印刷方法可极大地降低 OLED 的制作成本。而且，通过这种方法可以将 OLED 喷印到很大的基底薄膜上来制作更大尺寸的显示器，比如电子广告牌。图 5.21 给出了 OLED 显示器的结构。

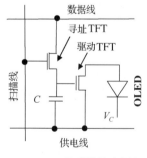

图 5.20　OLED 显示器的有源矩阵寻址(只给出了一个像素点)

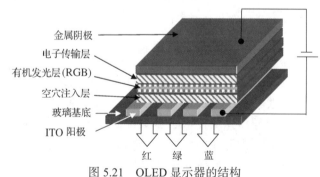

图 5.21　OLED 显示器的结构

5.4.3　等离子显示器

等离子是物质的一种特殊形态，它包含大量的带电粒子。等离子显示器(PDP)可看作由位于一个平板上的许多微小荧光灯构成的发射型显示屏。PDP 的工作原理与荧光灯类似，但是用于 PDP 中的气体通常为氖和氙，而不是荧光灯中使用的氩和汞。由于它是一种发射型显示屏，PDP 的图像显示性能优越，比如具有更好的色饱和度和更大的视角。由于制造工艺的限制，PDP 的像素尺寸不可能做得很小。当像素尺寸一定时，要获得更好的视频图像质量，只能增大显示屏的尺寸。在 PDP 中使用了密封有稀有气体的小管，小管的两端需要加高电压(几百伏特)。首先由 AC 电场的正半周引起等离子体放电，在介质的顶端便出现一层载流子。这会导致放电过程停止，但当外加的 AC 电压极性变化时，会继续放电过程。如此，放电过程会持续下去。这种放电过程会产生包含大量离子和电子的等离子体，并在外加电场的作用下获得动能。于是这些粒子之间发生高速碰撞，并被激励到更高的能级上。稍后，这些受激粒子回落到原来的状态，同时放出紫外辐射光。而这种紫外辐射光又会激发 PDP 中的荧光体，它们可分别发出红、绿、蓝(RGB)三色光。所用气体的电流-电压特性(*I-V*)曲线变为 S 形，具有负电阻特性，其工作点取决于电阻负载曲线。为激活 PDP 的像素，需要提高电压，而保持像素的状态只需较低的电压即可。

尽管 PDP 的结构与荧光灯类似，也是由两个电极、荧光体和稀有气体组成，但在 PDP 中还需要一个障壁结构来支持 PDP 中上、下玻璃板之间的空间，如图 5.22 所示。由于这种障壁结构，PDP 的像素尺寸无法做得太小。此外，PDP 所需的工作电压很高，因为显示器中需要通过高电压来产生等离子体。

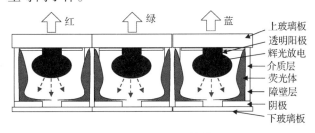

图 5.22　PDP 的结构

PDP 本质上就是上述这些微小荧光灯组成的阵列，每个荧光灯可独立控制。因为每个放电单元都可独立寻址，所以每个图像元素(PEL)都可以被打开或关闭。在显示屏上，列向电极以金属条的形式沉积在玻璃基底上，这些电极上方是一系列的平行脊状结构，将 PDP 的显示区分割成了许多狭窄的小槽，而这些小槽的壁上都镀着荧光体。横向电极以 ITO 条的形式附着在玻璃板上，形成了显示平板的顶端。

与 LCD 相比，PDP 的优势在于：

1. 具有超强的图像对比度。
2. 比 LCD 的视角更大；视角增大时图像质量不会像 LCD 那样下降。
3. 动态图像的模糊程度不严重，因为 PDP 具有高刷新速率和快速的响应。
4. 可以做到比 LCD 的尺寸更大。

与 LCD 相比，PDP 拥有更大的视角、更快的响应速度和更宽泛的工作温度范围。也就是说，对于大尺寸的显示器而言，无论是显示静态图像还是动态图像，无论是环境温度较冷还是较热，无论是个人使用还是公用，PDP 都是更好的选择。但 PDP 的缺点是比 LCD 电视的耗电量更大。

5.4.4 柔性平板显示器

柔性平板显示器使用了(柔性的)薄膜基底材料，它具有可形变、可弯曲，甚至是可卷起至仅有几厘米的曲率而不影响其显示功能。柔性显示器技术的发展导致了整个显示器领域的变革，开启了平板显示器新的应用领域。起初，柔性平板显示器可以通过在现有平板显示的基础上进行改进而获得，但是这种改进的显示器与真正意义上的柔性平板显示器存在很多重要的差别。近年来多项相关技术的发展(如基底材料、导电层、障壁层、电光材料、薄膜晶体管技术和制作工艺的发展)，使得柔性显示器的概念迅速迈向实用化。为了实现柔性显示器，必须使用柔性的基底材料来代替传统的玻璃基底材料，比如可以采用塑料或薄玻璃膜。柔性显示器具有许多潜在的优势，比如厚度薄、质量轻、系统健壮性好，还具有可弯曲、可卷曲的特点，使得这种显示器具有极其优秀的便携性，容易提高产量，而且还可以与衣服、纺织品集成为可穿戴的显示器，最终实现更自由的设计(比如设计多种形状各异的显示器)。

因为柔性显示器采用了聚酯材料，必然需要障壁层来保护和封闭显示器中实现图像显示功能的材料，使其免受氧气和水的侵害。因为有机物材料容易被氧化和水解，防止氧气和水渗入柔性电子设备的基底便显得尤为重要。尽管采用单障壁层足以为显示器的内部发光材料提供一定的保护作用，但对于发光二极管的应用，往往还有必要采用多个障壁层，以实现长期的保护和器件的稳定性。氧化铟锡是制作显示器导电层的典型材料，因为该材料具有优越的薄层电阻和透光特性。此外，人们还正在考虑将导电聚合物用于柔性显示器中。对于这种发射型的 OLED 显示器，人们正在将小分子材料和高分子材料运用于其中。为了实现低功耗显示器，柔性基底将采用光反射式的工作模式。聚合物分散液晶、微胶囊电泳、电子纸等都工作在光反射模式。对于许多电光材料构成的显示器，比如 OLED、聚合物分散液晶、电泳和电子纸材料显示器都需要使用有源矩阵驱动背板来实现更高的分辨率。使用塑料基底材料的 TFT 已经获得了成功，它开启了实现柔性显示器的"大门"。目前，使用聚乙烯和非晶硅已经成为实现柔性显示器的标准。然而，集成在聚合物基底上的有机物薄膜晶体管也正不断为人们所接受，成为制作柔性好、质量轻和低成本的平板显示器的又一选择。

5.4.5 电泳和电子书显示器

在电场的作用下，某些固体颗粒材料能在液体介质中运动的现象被称为电泳，至今人们已经对这一现象研究了很多年。在上述过程中，如果固体颗粒的颜色能与其周围液体的颜色形成鲜明的对比，就有可能制成电泳显示器。目前典型的方案是使用二氧化钛(TiO_2)固体颗粒在蓝色的墨水中产生电泳效应，基于该原理的显示器可显示高对比度的图案。将颜料颗粒裹入微胶囊中形成微型的小球状，或者通过在显示屏的两个面板之间设置隔离结构将显示屏划分为不同的区域，可以解决基于该技术制作大尺寸屏幕时遇到的难题，比如重力形变问题和粒子之间的黏结聚沉问题。

电子书是纸质印刷书的数字化形式[25]。电子书设备可一页页地显示单色的文本，翻页只需一两秒钟。可以简单地将电子书设备想象成一种基于平板或柔性显示器产生视觉效果的阅读器，其阅读效果堪比阅读打印在纸上的文字，因此人们称之为电子纸。如今，电泳(EP)显示器已被认为是制作电子纸和电子书显示器的首选技术。该技术使用了微胶囊和两种颜料颗粒，其中一种为黑色颜料颗粒，带负电；另一种为白色颜料颗粒，带正电。微胶囊内的液体是透明的。根据其工作原理，电子纸内带正电性的微粒需要染上颜色，或者在电子纸的上表面装有微米尺寸的彩色滤光片。由于 EP 显示器在工作的时候需要较长的正、负脉冲，这增大了像素寻址的复杂度。EP 显示器的响应时间由颜料颗粒的迁移速度决定[26]。为确保视觉效果，电子纸需要满足双稳态的要求，因而电子纸仅在图像刷新时才需要供电。如果这个双稳态之间存在较大的能量壁垒，其状态刷新就需要一个电压幅度超过某一阈值的短脉冲。鉴于此，就有可能在 EP 显示器中使用无源矩阵寻址技术，这样就可以大大地简化 EP 显示器的驱动背板设计，并有效地降低其制作成本。

扩展阅读

1. *Fundamentals of Liquid Crystal Devices*: D. K. Yang and S. T.Wu, John Wiley, 1986.

2. *Liquid Crystal Displays*: Addressing Schemes and Electro-Optical Effects: E. Lueder, John Wiley, 1997.

3. *Lasers and Electro-Optics*: C. C. Davis, Fundamentals and Engineering, Cambridge University Press, 1996.

4. *Optical Electronics in Modern Communications*: A. Yariv, Oxford University Press, 1997.

5. *Optical Waves in Crystals*: Propagation and Control of Laser Radiation: A. Yariv and P. Yeh, Wiley, 1984.

6. *Magneto-Optics*: S. Sugano and N. Kojima (eds.), Springer, 2000.

7. *Introduction to Flat Panel Displays*: J. H. Lee, D. N. Liu, and S. T. Wu, John Wiley, 2008.

参考文献

[1] M. Gottlieb, C. L. M. Ireland, and J. M. Ley. *Electro-optic and Acoustooptic Scanning and Deection*. Marcel Dekker, 1983.

[2] I. P. Kaminow and E. H. Turner. Electro-optic light modulators. *Proc. IEEE*, 54 (10):13741390, 1966.

[3] T. A. Maldonado and T. K. Gaylord. Electro-optic effect calculations: Simplified procedure for arbitrary cases. *App. Opt.*, 27:5051-5066, 1988.

[4] M. Melnichuk and L. T. Wood. Direct Kerr electro-optic effect in noncentrosymmetric materials. *Phys. Rev. A*, 82:013821, 2010.

[5] U. Efron. *Spatial Light Modulator Technology: Materials, Devices, and Applications*. Marcel Dekker, 1995.

[6] W. E. Ross, D. Psaltis, and R. H. Anderson. Two-dimensional magneto-optic spatial light modulator for signal processing. *Opt. Eng.*, 22(4):224485, 1983.

[7] N. J. Berg and J. N. Lee. *Acousto-optic signal processing: Theory and Applications*. Marcel Dekker, 1983.

[8] R. K. Mali, T. G. Bifano, N. Vandelli, and M. N. Horenstein. Development of microelectromechanical deformable mirrors for phase modulation of light. *Opt. Eng.*, 36:542, 1997.

[9] L.J. Hornbeck. Deformable-mirror spatial light modulators. In *Proc. SPIE 1150*, 1990.

[10] D. A. B. Miller. Quantum well self electro-optic effect devices. *Opt. and Quant. Elect.*, 22:S61-S98, 1990.

[11] W. E. Moerner, A. Grunnet-Jepsen, and C. L. Thompson. Photorefractive polymers. *Annual Rev. Materials*

Sc., 27:585-623, 1997.

[12] T. A. Rabson, F. K. Tittel, and D. M. Kim. Optical data storage in photorefractive materials. In *Proc. SPIE 0128*, 1977.

[13] J. Zmija and M. J. Malachowski. New organic photochromic materials and selected applications. *J. Achievement in materials and manufacturing Eng.*, 41:97-100, 2010.

[14] S. Kawata and Y. Kawata. Three-dimensional optical data storage using photochromic materials. *Chem. Rev.*, 100:1777-1-71788, 2000.

[15] I. Polyzos, G. Tsigaridas, M. Fakis, V. Giannetas, P. Persephonis, and J. Mikroyannidis. Three-dimensional data storage in photochromic materials based on pyrylium salt by two-photon-induced photobleaching. In *Proc. Int. Conference on New Laser Technologies and Applications*, volume 5131, page 177. SPIE, 2003.

[16] K. Ogawa. Two-photon absorbing molecules as potential materials for 3d optical memory. *App. Sc.*, 4:1-18, 2014.

[17] B. Yao, Z. Ren, N. Menke, Y. Wang, Y. Zheng, M. Lei, G. Chen, and N. Hampp. Polarization holographic high-density optical data storage in bacteriorhodopsin film. *App. Opt.*, 44:7344-8, 2005.

[18] A. S. Bablumian, T. F. Krile, D. J. Mehrl, and J. F. Walkup. Recording shift-selective volume holograms in bacteriorhodopsin. In *Proc. SPIE*, pages 22-30, 1997.

[19] P. Hariharan. *Basics of Holography*. Cambridge University Press, 2002.

[20] C. Hilsum. Flat-panel electronic displays: a triumph of physics, chemistry and engineering. *Phil. Trans. R. Soc. A*, 368:1027-1082, 2010.

[21] R.H. Chen. *Liquid Crystal Displays: Fundamental Physics and Technology*. John Wiley Sons, 2011.

[22] D.K. Yang. *Fundamentals of Liquid Crystal Devices, 2nd Edition*. John Wiley Sons, 2014.

[23] P. Kirsch. 100 years of liquid crystals at Merck. *Proc. 20th Int. Liquid Crystal Conf*, London, UK, 2004.

[24] C. Adachi, S. Tokito, T. Tsutsui, and S. Saito. Electroluminescence in organic films with three-layer structure. *Jpn. J. App. Phy.*, 27:269-271, 1988.

[25] A. Henzen et al. Development of active-matrix electronic-ink displays for handheld devices. *J. Soc. Inf. Display*, 12:17-22, 2004.

[26] R. Sakurai, S. Ohno, S.I. Kita, Y. Masuda, and R. Hattori. Color and exible electronic paper display using QR-LPD technology. *Soc. Inf. Display Symp. Dig*, 37:1922-1925, 2006.

第6章　变换域信息处理中的光子学

6.1　引言

所有的光学系统都能实现图像从输入平面到输出平面的某种映射或者变换。然而，对于二维(2D)图像的处理与分析，通常需要先采用相关的光子器件将图像转换到电域，然后再使用图像处理软件来实现。在运用这些图像处理软件的过程中，通常需要将图像描述为一个 2D 函数 $I = f(x, y)$，其中 x 和 y 为空间坐标。在任何坐标点 (x, y) 处，函数 f 的幅度就是函数的强度 I，对于灰度图像而言，这个强度就是灰度。如果图像的空间坐标和幅度都是有限的和离散的，这样的图像就被称为数字图像。这类图像的处理一般采用各种方法在空间域中实现。"空间域"这个术语是指构成图像的像素点的集合，空间域中的处理过程是直接针对图像的像素进行处理，处理结果的输出为 $g(x, y) = \mathbf{T}[f(x, y)]$，其中 $\mathbf{T}$ 是定义于图中以坐标点 (x, y) 为中心的矩形邻域上的算子。

然而，图像的处理还可以通过将图像从空间域或时域转换到频域中来实现，这种转换过程通常使用各种数学变换来实现。在频域中，对图像信号进行的分析与图像信号的频谱特性分析紧密相关。在绝大多数的频域信息处理过程中，除了需要分析图像信号的频率信息，通常还需要对其相位信息进行分析。本章介绍了图像信号频域处理中的一些数学变换，它们对于采用光子器件和系统来进行图像的频域信息处理而言是非常有用的。

6.2　傅里叶变换

傅里叶变换(FT)起源于傅里叶级数[1]。周期函数的傅里叶级数是无穷项正弦函数(包括余弦和正弦)的和，若函数的周期为 T，则傅里叶级数中每项的频率为 $1/T$ 的整数倍。傅里叶级数可以表示为指数形式：

$$g(t) = \sum_{-\infty}^{+\infty} c_k^i \mathrm{e}^{\mathrm{j}2\pi k f_0 t} \tag{6.1}$$

其中第 k 项傅里叶级数的系数 c_k^i，可基于信号的表达式根据下式求得：

$$c_k^i = \frac{1}{T} \int_{\langle T \rangle} g(t) \mathrm{e}^{-\mathrm{j}2\pi k f_0 t} \mathrm{d}t \tag{6.2}$$

其中 $k = \pm 1, \pm 2, \cdots, T$ 表示函数的任意一个时间周期。

对于傅里叶级数的幅度 A，根据欧拉关系，$g(t) = \frac{A}{2}[\mathrm{e}^{\mathrm{j}2\pi f_0 t} + \mathrm{e}^{-\mathrm{j}2\pi f_0 t}]$，$c_1^i = A/2$，$c_k^i = 0$(当 $k \neq \pm 1$ 时)。从上面这个方程可以看出：任何一个周期函数都可以展开成频率为 $kf_0 = kT$(其中 k 为整数)复指数项的加权求和形式。其中，对应于 $k = 0$ 的复指数项为常数，称之为函数的直流(DC)分量，而对应于 $k = 1$ 的复指数项被称为函数的基频项。

当周期函数的时间周期 T 增至无穷大时，信号就成为非周期函数，其傅里叶级数中各谐波分量之间的频率间隔就趋于零，因而信号在频域中便成为连续函数。在该条件下，傅里叶级数就转换为傅里叶变换，其表达式如下式所示：

$$G(f) = \int_{-\infty}^{+\infty} g(t)\mathrm{e}^{-\mathrm{j}2\pi ft}\mathrm{d}t \tag{6.3}$$

傅里叶变换表达了一个时间周期为无穷大的时域函数的频谱 $G(f)$。而根据信号频谱 $G(f)$ 的表达式，还可以通过下面的傅里叶逆变换（IFT）求得原时域信号 $g(t)$：

$$g(t) = \int_{-\infty}^{+\infty} G(f)\mathrm{e}^{\mathrm{j}2\pi ft}\mathrm{d}f \tag{6.4}$$

有时，信号的频域表达式也使用角频率 $\omega = 2\pi f$，而不是自然频率 f。

对于含有两个空间坐标 x 和 y 的 2D 函数 $f(x,y)$（可表示一幅图像），它的傅里叶变换可表示为

$$\mathrm{FT}[g(x,y)] = F(u,v) = \int_{-\infty}^{+\infty} f(x,y)\mathrm{e}^{-\mathrm{j}2\pi(ux+vy)}\mathrm{d}x\mathrm{d}y \tag{6.5}$$

其中 $F(u,v)$ 是两个独立空间频率坐标 u 和 v 的复变函数。

类似地，$F(u,v)$ 的傅里叶逆变换可表示为

$$\mathrm{FT}^{-1}[F(u,v)] = f(x,y) = \int_{-\infty}^{+\infty} F(u,v)\mathrm{e}^{\mathrm{j}2\pi(ux+vy)}\mathrm{d}u\mathrm{d}v \tag{6.6}$$

如果信号可以分离变量，即 $g(x,y) = g(x) \cdot g(y)$，则它的 2D FT 也可以分离变量，这样它的傅里叶变换就可以通过计算两个 1D 傅里叶变换来实现。

6.2.1　傅里叶变换的性质

傅里叶变换的性质及其意义如下。

1. 线性性质：是指两函数的线性组合的傅里叶变换，等于这两个函数分别做傅里叶变换后再进行线性组合的结果，因此：

$$\mathrm{FT}[\alpha f_1(x,y) + \beta f_2(x,y)] = \alpha F_1(u,v) + \beta F_2(u,v) \tag{6.7}$$

其中 f_1 和 f_2 为两个函数，F_1 和 F_2 分别为这两个函数的傅里叶变换。

2. 平移性质：函数 $f_1(x,y)$ 沿二维空间坐标分别平移 a 和 b 之后，其傅里叶变换等价于原函数的傅里叶变换在频域中沿其二维频率坐标相移，即

$$\mathrm{FT}[(f(x-a, y-b)] = F(u,v)\mathrm{e}^{-\mathrm{j}2\pi(ua+vb)} \tag{6.8}$$

3. 尺度变换性质：函数在空间坐标系中进行尺度变换后，其傅里叶变换是原函数的傅里叶变换在频域中同时受到幅度调制和频率坐标压缩的结果，即

$$\mathrm{FT}[f(ax, by)] = \frac{1}{|ab|}\mathrm{FT}\left[\frac{u}{a}, \frac{v}{b}\right] \tag{6.9}$$

其中 a 和 b 为尺度变换量。

4. 帕斯瓦尔定理（Parseval's theorem）：函数在时间/空间域中所包含的能量与其傅里叶变换在频域中所包含的能量相等，即

$$\int_{-\infty}^{\infty}\int f|(x,y)|^2\mathrm{d}x\mathrm{d}y = \int_{-\infty}^{\infty}\int F|(u,v)|^2\mathrm{d}u\mathrm{d}v \tag{6.10}$$

5．傅里叶积分定理：函数的傅里叶变换经傅里叶逆变换后仍得到原函数，函数的不连续点除外。

$$\text{FT}[\text{FT}^{-1}]f(x,y) = \text{FT}^{-1}[\text{FT}\{f(x,y)\}] = f(x,y) \tag{6.11}$$

6．卷积定理：两个函数在空间域/时域中卷积后的傅里叶变换等于这两个函数的傅里叶变换在频域中的乘积，即

$$f_1(x,y)*f_2(x,y) = \text{FT}\left[\int\int_{-\infty}^{\infty} f_1(x,y)f_2(x-x^{'},y-y^{'})\mathrm{d}x\mathrm{d}y\right] = F_1(u,v)F_2(u,v) \tag{6.12}$$

7．相关定理：

$$f_1(x,y)\odot f_2(x,y) = \text{FT}\left[\int_{-\infty}^{\infty} f_1(x,y)f_2(x-x^{'},y-y^{'})\mathrm{d}x\mathrm{d}y\right] = F_1(u,v)F_2^{*}(u,v) \tag{6.13}$$

8．调制定理：在空间域/时域，两个函数乘积的傅里叶变换等于这两个函数的傅里叶变换在频域中的卷积，即

$$\text{FT}[f_1(x,y)f_2(x,y)] = F_1(u,v) * F_2(u,v) \tag{6.14}$$

如果 $f_1(x,y) = \mathrm{e}^{-\mathrm{j}2\pi u_0 x}f_2(x,y)$，则

$$\text{FT}[f_1(x,y)] = F_1(u-u_0,v) \tag{6.15}$$

9．共轭性质：如果 $f_1(x,y) = \overline{f_2(x,y)}$，则

$$\text{FT}[f_1(x,y)] = F_1(u,v) = F_2(-u,-v) \tag{6.16}$$

6.2.2　离散傅里叶变换

模拟处理器可以处理连续时间信号和图像，但计算机只能处理离散时间信号。然而，在时间/空间域中，离散信号就表示该信号在频域中是周期性的，反之亦然。因为在计算机中，空间域和时域信号以及它们的傅里叶变换都是以离散的矩阵来表示的，因此这些离散时间信号和它们的傅里叶变换都是周期性的。序列 $i[n]$ $[0\leqslant n\leqslant(N-1)]$ 的 N 点离散傅里叶变换（DFT）也是一个矩阵 $I[k]$ $[0\leqslant k\leqslant(N-1)]$，二者之间的变换关系为

$$I[k] = \sum_{n=0}^{(N-1)} i[n]\mathrm{e}^{-\mathrm{j}2\pi\frac{nk}{N}} \tag{6.17}$$

其中 $k = 0, 1, 2,\cdots, (N-1)$。

显然，时域中 N 点序列 $i[N]$ 的 N 点 DFT 会产生其变换域中的 N 点序列 $I[k]$。$I[k]$ 也是周期为 N 的周期序列。增加 N 会导致频域中的采样更密集，而对离散时域（DT）信号进行点数大于 DT 信号点数的 DFT 时，可在原 DT 信号的后面用零进行点数的补齐（称之为零填充）。根据 FT 来计算 DFT 时，N 点的 DFT 就相当于对连续时间信号的 FT 进行了间隔为 1/N 的均匀采样，即 $I[k] = I_c\left(\dfrac{k}{N}\right)$，其中 I_c 是连续频域中信号的 FT。通过增大 N，可获得频域中更加密集的采样。

DT 信号的反 DFT 可基于 $I[k]$ 通过 N 点的反 DFT（IDFT）来获得，即

$$i[n] = \frac{1}{N}\sum_{k=0}^{(N-1)} I[k]\mathrm{e}^{\mathrm{j}2\pi\frac{nk}{N}} \tag{6.18}$$

类似地，对于 2D 图像信号或数据结构，可以获得 2D DFT 和 2D IDFT，其表达式如下：

$$I[k,l] = \sum_{n=0}^{(N-1)} \sum_{m=0}^{(M-1)} i[n,m] \mathrm{e}^{-\mathrm{j}2\pi(\frac{nk}{N}+\frac{ml}{M})} \tag{6.19}$$

其中 $k = 0, 1, 2, \cdots, (N-1)$，$l = 0, 1, 2, \cdots, (M-1)$。

同理，2D IDFT 可表示为

$$i[n,m] = \frac{1}{MN} \sum_{k=0}^{(N-1)} \sum_{l=0}^{(M-1)} I[k,l] \mathrm{e}^{\mathrm{j}2\pi(\frac{nk}{N}+\frac{ml}{M})} \tag{6.20}$$

其中 $n = 0, 1, 2, \cdots, (N-1)$，$m = 0, 1, 2, \cdots, (M-1)$。

2D DFT 可通过 1D DFT 来实现，首先在具有 M 行的函数中对其每行的 N 点做 N 点的 1D DFT。然后，再将这些 1D DFT 的结果作为原始函数矩阵的列（此时函数转化为 N 行，每行 M 点）。并对得到 N 行、M 列函数矩阵中每行的 M 点做 M 点的 1D DFT。最后得到的矩阵就是 (N, M) 点的 2D DFT $I[k, l]$。因此，(N, M) 点的 2D DFT 可以使用 N 个 M 点的 1D DFT 和 M 个 N 点的 1D DFT 来实现。同理，一幅 $N \times N$ 的图像的 2D DFT 可以通过一个沿列向 N 个 N 点的 1D DFT 和一个沿横向 N 个 N 点的 1D DFT 来实现。若假设 N 为 2 的整数次幂，则这个 2D DFT 需要 $2N^2\log_2 N$ 次乘法运算。

6.2.2.1　快速傅里叶变换

快速傅里叶变换（FFT）是计算 DFT 的高效算法，因此 DFT 是一种变换，而 FFT 是一种基于分治原理的算法，其目的是实现快速的 DFT 的计算。对于 N 点的 DFT，使用 FFT 可将 DFT 的计算复杂度降低（系数为 $N/N\log_2 N$）。显然，当这里的 N 增大时，使用 FFT 的优势也变得越发明显。目前已有很多的 FFT 算法，这些算法大都是为了满足不同的需求而设计的，比如有的 FFT 算法将每级的运算都设计成相同的，这样基于同样的硬件就可以完成多级运算。再比如有的 FFT 算法允许在线产生所需的复数系数，从而将所需的内存数量减至最小。

离散时域（DT）信号的相关和卷积运算也可以通过高效的 FFT 来实现。两个信号 $i[n]$ 和 $h[n]$ 可定义为 $\mathrm{IDFT}\{[\mathrm{DFT}(i[n])] \cdot [\mathrm{DFT}(h[n])]\}^*$。这两个 DT 信号的卷积也可以通过它们的 DFT 和 IDFT 来计算。基于 IDFT 的相关域卷积运算可表示为

$$\mathrm{IDFT} : \{I[k] \cdot H[k]\} = i[n] * h[n] = \sum_{m=0}^{N-1} i[m]h[(n-m)_N] \tag{6.21}$$

$$\mathrm{IDFT} : \{I[k] \cdot H^*[k]\} = i[n] \otimes h[n] = \sum_{m=0}^{N-1} i[m]h[(m+n)_N] \tag{6.22}$$

其中 $i[n]$ 和 $h[n]$ 为离散的 DT 序列，且该序列的值在 $0 \leqslant n \leqslant (N-1)$ 范围之外都为零。$I[k]$、$H[k]$ 表示这两个信号的 N 点 DFT。

因此，该运算过程需要 3 个 N 点的 DFT。如果 N 为 2 的整数次幂，则这 3 个 FFT 运算共需要进行约 $3N \cdot \log_2 N$ 次操作。然而，如果直接对这两个信号做相关运算，则共需要 N^2 次操作。因此通过 FFT 算法实现卷积和相关运算与直接进行卷积和相关运算的情况相比，其复杂度降低系数约为 $N/(3\log_2 N)$。此外，利用 FFT 来实现序列的卷积和相关运算还有其他更加高效的办法。

6.2.3　三维傅里叶变换

更高维度(在 n 维空间中)的傅里叶在变换理论上可表示为

$$F(u_1, u_2, \cdots, u_n) = \int_{R^n} f(x_1, x_2, \cdots, x_n) \mathrm{e}^{[-\mathrm{j}2\pi(u_1 x_1 + u_2 x_2 + \cdots + u_n x_n)]} \mathrm{d}x_1 \mathrm{d}x_2 \cdots \mathrm{d}x_n \quad (6.23)$$

一般而言，二维傅里叶变换主要用于各种图像处理领域。但对用于图像检索的形状描绘方面，则需要使用三维傅里叶变换[2]。三维形状描述符比二维形状描述符能处理更多的三维特征信息，因此它在图像检索中的用处更大。

三维傅里叶变换可以表示为

$$F(u, v, w) = \int \int \int f(x, y, z) \mathrm{e}^{-\mathrm{j}2\pi(ux+vy+wz)} \mathrm{d}x \mathrm{d}y \mathrm{d}z \quad (6.24)$$

6.2.4　对数-极坐标系中的傅里叶变换

对数-极坐标变换是空间不变的图像坐标表达，也就是说，图片大小和旋转效应在对数-极坐标变变后的图像中表现为行或列的平移。将图像从笛卡儿坐标映射到对数-极坐标的过程被称为对数-极坐标映射。这个映射过程可通过将坐标 (x, y) 改为以下坐标来实现：

$$x = r \cos \theta$$
$$y = r \sin \theta \quad (6.25)$$

其中，

$$r = \sqrt{x^2 + y^2}$$
$$\theta = \arctan(\frac{y}{x}) \quad (6.26)$$

若 z 为笛卡儿平面，ω 为极坐标平面，则 z 平面上的 x 和 y 坐标和 ω 平面上的 u 和 v 坐标之间的对数-极坐标映射可表示为

$$w = \log z = \log \mathrm{e}^{(\mathrm{j}\theta)}$$
$$z = x + \mathrm{j}y \quad (6.27)$$

因此，

$$w = \log r + \mathrm{j}\theta = u + \mathrm{j}v \quad (6.28)$$

其中 $u = \log r$，$v = \theta$。

因此在笛卡儿坐标中，原图中从中央到其右边界画出一条水平线的过程，在对数-极坐标中将被映射为图像上一条径向的直线沿顺时针方向将图打开的过程，即这条径向的直线将从水平线位置开始沿着顺时针方向运动并扫取图像的像素值。因此在图 6.1 中，位于左侧的一幅具有空间灰度变化的图像经过对数-极坐标变换后，看起来将成为图 6.1 右侧图所示的样子。

尽管对数-极坐标映射能使图像在平面内旋转且不改变图像的大小，但对于图像的平移是存在变化的。而且，上述图像旋转和图像大小不变的特性仅当图像是相对于原始笛卡儿图像空间做旋转和改变大小时才成立。此外，经对数-极坐标变换处理后的图像还可以进行傅里叶变换，这一点与其他图像一样。

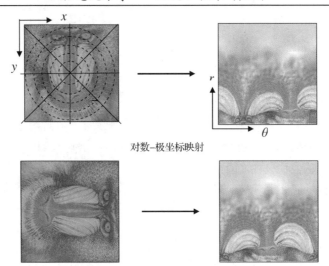

对数–极坐标映射

图 6.1　图像的对数–极坐标变换

6.2.5　透镜的傅里叶变换特性

傅里叶光学将空间频域 (u, v) 作为空间域 (x, y) 的共轭来加以利用。采用一个聚焦透镜就可以很容易地实现二维傅里叶变换。若将一个透明的物体放在透镜前，且与透镜的距离等于透镜焦距，则物体像的傅里叶变换就会出现在透镜后，且与透镜的距离等于透镜焦距。此外，用一个薄透镜还能实现图像的相位变换。

聚焦透镜能对图像进行傅里叶变换是它的一个显著属性。使用图像底片或通过电控寻址空间光调制器，可将来自图像的入射光转化为平行光束照射在透镜上。透镜被置于距离图像 f（焦距）的地方，则在透镜后方的焦平面上便可获得图像的傅里叶变换。图 6.2 给出了这一过程的原理图。

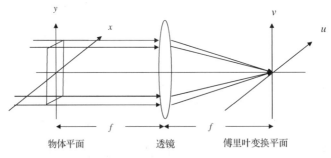

物体平面　　　　透镜　　　　傅里叶变换平面

图 6.2　在透镜后方的焦平面上产生图像的傅里叶变换

如果物体透射率的幅度为 t_i，经过准直、幅度为 A 的单色平面光照射到物体上，则透过物体照射到透镜上的光信号幅度为 At_i，所以透镜后方光信号幅度的分布为

$$\xi_t(x, y) = At_i e^{\left[-\frac{jk}{2f}(x^2+y^2)\right]} \tag{6.29}$$

透镜后方距离透镜为 f 的光场在 (u, v) 平面上的分布可由菲涅耳分布方程表示为（详见第 2 章）：

$$\xi_f(u, v) = \frac{\exp(jkf)\exp\left\{\frac{jk(u^2+v^2)}{2f}\right\}}{j\lambda f} \int\!\!\int_{-\infty}^{\infty} \xi_t(x, y)\exp\left[\frac{jk}{2f}(x^2+y^2)\right] \times \tag{6.30}$$

$$\exp\left[\frac{-\mathrm{j}2\pi}{\lambda f}(xu + yv)\right]\mathrm{d}x\mathrm{d}y$$

$$= (At_i)\left[\frac{\exp(\mathrm{j}kf)\exp(\frac{\mathrm{j}k(u^2+v^2)}{2z})}{\mathrm{j}\lambda f}\right]\int\int_{-\infty}^{\infty}\exp[\frac{-\mathrm{j}2\pi}{\lambda f}(xu + yv)]\mathrm{d}x\mathrm{d}y$$

式中的第一个指数项 $\exp(\mathrm{j}kf)$ 为一个常数，可以忽略，因此将其去掉。如此，透镜后方距离透镜 f 的光场分布 $\xi_f(u,v)$ 与透镜孔径处光场的二维傅里叶变换成正比。由此便获得了输入信号在频率 $\left(\dfrac{u}{\lambda f}, \dfrac{v}{\lambda f}\right)$ 处的傅里叶变换。

信号强度分布在傅里叶平面上的分布或信号的功率谱可表示为

$$I_f(u,v) = \frac{A}{\lambda^2 f^2}\left[\int\int_{-\infty}^{\infty} t_i\exp\{\frac{-\mathrm{j}2\pi}{\lambda f}(xu + yv)\mathrm{d}x\mathrm{d}y\}\right]^2 \tag{6.31}$$

光学空间滤波器便是基于聚焦透镜的傅里叶变换特性实现的。一个物体的二维空间频谱还可以表示为其中每一个空间频率分量都可被滤出的形式。物体的图像可由空间函数 $t_i(x,y)$ 来描述，而透镜后方焦平面上的光场分布由式 (6.30) 给出。

6.2.6　分数傅里叶变换

分数傅里叶变换 (FRFT) [3][4][5] 包含一系列的线性变换，这些变换通过一个有序参数（即阶数）对傅里叶变换进行了推广。在所有的时间−频率表征中，采用了具有两个与时间和频率正交的坐标轴的平面。任何一个沿着时间轴表示的信号 $x(t)$，其普通（正常）的傅里叶变换 $X(f)$ 是沿着频率轴表示的。因此 FRFT 可以转换为一个介于时间和频率之间的任意中间域的函数。此时正常的傅里叶变换可被视为相对坐标轴逆时针旋转 $\pi/2$ 的信号在表达上的一种变化。FRFT 是一种对应于信号旋转了非 $\pi/2$ 整数倍角度的线性运算，它正是围绕时间轴旋转 α 角的信号沿 u 轴的表示。

从数学上看，α 阶 FRFT $[F_\alpha(u)]$ 是上升为 α 次方的傅里叶变换，其中 α 为整数。一阶 FRFT 就是普通的傅里叶变换，傅里叶变换的所有特性都是 FRFT 的一个特例。

函数 $f(t)$ 的 α 阶 FRFT，即 $F_\alpha(u)$ 由变换基 $K_\alpha(t,u)$ 定义为

$$F_\alpha(u) = \int_{-\infty}^{\infty} f(t)K_\alpha(t,u)\mathrm{d}t \tag{6.32}$$

其中变换基定义为

$$K_\alpha(t,u) = \begin{cases} \delta(t-u) & \text{如果}\alpha = 2\pi N \\ \delta(t+u) & \text{如果}(\alpha+\pi) = 2\pi N \\ \sqrt{\dfrac{-\mathrm{j}e^{\mathrm{j}\alpha}}{2\pi\sin\alpha}}e^{[\mathrm{j}(t^2+u^2)/2]\cot\alpha - \mathrm{j}ut\csc\alpha} & \text{如果}\alpha \neq N\pi \end{cases} \tag{6.33}$$

其中 $N = 1, 2, 3, \cdots$。

逆 FRFT 变换可表示为

$$f(t) = \int_{-\infty}^{\infty} F_\alpha(u)K_{-\alpha}(u,t)\mathrm{d}u \tag{6.34}$$

因此，信号和它的 FRFT (α 阶) $F_\alpha(u)$ 构成一对相互关联的变换对。

6.2.6.1 分数傅里叶变换的性质

对于一个信号函数 $f(t)$ 而言，其分数傅里叶变换（FRFT）存在的条件与它的傅里叶变换存在的条件相同。其核函数 K_α 有着与 FRFT 相同的性质。FRFT 与其核函数的性质如下：

1. 同一性：$\alpha = 0$ 阶的 FRFT 为输入函数本身，$\alpha = 2\pi$ 阶的 FRFT 相当于对函数连续进行 4 次一般的傅里叶变换。即 $F_0 = F_{\pi/2} = I$。

2. 可逆性：$-\alpha$ 阶的 FRFT 是 α 阶 FRFT 的逆函数，即 $F_{-\alpha}F_\alpha = F_{\alpha-\alpha} = F_0 = I$。

3. 线性可加性：对一个函数做多次的 FRFT，等效于对该函数进行一次 FRFT，其阶数等于前面多次 FRFT 阶数之和，即 $F_\alpha F_\beta = F_{\alpha+\beta}$。

显然，分数傅里叶变换能将一个（处于时域或频域的）信号转换到一个介于时间和频率之间的某个域：它是一种在时间-频率域经过角度 α 的旋转。线性正则变换是该变换的推广，它除了允许函数旋转，还可以对函数进行线性平移变换，是更一般化的分数傅里叶变换[6]。

分数傅里叶变换属于函数的时间-频率分析，已被广泛用于信号处理领域中。在所有时间-频率分析方法中，都用到了对应于时间和频率的两个正交的坐标轴。如果沿着时间轴来表示一个信号 $f(t)$，且它的傅里叶变换 $F(u)$ 沿着频率轴分布，则该信号的傅里叶变换算子（由 FT 表示）可以看成是坐标轴沿逆时针方向旋转 $\pi/2$ 后的信号表示。这与傅里叶变换的一些性质恰好吻合。比如，连续两次对某信号函数进行傅里叶变换，使其沿逆时针方向两次旋转 $\pi/2$，结果函数的时间轴反向。

此外，连续 4 次对信号函数旋转 $\pi/2$，或对信号函数旋转 2π，其结果仍是原函数。分数傅里叶变换是一种线性变换，其作用相当于对函数进行旋转，但旋转的角度不是 $\pi/2$ 的整数倍。即该变换表示将沿 u 坐标轴分布的函数相对于时间轴旋转角度 n。从以上分析可以看出：对信号函数做 $\alpha = \theta$ 的分数傅里叶变换，信号函数不变。对信号做 $\alpha = \pi/2$ 的分数傅里叶变换，其结果就是对该信号做了一般的傅里叶变换，相当于将信号的时间-频率分布函数旋转了 $\pi/2$ 角度。而对于其他的 α 值，分数傅里叶变换依据角度 α 旋转信号的时间-频率分布函数。

6.2.6.2 离散分数傅里叶变换

人们在寻找离散分数傅里叶变换（DFRFT）方面做了许多尝试[7]。尽管不同的研究人员提出了多种不同的算法，但是最好的一种应该能与 FRFT 所具有的性质基本一致，包括（1）酉性，（2）旋转相加性，（3）当 $\alpha = \pi/2$ 时，一阶运算应退化为 DFT[8]。而计算 DFRFT 的解析模型及其理论体系已经超出了本书的讨论范围。

6.3 哈特利变换

哈特利（Hartley）变换（HT）与傅里叶变换有关。一个信号 $i(x)$ 的哈特利变换可以用余弦和正弦函数表示如下：

$$\mathrm{HT}[i(x)] = \int_{-\infty}^{+\infty} i(x)[\cos(2\pi f x) + \sin(2\pi f x)]\mathrm{d}x \tag{6.35}$$

它与 FT 的表达式 $\int_{-\infty}^{+\infty} i(x)[\cos(2\pi f x) - \mathrm{j}\sin(2\pi f x)]\mathrm{d}x$ 不同，实信号的 HT 仍然是实信号，而实信号的 FT 为复信号。然而，正是因为 HT 的这个特点，它的应用领域也受到了限制[9]。

6.4　小波分析与小波变换

小波是一种持续时间有限的振动波形。在使用小波变换进行数据分析时，通常需要一组小波。为了定义小波变换，首先介绍一种生成小波或母小波 $\psi(t)$。这种小波的值主要集中在时间零点附近，其特征是当 $|t|$ 增加时，它的值迅速衰减至零。$\psi(t)$ 是谐振函数，且在频域内具有局部化的特点[10]。生成小波或母小波允许引入更短的小波，称之为小波函数 $\psi_{s,\tau}(t)$，它取决于两个参数：尺度参数 s 和平移参数 τ。参数 $s^{-1/2}$ 可用于在不同的尺度条件下对波形的能量进行归一化。小波函数 $\psi_{s,\tau}(t)$ 的表达式为

$$\psi_{s,\tau}(t) = \frac{1}{\sqrt{s}}\psi\left(\frac{t-\tau}{s}\right) \tag{6.36}$$

当 $0 < s < 1$ 时，这个参数表示函数压缩，当 $s > 1$ 时，这个参数表示函数扩展，τ 为平移参数。

由母小波产生的小波函数具有不同的尺度 s 和位置 τ，但是它们的形状都是相同的。图 6.3(a) 和 (b) 展示了对小波的平移(改变位置)和尺度变换(改变尺度)操作。在平移操作过程中，小波的中心位置沿着时间轴变化；而在尺度变换操作中，小波的宽度发生变化。

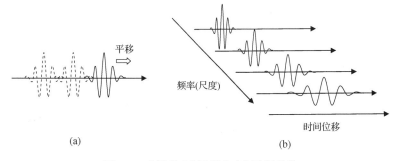

图 6.3　小波的 (a) 平移和 (b) 尺度变换

图 6.4(a) 和 (b) 分别给出了连续时间小波基函数的两个例子，它们分别被称为 Morlet 小波和 Mexican hat 小波。Morlet 小波与高斯函数 $\mathrm{e}^{-\frac{t^2}{2}}$ 的二阶导数 $(1-t^2)\mathrm{e}^{-\frac{t^2}{2}}$ 有关。Morlet 小波是经过调制的高斯函数。

Mexican hat 小波是从高斯函数 $\mathrm{e}^{-\frac{t^2}{2\sigma^2}}$ 的二阶导数导出的，其表达式为

$$\psi(t) = \frac{2}{\pi^{1/4}\sqrt{3\sigma}}\left(\frac{t^2}{\sigma^2}-1\right)\mathrm{e}^{-t^2/\sigma^2} \tag{6.37}$$

由于高斯函数具有迅速衰减的特性，这个小波函数的值也随着时间的增加而迅速降至零。

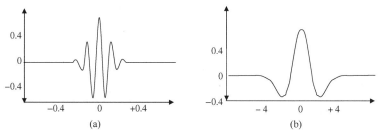

图 6.4　(a) Morlet 小波和 (b) Mexican hat 小波

6.4.1 小波变换

傅里叶变换(FT)将时间或空间变化的函数转换为频率变化的频谱，而小波变换与 FT 不同，它是信号的时间-频率表示。对于一个频率随时间变化或其频率特性具有局部特性的信号而言，它的傅里叶变换无法表达出其不同频率分量出现的时间范围。其次，经傅里叶变换后函数的所有空间信息都被隐藏到 FT 展开系数的相位项中，无法直接获得。再次，原信号在空间域中可能存在某个主导频率的变化，但经过傅里叶变换后，其傅里叶系数中只含有信号的平均频率。而小波变换可以同时包含信号的时间和频率两方面的信息，尽管因为海森堡(Heisenberg)测不准原理，这两方面的参数无法同时精确地获得。

为了对信号 $f(t)$ 在任意时间 t 的频率分量进行估计，可以截出一段时间 t，仅在这个时间范围内对函数进行傅里叶变换。这种变换被称为短时傅里叶变换(STFT)。因为它是截取了函数一小部分的傅里叶变换，即函数在一个很短的时间范围内的傅里叶变换，对于时间范围的约束可以被看作设置了一个时间窗。一个信号 $f(t)$ 的 STFT，即 S_g 在数学上可描述为先给信号乘以一个对称的实函数 $g(t-\tau)$，即窗函数，然后再将其变换至 (ω, τ) 域，其表达式为

$$S_w(\omega, \tau) = \int_{-\infty}^{+\infty} f(t)g^*(t-\tau)\mathrm{e}^{-\mathrm{j}\omega t}\mathrm{d}t \tag{6.38}$$

其中 $g(t)$ 为一个平方可积的短时间窗函数，它具有固定的宽度，且沿时间轴偏移了 τ，式中 *号表示函数的复共轭。

如图 6.5 所示，对函数的截取通过对其乘以一个共轭窗函数 $g(t-\tau)$ 来实现，该窗函数位于时间轴上的 τ 处，它描述了小波函数与信号的局部匹配。完美的匹配可产生较高的小波变换值。经过小波变换后，所得函数具有两个独立的参数。其中一个是时间参数 τ，它与函数的瞬时特性有关，另一个为频率参数 ω，它与傅里叶变换中的参数一样。这个变换可被想象成函数在时间 t 和频率 ω 处 f 频率分量的测量。因此 STFT 是在基于时间的信号分析与基于频率信号的分析之间取了折中，其中信号在时域和频域的分析精度可由所选窗函数的宽度来决定，如图 6.5 所示。其中窗函数在时域中的宽度为 $\sigma_t(g)$，在频域中的宽度为 $\sigma_\omega(g)$。

在对信号进行短时傅里叶变换时，窗函数可以取任何形式，其作用是截取信号 $f(t)$ 的一小部分并做傅里叶变换。一种常用的窗

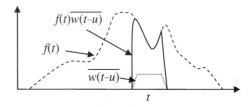

图 6.5　基于 STFT 和连续小波的信号时间-频率分析

函数为 Gabor 窗函数，基于此窗函数对函数进行截取就形成了 Gabor 变换。Gabor 窗函数的表达式为 $g(t-\tau)\mathrm{e}^{\mathrm{j}\omega' t}$。Gabor 窗函数是通过将基本窗函数 $g(t)$ 沿着时间轴平移 τ 得到的。其相位调制部分 $\mathrm{e}^{\mathrm{j}\omega' t}$ 表示将 Gabor 窗函数的频谱沿着频率轴平移 ω'。基本 Gabor 窗函数的傅里叶变换可表示为

$$G(\omega - \omega') = \int g(t)\mathrm{e}^{\mathrm{j}\omega' t}\mathrm{e}^{\mathrm{j}\omega t}\mathrm{d}t \tag{6.39}$$

另一种常用的窗函数是高斯窗函数。高斯函数的时间-带宽积最小，而且高斯函数的傅里叶变换仍然是高斯函数。高斯窗函数在时域和频域中的表达式为

$$g(t) = \frac{1}{\sqrt{2\pi}s}\mathrm{e}^{-t^2/2s^2} \tag{6.40}$$

$$G(\omega) = \mathrm{e}^{-s^2\omega^2/2} \tag{6.41}$$

STFT 可对信号同时进行时域和频域的分析，但其精度有限。但是在许多信号的分析中，人们希望其分析方法不仅灵活，而且能同时在时域和频域中对信号进行更精确的分析。对此，小波变换提供了完美的解决方案。

小波变换在广义上可分为连续小波变换（CWT）和离散小波变换（DWT）。CWT 是含有两个参数的函数，它在信号分析过程中包含很多的冗余信息。STFT 和 CWT 之间存在两个方面的主要差别：(1)傅里叶变换中不使用窗函数，因此对于时域或空间域正弦波进行傅里叶变换后得到的结果是一个单峰频谱函数（不考虑负频率）。(2)在 CWT 分析中，对于函数每个频谱分量的计算，所使用窗函数是宽度变化的，这也是小波变换最重要的特征之一。

6.4.1.1 连续小波变换（CWT）

在形式上，连续小波变换的表达式为

$$W_\psi(s,\tau) = \int f(t)\psi_{s,\tau}^*(t)\mathrm{d}t \tag{6.42}$$

其中*表示复共轭。该方程表达了一个时域信号函数 $f(t)$ 被分解为一系列小波基函数 $\psi_{s,\tau}(t)$ 的过程。

信号函数 $f(t)$ 的小波变换是该信号与经尺度变换的小波函数 $\psi(t/s)$ 的相关运算。逆小波变换可以表示为

$$f(t) = \frac{1}{C_\psi} \int\int W_\psi(s,\tau)\frac{\psi_{s,\tau}(t)}{s^2}\mathrm{d}\tau\mathrm{d}s \tag{6.43}$$

其中 C_ψ 表示为 $\psi(u)$ 的函数，它是 $\psi(t)$ 的傅里叶变换，表达式为

$$C_\psi = \int \frac{|\psi(u)|^2}{|u|}\mathrm{d}u \tag{6.44}$$

只要满足 $C_\psi < \infty$，则上面的最后两个方程是可逆的。这表明当 $u\to\infty$ 时，$\psi(u)$ 迅速趋于零，且 $\psi(0) = 0$。

6.4.1.2 频域中的小波变换

小波函数的傅里叶变换为

$$\Psi_{s,\tau}(\omega) = \int \frac{1}{\sqrt{s}}\psi\left(\frac{t-\tau}{s}\right)\mathrm{e}^{-\mathrm{j}\omega t}\mathrm{d}t = \sqrt{s}\Psi(s\omega)\mathrm{e}^{-\mathrm{j}\omega\tau} \tag{6.45}$$

其中 $\Psi(\omega)$ 表示小波基函数 $\psi(t)$ 的傅里叶变换。在频域中，小波函数乘以一个相位因子 $\mathrm{e}^{-\mathrm{j}\omega\tau}$ 和一个归一化系数 $\sqrt{s}$。经尺度变换后，小波函数在时域中的幅度与 $\frac{1}{\sqrt{s}}$ 成正比，而在频域中的幅度与 $\sqrt{s}$ 成正比。当小波函数的幅度经归一化处理后，具有不同尺度变换因子的小波函数的傅里叶变换都具有相同的幅度。

综上可以看出，连续小波变换也是含有两个参数的函数，这两个参数为：(1)平移参数 τ，(2)尺度参数 s。尺度参数由频率来定义，$s = 1/$频率（即尺度参数与频率成反比），低频分量（大尺度因子）对应信号的全局信息，而高频分量（小尺度因子）则对应信号某一局部的详细信息。尺度因子对信号产生扩展或压缩作用，即大尺度因子对信号产生扩展（或拉伸）作用，小尺度因子对信号产生压缩作用。

在小波变换的定义中，核函数(小波函数)并没有明确的定义。这一点是小波变换与其他数学变换(如傅里叶变换)的一个区别。小波变换的理论涉及数学变换的一般特性，比如可容许性、规则性和正交性。小波变换也满足这些基本的特性。

6.4.1.3　时间−频率分析

在信号分析中，如果除了需要分析信号的频率分量，还要优先分析信号的时间分量，则这样的信号分析被称为时间−频率分析。虽然小波函数在时域和频域都具有局部化的特点，但却无法同时对函数的这两个方面做精确的局部化描述。因为信号的时间−频率表示存在其固有的限制，即信号的时间分辨率和频率分辨率的乘积受到不确定性原理的限制：

$$\sigma_t \sigma_\omega \geqslant \frac{1}{2} \tag{6.46}$$

其中 σ_t 和 σ_ω 为信号在时域和频域中的分辨率。这种制约关系被称为海森堡不等式，它在量子力学领域中被称为海森堡测不准原理，该原理对于信号的时域−频域联合分析而言是很重要的。

任何一个信号都无法在时间−频率空间表示为一个点，我们只能将其在时间−频率空间中的位置确定在一个矩形的时间−频率平面区域($\sigma_t\sigma_\omega$)中，如图 6.6 所示。这些矩形区域具有相同的面积，但是这些矩形的边存在同样的拉伸或压缩因子 s 和 s^{-1}。小波变换在高频处具有更高的时间分辨率，这一特点使得小波变换对于同时含有低频分量和短时瞬态特性(高频分量)的函数分析非常有用。而 STFT 则与之不同，它的本地化特性描述了 STFT 的海森堡矩形区域的边。该矩形区域的面积与 (t, ω) 无关，因此 STFT 在整个时间−频率平面上都具有相同的分辨率。

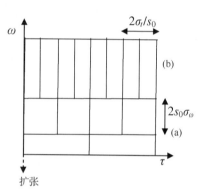

图 6.6　(a)小波函数 $\psi_{s,\tau}$ 的海森堡矩形和(b)STFT 的海森堡矩形

6.4.1.4　离散小波变换(DWT)

CWT 将 1D 信号映射至 2D 时间−尺度的联合表示，其中存在大量冗余。而在绝大多数的应用领域中，人们都希望信号携带的分量越少越好。为了克服这一不足，人们提出了离散小波函数。离散小波函数不能连续地进行尺度变换或平移，只能以离散的步长进行上述两种操作。因为 DWT 的参数无法连续变化，因此它只能以少数尺度参数和在尺度参数确定的条件下以数目可变的几个平移参数来进行信号分析。因此 DWT 可被看作通过采样的特定小波系数，实现了对 CWT 的离散化。

离散小波变换将信号分解为互相垂直的两组小波函数。通过平移与尺度变换运算，可基于母小波函数 $\psi(t)$ 算出一组离散子小波函数的小波系数，如下：

$$\psi_{p,k}(t) = \frac{1}{\sqrt{s_0^p}} \psi\left(\frac{t - k\tau_0 s_0^p}{s_0^p}\right) \tag{6.47}$$

其中 p 和 k 为整数，$s_0 > 1$ 为固定的扩展步长。平移系数 τ_0 取决于扩展步长。

小波函数离散化的结果是使得时间−尺度空间成为具有离散间隔的采样形式，如图 6.7 所示。沿着时间轴的采样间隔为 $\tau_0 s_0^p$，它与尺度采样间隔 s_0^p 成正比。时间采样步长对于小尺度的小波分析而言取值较小，而对于大尺度的小波分析而言取值较大。离散的时间采样步长为 $\tau_0 s_0^p$。通过选择 $\tau_0 = 1$，时间采样步长为尺度的函数，对于二元小波函数而言，这个时间采样

步长等于 2^p。因为尺度可变，小波分析可在函数存在奇点的地方使用更加集中、尺度更小的小波函数来分析函数的细节。离散小波变换的特征取决于步长 s_0 和 τ_0。当 s_0 接近于 1 且 τ_0 较小时，离散小波函数接近于连续小波函数。对于固定的尺度步长，离散小波函数沿尺度坐标轴的本地点为对数形式，即 $\log s = p \log s_0$。相反，CWT 可被看作度量信号函数 $f(t)$ 与一组基函数 $\{\psi_{s,\tau}(t)\}$ 的相似度的一组变换系数 $\{W_\psi(s,\tau)\}$。因为 $\psi_{s,\tau}(t)$ 为实数，且 $\psi_{s,\tau}(t) = \psi^*_{s,\tau}(t)$，所以每一个系数 $W_\psi(s,\tau)$ 都是 $f(t)$ 和 $\psi_{s,\tau}(t)$ 的内积积分。对于频率的二元采样，s_0 轴设置为 2。平移系数设置为 $\tau_0 = 1$，此时的采样也是对时间轴的二元采样。

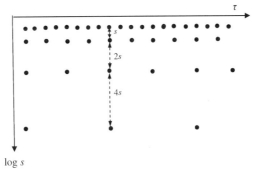

图 6.7　时间-尺度二元网格上离散小波函数的局部化

在二元采样条件下，信号 $f(t)$ 的子小波系数是信号 $f(t)$ 在小波上的投影。设信号 $f(t)$ 的长度为 2^N，其中 N 为整数，则

$$W_{pk} = \int_{-\infty}^{+\infty} f(t) \frac{1}{\sqrt{2^p}} \psi\left(\frac{t - k2^p}{2^j}\right) \mathrm{d}t \tag{6.48}$$
$$= f(t) * \psi_{p,k}(t)$$

对于一个特定的尺度 p 而言，W_{pk} 仅是 k 的函数。从上式可以看出，W_{pk} 可被看作扩展后的信号 $f(t)$ 与归一化母小波 $W(t) = \frac{1}{\sqrt{2^p}} \psi\left(\frac{-t}{2^p}\right)$ 的卷积。

通过选择母小波，可使得离散小波函数与它们的扩展及平移方向正交。任意信号函数都可以展开成一系列加权的正交小波基函数之和的形式，其中小波变换的加权系数为

$$f(t) = \sum_{p,k} W(p,k) \Psi_{p,k}(t) \tag{6.49}$$

离散小波变换导致时间-频率空间被分割成多个矩形小区域，如图 6.8 所示，其中图 (a)、图 (b) 和图 (c) 分别表示傅里叶变换 (FT)、短时傅里叶变换 (STFT) 和离散小波变换 (DWT) 对时间-频率空间的分割。对于 CWT 和 DWT 而言，所有频率都同时取了倒数，而时间则被局部化，每一部分的大小与它们对应的波长成正比。

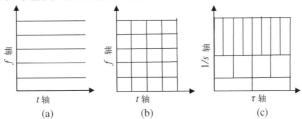

图 6.8　(a) FT 对时间-频率空间的分割；(b) STFT 对时间-频率空间的分割；(c) DWT 对时间-频率空间的分割

6.4.1.5 哈尔小波

与傅里叶级数不同，将信号展开为小波函数，需要用信号函数和它的尺度、平移因子来产生一系列正交的基函数。这些基函数的数量是有限的，其数量取决于应用需求，而且这些函数是可以选择的。遗憾的是，离散小波变换中绝大多数的小波函数都是分形函数。它们都呈现递推关系，在使用中都需要多次迭代。然而幸运的是，有两种特殊的函数，即哈尔（Haar）小波函数和尺度函数存在显式的表达式。

哈尔小波函数是最简单的小波函数。哈尔小波的离散形式与称为哈尔变换的数学运算相关。哈尔变换为其他所有小波变换提供了一个原型。为计算离散的 1 阶哈尔小波，母小波取为 $\psi_1^1 = \left[\dfrac{1}{\sqrt{2}}, -\dfrac{1}{\sqrt{2}}, 0, 0, \cdots \right]$。1 阶小波函数具有一些有趣的特性。第一，它们的能量都为 1。第二，它们仅在两个非零值 $\pm 1/\sqrt{2}$ 之间迅速波动，且平均值为零。最后，每一个哈尔小波函数都相对于第一个哈尔小波函数存在时间上的前向平移，且平移量为第一个哈尔小波函数时间单位的偶数倍。在这一点上，所有哈尔小波函数都极为相似。也就是说，第二个哈尔小波函数相对于第一个哈尔小波函数在时间轴上向前平移两个时间单位，第三个哈尔小波函数相对于第一个哈尔小波函数在时间轴上向前平移四个时间单位，以此类推。第二个 1 阶哈尔小波函数是第一个 1 阶小波函数经扩展、归一化的结果，可表示为 $\psi_2^1 = \left[0, 0, \dfrac{1}{\sqrt{2}}, -\dfrac{1}{\sqrt{2}}, 0, 0, \cdots, 0 \right]$，$(N/2)$ 阶小波函数则为 $\psi_{N/2}^1 = \left[0, 0, \cdots, \dfrac{1}{\sqrt{2}}, -\dfrac{1}{\sqrt{2}} \right]$。

对于一组由 2^N 个数字所构成的输入而言，可认为哈尔小波变换将输入值配对，存储它们之间的差值，最后输出它们的和。这个过程反复递归，将前面获得的和输入下一阶，最后获得 $2^{(n-1)}$ 个差值和一个最终的总和。哈尔 DWT 需要 $O(n)$ 次运算，它不仅能在不同的尺度下获得输入信号的频率分量，而且还能描绘出这些频率分量出现的时间。

6.4.1.6 多贝西小波

哈尔小波与最简单的多贝西（Daubechies）小波（即 Daub4）之间的区别，在于它们的尺度信号和小波函数的定义方式不同[11]。设尺度数为 $\alpha(1)$、$\alpha(2)$、$\alpha(3)$ 和 $\alpha(4)$，它们的定义如下：

$$\alpha(0) = \frac{1+\sqrt{3}}{4\sqrt{2}}, \ \alpha(1) = \frac{3+\sqrt{3}}{4\sqrt{2}}, \ \alpha(2) = \frac{3-\sqrt{3}}{4\sqrt{2}}, \ \alpha(3) = \frac{1-\sqrt{3}}{4\sqrt{2}}, \tag{6.50}$$

基于这些尺度数，1 阶 Daub4 的尺度信号为

$$\begin{aligned} V_1^1 &= [\alpha(1), \alpha(2), \alpha(3), \alpha(4), 0, 0 \ldots 0] \\ V_2^1 &= [0, 0, \alpha(1), \alpha(2), \alpha(3), \alpha(4), 0, 0 \ldots 0] \\ \ldots &= \ldots \\ V_{n/2}^1 &= [\alpha(3), \alpha(4), 0, 0, \ldots 0, 0, \alpha(1), \alpha(2)] \end{aligned} \tag{6.51}$$

这些尺度函数彼此都非常相似。比如，每个尺度函数都只能支持四个时间单位。此处的尺度函数也有着与上述哈尔小波函数相同的特性，即后面各阶的小波尺度函数可看作第一阶尺度函数在时间轴上移动时间单位的偶数倍而得到的。

6.4.1.7　多分辨率分析

尽管时间和频率分辨率之间的矛盾源于物理现象(即海森堡测不准原理),但是无论使用哪种变换,这种矛盾总是存在的。不过,通过使用一种被称为多分辨率分析(MRA)的方法,还是有可能对信号进行时间-频率分析。MRA 在不同的频率处采样不同的分辨率来进行信号分析。在此过程中采用了一个尺度因子,从而产生一系列对某个信号函数(或一幅图像)的近似表达,且最为相邻的近似表达之间相差 2 倍。

小波变换可用于这种多分辨率的信号分析,这种多分辨率分析也可以通过金字塔编码(用于图像处理)或子带编码(用于信号处理)来实现。在图像处理中使用小波变换的主要优势,在于它适用于不同的分辨率,且允许图像基于不同种类的系数进行分解而不改变图像的信息。其图像分析的细致程度随图像中位置的变化而变化。在图像中的某些位置,图像分析包含了大量的细节,因此需要更高的分辨率;而在图像中的另外一些位置,采用较低的分辨率就能满足需求。因此,MRA 通过不同分辨率的使用,消除了图像处理过程中的冗余,有效地实现了对图像信息的压缩。

根据 MRA 的特性,它在信号处理的高频端具有较高的时间分辨率,但频率分辨率较低;而在信号处理的低频端,它具有较低的时间分辨率,但频率分辨率较高。如果在待处理的信号中高频分量的持续时间短,且低频分量的持续时间长,采用这种 MRA 方法就非常行之有效。幸运的是,人们在实际应用中所遇到的信号往往都符合这一特征。

MRA 是闭子空间 $\{V_p\}_{p \in z}$ 中的递增序列,该子空间可近似为 $L^2(R)$,其中 L^2 空间内都是平方可积函数。尺度函数 $\phi \in V_0$,它存在一个非零的积分使得集合 $\{\phi(x-k)\}(k \in Z)$ 中所有的函数形成参考空间 V_0 中的正交基函数。关系 $[\cdots \subset V_{-1} \subset V_0 \subset V_1 \subset \cdots]$ 描述了这种分析,其中 V_p 空间是嵌套的。$L^2(R)$ 空间是一个由所有 V_p 构成的闭包,而所有 V_p 之间的交集都是空集。V_p 与 V_{p+1} 是相似的。如果空间 V_p 是 $\phi_{pk}(x)(k \in Z)$ 的扩充子空间,则 V_{p+1} 是 $\phi_{p+1,k}(x)(k \in Z)$ 的扩充子空间,并且是由函数 $\phi_{p+1,k}(x) = \sqrt{2} \phi_{pk}(2x)$ 生成的。因为 $V_0 \subset V_1$,V_0 中的任何一个函数都可以写成 V_1 中基函数 $\sqrt{2} \phi(2x-k)$ 的线性叠加。特别是

$$\phi(x) = \sum_k h(k)\sqrt{2}\phi(2x-k) \tag{6.52}$$

其中系数 $h(k)$ 定义为 $\langle \phi(x) \cdot \sqrt{2} \phi(2x-k) \rangle$。如此,小波 W_p 的正交补可将 V_p 转换为 V_{p+1}:

$$V_{p+1} = V_p \oplus W_p \tag{6.53}$$

其中 $\oplus$ 表示空间的并集,其定义与集合的并集相同。

换言之,V_{p+1} 中的每个元素都可以唯一地表示成一个 W_p 元素和一个 V_p 元素的和。空间 W_p 包含了以分辨率 j 近似表达函数直至以分辨率 $(p+1)$ 近似表达函数所需要的详细信息。

可以看出 $\{\sqrt{2}\phi(2x-k)\}$ 是 W_1 的正交基,其中 $\phi(x)$ 可表示为

$$\phi(x) = \sqrt{2} \sum_k (-1)^k h(-k+1)\phi(2x-k) \tag{6.54}$$

根据 MRA 的相似属性,可以得出 $\{2^{p/2}\phi(2^p x - k)\}$ 是 W_p 的基,集合 $\{\phi_{p,k}(x)\} = 2^{p/2}\phi(2^p x - k)$ 是 $L^2(R)$ 的基。

对于一个给定的函数 $f \in L^2(R)$,总可以找到一个 N 值,使得 $f_N \in V_N$ 对于 L_2 闭集而言,可将 f 近似到预定义的精度。如果 $g_i \in W_i$ 且 $f_i \in V_i$,则

$$f_N = f_{N-1} + g_{N-1} = \sum_{i=1}^{M} g_{N-M} + f_{N-M} \tag{6.55}$$

上式就是 f 的小波函数展开式。

$h(k)$ 和 $g(k)$ 序列在信号分析中被称为正交镜像滤波器。其中 $h(k)$ 被称为低通或低通带滤波器，而 $g(k)$ 被称为高通或高通带滤波器。二者之间的联系为

$$g(n) = (-1)^n h(1-n) \tag{6.56}$$

基于傅里叶变换和正交性原理可以证明：$\sum h(k) = \sqrt{2}$，$\sum g(k) = 0$。Mallat 算法对于多分辨率分析（MRA）而言是一种合适的算法。基于 Mallat 算法的 MRA 的一种紧凑表达形式是将小波系数确定为滤波器的算子表示，这表达形式可以发展为一种图形处理过程。对于序列 $a = \{a_n\}$，算子 H 和 G（称之为一步小波分解）在坐标系中的定义如下：

$$(H_a)_k = \sum_n h(n - 2k)a_n \tag{6.57}$$

$$(G_a)_k = \sum_n g(n - 2k)a_n \tag{6.58}$$

6.4.2 二维小波变换与图形处理

一幅灰度图像可近似表达为 $2^n \times 2^n$ 的正方形矩阵，其中的元素 a_{ij} 表示像素 (i, j) 的灰度。为了对该图像进行处理，需要使用二维（2D）小波变换。2D 小波变换的定义为

$$W_\psi(s_x, s_y; u, v) = \frac{1}{\sqrt{s_x, s_y}} \int\int A\psi\left(\frac{x-u}{s_x}; \frac{y-v}{s_y}\right) \mathrm{d}x\mathrm{d}y \tag{6.59}$$

这是一个四维（4D）函数。当尺度因子相同时，它可以简化为一组变量为 (u, v) 且尺度不同的 2D 函数。

2D 图像的小波分解过程如下：在矩阵 A 的行方向运用滤波器 H 和 G。获得两个矩阵 H_rA 和 G_rA，这两个矩阵都是 $2^n \times 2^{n-1}$ 维的。其中下标 r 表示滤波器作用于矩阵 A 的各行。然后对于矩阵 H_rA 和 G_rA 的各列，再次运用滤波器 H 和 G，于是获得四个 $2^{n-1} \times 2^{n-1}$ 的矩阵：H_cH_rA、G_cH_rA、H_cG_rA 和 G_cG_rA。其中 H_cH_rA 矩阵为图像像素的平均值，而其他矩阵给出了图像的细节信息。图 6.9 给出了图像的小波处理过程的各个步骤。

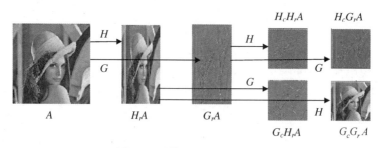

图 6.9　图像的小波处理过程

可见，通过对图像进行两步滤波和下采样，可以得到四个子带图像：（LL）表示低通滤波图像，且在水平与垂直方向同时滤波；（HH）表示高通滤波图像，且在水平与垂直方向同时滤波；（LH）表示在水平方向低通滤波、在垂直方向高通滤波；（HL）表示在水平方向高通滤波、在垂直方向低通滤波。这样的分解过程在不同的方向上持续，比如图 6.10 中的 1、2、3，每

次分解后所得四幅图像的尺寸都为输入图像的一半。细节图(LH)、(HL)和(HH)分别被放入三个象限中。图像(LL)是水平与垂直方向的近似以及在两个方向都进行下采样的结果。接着,这个二步滤波过程和采样过程又在更低的分辨率上作用于图像(LL)。这样的迭代过程可以进行多次,直到图像(LL)的尺寸达到最小。

总体来看,图像处理中的小波变换具有以下特点:小波变换是一种局部化的运算。常数的小波变换等于零,且当小波函数的傅里叶变换在零频率附近存在$(n+1)$阶零点时,n阶多项式函数的小波变换也等于零。因此,小波变换对于检测函数的奇点或是检查图像的边缘很有效。在图像处理过程中,小波变换的局部最大值和高斯小波函数的一阶微分可提取为图像的边缘。这等效于 Canny 边缘检测。采用 Mexican hat 小波变换时,其小波变换的零点相当于平滑图像边缘的反射点,它们可以被提取为图像的边缘。这种运算等效为过零拉普拉斯边缘检测。

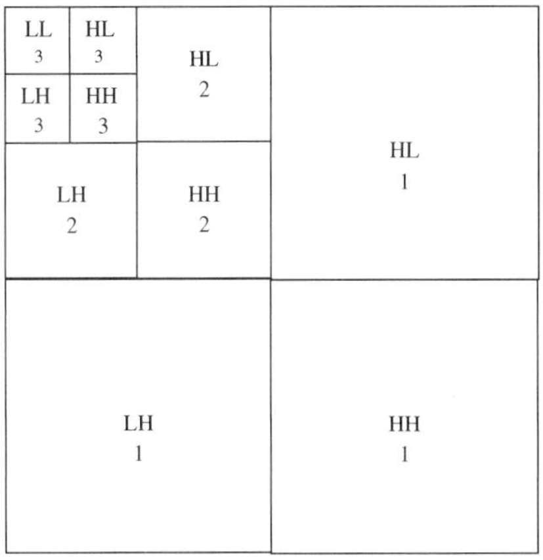

图 6.10　2D 图像的小波分解

6.5　拉东变换

一般而言,拉东(Radon)变换主要用于形状检测。拉东变换将一个函数映射为它的(积分)投影[12]。而逆拉东变换对应于从函数的投影重建这个函数的过程。对一个函数 $f(x,y)$ 做拉东变换的原始公式为

$$R(\rho,\theta) = \int\int f(x,y)\delta(\rho - x\cos\theta - y\sin\theta)\mathrm{d}x\mathrm{d}y \tag{6.60}$$

其中 δ 表示冲激函数。

拉东变换定义中所使用的参数定义了一条直线的位置。参数 ρ 是坐标系统中原点到这条直线的最短距离,而 θ 表示这条直线的角度。通过选择参数 $0 \leqslant \theta \leqslant 2\pi$ 和 $\rho \geqslant 0$,就可以表示所有的直线,但通常还需要使用其他的限制条件。如果引入的 ρ 为负值,则上述参数的取值范围为 $0 \leqslant \theta \leqslant 2\pi$,$-\rho_{\max} \leqslant \rho \leqslant \rho_{\max}$,其中 $\rho_{\max}$ 为正数。上述参数范围的限制都是有效的,且对于拉东变换有 $R(\rho,\theta) = R(-\rho,\theta+\pi)$。函数的投影与重建过程如图 6.11 所示。

函数重建是根据 $R(\rho,\theta)$ 来寻找函数 $f(x,y)$,其表达式为

$$f_{BP}(x,y) = \int_0^\pi R(x\cos\theta + y\sin\theta,\theta)\mathrm{d}\theta \tag{6.61}$$

从几何学的观点来看，逆拉东变换就是将拉东变换的值沿着投影路径转换回图像空间。经逆拉东变换得到的图像比原始图像模糊。对应于原始图像上的一点，在逆拉东变换所得的图像上，这一点像素的灰度值比原值降低，这是因为逆拉东变换过程中包含了卷积过程[13]。

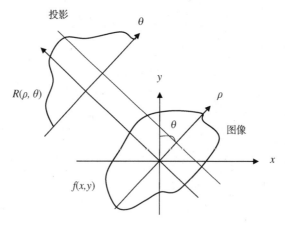

图 6.11　图像以角度 θ 在垂直轴上的二维投影

6.5.1　中心切片定理

逆拉东变换的解基于中心切片定理(CST)，它与函数 $f(x, y)$ 的 2D FT 和 $R(\rho, \theta)$ 的 1D FT 有关。CST 理论说明，沿着倾角为 θ 的直线的 2D FT 由拉东变换的 1D FT 给出，且投影轮廓可在角度为 θ 时获得。因此，只要投影量足够，拉东变换的 1D FT 可以填充 (v_x, v_y) 空间并产生 $F(v_x, v_y)$。图 6.12 给出了直接傅里叶重建过程的流程图。

3D 的拉东变换基于 3D 目标函数 $f(x, y, z)$ 在一个平面上积分所得的 1D 投影来定义，其倾角可由一个单位矢量 τ 来描述。从几何学的角度来看，连续的 3D 拉东变换将一个函数映射为一组平面积分。(ρ, θ) 空间中的每一点对应空间域 (x, y, z) 中的一个平面。3D 拉东变换满足 3D 傅里叶切片理论，它表明：$f(x, y, z)$ 的 3D 傅里叶变换在方向 θ 上的中心切片 $f_s(\rho, \theta)$ 等于拉东变换 $R(\rho, \theta)$。当倾角设为

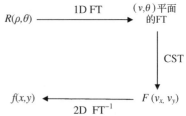

图 6.12　直接傅里叶重建过程的流程图

0°、45° 和 90° 时，从 2D 图像 $f(x, y)$ 的投影[见图 6.13(a)]重建原始图像的过程如图 6.13(b)所示。

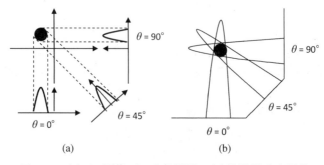

图 6.13　(a) 2D 图像 $f(x, y)$ 的投影；(b) 从投影重建图像

文献[14～16]报道了关于拉东变换特性的研究结果。这些研究成果还将 2D 拉东变换推广至 3D 领域。

6.6　霍夫变换

霍夫(Hough)变换(HT)是图像分析中一种强大的特征提取技术，对于检测图像的边缘(直线和参数曲线)尤其有效[17][18]。HT 与拉东变换紧密相关，它将图像空间中的全局特征检测问题转化为参数空间中一个简单的峰值检测问题。通过在参数空间中寻找汇聚点，就可以轻松解决这个检测过程。因此，该方法将图像中分布的和分离的元素映射为局部化的汇聚点。

霍夫变换具有一些非常有用的特性[19][20]。在该变换中，图像上的每一点都被认为是相互独立的，因此有可能同时对所有的点进行并行处理，这使得图像的形状识别更加容易。其次，因为 HT 是基于峰值的大小和位置来实现图像形状的检测，因此该变换可以识别存在微小变化或存在部分形变的形状。然而，随着所检测形状参数的增加，该变换的计算复杂度迅速增加。比如直线具有 2 个参数，圆圈具有 3 个参数，而椭圆形(椭圆可看作从一定的角度观察圆圈所见的形状)具有 5 个参数。霍夫变换方法已被用于检测上述所有的形状，其中椭圆形的检测是最复杂的。

6.6.1　直线检测

如图 6.14(a)中所示的直线可由方程表示如下：

$$y_1 = mx_1 + c \tag{6.62}$$

其中(x_1, y_1)是直线经过的坐标，m 是直线的斜率，c 是截距。因为 m 和 c 是变量，因此有可能存在很多直线都经过(x_1, y_1)这一点。但是如果 x_1 和 y_1 是常数，m 和 c 为可变参数，则只有一条直线能通过点(x_1, y_1)。上述方程可改写为

$$c = y_1 - mx_1 \tag{6.63}$$

通过点(x_1, y_1)的每一条不同的直线都对应于空间(m, c)中的一个点(这个空间也被称为霍夫空间)，如图 6.14(b)所示。

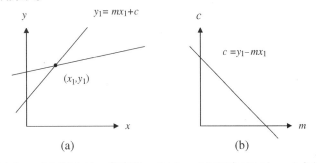

图 6.14　(a) (x_1, y_1)空间中的一条直线；(b) (m, c)空间中经过(x_1, y_1)点的一条直线

在图像中检测直线时，先要设定适当的 m 和 c 步长，将(m, c)空间量化为一个二维矩阵$A(m, c)$，并在初始条件下将矩阵$A(m, c)$的所有元素设为零。然后对于图像边缘上的每一个像素点(x_1, y_1)，将矩阵$A(m, c)$中的所有元素以 1 为步长增加，且矩阵的下标 m 和 c 满足关系 $y_1 = mx_1 + c$。接下来，搜索矩阵$A(m, c)$中取值较大的元素。每一个值都对应着原始图像中的一条直线。

然而，上述基于霍夫变换的直线检测方法对于垂直的直线不适用，因为这种直线的斜率

为无穷大。因此，用距离 r 和角度参数 θ 来表示直线，往往比使用 $y_1 = m\,x_1 + c$ 的直线表示形式更有效。基于距离和角度参数的直线表达式为

$$r = x_1 \cos\theta + y_1 \sin\theta \tag{6.64}$$

在图 6.15 中，所有处于 $x_1\cos\theta + y_1\sin\theta = r$ 直线上的点都形成了相交于 (r_H, θ_H) 的正弦曲线，其中 θ 在空间 (r, θ) 中的取值范围为 $-\pi/2$ 至 $+\pi/2$。

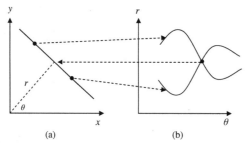

$$
\text{图 6.15}\quad \text{(a)} 一条在 (x, y) 空间中基于 } r、\theta \text{ 参数表示的直}\\
\text{线；(b)} 一条在 (r, \theta) \text{空间中经过 } (x, y) \text{点的直线}
$$

一幅尺寸为 $M \times N$ 的二值图像 $I(x, y)$ 的 HT 在数学上可表示为

$$\mathrm{HT}(r, \theta) = \sum_{x}^{M} \sum_{y}^{N} I(x, y) * \delta(x\cos\theta + y\sin\theta - r) \tag{6.65}$$

对于每一个数据点，比如 (x_1, y_1)，都有一系列直线经过它，但这些直线的角度不同。对于每一条经过 (x_1, y_1) 的直线，都可以从原点画一条与之垂直的直线。于是可以测得每一条垂线的参数 r 和 θ。对于上述所有经过点 (x_1, y_1) 的直线都重复这个过程，就可以得到一组长度为 r 和角度为 θ 的值，将这些值排列成表格的形式，就得到所谓的霍夫空间图。因此，在 (x_1, y_1) 所在空间中，经过两个不同点的直线在 (r, θ) 空间中就被表示为两条不同的曲线。(r, θ) 空间中两条曲线的交点就对应于 (x_1, y_1) 空间中通过这两点的直线参数。

霍夫变换的算法可以归纳如下：

1. 将 (r, θ) 量化为一个二维矩阵 $H(r, \theta)$，并将其元素全部设置为零。

2. 对于所有的 θ 值，对图像边界的像素有

$$r = x\cos\theta + y\sin\theta + H(r, \theta) \tag{6.66}$$

3. 计算 (r_H, θ_H) 的值，得到 $H(r, \theta)$ 为最大值。于是，$r_H = x\cos\theta_H + y\sin\theta_H$ 就是检测到的直线。

6.6.2　圆圈检测

从原理上看，上述方法可推广到一切曲线的参数表示，这也暗含了将 (x, y) 空间中的点映射到多维参数空间的可能性。圆圈的参数表示被称为圆圈 HT，可表示为

$$f_c(x, y) = (x - a)^2 + (y - b)^2 - r^2 = 0 \tag{6.67}$$

其中 (a, b) 表示圆圈的中心，r 表示圆圈的半径。因此，图像平面中的每一个像素都被转换为 3D 参数空间中的一个锥形，如图 6.16 所示。

HT 还存在多种变体形式，比如概率 HT、广义 HT[21][22][19]和模糊 HT 等。在每一种 HT 的变体中，主要的计算量都与参数空间的搜索有关。通过搜索来确定每个图像区域中有多少个具有某种特征的几何形状（如直线、曲线或表面），进而可以搜索和提取图像的突出特征。已有文献提出了有效搜寻这些图像特征的几种方法[23]。

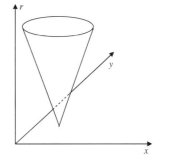

图 6.16　通过构建一个锥形来实现圆圈的检测

6.7　线性变换的光子学实现

目前，图像转换处理的快速数字算法主要在电域中得到了发展，但是该技术对于高分辨率图像处理的应用还存在处理时间长的主要缺点[24]。针对这一缺点，人们开始研究基于光子学的信号处理技术。对于线性变换运算，光子技术具有多光路并行处理的能力。而且，在图像中数据都是以 2D 形式呈现的，光子技术还具有进行 2D 信号处理的优势。从原理上来看，$L^2(R^2)$ 空间中的每一种线性转换都可以使用光学/光子技术来实现。可将其输入，即一个二维编码数据的图像，放置于相干或非相干光的平行光束中。然后利用光子器件或子系统对其波前进行处理。所得的图样可以被解码，并投影到一个记录仪器或检测仪器上。在这样一个初级的光学系统中，可以最大限度地保持光学的并行处理能力，从而可将处理时间降至最短。

使用反射型或透射型空间光调制器(SLM)就可以处理排列为 2D 阵列形式的数据，该SLM 可以选择电寻址或光寻址方式。这个处理过程有时还可以采用声光调制器来实现。平行光投射于 SLM 上，并经 SLM 处理，其输出光信号再根据所需的变换形式，采用光学或光子器件进行卷积处理。最终，经卷积处理后的信号由 CCD 或行扫描相机接收。如果需要，还可以加入一些空间滤波处理。光学系统中的卷积操作可以采用众所周知的 4f 光学系统来实现（参见图 6.17），该方法基于傅里叶变换的卷积理论。

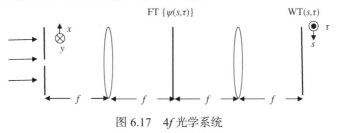

图 6.17　4f 光学系统

然而，在使用光子技术做线性变换时，还需要考虑一些限制因素。比如，由于 SLM 像素化的本性，其分辨率必然是有限的；因此，所能获得的空间频率范围也是受限的。而且，传统相机只能记录光信号的强度，记录光信号的相位是非常困难的。如果无法在 SLM 中检测光信号的相位信息，则编码在光信号幅度和相位谱中的图像信息就会丢失[25]。

6.7.1　小波变换的光子学实现

2D 小波变换(WT)的光子学实现可借助于传统的 4f 光学系统[21][26]，如图 6.17 所示。2D

WT 可通过计算输入图像的傅里叶变换与不同尺度的小波函数的卷积来获得。从数学上来看，对于某函数 $f(x)$，其 WT 可表示为

$$W_\psi(s,\tau) = \int f(x)\psi^*(s, x-\tau)\mathrm{d}x = f(\tau) \otimes \psi(s,\tau) \tag{6.68}$$

其中 $\otimes$ 表示关于 x 轴的 1D 卷积。

WT 系数可以在频域中写成 $f(x)$ 和 $\Psi_{s,\tau}$ 的内积，可表示为

$$W_\Psi(s,\tau) = \sqrt{s} \int \Psi^*(s\omega)\mathrm{e}^{+\mathrm{j}\omega\tau}F(\omega)\mathrm{d}\omega \tag{6.69}$$

其中 $F(\omega)$ 为 $f(x)$ 的 FT，$\Psi_{s,\tau}(\omega)$ 为频域中的小波函数，其表达式为

$$\Psi_{s,\tau}(\omega) = \sqrt{s}\,\mathrm{e}^{-\mathrm{j}\omega\tau}\Psi(s\omega) \tag{6.70}$$

因此，WT 可采用一个光学相关器来实现，而该相关器中含有一组具有不同尺度因子的光学滤波器 $\Psi(s\omega)$。WT 滤波器是扩张后小波函数 $f(x/s)$ 的 FT，但没有平移运算。因为小波函数和它们的 FT 通常都是复变函数，因此 WT 含有相位信息。尽管计算机全息技术是产生 WT 滤波器的最佳备选技术，但考虑到小波函数的对称性，WT 也可近似地用 SLM 的光学传输调制图样来实现。

图 6.18 给出了实现 WT 的光学系统，其中含有一个 2D 光学相关器，可实现 1D WT。如图所示，经平行光束照射，1D 输入函数 $f(x)$ 被投射于声光调制器上[27]。

函数 $f(x)$ 的 1D FT 由一个沿着 x 轴放置的柱面透镜实现。在傅里叶平面上，可获得该 1D 信号的频谱 $F(\omega)$。通过引入一个滤波器组，可为傅里叶平面引入若干水平条纹。每个条纹都表示一个具有不同扩展因子 s 的 1D WT 滤波器 $\Psi(s\omega)$。使用一个球面和柱面透镜组，可以实现沿水平轴的逆 FT，从而在输出平面得到图像，该图像也被分割为若干水平条纹。每个条纹表示输入信号的 1D WT，其参数 τ 和 s 分别对应于水平轴和沿垂直轴的扩展因子。WT 的输出由一个 CCD 相机接收，该相机通过图像采集卡连接到一台计算机上，并在此对相机接收到的信号做归一化处理。

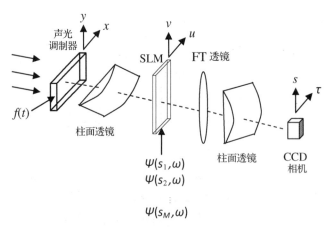

图 6.18   实现 WT 的光学系统

6.7.2   霍夫变换的光子学实现

图 6.19 给出了基于光子技术实现霍夫变换的一个简化原理图。激光光源的输出光经透镜

准直后成为平行光，投射到位于物平面的电寻址 SLM 平面上。将需要进行 HT 的图像通过计算机加载于 SLM 上。将一个旋转梯形棱镜放置于 (x, y) 平面和柱面透镜平面之间的光轴上。再将一个可实现 FT 的球面透镜放置于光路上。这两个透镜的组合可在垂直方向上成像，并在水平方向上实现 1D FT。

光电探测器线性阵列沿着垂直方向排列记录 FT 的零阶分量，当角度为 θ 时，它与 HT 中条纹的强度成正比。通过转动梯形棱镜，可实现角度的扫描。在第一个柱面透镜的后面还可以再加一个柱面透镜，从而实现水平和垂直两个方向的 HT。这个系统虽然简单，但是由于其信噪比和空间不变性不够不理想，因此存在较大误差。

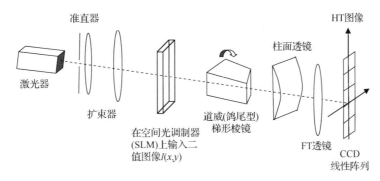

图 6.19　基于光子技术实现霍夫变换

扩展阅读

1. *The Fourier Transform and Its Applications*: R. N. Bracewell, McGraw-Hill, 1986.

2. *Introduction to Fourier Optics*: J. W. Goodman, Roberts and Company, 2005.

3. *The Fourier Transform and Its Applications to Optics*: P. M. Duffeux, John Wiley, 1983.

4. *Wavelet Transform, in The Transforms and Applications Handbook*, Y. Sheng, （A. D., Poulariskas, Ed.）CRC and IEEE Press, Boca Raton, FL, 2000.

5. *Wavelets*: Mathematics and Applications : J. J. Benedetto and M. W. Frazier, CRC Press, Boca Raton, FL, 1994.

6. *The Fractional Fourier Transform with Applications in Optics and Signal Processing*: H. M. Ozaktas, Z. Zalevsky, and M. A. Kutay, John Willy, 2001.

7. *Fundamentals of Wavelets - Theory, Algorithms, and Applications*: J. C. Goswami and A. K. Chan, John Wiley, 2011.

8. *Wavelets—Theory and Applications*: A. K. Louis and P. Maab, John Wiley, 1997.

9. *Multiresolution Techniques in Computer Vision*: E. A. Rosenfeld, Springer-Verlag, 1984.

10. *Multiresolution Signal Decomposition*: A. N. Akansu and R. A. Haddad, Academic Press, 1992.

11. *Optical Signal Processing*: A. B. VanderLugt, John Wiley, 1992.

12. *Shape Detection in Computer Vision Using the Hough Transform*: V.F. Leavers, Springer Verlag, 1992.

13. *The Radon Transform and Some of Its Applications*: S. R. Deans, John Wiley, 1983.

参考文献

[1] J. W. Goodman. *Introduction to Fourier Optics*. Roberts and Co., 2007.

[2] D. V. Vranic and D. Saupe. A feature vector approach for retrieval of 3D objects in the context of MPEG-7. In *Proc. Conf. ICAV3D-2001*. Greece, 2001.

[3] V. Namias. The fractional order Fourier transform and its application to quantum mechanics. *J. Inst. Maths. Applics.*, 25:241, 1980.

[4] H. M. Ozaktas, Z. Zalevsky, and M.A. Kutay. *The Fractional Fourier Transform: with Applications in Optics and Signal Processing*. John Wiley, 2001.

[5] V. A. Narayanana and K. M. M. Prabhu. The fractional Fourier transform: theory, implementation and error analysis. *Microproc. and Microsyst.*, 27:511-521, 2003.

[6] L. B. Almeida. The fractional Fourier transform and time-frequency representations. *IEEE Trans. Signal Process.*, 42:3084-3091, 1994.

[7] S. C. Pei and M. H. Yeh. Improved discrete fractional Fourier transform. *Opt. Let.*, 22, 1997.

[8] H. M. Ozaktas, O. Arkan, M. A. Kutay, and G. Bozdag. Digital computation of the fractional Fourier transform. *IEEE Trans. Signal Proces.*, 44:2141-2150, 1996.

[9] S. C. Pei, C. C. Tseng, M. H. Yeh, and J. J. Shyu. Discrete fractional Hartley and Fourier transforms. *IEEE Trans. Circuits and Syst.*, 45:665-675, 1998.

[10] S. G. Mallat. A theory for multi-resolution signal decomposition: the wavelet representation. *IEEE Trans. Pat. Ana. and Machine Intell.*, 11:674-693, 1989.

[11] I. Daubechies. The wavelet transform: time-frequency localization and signal analysis. *IEEE Trans. Inf. Th.*, 36(5):961-1005, 1990.

[12] G. Beylkin. Discrete Radon transform. *IEEE Trans. Acoust. Speech and Signal Proces.*, 35(2), 1987.

[13] A. W. Lohmann and B. H. Soffer. Relationships between the Radon-Wigner and fractional Fourier transforms. *J. Opt. Soc. Am. (A)*, 11:1798-1811, 1994.

[14] P. Milanfar. A model of the effect of image motion in the Radon transform domain. *IEEE Trans. Image Process.*, 8, 1999.

[15] M. Barva, J. Kybic, J. Mari, and C. Cachard. Radial Radon transform dedicated to micro-object localization from radio frequency ultrasound signal. In *Proc. IEEE Int. Conf. on Ultrasonics, Ferroelectrics*. IEEE, 2004.

[16] P. G. Challenor, P. Cipollini, and D. Cromwell. Use of the 3D Radon transform to examine the properties of oceanic Rossby waves. *J. Atmos. and Oceanic Tech.*, 18, 2001.

[17] P. V. C. Hough. Method and means for recognizing complex patterns. *Patent 3069654*, Patent 3069654, 1962.

[18] R. O. Duda and P. E. Hart. Use of the Hough transform to detect lines and curves in pictures. *ACM Comm.*, 55:11-15, 1972.

[19] J. Illingworth and J. Kittler. The adaptive Hough transform. *IEEE Trans. Pat. Ana. and Machine Intell.*, 9(5):690-698, 1987.

[20] M. Atiquzzaman. Multiresolution hough transforman effcient method of detecting patterns in images. *IEEE Trans. Pat. Ana. and Machine Intell.*, 14(11):1090-1095, 1988.

[21] Y. Li, H. H. Szu, Y. Sheng, and H. J. Caulfield. Wavelet processing in optics. *Proc. IEEE*, 84:720-732, 1996.

[22] V. F. Leavers. The dynamic generalized Hough transform. *Comp. Vis. Graphics and Image Process.*, 56(3):381-398, 1992.

[23] M. A. Lavin, H. Li, and R. J. Le Master. Fast Hough transform: A hierarchical approach. *Comp. Vis. Graphics and Image Process.*, 36:139-161, 1986.

[24] C. S. Weaver and J. W. Goodman. Technique for optically convolving two functions. *App. Opt.*, 5:1248, 1966.

[25] D. L. Flannery and J. L. Horner. Fourier optical signal processor. *Proc. IEEE*, 77:1511, 1989.

[26] D. Mendlovic and N. Konforti. Optical realization of the wavelet transform for two-dimensional objects. *App. Opt.*, 32:6542, 1993.

[27] Y. Sheng, D. Roberge, and H. Szu. Optical wavelet transform. *Opt. Eng.*, 31:1840-1845, 1992.

第 7 章　图像的底层光子信息处理

7.1　引言

　　底层图像处理，又称早期图像处理，是计算机视觉和图像处理技术的一个子集，它区别于高层处理。后者主要关注对图像内容的理解，属于认知层面。底层图像处理通常需要先从相机获得图片，然后再运用多种处理算法来对其进行处理。而实现图像处理的硬件系统可以在电域中或光域中实现。对于光域中的图像处理，图像信息通常是被送入光子器件进行处理的。在某些情况下，通过光电转换将光域中的图像信息变换到电域中进行处理，然后再转换回光域中进行其他处理，也可将其看作光域图像处理的一种形式。

　　在底层图像处理过程中，运用信号处理算法对原始图像数据进行处理，该过程通常可产生对图像的特征描述，或产生一个能定量描述图像数据特征的符号集合。底层图像处理主要分析图像的物理属性，比如图像的朝向、范围和反射率等。从这些图像属性的集合中，人们可获得其二维和三维形状的必要信息。另一方面，高层图像处理主要是从这些图像视觉数据中获得对图像的理解和解释，它通常建立于底层图像处理算法的基础之上。底层图像处理所获得的图像物理属性描述将作为高层图像处理的输入，最终产生对视觉信息抽象、定性的描述。在理想情况下，高层图像处理应能作用于底层图像处理，并可根据需要调整底层图像处理的参数，提高底层图像处理的性能，并在这两层处理之间建立起一个反馈控制环路(通常称之为自底向上和自顶向下的推理)[1]。高层图像处理的过程中往往还需要有关图像解释的某种先验知识。

　　总之，在底层图像处理过程中，图像信号的物理特性是通过信号处理算法产生的有关图像底层的低级实体，包括像素、图像的分割域和它们的属性。图像特征可用一组通用的数据结构来表示，而这些数据结构对于几乎所有的图像处理方法都是很常见的[2]。在图像处理中，任意一组图像数据都往往是某种分割算法的处理结果，然后这些数据又被进一步赋予某种属性[3][4]。接着，图像数据又进一步被分为图像实体或图像特性来表达图像数据的结构(比如分割域、边缘和区域图)。最后，通过对这些图像特征(比如图像尺寸、位置、形状、颜色和纹理)计算结果进行表示，便可获得图像的概念。接下来，需要用到图像处理函数，其作用是根据图像处理的意图(比如图像分割、目标提取等)运用所需的图像处理算法。图 7.1 中的框图展示了底层图像处理与高层图像处理之间的基本联系。

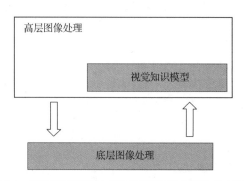

图 7.1　底层图像处理与高层图像处理之间的基本联系

7.2　底层图像处理

7.2.1　图像点运算

若 $g(x, y)$ 表示图像位置坐标 (x, y) 处的亮度，则点运算将输入图像的像素 $g[x, y]$ 的灰度值改变为 $g'[x, y]$，从而将输入图像的每个像素都映射为输出图像中一个不同灰度值的像素，如图 7.2 所示。

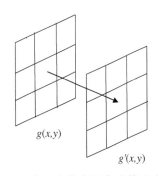

图 7.2　将一个像素的灰度值改变为另一个灰度值的点运算过程

点运算通常用于图像更改或图像增强的过程中[5]。该运算的输出为增强或更改后图像中某个像素点的灰度值，其输出的每个像素的灰度值仅与输入图像中对应的像素点有关。该处理过程可由映射函数 M 表示为

$$s = M(r) \qquad (7.1)$$

其中 r 和 s 分别表示输入、输出图像中相对应的两个像素值。映射函数 M 的定义决定了这个点运算的处理效果。点运算也被称为查表（LUT）变换，因为这种映射函数在处理离散图像时可以通过查表的方法来实现。

常用的点运算如下。

阈值化处理：图像的阈值化处理是给图像的所有像素值中超过某一阈值的像素设定一个特定值的过程。比如，二进制阈值化处理就是将图像的所有像素值中超过某一阈值的像素都设定为白色，而将其余的像素设定为黑色。这个映射函数能以点对点的形式进行像素处理。比如，一个简单的映射函数可由阈值化运算定义为

$$\begin{aligned} s &= 0, & r < T \\ &= (L-1), & r > T \end{aligned} \qquad (7.2)$$

对比度增强：改变一个图像的对比度意味着扩展该图像的灰度分布。对直方图而言，对比度增强的过程等效于在中间值周围扩大或者压缩该直方图。从数学的角度来看，对比度增强可表示为

$$g'(x, y) = [g(x, y) - 0.5] \times 常数 + 0.5 \qquad (7.3)$$

上式中加 0.5 和减 0.5 这两项的目的，就是为了能在 50%灰度值附近进行取值范围的扩大/压缩处理，使其处于中间值。

直方图均衡化：这是改变图像灰度分布的一般方法。其映射函数也可以用特设的方式来定义，或者根据输入图像的直方图来计算。比如，一个简单的映射函数可通过阈值化运算来定义。

亮度调整：当需要改变一幅图像的亮度时，需要从图像每个像素的灰度值中减去或加上一个常数。该过程等效于将图像的直方图左移（减去常数的情况）或右移（加上常数的情况）。

对数运算：该运算减小图中较亮区域的对比度。

翻转：将图像的像素值翻转，将原始图像的像素值变为其相反数。

7.2.2　图像群运算

常见的图像群运算如下。

　　图像缩放运算：缩放运算完成对图像进行几何变换的操作，可用于缩小或放大图像的尺寸。图像缩小，或称为子采样，是将图中一组像素的值由该组像素中任意一个像素的值来替换，或者是在该图像区域内对像素值进行插值处理。图像放大则是通过对像素进行复制或插值来实现的。图像的缩放会在图像视觉外观和尺寸方面改变一幅图像，并且改变了图像所包含的信息量。缩放是仿射变换的一个特例。图 7.3 展示了将一个 3×3 像素的图像通过取这些像素的平均值而实现了对图像的缩小处理，以及通过将原图中的每个像素复制成 2×2 的像素组而实现了图像放大。

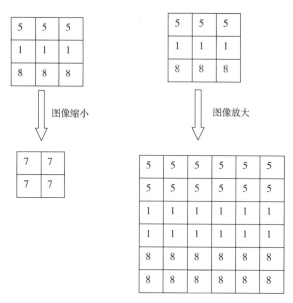

图 7.3　图像的缩放运算

　　图像边缘检测：边缘检测属于底层图像处理的内容，但它对于很多高层图像处理的成功实现都至关重要。在底层图像处理中，图像边缘检测将目标图像从场景中分离，从而减少了大量的图像冗余数据。在一幅图像中，如果某些像素与其相邻的像素存在很大的差异，则这些像素很可能就是图像的边缘像素。绝大多数的图像边缘检测方法都包含以下三个阶段：滤波、求导和检测。滤波阶段通常可去除图像中的噪声，而求导阶段可凸显出目标图像的位置。而在检测阶段，那些存在强度突变的像素点则被定位。在边缘检测的滤波阶段所用的滤波器中，最简单的一种是均值滤波器，该滤波器可将每个像素的灰度值替换为该像素周围像素的平均灰度值。

　　在边缘检测的求导阶段，通常考虑用离散的差分运算来近似求导过程。因为图像是二维的，所以该求导阶段要用到沿方向 θ 的方向导数。此外，还有一些边缘检测算法使用了梯度运算，比如 Prewit 算法、Robert 算法、Sobel 算法和 Laplacian 算法，其目的都是为了降低运算的复杂度。

7.2.3　图像邻域处理

　　某一像素的邻域为围绕在这个像素周围的所有像素，即通常认为一个像素的邻域包含以该像素为中心的矩形区域中的所有像素。一些常用的图像邻域处理包括：(1)寻找最大和最小像素值，(2)计算一组像素的平均值，(3)检测图像的边缘，或以某一特定的像素值为阈值对图像进行阈值化处理。通过将某个邻域中的像素值取为一个平均值，可实现对图像的平滑处理。对于图像边缘检测和阈值化处理，已有多种可选的图像处理算法。对于本章以上介绍的所有底层图像处理方法，读者可以通过本章最后所附的参考文献进行深入学习。

7.3　形态学运算

形态学运算是从图像中抽取有关图像形状描述和表征的有力工具，它通常表现为一种邻域运算形式[6]。数学形态学运算属于图像科学领域，它主要关注基本算子在图像处理各方面的应用。这些技术已被广泛用于图像分析，是诸多计算机视觉应用领域中的一种重要工具，尤其是在自动化检查的应用中更是如此[7]。形态学运算与图像的调节、标记、分组、抽取和匹配操作都有关。从底层计算机视觉到高层计算机视觉，形态学技术中的一些操作，如图像中的噪声滤除和中值滤波都是很重要的。光学或光子学形态学运算也被用来实现图像的特征提取和形状描述，因为光路具有天然的并行处理能力[8][9][10]。

7.3.1　二值形态学图像处理

从概念上讲，形态学图像处理源于平面几何结构的分析，并在此基础上引入了结构元素而加以改进。每一种运算都通过图像的结构元素来确定它的几何滤波处理过程，从而使其满足四个特征：平移不变性、反扩展性、单调递增性和幂等性。因此，形态学运算的结构元素是定义于空间图样的函数。在这个域中，每个像素的值都是形态学运算中像素位置的权重或系数。因此对于结构元素形状和大小的选择是形态学运算中的一个重要步骤。

腐蚀和膨胀是基本的形态学运算。这些运算根据像素周围的图样从一个二值图像中除去或增加像素点。腐蚀运算减小图像的几何尺寸，而膨胀运算则增大图像的几何尺寸。由此衍生出其他两种形态学运算：开运算和闭运算。开运算是先进行腐蚀运算再进行膨胀运算，而闭运算是先进行膨胀运算再进行腐蚀运算。

形态学运算被定义为集合运算。设 X 表示整个欧几里得(Euclidean)空间 E 中图像的像素位置集合。子集 A 为二维欧几里得空间中的另一个对称的二值图像，称之为结构元素。这两个图像 X 和 A 的经典明可夫斯基(Minkowsky)集合加与明可夫斯基集合减可用符号表示为

$$X \oplus A = \{x + a : x \in X, a \in A\} = \cup X_a|_{a \in A} = \cup A_a|_{x \in X} \tag{7.4}$$

$$X \ominus A = \cap X_{-a}|_{a \in A} \tag{7.5}$$

其中 X_a 为图像沿 a 轴的平移，定义为 $X_a = \{X + a : x \in X\}$。

变换 $X \rightarrow X \oplus A$ 和 $X \rightarrow X \ominus A$ 分别指 X 根据 A 的膨胀和腐蚀。根据标准的表示方法，X 根据结构元素 A 的形态学膨胀运算为

$$X \oplus \bar{A} = \{h \in E : (\bar{A})h \cap \frac{X}{\varnothing} \tag{7.6}$$

类似地，形态学腐蚀运算为

$$X \ominus \bar{A} = \{h \in E : A_h \subseteq X\} \tag{7.7}$$

其中 h 是欧几里得空间中的一个元素，$\varnothing$ 表示空集。反射或对称集合 $\bar{A}$ 与 A 的关系为 $\bar{A} = \{-a : a \in A\}$。

基于集合的自互补可得出对偶关系，其膨胀运算还可以表示为

$$X \oplus \bar{A} = (X^c \ominus \bar{A})^c \tag{7.8}$$

其中 X^c 为构成图像集合 X 的补集。

根据定义，形态学开运算是先进行腐蚀运算再进行膨胀运算，而闭运算可以被看作开运算的互补运算。因此，开运算与闭运算之间的关系为

$$\text{Open}(X, A) = (X \ominus \bar{A}) \oplus \bar{A} \tag{7.9}$$

$$\text{Close}(X, A) = (X \oplus \bar{A}) \ominus \bar{A} \tag{7.10}$$

开运算是将包含于集合 X 的结构元素进行平移。开运算和闭运算之间满足布尔对偶性：

$$\text{Close}(X, \bar{A}) = \text{Open}(X^c, A)^c \tag{7.11}$$

值得注意的是，开运算与闭运算都满足平移不变性。

在运用上述二值形态学运算来进行图像处理时，有必要先获取一个二值图像作为测试图像。测试图像通常是一个灰度图像，将测试图像的像素灰度分段为两个灰度值，就能产生测试图像的二值图像。设 $I(i, j)$ 为测试图像上点 (i, j) 处的像素灰度值，$X(i, j)$ 为输出图像上点 (i, j) 处的像素灰度值。若用 1 表示白色像素，用 0 表示黑色像素，用 T 表示阈值，则根据上述规则对这个灰度图像进行运算，可得：当 $I(i, j) \geqslant T$ 时，$X(i, j) = 1$，其余情况为 0。

7.3.2 灰度形态学处理

二值形态学运算，比如腐蚀运算、膨胀运算、开运算和闭运算都是集合的运算，这些集合的元素都是与像素点位置有关的矢量，因此这些运算是关于集合的集合运算。而灰度图像可被认为是一种三维 (3D) 集合，其中前两个元素为像素位置的 x 和 y 坐标，第三个元素是像素的灰度值。其关键是使用上确界/下确界 (对于离散值集合而言就是最大值和最小值) 来定义灰度形态学运算。灰度形态学运算可以使用二值形态学中相同的域。然而，灰度结构元素除了 1 和 0 两个值，还可以有其他特定的灰度值。灰度的开运算与闭运算与二值形态学中的定义类似。在运算时，与二值形态学运算的唯一区别是，开运算与闭运算都基于灰度膨胀与灰度腐蚀。与二值形态学运算一样，灰度开运算也具有反扩展性，而灰度闭运算具有扩展性。

灰度形态学运算的结构元素有两种类型：非平面型和平面型。对于非平面型的结构元素，其灰度值并非在任何地方都是均匀的，而对于平面型或二值型的结构元素，像素是二值的，取值为 1 或者 0。

7.3.3 基于光子技术的形态学处理

形态学处理的本质是一种并行的处理方式，而光子系统在信号的并行处理方面独具优势，因此光子系统很适合用于信号的形态学处理[11][12][13]。图 7.4 给出了一个形态学图像处理的实验系统框图，这是一个光电混合系统，因为信号的预处理部分使用了光子技术，而信号的形态学处理部分则是在电域中通过计算机实现的。

图中的激光器为 He-Ne 激光器，其输出经过光束准直系统转化为平行光束。这个经过准直处理的激光束照射到放置于 (x_i, y_i) 的测试图像上 (此处为一个织物图像)。系统中的傅里叶

透镜在其焦平面上产生测试图像的衍射图样。再用另一个具有相同焦距的傅里叶透镜,可以产生测试图像的放大和颠倒的镜像。最后,这个图像被 CCD 相机捕获,转换为电信号并存储到一台计算机中。根据具体的应用需求,还有可能需要对傅里叶平面上的图像进行空间滤波。在软件程序的帮助下,还可以对这个灰度图像进行阈值化处理,将其转换为一幅二值图像。在该阈值化处理过程中,其所需的阈值是根据图像的清晰度需求事先选择的。然后,就可以通过适当地选择结构元素对测试图像的二值图像进行形态学开运算和腐蚀运算了。

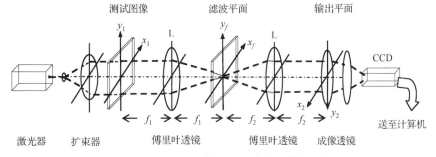

图 7.4　形态学图像处理的实验系统框图

上述这个处理过程可用于织物图像的缺陷检测。图 7.5 中给出了一个待测的织物图像,其中存在一个节点是该织物图像缺陷。基于图 7.4 所示的形态学图像处理系统,可以检测到这个缺陷,此处使用了 5×5 的结构元素。从处理过程中可以看出,在进行开运算时,图像的缺陷被放大;而在进行腐蚀运算时,图像的缺陷被缩小。在最后实现了缺陷检测的效果图中,原织物图像中的纹理图案被消除了。

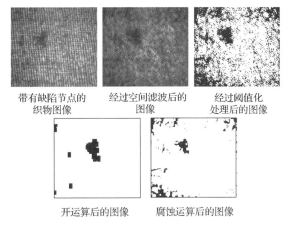

图 7.5　测试织物图像的形态学运算与缺陷检测

目前,已有许多全光学的形态学图像处理系统,这些系统都充分利用了光路所固有的并行处理能力,从而可提高运算速度,减少图像实时处理过程中形态学运算的时间[14]。无透镜投影系统[15][16]是实现光子学形态学图像处理最简单的系统之一。图 7.6 给出了该处理系统的基本构成。位于输入平面上的测试图像 I,被位于光源平面 L 的点光源阵列照亮。该测试图像可由电寻址的透射型空间光调制器(SLM)记录。光源阵列由高亮度的发光二极管构成。由于图像的遮挡,光源阵列中的每个点光源都在输出平面 O 上产生一个阴影。

在设计该投影系统时,需确保相邻光源产生的阴影重叠。如果设计得当,在输出或重叠平面上的阴影都会在相应的方向上被一个小区域抵消。此处的小区域定义为输入平面上目标的单位面积或一个集合元素。为了实现所需的形态学运算，系统输出平面上的这些小区域必须以恰当的方式重叠。

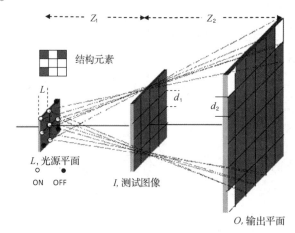

图 7.6　用于形态学运算的无透镜投影系统

系统中光源阵列的维度取决于结构元素集合 A 的维度。A 的形状由光源的开关状态决定。根据投影系统本身的属性，光源应该以(−A)而不是 A 的形式出现。因为光源阵列被排列成结构元素的形状，所以每个元素的投影也是结构元素的形状。因此，输入平面上目标的膨胀运算结果必定呈现于输出平面上。

根据腐蚀运算和膨胀运算的定义，可以明显看出腐蚀运算实际上为双重膨胀运算，因此腐蚀运算可以通过膨胀运算来实现。图 7.7 给出了通过膨胀运算来实现腐蚀运算的原理图，目标图像取补集并显示在 SLM 上。然后这个图像与逆结构元素进行 Ex-OR(异或)运算。再对这个 Ex-OR 运算的结果取补集，就得到了原始图像的腐蚀运算结果。

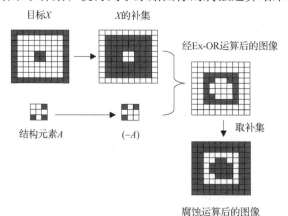

图 7.7　在投影系统中实现形态学腐蚀运算的原理图

7.4　将图像转换为图形的光子技术

对于复杂目标或场景的 3D 模型进行建模，逐渐成为光子信息处理领域中的一个关键问题。图像获取设备、处理器和光源(主要是低成本的激光器)技术的迅速发展，促进了计算机视觉系统在许多领域中的应用。而对于这些应用，需要完成的第一步是将图像的范围和轮廓信息转换为可进一步做各种处理的图形。这种从图像到图形的转换技术还可用于表面精确测量领域，该领域在传统意义上被称为表面或 3D 面形测量[14][17][18]。在绝大多数情况下，当具有适当分布的激光束投射到某一个物体上时，就可以基于来自物体的反射光获得该物体的图像。然后，再对所捕获的物体图像进行分析、重构，就可以实现对物体的 3D 测距[19][20]。在这样的应用中，对图像集合的精确配准是 3D 图像模型设计与实现过程中的一大挑战，因为所用模型在对物体的表面进行表征时，其性能会受到图像获取误差和图像配准误差的影响。

7.4.1　深度图像采集

深度图像给出了一种产生目标物体表面与场景的形状和 3D 几何信息的直接方式[21][22]。基于测量原理，深度图像的获取技术可分为两大类：被动方法和主动方法。使用被动方法时不需要与目标物体发生作用，而使用主动方法时，则需要与目标物体接触。立体视觉是一种被动的深度图像获取方法，且广为人知。立体视觉的效果可以通过将光传感器移动到场景中一个已知的相对位置，或使用事先固定于已知位置的两个或多个光传感器来获得。为了从某一个给定的投影点获取一个指定点的 3D 坐标，需要研究二者之间对应的几何关系。这个点对应问题为立体视觉在实际中的应用带来了几个限制。尽管主动方法需要设计复杂的系统结构，但这类方法可以获得密集和精确的深度数据(深度图像)。基于光子学原理的主动 3D 深度图像获取方法是一种非接触性且对目标无损害的数据获取方式。

光子学成像又可进一步分为扫描成像技术和全场成像技术两类。激光三角测量和激光雷达技术代表了激光扫描技术。其中，激光三角测量基于三角测量原理，利用激光点或激光线照亮物体表面并获得物体的 3D 等高线。而激光雷达技术基于对激光往返时间的测量或基于对脉冲或经调制后激光相位的测量来实现成像。在进行扫描成像时，需要对整个物体的表面进行一维或二维扫描。这使得扫描成像系统往往非常复杂，且所需的测量时间较长。

7.4.2　图像配准与影像综合

图像配准的目的是寻找不同视角下对于同一目标所获得的多幅图像之间相对位置和朝向的关系，从而使它们在空间位置上能够对准。目前已有的图像配准算法主要分为表面匹配和特征匹配两类。表面匹配算法从对图像粗略的配准开始，然后通过不断迭代并逐渐减小深度图像重叠区域的误差来不断优化图像配准的结果。在已有算法中，迭代最近点(ICP)算法已被证明是将一组深度图像进行精确配准的优选算法。图像配准方法的最新进展主要包括利用数据点的 3D 坐标特征矢量的加权协方差矩阵来实现多幅深度图像的配准和变换。另一方面，也有很多特征匹配算法被提出。这些算法通过建立一个转换函数，在深度图像的一组特征之间实现一致性匹配。然而这类算法的实现需要对图像特征进行预处理。

基于对目标和场景深度图像的精确配准，人们提出了对深度图像进行影像综合的结构化和非结构化的不同方法。非结构化的影像综合算法假设基于 3D 空间中任意的点集合来构建物体表面图像的过程是已知的。此类算法对于物体表面比较光滑的情况具有很好的性能，但是对于物体表面存在较大曲率或是系统图像测距存在畸变的情况，往往难以获得最佳性能。

结构化的影像综合算法充分利用了有关深度图像中每个点如何获取的信息。因此，此类算法有可能对存在较大曲率和毛刺的物体表面描述的精准度带来一定的改善。目前，已有文献报道了几种将结构化数据集成并产生隐函数的算法。这些算法使用了基于测量不确定性的几何约束条件，可在有噪声干扰的条件下正确地集成物体重叠表面的测量结果。上述将重叠表面的测量结果集成的方法只用于 3D 空间，因此在应用中要避免使用局部 2D 投影图像。

7.4.2.1　基于飞行时间测量的激光测距

直接测量深度图像的方法有两种：基于飞行时间的测量和三角测量。基于激光脉冲的飞行时间（TOF）的距离测量，是指通过测量激光脉冲从发射器发出、投射至目标物体表面，并从物体返回至接收器的时间来实现距离测量的方法。因此 TOF 测距系统测量的对象是光脉冲从发出到从目标物体表面反射回接收器，通过这个往返路程所需的时间。距离 r 的测量结果出下式确定：

$$r = \frac{c\Delta t}{2} \tag{7.12}$$

其中 c 为光速，Δt 为光脉冲往返的总时间。这种方法对于超过 1 米的距离测量应用尤为有效，其测量精度可以达到毫米甚至亚毫米量级。

测距系统中所使用的光信号可以是连续光也可以是脉冲光。对于使用连续光的测距系统，其工作原理是发射器发射连续的激光束，然后在接收端通过比较接收光束与发射光束的相位差来获得测距结果[23]。基于光信号幅度调制（AM）的连续波激光测距系统就属于这一类。在此类测距系统中，发射器以频率 $f_{AM} = \dfrac{c}{\lambda_{AM}}$ 对激光束的幅度进行调制，其中 λ_{AM} 表示激光信号的波长。系统中发射光信号与接收光信号之间的相位差 $\Delta\phi$ 由下式给出：

$$\Delta\phi = 2\pi f_{AM}\Delta t = 4\pi f_{AM}\frac{r}{c} \tag{7.13}$$

据此可以获得测距结果为

$$r = \frac{\lambda_{AM}}{4\pi}\Delta\phi \tag{7.14}$$

但当实际的测距范围超过 $\lambda_{AM}/2$ 时，会产生测距模糊，这是由于 AM 的连续波激光测距在使用中存在一个明显的问题。因为在这种测距系统的接收端，比较容易确定接收信号与发射信号之间小于一个周期的相位差，但却无法确定二者之间相差多少个完整的周期。

另一种连续波激光测距系统是基于频率调制（FM）的。在基于 FM 的连续波激光测距系统中，激光发射器通过调谐激光二极管的温度或驱动电流来实现对其输出激光的频率调制。如果使发射光信号的频率重复地在 $(v - \Delta v/2)$ 和 $(v + \Delta v/2)$ 之间线性地扫描，就会在一个激光周期 $1/f_m$ 内产生总频率差 Δv，并将该信号发出至测量对象。最后将这个信号的返回信号与一个参考信号在探测器处进行相干混频。这两个信号的混频输出将产生一个拍频信号。这个拍频信号往往是返回信号与参考信号的乘积。拍频信号经过解调后产生一个拍频 f_b，它是一个周期性的波形。这个拍频信号的频率与这个周期性信号在一个扫频周期内通过零点的次数成正比[24]。

在基于 FM 的激光测距系统中，最主要的噪声来源之一是散斑噪声。散斑噪声的形成与物体表面所存在的微小不平坦性有关，因此该噪声取决于被扫描物的构成材料特性。当相干光的波前照射到物体表面时，多路反射光的相位可能相同也可能相反，因此反射光会随机地呈现相强或相消干涉，于是便产生了相干散斑噪声[25]。

脉冲 TOF 测距系统也在不断地发展，该系统主要由一个激光发射器、一个接收器、若干个放大器、一个自动增益控制（AGC）单元和一个时间检测器构成。其中激光发射器产生宽度为 5～50 ns 的脉冲，接收器由一个 p-i-n 型或雪崩增益型光电二极管构成。发出的光脉冲触发开启测距系统计时单元的开启脉冲，而从目标反射回来的光脉冲触发计时单元的停止脉冲，结束该计时过程。当系统检测到计时结束脉冲后，便会触发下一个脉冲，如此发射器将产生一系列的重复脉冲，其重复频率为 f_p。最终的测距结果为

$$r_m = \frac{c}{2f_p} \tag{7.15}$$

与基于 FM 的连续波激光测距系统一样，基于脉冲光的激光测距系统也会受到相干散斑噪声的影响[26]。在从目标返回的信号中，同样存在信号幅度随机的相强或相消干涉。

在激光测距系统中，激光器的选择主要依赖于所期望的测距范围和所需的测距速度。对于长距离的测距（几千米以上），可以使用 Nd:YAG 激光器，该激光器输出信号的峰值功率可达兆瓦量级。而对于几百米范围的测距，可以使用低成本的脉冲激光二极管，比如单异质结或双异质结（DH）型的半导体激光二极管，其输出信号的峰值功率为几十瓦。如果配合相干检测技术，使用这类激光器的测距系统还可以获得更大的测距范围。然而，Nd:YAG 激光器的重复频率较低，激光二极管的重复频率可达几十 kHz。使用 DH 型的激光二极管，其重复频率甚至可达到 MHz 量级。激光测距系统的最大测距范围对于可视条件的依赖程度很大。激光测距系统的性能通常都是在良好的空气条件（人眼可视距离为 20 km）下给出的，而当可视条件较差时，由于受到大气损耗的影响，激光测距系统的最大测量范围会减小。而当可视条件很差时，激光测距系统发出的光信号还有可能在到达真实目标之前就部分地被虚假目标反射回来[27]，严重影响了测距效果。

7.4.3　光子学轮廓测定技术

全场光学/光子成像技术无须通过扫描的方法就可实现单个视图的获取，该技术使用多个激光条纹或图样来获取图像信息，而不是使用单个点状或线状激光光源[18]。已有的方法采用了二进制编码图样的序列投影[19]。它利用所获取的多帧编码图像，基于像素到 CCD 的距离对图像中的每一个像素进行编码。光栅投影是另一种流行的全场光学成像方法，该方法使用结构化的光源将光栅条纹投射到目标物体表面，然后使用相机获取目标物体上的条纹图样。如果目标物体表面是平坦的，则这些光栅条纹不会发生变化，仍是平行的直条纹。然而，若目标物体表面不平坦，其表面的光栅条纹就会产生不同程度的变化，而且这种条纹的变化与目标物体上每一点的高度存在着直接关系。如果知道原始投影光栅条纹的准确位置、朝向和投影的角度，则能够识别目标物体表面上的每个光栅条纹所在点的高度信息。然后再对这些条纹图样使用人们所熟知的三角测量法进行测量，就可以计算出物体表面的轮廓[28]。

经典的 3D 轮廓测定设备使用一个激光条纹在目标物体表面进行递进式扫描，通常还要求目标物体处于静止状态，于是所有的条纹图样都在一帧图像之内获取。为了降低扫描与信号处理的负荷，还可以将多个条纹和正弦波条纹图样光源同时投射到整个物体的表面[29]。但是，这种采用多个条纹图样的方法会在物体表面不连续点的周围做表面图样重建时出现模糊，而且该方法对于物体表面反射率的变化也很敏感。对于这种模糊和反射率变化问题的解决方法是，对这些具有不同空间频率的多个条纹图样进行反复编码。将每个条纹图样都沿着一个正交维度进行调制，这个正交维度与相位维度垂直。

7.4.3.1 激光三角测量法

在使用激光三角测量法测距时，需要用到光源与传感器之间的基线距离以及发射光线、入射光线与基线之间的夹角。图 7.8(a)给出了激光三角测量法的原理图。其中，P_1 和 P_2 表示两个参考点(即测距系统中接收相机和激光器所在的位置)，P_3 为测距目标所在的点。则图中的距离 B 可以由基线距离 A 与角度 θ 和 ϕ 的值求出。依据光线的反射定律，得

$$B = A\frac{\sin\theta}{\sin(\theta + \phi)} \tag{7.16}$$

但在实际的测量中，想要通过求解这个关于距离 B 的方程来获得该距离值并不容易，因为求解方程时所需的基线距离值和那些角度的值往往难以精确测量。但是基于激光三角测量法，可以在不知道 A、θ 和 ϕ 的具体值的情况下获得距离 B 的信息。图 7.8(b)给出了这种测量方法的详细原理图。其中接收相机由图像平面、焦点和光轴来表示。在这个系统中，激光器直接放置于相机的上方，其光路由直线 CE 来表示，同时激光器所放置的位置需要确保激光器和相机的连线与激光光路是垂直的。

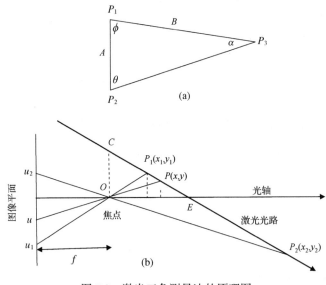

图 7.8   激光三角测量法的原理图

图中 P 表示测距目标所在的位置，其坐标为 (x, y)。其中坐标 x 是 P 点在光轴上的投影，u 是与光轴垂直的图像平面上的点(即 y 坐标)。图中的 P_1 和 P_2 点用于对系统进行校准。E 是激光光路与光轴的交点。采用该方法进行测距时，无须知道接收相机与激光器之间的基线距离，也不需要知道接收相机的焦距，但是需要知道两个用于校准的参考点坐标 x_1、x_2 和 u_1、u_2 的值。根据相似三角形的几何原理，可得激光光路的斜率 m 和 y 轴截距(c，为 C 点的高度)：

$$m = \frac{u_2 x_2 - u_1 x_1}{f(x_2 - x_1)} \tag{7.17}$$

和

$$c = \frac{u_2 x_2}{f} - m x_2 \tag{7.18}$$

此外，经过 O 点的线段 uP 可以表示为 $y = x\dfrac{u}{f}$，激光光路符合直线方程，故有

$$x = \frac{N}{(ud - k)} \tag{7.19}$$

其中 N、d 和 k 的值可通过系统校准过程来获得，即 $d = (x_2 - x_1)$，$k = (u_2 x_2 - u_1 x_1)$，$N = (u_1 - u_2) x_1 x_2$。在校准过程中，目标被放置于距离相机 x_1 和 x_2 的位置，并记录激光照射到物体上光点的高度 u_1 和 u_2。于是，便可计算出 d、k 和 N 的值。该系统在确定光轴时对误差不敏感。

7.4.3.2　光栅条纹投影法

作为一种非接触的轮廓测量方法，光栅条纹投影法的优势是可提供高分辨率的全场 3D 图像重建，且图像重建可以按照动态视频的帧速率进行。图 7.9 给出了一个典型的单线投影轮廓测量系统。

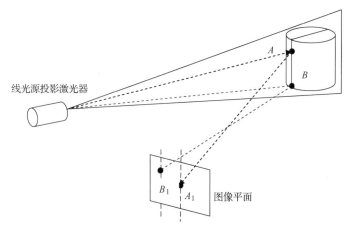

图 7.9　光栅条纹投影法的原理图

该系统中包含可产生单个或多个条纹(这两种情况都可能用到)的光源投影单元，还有图像获取单元和处理/分析单元。其中投影单元的输出光在目标物体表面上产生一个具有一定图样的条纹光斑(在本列中就是线状光斑 AB)。这个线状光斑 AB 被相机捕获，在相机平面(或图像平面)上形成 A_1 点和 B_1 点。这个记录的光斑会受到物体高度分布的调制，这种调制通常反映在光信号的相位上。最后，系统的分析单元采用已有的条纹分析方法对图像中的这种相位调制进行分析，从而获取目标物体的轮廓。绝大多数的这类方法都会产生纠缠的相位分布，采用合适的相位解纠缠算法就可得出连续相位分布，它与目标物体的高度成比例[30]。

系统中的条纹图样可以通过将光投射到光栅或采用激光干涉的方法产生，也可以使用能输出一定结构化光斑的激光器(结构化激光光源)来产生。图 7.10 给出了光栅条纹投影法中所使用的一些典型条纹，其中图 (a) 和图 (b) 为正弦光栅条纹图样，图 (c) 为结构化激光光源的输出。为了能够实现精确的测量并有效地对系统进行校准，还可以基于软件定义的方法，使用空间光调制器(SLM)来产生所需的光源条纹图样[31]。产生条纹图样的另一种方法是使用数字微镜器件(DMD)，它可以产生对比度很高的明暗条纹，且图样质量高、空间重复性好。为了获得与深度图像相适应的彩色纹理信息，人们还研发了几种其他的条纹投影方法，比如激光光栅投影(LGP)系统。该系统可实现对 3D 目标的测量，其中使用了激光二极管(LD)和旋转多面镜(PM)来产生条纹图样[32]。

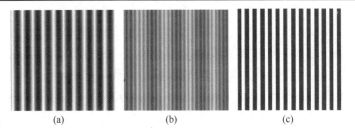

(a)　　　　　　　　(b)　　　　　　　　(c)

图 7.10　光栅条纹投影法的轮廓测量中所使用的典型条纹

光栅条纹投影法中的信息处理包含若干步骤，在每一个步骤中都存在几种不同的选择。这些信息处理技术可依据其条纹分析方法的不同大致进行分类。常用的方法包括基于相位测量的轮廓测量（PMP）和基于傅里叶变换的轮廓测量（FTP）。在 FTP 方法中，相位的测量可以使用常用的条纹分析方法从形变的条纹图样中来获取或估计，但仅限于(+π,−π)范围，这是由反正切函数（arctan）的性质所决定的。然而，实际的相位范围可能超过 2π 的范围，这时就会产生人为的相位不连续性（即相位纠缠），需要借助相位解纠缠算法来消除[33]。一般的相位解纠缠算法基于对相邻像素的相位进行比较来实现相位解纠缠，通过加上或减去 2π，将两个像素之间的相对相位重新移回±π 范围。在实际的条纹投影测量过程中，还会出现阴影、条纹调制深度不够、物体表面反射率不均匀、条纹不连续和噪声干扰等各种情况，这些情况都会给相位解纠缠过程带来困难，也会使得相位解纠缠过程呈现路径依赖性。人们已经提出了几种先进的相位解纠缠算法，可以有效地克服上述绝大多数的困难[34][35]。

在使用光栅条纹投影法对物体的 3D 高度分布进行测量的过程中，系统校准是一个非常重要的步骤[36]。这个过程包含两个方面：一是为图像坐标（像素）转换成物体实际坐标提供条件，二是实现解纠缠后相位信息与物体实际高度之间的映射。对于前者的校准，通常可通过标准的相机校准技术来实现，这通常包括相机内部参数的确定，还有描述 3D 场景坐标和 2D 图像坐标之间转换关系的外部参数的确定。而对于后者的校准，主要是建立解纠缠的相位分布和 3D 目标的几何坐标之间的联系，通过运用简单的三角形几何关系就可以实现[37][38]。

7.4.3.3　基于相位测量的轮廓测定技术

基于相位测量的轮廓测定（PMP）技术（相位测量轮廓术）具有多方面的优势，比如容易实现逐像素的点运算，某一点的相位值不受相邻点光强值的影响，从而避免了目标物体表面反射率不均匀所引起的误差。而且该方法仅需获取 3 帧变形条纹图像，就能完成对待测物体 3D 形貌深度图像的重建[17]。该方法通常采用正弦光栅条纹图样来投影，在测量过程中投影图样上各点的相位以步长 $\dfrac{2\pi}{N}$ 变化 N 次，如下式所示：

$$I_{pn}(x_p, y_p) = A_p + B_p \cos\left(2\pi f_\phi y_p - \frac{2\pi n}{N}\right) \tag{7.20}$$

其中 I_{pn} 为投影坐标中的反射光强度，A_p 和 B_p 为投影常数，(x_p, y_p) 为投影坐标，f_ϕ 为正弦波条纹光强变换的频率，下标 $n = 1,2,\cdots,N$ 表示相移指数，其中 N 表示总相移次数。

y_p 维度位于条纹深度畸变的方向上，称之为相位维度。另一方面，x_p 维度与相位维度垂直，称之为正交维度。条纹光强按正弦波规律变换的频率为 f_ϕ，且在相位维度方向。条纹投影到目标上，并经目标反射后形成的光强图样可表示为

$$I_n(x, y) = \alpha(x, y) \cdot \left[A + B \cos \left(2\pi f_\phi y_p + \phi(x, y) - \frac{2\pi n}{N} \right) \right] \tag{7.21}$$

其中(x, y)为图像坐标，$\alpha(x, y)$为物体反射率的变化。正弦波条纹中不同像素点上的相位畸变 $\phi(x, y)$ 对应于物体表面深度。$\phi(x, y)$的值可依据所获得的图样由下式进行计算：

$$\phi(x, y) = \arctan \left[\frac{\sum_1^N I_n(x, y) \sin(2\pi n/N)}{\sum_1^N I_n(x, y) \cos(2\pi n/N)} \right] \tag{7.22}$$

在对系统进行校准时，参考平面的相位图 $\phi_r(x, y)$ 应依据参考平面上的投影提前算好。如此，通过简单的几何关系算法就可以求得相对于参考平面的物体表面深度。

图 7.11 给出了基于 PMP 技术的测量系统中的几何关系，其中投影激光器的输出透镜中心为 O_p，相机的透镜中心为 O_c，二者之间的距离为 d。投影激光器与照相机平面及其与参考平面之间的距离都为 l。在 A 点处，物体的高度 h 可由下式计算：

$$h = \frac{BC \cdot \left(\frac{l}{d} \right)}{1 + \frac{BC}{d}} \tag{7.23}$$

其中 BC 与 B 点和 C 点处的相位 ϕ_B 和 ϕ_C 的差值成正比。因为 $BC = \beta(\phi_C - \phi_B)$，其中常数 β 和其他的几何参数 l 和 d 都已在校准过程中被确定。

相位畸变 $\phi(x, y)$ 的计算结果往往被纠缠在反三角函数的主值范围$(-\pi, +\pi)$，与相位维度上正弦波条纹光强变化的频率无关。使用相位解纠缠算法，可将纠缠在主值范围内的相位恢复成连续的相位分布，从而消除相位模糊。如果在相位维度上正弦波条纹的光强变化频率较高，则距离数据经过无模糊相位解纠缠后所得的信号往往可获得较高的信噪比（SNR）。

在光学三角测量系统中，目标距离数据的精度取决于系统对反射光信号的处理水平。而某些情况的出

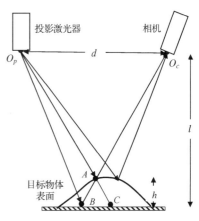

图 7.11　基于 PMP 技术的几何关系

现会导致目标轮廓测定的图像发生扰动，这些情况包括：（1）物体表面的反射率变化，（2）物体表面的几何形状偏离平面几何关系，（3）系统中反射光至传感器的光路被部分遮挡，（4）物体表面存在剧烈的面形变化导致激光散斑问题。为减小上述情况所带来的测量误差，可以尽量减小激光束的宽度和增加接收传感器的分辨率[14]。

7.4.3.4　傅里叶变换轮廓测定技术

傅里叶变换轮廓测定（FTP）技术具有轮廓测量速度快的优点，因为该方法只需一帧变形条纹图样，即可对物体表面的 3D 形状进行重建[39][40][41]。FTP 测量方法先对投影条纹进行傅里叶变换，然后再对其进行带通滤波处理，保留用于相位计算的载波频率分量，从而获取像素点的相位信息。从数学的角度来看，典型的条纹图样可表示为

$$\begin{aligned} I &= a(x, y) + b(x, y) \cos[\phi(x, y)] \\ &= a(x, y) + \frac{b(x, y)}{2} [e^{j\phi(x, y)} + e^{-j\phi(x, y)}] \end{aligned} \tag{7.24}$$

其中 $a(x, y)$ 为平均光强，$b(x, y)$ 为光强调制指数或载波条纹的幅度，$\phi(x, y)$ 为待求的条纹相位。

在傅里叶变换域中使用带通滤波器后，只有其中一个复频率分量能得以保留，则

$$I_f(x, y) = \frac{b(x, y)}{2}[\mathrm{e}^{\mathrm{j}\phi(x,y)}] \tag{7.25}$$

由该方程可得出条纹相位为

$$\phi(x, y) = \arctan \frac{\mathrm{Im}\,[I_f(x, y)]}{\mathrm{Re}\,[I_f(x, y)]} \tag{7.26}$$

其中 $\mathrm{Im}[\bullet]$ 和 $\mathrm{Re}[\bullet]$ 分别表示取复数的虚部和实部。通过以上方程求得的相位值处于 $-\pi$ 至 $+\pi$ 之间。通过使用任何一种相位解纠缠算法，就可以恢复连续分布的相位信息。最后，只要测量系统事先进行了正确的校准，就可基于上述获得的相位信息来重建目标物体的 3D 面形坐标。

7.4.4　光子学流量计量技术

7.4.4.1　激光多普勒测速仪

激光多普勒测速仪（LDA）是用于测量气体或液体的流动速度和湍流量的一种光子技术应用。该系统的基本原理是通过测量流体承载的微小粒子的运动速度来获得流体的流动速度。如果这些微粒足够小，就可以认为这些微粒的运动速度等于流体的流动速度，于是 LDA 提供了一个测量流体瞬时局部速度、平均速度和湍流量的解决方案。LDA 具有以下多方面的优势：（1）非接触式测量，（2）无须校准，（3）优越的方向性响应，（4）空间和方向分辨率高。

当入射光线被运动目标反射后，反射光含有多普勒频移分量，即来自目标的反射光中含有频率往更高（或更低）处发生频移的信号分量，且该频移量的大小与目标的运动速度成正比。因此，通过对来自目标的反射光进行分析，就可以估计出目标的运动速度。现实世界的流体中都含有微小、电中性的微粒，对入射光具有散射作用。在测量过程中，用波长已知的入射光照射流体，再用高灵敏度的光电探测器来检测散射光。光电探测器输出的光电流与其检测到的光子能量成正比，通过对光电流进行分析，便可得知检测到的光信号频率。散射光与入射光的频率之差就是多普勒频移。频移量可近似表达为 V/c，其中 V 是流体中微小粒子的群速度，也就是流体的流动速度，c 为光速。当流体的流动速度较快时，这个频移量可达几百 MHz。光信号的频移可直接使用光谱测定的方法来分析，也可使用某种基于差分原理的 LDA、基于参考光束的方法或干涉条纹方法来分析。

可以用矢量 **V** 表示微小粒子的运动速度，单位矢量 $\mathbf{e}_i$ 和 $\mathbf{e}_s$ 分别表示入射光和反射光的速度。根据洛仑兹-米氏（Lorenz-Mie）理论，入射光照射到粒子上将会立即向各个方向散射，但测量过程只需考虑朝向光电探测器方向散射的光信号。在此过程中，流体中的微粒就相当于运动中的发射器，它们的运动会导致其发射光产生多普勒频移，并最终被光电探测器接收。根据多普勒理论，到达接收机的光信号频率为

$$f_s = f_i \frac{1 - \mathbf{e}_i\dfrac{\mathbf{V}}{c}}{1 - \mathbf{e}_s\dfrac{\mathbf{V}}{c}} \tag{7.27}$$

其中 f_i 是入射到流体上的光信号频率。

即使对于速度达到超音速的流体而言，流体中粒子的运动速度 V 也比光速小很多，因此总有 $V/c \ll 1$ 成立。因此上式可以近似为

$$f_s = f_i \left[1 + \frac{\mathbf{V}}{c}(\mathbf{e}_s - \mathbf{e}_i) \right] = f_i + \Delta f \tag{7.28}$$

因此，通过测量这个多普勒频移 Δf，可获得流体中粒子的运动速度 V。而在实际的测量过程中，仅当粒子的运动速度很快时，才能直接测量到这种频率的改变。

因为相对于入射光和反射光的频率而言，多普勒频移的值很小，所以要根据两个很大的频率的差值来对一个很小的频率值进行估计，必然会存在高度的不确定性，从而导致测量结果不够精确。为了进一步提高 LDA 对频率估计的精度，人们提出了同时采用两束入射光进行测量的方法。在该方法中，入射光被分解为两束强度相等的光束，然后两束光的光路相交，交点处于测量区域。当流体粒子经过测量区域时，将同时散射这两束入射光。而这两束散射光中的频移是不同的，因为这两束光的入射方向相对于光电探测器和粒子速度矢量的方向而言都是不同的。这两束散射光的频移为

$$f_{s1} = f_1 \left[1 + \frac{\mathbf{V}}{c}(\mathbf{e}_s - \mathbf{e}_i) \right] \tag{7.29}$$

$$f_{s2} = f_2 \left[1 + \frac{\mathbf{V}}{c}(\mathbf{e}_s - \mathbf{e}_i) \right] \tag{7.30}$$

当这两束频率略有不同的光束重叠时，会产生拍频现象，它与这两束光的频率差有关。因为两束入射光来自同一个光源，因此它们的频率相同，即 $f_1 = f_2 = f_i$。由此可以得出散射光的多普勒频移 f_d 与散射粒子的运动速度 $\mathbf{V}(v_x, v_y, v_z)$ 之间的关系方程为

$$f_d = f_{s1} - f_{s2} = \frac{f_i}{c}[|e_1 - e_2|.|\mathbf{V}|\cos\phi] = \frac{2\sin(\theta/2)}{\lambda}v_x \tag{7.31}$$

其中 λ 为入射光的波长，θ 为两束入射光之间的夹角，ϕ 为粒子运动速度矢量 $\mathbf{V}$ 与检测方向之间的夹角。显然，上式中没有考虑单位矢量 $\mathbf{e}_s$，这就意味着接收器的位置对于频率的测量没有影响。然而根据洛仑兹-米氏理论，接收器的位置对于接收信号的强度有显著的影响。

虽然多普勒频移 f_d 相对于光信号的频率而言很小，但它是流体粒子反射光强度波动变化的函数，根据这个函数关系，可以实现对多普勒频移的测量。再根据上式，可得到流体粒子的运动速度为

$$v_x = \frac{\lambda}{2\sin(\theta/2)}f_d \tag{7.32}$$

LDA 系统可根据不同的应用领域而采用不同的配置。比如基于参考光束模式的 LDA 系统。在该系统中，来自流体粒子的散射光信号与一束参考光(即 LDA 系统中激光光源的原始输出)混频(即外差)。为此，系统需要将散射光束与参考光束叠加，合并为一路，并在检测器上进行拍频。再如差分 LDA 系统，在该系统中，需要将两个强度相等的光束相交于测量点，再使用探测器接收任意方向的散射光信号来实现流速测量。

然而，使用最广泛的 LDA 系统还是基于干涉条纹检测的 LDA 系统。在该系统中，入射光被分束器分解为强度相等的两束平行光。通过焦距为 f 的光学透镜系统，使这两束光在透镜的焦点处汇合，并形成 $\theta/2$ 夹角。这两束激光是相干、单色的，因此可在光束交叉处产生干涉条纹。条纹之间的间距为

$$d_f = \frac{\lambda}{2\sin(\frac{\theta}{2})} \tag{7.33}$$

当流体粒子经过这个干涉条纹图样时，散射的强度随着条纹强度的变化而变化。因此，

信号包络的幅度将随着时间尺度 d_f/V 的变化而变化,其中 V 是与干涉条纹方向垂直的速度分量。因此干涉条纹幅度的调制频率为(这个频率就是多普勒频移):

$$\frac{V}{d_f} = \frac{2V}{\lambda} \sin\left(\frac{\theta}{2}\right) \tag{7.34}$$

多普勒频移与光电探测器的位置无关,仅依赖于速度 V 的幅度(而不是方向)。为了消除这种方向模糊,可以给其中一束入射光引入一个已知的频率偏移量。这会使得相干条纹移向未发生频移的入射光。如此,光电探测器所记录的频率与速度 V 的正负号有关,即当 V 为正数时,表示频率增高;当 V 为负数,表示频率降低。而要为其中的一束入射光生成需要的频移,采用声光调制器(布拉格光栅)就可以实现。

工作在基模状态输出的气体激光器是进行多普勒频移测量的理想光源。这种激光器的输出可被聚焦成一个很小的光斑,从而将所有激光能量集中起来。当流体中的粒子经过两束光的交叉点时,激光向各个方向散射,可在任何一个方向上用检测器接收散射光。

LDA 系统中最重要的一些性能参数与校准常数以及测量系统规格参数(比如激光的波长、光束宽度、LDA 光束分开的角度、光束发散度和测量距离等)有关。激光流速计的输出主要是从光电探测器输出的电流信号。这个电流信号包含了与流体中散射粒子的运动速度相关的信息。该电流信号还含包含了不同的噪声(散粒噪声、二次电子噪声和预放大器的热噪声)。

流体中的粒子是 LDA 输入光的散射中心,它们在流速测量中扮演着重要的角色。普通的粒子也许无法满足 LDA 流速测量的要求。粒子之间的自然凝聚力是影响测量的一个主要因素,它往往会对测量结果引入人们所不期望的散粒噪声。通过对流体进行过滤,可以控制流体粒子颗粒的大小以及粒子之间的自然凝聚力,从而避免或者减少散粒噪声的影响。

扩展阅读

1. *Handbook of Machine Vision*: S. Zhang (ed.) CRC Press, NY, 2013.

2. *LDA Application Methods*: Z. Zhang (ed.), Springer-Verlag, Berlin, 2010.

3. *Laser Doppler and Phase Doppler Measurement Technique*: H. E. Albrecht, M. Borys, N. Damaschke and C. Tropea, Springer-Verlag, Berlin, 2003.

4. *Principles and Practices of Laser-Doppler Anemometry*: F. Durst, F. Melling and J. Whitelaw, Academic Press, New York, 1981.

5. *Computer Vision-Algorithms and Applications*: R. Szeliski, Springer-Verlag, London, 2011.

6. *Concise Computer Vision*: R. Klette, Springer-Verlag, London, 2011.

7. *Emerging Topics in Computer Vision*: C. H. Chen (ed.),World Scientific Publishing, Singapore, 2012.

8. *Image Analysis and Mathematical Morphology*: J. Serra (ed.), Academic Press, London, 1988.

9. *Mathematical Morphology in Image Processing*: E. D. Dougherty (ed.), Marcel Dekker Inc., NY, 1992.

10. *Image Processing and Mathematical Morphology*: F. Y. Shih; CRC Press, NY, 2009.

11. *Digital Image Processing*: R. C. Gonzalez and R. E. Woods; Prentice-Hall, 2008.

12. *Digital Image Processing and Analysis*: S. E. Umbaugh, CRC Press, NewYork, 2011.

参考文献

[1]   B. Draper, A. Hanson, and E. Riseman. Knowledge-directed vision: control, learning, and integration. *Proc. IEEE*, 84(11):1625-1637, 1996.

[2]   G. Papadopoulos, V. Mezaris, I. Kompatsiaris, and M. Strintzis. Combining global and local information for knowledge-assisted image analysis and classification. *Eurasip J. Adv. in Signal Process.*, 45842, 2007.

[3]   A. Chella, M. Frixione, and S Gaglio. Conceptual spaces for computer vision representation. *Artificial Intelli. Rev.*, 16(2):137-152, 2001.

[4]   J. Gonzalez, D. Rowe, J. Varona, and F. Xavier Roca. Understanding dynamic scenes based on human sequence evaluation. *Image and Vis. Comput.*, 27(10):1433-1444, 2009.

[5]   J. Sanchez and M. P. Caton. *Space image processing*. CRC Press, 1999.

[6]   P. Maragos. Tutorial on advances in morphological image processing. *Opt. Eng.*, 26(3):623-630, 1987.

[7]   R. Haralick, S. Sternberg, and X. Zhuang. Image analysis using mathematical morphology. *IEEE Trans. PAMI*, 9(4):532-538, 1987.

[8]   D. Casasent and E. Botha. Optical symbolic substitutions for morphological transformations. *App. Opt.*, 27(9):3806-3812, 1988.

[9]   E. L. O'Neill. *Introduction to Statistical Optics*. Addison-Wesley, Reading, MA, 1963.

[10] J. F. Liu, X. Sun, R. Camacho-Aguilera, L. C. Kimerling, and J. Michel. Ge-on-Si laser operating at room temperature. *Opt. Let.*, 35:679-681, 2010.

[11] Y. Li, A. Kostrzewski, D. H. Kim, and G. Eichman. Compact parallel real-time programmable morphological image processor. *Opt. Let.*, 14(10):981-985, 1989.

[12] D. Casasent. Optical morphological processors. *Proc. SPIE*, 1350:380-384, 1990.

[13] R. Schaefer and D. Casasent. Optical implementation of gray scale morphology. *Proc. SPIE*, 1658:287-292, 1992.

[14] P. S. Huang, Q. Hu, and F. Chiang. Error compensation for a three dimensional shape measurement system. *Opt. Exp.*, 42(2):341-353, 2003.

[15] J. Tanida and Y. Ichioka. Optical logic array processor using shadowgram: optical parallel digital image processing. *J. Opt. Soc. Am.*, 82:1275-1285, 1985.

[16] A. K. Datta and M. Seth. Multi-input optical parallel logic processing using shadow-casting technique. *App. Opt.*, 34(35):8164-8170, 1994.

[17] C. J. Chang-Hasnain. Tunable VCSEL. *IEEE J. Sel. Top. Quant. Elect.*, 6(6):978-987, 2000.

[18] Z. Zhang and S. Satpathy. Electromagnetic wave propagation in periodic structures: Bloch wave solution of Maxwell's equation. *Phy. Rev. Let.*, 60:2650-2653, 1990.

[19] J. Salvi, J. Pages, and J. Batlle. Pattern codification strategies in structured light systems. *Pattern Recognition*, 37(4):827-849, 2004.

[20] Q. Fang and S. Zheng. Linearly coded profilometry. *Applied Optics*, 36(11):2401-2407, 1997.

[21] M. C. Amann, T. Bosch, M. Lescure, R. Myllyla, and M. Rioux. Laser ranging: a critical review of techniques for distance measurement. *Opt. Eng.*, 40(1):10-19, 2001.

[22] T. Bosch and M. Lescure. Selected papers on laser distance measurement. *SPIE Milestone series*, MS115, 1995.

[23] W. L. Green B. L. Chase and M. Abidi. Range image acquisition, segmentation, and interpretation: A survey. *Techical Report, Department of Electrical Engineering, University of Tennessee at Knoxville*, 1995.

[24] K. Nakamura, T. Hara, M. Yoshida, T. Miyahara, and H. Ito. Optical frequency domain ranging by a frequency-shifted feedback laser. *IEEE J. Quant. Elect.*, 36:305-316, 2000.

[25] M. Koskinen, J. Kostamovaara, and R. Myllyla. Comparison of the continuous wave and pulsed time-of-fight laser range finding techniques. *Proc. SPIE: Optics, Illumination, and Image Sensing for Machine Vision VI*, 1614:296-305, 1992.

[26] R. Baribeau and M. Rioux. Inuence of speckle on laser range finders. *App. Opt.*, 30:2873-2878, 1991.

[27] R. R. Clark. A laser distance measurement sensor for industry and robotics. *Sensors*, 11:43-50, 1994.

[28] F. Chen, G. M. Brown, and M. Song. Overview of three-dimensional shape measurement using optical methods. *Opt. Eng.*, 39(1):10-22, 2000.

[29] J. Harizanova and V. Sainov. Three-dimensional profilometry by symmetrical fringes projection technique. *Opt. and Laser Eng.*, 44(12):1270-1282, 2006.

[30] H. Du and Z. Wang. Three-dimensional shape measurement with an arbitrarily arranged fringe projection profilometry system. *Opt. Let.*, 32(16):2438-2440, 2007.

[31] C. R. Coggrave and J. M. Huntley. High-speed surface profilometer based on a spatial light modulator and pipeline image processor. *Opt. Eng.*, 38(9):1573-1581, 1999.

[32] K. Iwata, F. Kusunoki, K. Moriwaki, H. Fukuda, and T. Tomii. Three dimensional profiling using the Fourier transform method with a hexagonal grating projection. *App. Opt.*, 47(12):2103-2108, 2008.

[33] T. R. Judge and P. J. Bryanston-Cross. A review of phase unwrapping techniques in fringe analysis. *Opt. and Laser Eng.*, 21(4):199-239, 1994.

[34] H. O. Saldner and J. M. Huntley. Temporal phase unwrapping: Application to surface profiling of discontinuous objects. *App. Opt.*, 36(13):2770-2775, 1997.

[35] S. Su and X. Lian. Phase unwrapping algorithm based on fringe frequency analysis in Fourier-transform profilometry. *Opt. Eng.*, 40 (4):637-643, 2001.

[36] J. F. Liu, R. Camacho-Aguilera, and X. Sun. Ge-on-Si optoelectronics. *Thin Solid Films*, 520:3354-3360, 2011.

[37] X. Zhang, Y. Lin, M. Zhao, X. Niu, and Y. Huang. Calibration of a fringe projection profilometry system using virtual phase calibrating model planes. *J. of Opt. (A): Pure and App. Opt.*, 7 (4):192-197, 2005.

[38] A. Baldi. Phase unwrapping by region growing. *App. Opt.*, 42 (14):2498-2505, 2003.

[39] Q. Kemao. Windowed fourier transform for fringe pattern analysis. *App. Opt.*, 43 (13):2004, 2695-2702.

[40] J. F. Lin and X. Y. Su. Two-dimensional Fourier transform profilometry for the automatic measurement of three-dimensional object shapes. *Opt. Eng.*, 34 (11):3297-3302, 1995.

[41] X. Su and W. Chen. Fourier transform profilometry: A review. *Opt. Laser Eng.*, 35 (5):263-284, 2001.

第8章　光网络通信中的光子学

8.1　光纤中的光传输

现代通信可采用光波频段的载波进行信息传输，这得益于激光器和光纤技术的发明与实用化。人们对通信带宽需求的不断增长，使得光子通信成为当代一种极为重要和先进的通信技术[1]。这种对通信带宽增长的需求还会持续下去。本章，将使用"光子通信"这个术语来代替目前常用的"光通信"术语(见本书前言中的说明)。

光子通信系统与其他有线通信系统的结构类似，工作原理也基本相同，其原理框图由图 8.1 给出。

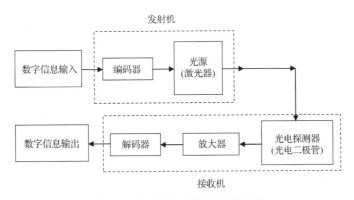

图 8.1　光子通信系统的原理框图

该系统由三个基本模块组成：发射机、接收机和信道或通信介质。在系统的一端，输入信息经过编码、光源调制后，被发送到光纤中传输。在系统的另一端，光信号经光电探测器检测后还原出原信号。为了将信息转换为光信号，系统的发射机中包含编码、复用和其他必要的电子元件与电路。光信号需经过检测、放大和解码，以便获得输出信号。光电探测器、放大器以及相关的解码和解复用的全部电子元件与电路构成了接收机。信号在发射机中实现了电-光转换，其中所采用的光源可以是一个发光二极管(LED)或半导体激光器，但后者在实际中更受青睐。在接收机中所使用的光电探测器通常是一个光电二极管(比如 p-i-n 型或雪崩增益型光电二极管)，其作用是将光信号转换成电信号。光子通信系统工作在近红外波段(频率范围在 $10^{13} \sim 10^{15}$ Hz 之间)。

光子通信系统的优点包括：

1. 更高的传输带宽：对于射频通信系统而言，铜线电缆的可用带宽接近 500～700 MHz，而基于光纤的通信系统可以很容易地提供几十甚至几百 GHz 量级的通信带宽，因为光载波的频率更高，范围在 $10^{13} \sim 10^{16}$ Hz。因此，具有更高传输带宽和较低损耗特性的光纤，可以提供更强的信息传输能力。

2. 无串扰和电磁干扰问题：由于光纤是介质波导，不存在电磁干扰（EMI）问题，因此不需要 EMI 防护。光纤中的数据传输不受电磁干扰环境的影响。

3. 低损耗：与铜线电缆相比，光纤具有极低的衰减或传输损耗。因此，光子通信系统中信号再生器之间的距离可以很长，这就降低了系统成本与复杂度。

4. 安全性高：与金属线相比，光纤在本质上是一种介质波导，这种特性使得在距离光纤较远的地方对光纤中的传输信息进行检测几乎是不可能实现的。要窃取光纤中传输的信息，必须要直接对光纤进行处理，这又很容易被安全监控系统发现。因此，这种较高的安全性使得光纤在银行通信系统及其他比较敏感的信息通信系统中的应用很具有吸引力。

5. 体积小、质量轻、成本低：因为光纤的直径很小，光纤与铜线相比质量很轻；而且比起铜线电缆，光纤光缆的价格更低。

6. 更耐用、系统可靠性更好：光纤的耐用性好，能抵御高温，抗化学腐蚀，而且具有较高的抗拉强度。

8.1.1 光纤

光纤是一种圆柱形同心波导，主要由一个中央纤芯和纤芯外面的包层构成。其中纤芯的折射率较高，表示为 n_1，是光信号传输的介质，而包层的折射率较低，表示为 n_2。光纤中基本的光波传导现象可由光纤的几何光学模型来解释。当光线入射到光纤包层与纤芯的界面时，光线会被反射，其传播方向的改变符合斯涅耳定律，因此光线会被反射回光纤的纤芯中。光纤中的光信号基于全内反射原理在光纤中传输。也就是说，在纤芯与包层的界面上，只有入射角大于临界角的光线才能发生全内反射，并在光纤中传输，如图 8.2 所示。

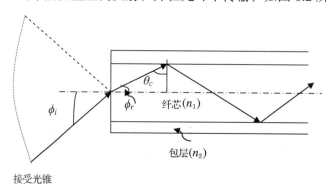

图 8.2　光的发射及其在光纤中的传播

入射光能够被光纤捕获并在其中传播的最大入射角为 $\phi_i|_{max}$，称之为接受角。由接受角构成的锥形区域被称为接受光锥。入射光线若以大于接受角的角度入射至光纤的纤芯，则进入纤芯的光就有可能在纤芯-包层界面上折射进入光纤的包层，并最终因其辐射至光纤之外而损失[2]。

设空气的折射率为 1，在空气-纤芯界面上的斯涅耳定律可表示为（如图 8.2 所示）：

$$\sin \phi_i = n_1 \sin \phi_r \tag{8.1}$$

其中 ϕ_i 表示光线入射到光纤界面的入射角，ϕ_r 为空气-纤芯界面上的折射角，$\phi_r = (\pi/2) - \theta$。

同理，在纤芯-包层界面上，如果光线的入射角大于临界角 θ，则下式成立：

$$n_1 \sin \theta = n_2 \tag{8.2}$$

对于被束缚在光纤纤芯中的光线而言，上述这些条件必须满足。因此有

$$
\begin{aligned}
\sin \phi_i &= n_1 \sin((\pi/2) - \theta) \\
&= n_1 \cos \theta \\
&= n_1 \sqrt{(1 - \sin^2 \theta)} \\
&= n_1 \sqrt{\left(1 - \frac{n_2^2}{n_1^2}\right)}
\end{aligned}
\tag{8.3}
$$

其中 n_1 和 n_2 分别表示光纤纤芯与包层的折射率。

接受角或能够在纤芯内形成束缚光线的最大入射角 $\phi_i|_{max}$ 与纤芯、包层的折射率的关系为

$$\phi_i|_{max} = \sqrt{n_1^2 - n_2^2} \tag{8.4}$$

数值孔径（NA）是光纤的一个重要参数，它的值就等于 $\sin \phi_i|_{max}$，因此

$$\mathrm{NA} = (\phi_i)_{max} = \sqrt{n_1^2 - n_2^2} \tag{8.5}$$

NA 表征了光纤捕获光线的能力。

光纤纤芯内传输的光线可以按照子午光线或斜偏光线的形式传播。在包含光纤中心轴线的平面内，位于该平面内的入射光线经过全内反射后其光线仍然位于这个平面内。该光线将在传播过程中不断地与光纤的轴线相交，这样的光线被称为子午光线。而当入射光线并不在包含光纤中心轴线的平面内时，即入射光线不与光纤的轴线相交，此时经过全内反射后的光线仍不会与光纤的轴线相交。这样的光线在光纤内的传播轨迹是绕着光纤轴线的螺旋形轨迹，它被称为斜偏光线。

如前文所述，当进入光纤的入射光线与纤芯-包层界面的夹角 $\theta_{interface}$ 大于临界角 θ 时，光线会在光纤中传播。因此，入射角为 $\theta_{interface} \leq \theta \leq \pi/2$ 的光线会沿着光纤传播，且具有离散取值的速度，称之为模式速度。光纤中的行波干涉产生了光信号在光纤中传播的不同模式。当光线与纤芯-包层界面之间的角度为特定值时，就会形成特定的模式。因此，可以认为模式是光纤纤芯中一种稳定的电磁场分布。

光纤中的模式可以用波动理论和波导原理来解释。光线的物理本质是一种横电磁波，当它以子午光线的形式在光纤中传播时，所有光线的电磁场重叠，产生了横电模式（TE$_x$）或横磁模式（TM$_x$）的电磁场分布。这里的下标 x 表示光强分布图样中光信号模式的阶数。而另一方面，斜偏光线的传播产生一种特殊形式的模式，它既不是 TE 模式也不是 TM 模式，被称为混合模式。图 8.3 给出了光纤中传播的若干个横电模式的光强分布图样。处于包层区域内的场强实际上是一种渐逝场，它们之所以存在是因为电磁场的分布在光纤的纤芯-包层界面需要满足边界条件。若光线以相对于光纤轴线很小的入射角进入光纤，则纤芯内形成的光强分布图样为图 8.3 所示的 TE$_0$ 模式。该模式在光纤中心轴线附近存在一个光强最大的区域，远离轴线则光强逐渐递减，直至光纤的包层处，该模式的光强减弱到可以忽略的程度。如果光线的入射角逐渐增大，则依次形成的光强分布图样如图 8.3 中的 TE$_1$ 和 TE$_2$ 所示。TE 模式的下标实际上表明了光强分布图样中沿光纤径向出现的干涉抵消点的数目，干涉抵消使得光强降至零点，产生黑暗区域。可见，TE$_0$ 模式中不存在黑暗区域。而对于 TE$_1$ 和 TE$_2$ 模式，其模式的径向分布中分别存在一个和两个黑暗区域。而对于更高阶的 TE 模式，其模式的径向分布中还会出现更多的黑暗区域。

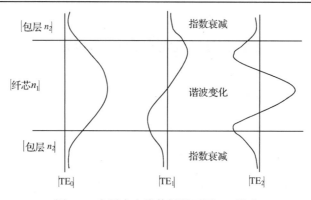

图 8.3 光纤中光线传播的不同 TE 模式

光纤中光线传播的不同模式表明：对于能在光纤中传播的光线，其进入光纤时的入射角必须小于光纤纤芯的接受角。但是考虑到光波的波前分布，上述的入射角条件还不足以完全确保光线成功地在光纤中传播。入射光线进入光纤的角度还必须确保光线进入光纤之后其折射角能满足下面的相位条件，这样才能确保光线在纤芯中传播：

$$\frac{2\pi n_1 d \sin\theta}{\lambda} + \delta = \pi m \tag{8.6}$$

其中 n_1 是光纤纤芯的折射率，λ 为纤芯中的光波长，d 为纤芯的直径，δ 为光线在光纤纤芯中每次经历全内反射时的相位变化，此外 $m = 1, 2, 3, \cdots$。

根据上式，角度 θ 实际上只能取一些离散的值，该结论间接地表明射入光纤的光线的入射角取值实际上是受到限制的。其中，当 $m = 0$ 时，$\theta = 0$，这对应着那些沿着光纤轴线平面传播的光线，它们在光纤中传播时不需要满足相位条件。当 $m = 1$ 时，第一阶模式的 θ 角度值 θ_1 表示如下：

$$\theta_1 = \sin^{-1}\left[\frac{\lambda(\pi - \delta)}{2\pi d n_1}\right] \tag{8.7}$$

θ_1 的值表明光纤内传播光线的第一个角度环。同理，其余光纤中传播模式的 θ 角度值也可通过将相应的 m 值代入式 (8.6) 来求得，直至达到 $\theta \leqslant \alpha$ 的上限为止。

8.1.1.1 光纤的类型

根据光纤纤芯的折射率分布不同，光纤可分为阶跃折射率 (SI) 光纤和梯度折射率 (GI) 光纤[3]，如图 8.4 所示。其中阶跃折射率光纤纤芯的折射率是均匀分布的，可表示为

$$n(r) = \begin{cases} n_1, & r < a \\ n_2, & r \geqslant a \end{cases} \tag{8.8}$$

然而，根据光信号在光纤中传播模式的不同，阶跃折射率光纤又可进一步分为单模光纤和多模光纤两类[4]。术语"多模"是指光信号在光纤中传播时可能存在多个模式或传播路径。光纤中支持的模式数量 V 由纤芯的折射率、直径和工作波长所决定。单模阶跃折射率光纤只允许光信号在光纤中沿一条光路径传播，即只存在一个模式。在多模阶跃折射率光纤中，光信号传播的模式数量 M_n 可近似表示为

$$M_n = \frac{V^2}{2} \tag{8.9}$$

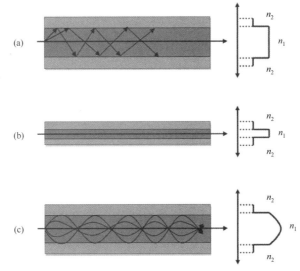

图 8.4　具有不同类型的折射率分布与传播路径的光纤：(a)多模阶跃折射率光纤
的折射率分布；(b)单模阶跃折射率光纤的折射率分布；(c)梯度折射率分布

其中 V 被称为归一化频率(或 V 值)，其表达式为

$$\begin{aligned} V &= 2\frac{\pi a}{\lambda}\sqrt{n_1^2 - n_2^2} \\ &= 2\frac{\pi a}{\lambda}(\mathrm{NA}) \end{aligned}$$

(8.10)

其中 a 为纤芯的半径。从上式可以看出，如果减小纤芯的半径，就可以减少光纤中传播的模式数 V。对于多模的硅光纤而言，其中可传输的总模式数 $M = 0.5V^2$，而对于多模掺锗光纤而言，其总模式数 $M \approx 0.25V^2$。对于 V 值表达式的分析与推导过程已经超出了本书的讨论范围，但是可以看出：当光纤纤芯的直径缩小至一定值时，可以使得光纤的 V 值小于 2.405，此时所有更高阶的模式都无法在光纤中传播，即光纤只能工作在单模状态下。

梯度折射率光纤或渐变折射率光纤的纤芯折射率在光纤的中心轴线上达到最大值，沿着光纤的径向，随距离增大，折射率逐渐递减。因此，在这样的光纤中，光线的传播路径服从正弦波路径。在梯度折射率光纤中，其折射率的径向分布近似为抛物线变化规律，这使得纤芯中传播的光纤呈现自聚焦的传播路径，因而可将光纤的模式色散降低至最小。梯度光纤的主要特点是它具有大的纤芯直径和数值孔径，这一点与阶跃折射率多模光纤类似，但梯度光纤拥有更大的信息传输能力，因而更加受到青睐。因为在此类光纤中，通过光纤中心轴线传播的光线(传播路径较短)比更高阶模式的光线(传播路径较长)"经历"了更高的介质折射率。这就意味着虽然更高阶模式比低阶模式传播的路径更长，但它们实际的传播速度更快。因而减少了模式色散，增加了光纤的传输带宽。

单模阶跃折射率光纤的纤芯/包层直径通常为 8/125 μm，而多模阶跃折射率光纤的纤芯/包层直径通常为 62.5/125 μm。制作光纤的基础材料是熔融石英(非结晶的)形态的纯二氧化硅(SiO_2)。该基础材料的折射率可以通过掺入杂质来改变。在实际使用中，人们通过掺入 B_2O_3 来降低光纤材料的折射率，通过掺入 P_2O_5 或 GeO_2 来提高光纤材料的折射率。

8.1.1.2　光纤中的信号畸变

当光信号在光纤中传播时，信号会发生畸变，其原因主要是受到两种现象的影响：色散和损耗。图 8.5 给出了输入光纤的光脉冲幅度由于损耗而降低，同时光脉冲宽度由于色散而展宽的现象示意图。

图 8.5　由于光纤色散而导致传播后的光脉冲展宽

色散　在数字光子通信系统中，待传输的信息首先经过编码形成光脉冲的形式，然后经光纤从发射机传输至接收机，并在接收机实现信息的解码。如果在单位时间内系统能够传输的光脉冲数越多，且在接收端能够正确解码，则说明系统的传输容量或带宽越大。当光脉冲沿着光纤传输时，其时间宽度会不断被展宽。这一现象被称为光纤色散。光纤色散可用光脉冲在光纤传输过程中的展宽程度来定义，可以用符号 Δt 来表示。当光脉冲在光纤中传输时，光纤的数值孔径、纤芯直径、折射率分布、光信号波长等因素都会导致脉冲被展宽，这些因素也就限制了光纤的总带宽。色散 Δt 可以表示为

$$\Delta t = \sqrt{\Delta t_{\text{out}} - \Delta t_{\text{in}}} \tag{8.11}$$

其中 Δt_{out} 和 Δt_{in} 分别表示光纤输出和输入光脉冲的宽度。此外，光纤的色散量也是光纤长度的函数。

　　色散对于光子通信系统总的负面影响是在信号接收端产生符号间干扰。当光纤传输后的光脉冲因色散而被展宽时，最终的影响是会导致光纤输出光脉冲的混叠，于是就产生了符号间干扰，此时接收机无法实现信息的正确解码。因此，当光子通信系统的输入脉冲速率超过一定的限制(即脉冲间距缩小)时，其输出端的光脉冲会由于色散展宽效应而产生符号间干扰，此时系统输出的数据就无法得到识别。光纤中存在不同的色散因素，这些色散因素的叠加就构成了一段特定长度光纤的总色散。这些色散产生的因素包括以下几方面。

　　模间色散：模间色散是由于光纤中传播的低阶模式(光纤中靠近光纤中心轴线传播的光线或模式)和高阶模式(光纤中那些在纤芯-包层界面入射角更小的传播光线或模式)之间的时延差造成的。模间色散是限制多模光纤带宽的主要因素，而它在单模光纤中不存在，也不会造成任何影响，因为单模光纤中只允许一种光线传播模式存在。

　　色度色散：色度色散是由于不同波长的光在光纤中以略微不同的速度传播而导致的脉冲展宽现象。光子通信系统中所使用的光源都具有一定的光谱线宽，因此它们输出的光波中都包含了许多波长分量。由于石英光线的折射率是波长的函数，因此不同波长的光在光纤中以不同的速度传播，这就产生了色度色散效应。光纤的色度色散通常以纳秒/千米(ns/km)或皮秒/千米(ps/km)为单位来衡量。色度色散也分为两个分量，即材料色散和波导色散。材料色散是由于石英的折射率与光的波长相关而造成的，波导色散是由于光纤波导的物理结构造成的。根据光纤中所传播光的波长范围的不同，材料色散与波导色散的符号(或斜率)可以相同或相反。

　　在单模阶跃折射率光纤中，材料色散和波导色散在 1310 nm 波长处会彼此抵消，产生光纤的零色散波长点，因此在该波长处可实现大带宽的光纤通信。但由于光纤的零色散波长为

1310 nm，而其最低损耗波长为 1550 nm，二者不匹配，因此人们提出了一种特殊的零色散位移光纤。零色散位移光纤通过改变光纤的波导色散斜率，将其 1310 nm 处的零色散波长点移动至 1550 nm 的低损耗传输波长。其中波导色散的改变是通过改变光纤的折射率分布，并将其为负值的波导色散斜率设计得更大来实现的。它与为正值的材料色散斜率组合，部分相互抵消，最后导致了光纤的零色散点移动至 1550 nm 的波长点，甚至还可以向更长的波长方向移动[5]。

光纤的总色散 Δt_{tot} 可近似表示为

$$\Delta t_{\text{tot}} = [\Delta t_{\text{modal}}^2 + \Delta t_{\text{crom}}^2]^{1/2} \tag{8.12}$$

光纤的传输容量通常可以表示为“带宽 × 距离积”的形式。比如，典型的 62.5/125 μm（纤芯/包层直径）多模光纤工作在 1310 nm 波长，其“带宽 × 距离积”为 600 MHz·km。光纤的带宽（BW）可近似地用总色散量表示为 $\text{BW}(\text{Hz}) = 0.35/\Delta t_{\text{tot}}$。

损耗　光纤中的损耗现象是造成光纤中传输信号畸变的另一大原因。而且，光纤的损耗也决定了光子通信系统中工作波长的选择。产生光纤损耗的因素有很多，比如瑞利散射、金属杂质吸收、OH 根离子吸收和石英分子的本征吸收。瑞利散射损耗随着 λ^{-4} 成正比变化，即长波长光信号比短波长光信号的瑞利散射效应更小。

瑞利散射产生的损耗（单位：dB/km）随光信号的波长从 800 nm 增至 1550 nm 而逐渐减小。在 1240 nm 和 1380 nm 波长处，存在两个光纤吸收（损耗）峰，它们分别是由光纤中的 OH 根离子和金属杂质离子造成的，这些杂质往往都是在光纤的制造过程中被引入的。因此，低损耗光纤的制造对于光纤杂质水平的控制要求是很严格的。如果上述这两种杂质能够被完全去除，则位于上述两个波长的光纤吸收峰也会消失。对于 $\lambda > 1600$ nm 的波长范围，光纤损耗的增加主要是由于石英分子对红外光的吸收造成的。这是二氧化硅的本征特性，即使消除光纤中的杂质，也无法消除这样的红外吸收损耗。

光子通信系统中所使用的典型光纤传输波长为 850 nm、1310 nm 和 1550 nm。图 8.6 给出了一个典型二氧化硅光纤的损耗（此处指单位光纤长度的损耗）随波长分布的函数曲线。从图中可以看到：光纤存在两个低损耗窗口，其光纤损耗达到了局部最小值。第一个低损耗窗口在 1300 nm 附近（在此，光纤的典型损耗值小于 1 dB/km），此处光纤的材料吸收可以忽略。然而，在 1550 nm 低损耗窗口附近，光纤典型的最低损耗值仅有 0.2 dB/km。而且第二个窗口对于光子通信系统而言极为重要，因为光子通信系统可在该波段使用掺铒光纤放大器来补偿光纤的损耗。

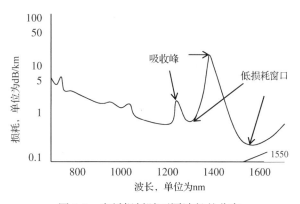

图 8.6　光纤损耗随不同波长的分布

对于长度为 L（单位：km）的光纤，如果用 P_{in} 和 P_{out} 来分别表示光纤的输入和输出功率，则光纤的损耗系数（单位：dB/km）定义为

$$\alpha = \frac{10}{L} \log_{10} \frac{P_{in}}{p_{out}} \tag{8.13}$$

8.1.2　点到点光纤链路

点到点光纤链路是构建任何光子通信系统的基本组成部分。绝大多数常见的点到点通信链路都是由一个链路连接的两个端点构成的。对于一般的配置而言，链路的端点可以是一台计算机或一个终端，它可以位于一个孤立的位置或与网络存在物理上的连接。"通信链路"这一术语指的是连接网络节点的硬件和软件。链路的作用是传输信息，通常是以数字比特流的形式传输，而且是非常精确地从网络中的一点至另一点传输信息。对于短距离的通信，其链路的长度可能小于 1 km，而对于长距离的链路，其长度可达上千 km。当链路长度超过一定值时，链路中信号的损耗有可能成为一个需要关注的问题。为此，需要沿链路在一定的距离跨度之间周期性地插入信号放大器或再生器/中继器来克服损耗所造成的影响。信号再生器通常由一个接收器和一个发送器组成。

对于设计一个可靠光纤链路的设计者而言，利用光纤光学链路的设计标准，从用户获得数据并形成最基础和最重要的信息参数。用户指定的第一个重要信息是用户希望的数据传输速率。然而，光纤中存在的色散会限制链路能可靠传输的最大数据传输速率。设计者需要考虑的第二个信息是光纤链路的长度，据此链路设计者还可根据链路的性能要求来确定光纤链路上信号再生器的位置。除了这两个最主要的链路设计标准，链路设计者还需要考虑一些额外的参数来确保光纤链路设计的性能更好、信号传输质量更优。这些额外的参数包括信号的调制方式、系统信号传输的保真度、链路的成本，以及链路所需的组件是否已商用等。

在光纤链路的设计中，光源和接收机的光功率通常以 dBm 为单位。它是以 1 mW 功率为参考得出的以 dB 为单位的相对值，即 1 mW 就对应于 0 dBm。如此，实际功率每增加 10 倍，以 dBm 为单位的光功率就增加 10 个单位。对于一个基于激光器光源的典型光发射机，其输出光功率通常在 3～5 dBm 范围。而一个典型的光接收机需要接收到 -30～-40 dBm 的光功率才能确保接收信号的误码率（BER）在 10^{-9} 量级。

8.1.2.1　链路的光损耗预算

如果确定了光纤链路中发射机的输出光功率 P_s 和接收机的灵敏度 P_r，则光纤链路中所允许的最大光损耗就是这两个功率的差值。损耗可产生于链路中的各个环节，比如光纤连接器、光纤熔接、光纤本身，还有系统中可能出现的其他损耗。为此通常需要考虑一定的链路损耗富余度。点到点光纤链路中需要预留 6 dB 的损耗富余度。链路中的总损耗应该是上述所有损耗之和。因此，链路中所允许的最大损耗 α_{max}（单位：dB）为 $(P_s - P_r)$，且 α_{max} 的表达式为

$$\alpha_{max} = \alpha_{fibre} + \alpha_{connectors} + \alpha_{splices} + \alpha_{system} \tag{8.14}$$

在不影响通信链路 BER 性能的前提条件下，链路设计中所能使用的最大光纤传输长度 L_{max} 可由下式确定：

$$L_{max} = \frac{\alpha_{fibre}}{损耗/km} \tag{8.15}$$

8.1.2.2　链路的上升时间预算

　　光纤链路设计的下一步工作是对其上升时间进行预算。通信系统的上升时间是指对于一个特定的输入，该系统的响应从初始状态上升到其稳态响应 90%时所需的时间。通信系统的上升时间与它的带宽成反比，因此通过分析链路的上升时间，可以得到链路的有效带宽。光子通信系统的上升时间 t_{sys} 可由其发射机上升时间 t_{tx}、接收机上升时间 t_{rx} 和与光纤信道色散 $D\beta_\lambda L$（其中 D 是光纤的色散系数，β_λ 是光源的谱宽，L 为光纤链路的长度）相关的上升时间的均方根来计算，即链路的上升时间预算为

$$t_{\text{sys}} = [t_{tx}^2 + D^2\beta_\lambda^2 + t_{rx}^2]^{1/2} \tag{8.16}$$

为了保证光纤链路达到满意的信号传输效果，其上升时间在所定义的数据传输速率条件下应该小于或等于链路中信息比特持续时间的 70%。

8.1.2.3　信号调制格式

　　图 8.7 给出了光子通信系统中常用的调制格式。光子通信系统中常用的码型为归零码(RZ)和非归零码(NRZ)，常用的编码调制格式为二电平分组编码 $nBmB$，其最简单的形式是 1B2B 编码。这种编码通常被称为曼彻斯特(Manchester)或二相位编码，是光纤通信中一种颇受青睐的调制格式。对于 RZ 码型，每个表示比特“1”的光脉冲持续时间比它的比特周期短，光脉冲的幅度在比特持续时间结束之前就归零了。对于 NRZ 码型，表示比特“1”的光脉冲的时间长度充满它的整个比特周期，它的幅度在两个或多个连续的比特“1”之间都不归零。此时，光脉冲的持续时间取决于比特图样。但对 RZ 码型而言，其脉冲的持续时间则不随比特图样变化。使用 NRZ 码型的优点是，NRZ 比特流比 RZ 比特流的带宽小一半，因为对于 NRZ 码型而言，光信号在传输过程中所经历的开-关转换的次数更少。当采用 1B2B 编码时，链路中不存在两个以上连续相同的比特符号。但由于该编码用两个符号来传输一个比特的信息，因此存在 50%的冗余，信息传输需要两倍的带宽[6]。为此，目前已有很多改进的编码方式[7]。

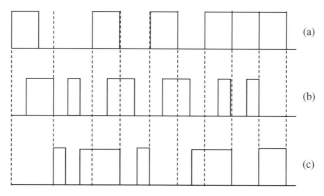

图 8.7　光子通信系统中的调制格式

　　为了尽量减少光信号传输所占用的频谱带宽，而不降低其承载信息或数据的能力，链路中需要采用频谱效率更高的编码调制格式，比如交替传号反转(AMI)编码或双二进制(DB)编码。在某些情况下，链路中还会采用具有三个电平的三元编码方案（即使用二进制的“0”“1”，再加上“2”），但此时编码需要使用三个电平：0，+V、–V。

8.1.2.4　系统性能

　　若光子通信系统中传输的是随机的无（直流）偏置的数据光信号，则系统中传输光信号的平均功率是我们所感兴趣的质量指标。此时系统中一定存在某一最小的平均功率值，使得接收机能够准确地接收传输的数据。设 P_1 是接收机接收到逻辑电平"1"时光电探测器上所检测到的平均光功率，P_0 是接收机接收到逻辑电平"0"时光电探测器上所检测到的平均光功率。假设 I_1 和 I_0 分别为光电探测器接收到逻辑电平"1"和"0"时所分别产生的光电流。不失一般性，可以假设 $P_0 = 0$，因此 $I_0 = 0$，则接收机接收到的平均功率为 $P_1/2$。在接收到两个逻辑电平"1"和"0"时，系统接收机所产生的噪声可通过研究这两种情况下探测器中的光电流方差来进行分析。当接收到逻辑电平"0"时，接收机没有输入光信号，光电探测器输出的噪声主要为热噪声。因此，对于接收机收到逻辑电平"0"的情况，其电流方差为 $\sigma_0^2 = \sigma_T^2$，其中 σ_T^2 表征了接收机中的热噪声方差。当接收到逻辑电平"1"时，接收机中光电二极管输出信号的噪声分量由两种类型的噪声组成，即散粒噪声和热噪声。因此，总的噪声方差 σ_1^2 是散粒噪声方差和热噪声方差之和。当接收机收到的光功率较大时，热噪声与散粒噪声相比几乎可以忽略。在接收光功率较低的情况下，为达到预期的 BER 性能，所需的平均光功率与系统带宽平方根成正比。因为系统带宽与数据传输速率成正比，当传输速率增高时，为达到预期 BER 所需的最小光功率也会增加。然而，所需的最小光功率随系统带宽增加的速度并不快，因为所需光功率是随着系统带宽平方根的变化而变化的。

8.1.3　长距离光子通信系统

　　光子通信系统的应用可粗略地分为两类：长距离通信和短距离通信，这样分类的主要依据是看光子通信系统中光信号的传输距离与典型的城域内通信距离相比是较长还是较短。短距离光子通信系统的数据传输速率通常较低，其传输距离一般也仅限于一个城市之内，通常小于 10 km。长距离通信系统则可跨越几千 km 的传输距离，比如越洋水下通信系统。长距离通信系统中需要大容量的干线链路，通常每隔 100～200 km 就需要使用信号再生器在电域中对光信号进行再生。此外，对于上千 km 的长距离光子通信系统，还可以使用全光放大器来提高信号的功率。长距离光子通信系统的主要特征是用户之间的通信距离更长（包括不同省之间、不同国家之间，甚至遍布全世界）以及更高的业务容量和密度。通信链路通常会途经大型的交换中心和中心局，而且系统中往往还有无须人工干预的自动话务和信息交换系统[8]。对于长距离、大容量的通信网络而言，基于光纤的通信技术已成为各个国家的首选技术，因为它具有可靠性高且成本有效性更好的优势。但由于光纤中信号传输的损耗和色散效应，光信号在系统中随着传输距离的增加，其幅度也会不断下降。因此，需要在长距离的传输链路中等距离、周期性地配置以光放大器为主的信号再生器，从而不断放大和增加光信号的强度。

8.2　自由空间光子通信

　　自由空间光子通信与使用光纤的光子通信方式相比，具有如下优势。第一，自由空间光子通信的通信介质是大气，它是几乎没有双折射的介质，因此可以保持光子在传播过程中的偏振态。这样，大气信道可以被认为是没有噪声的信道。第二，大气对于特定波长的光信号的吸收损耗相对较小，因而可以实现长距离信号传输。第三，由于不需要事先铺设光纤，自由空间光子通信系统往往更加便于部署。然而，大气中会时而出现不可预见的大气运动，在自由空间光子通信系统中必须要给予充分的考虑，尤其是在那些需要正确检测光子状态的光子通信系统中。

　　大气中包含多种参数不同的大气层。一般而言，每一层大气中的气流运动都取决于它的温度、高度和湍流程度。如果自由空间光子通信系统中光信号的传播轨迹是垂直的，就像在天文观测、深空通信或卫星通信中那样，则各层大气的运动效应，比如湍流所导致的大气密度不均匀性、温度的变化等都需要在信道建模中考虑。此时，大气信号模型的计算会变得十分复杂。

8.2.1　近地自由空间光子链路

　　大气层中距离地面最近的一层被称为对流层，它也是大气密度最大的一层。实际上，这一层的大气密度是随高度均匀分布的，其总高度(厚度)为 8~17 km(在赤道附近厚度较大，在地球两极厚度较小)。因为更高的密度就意味着更大的光信号传输损耗，因此近地水平自由空间光子通信的距离一般不超过 8 km。一般而言，大气对传输中光信号的影响会不断变化，但这种变化往往具有暂时性和局部性的特点。下面介绍了大气中一些影响光信号传输的现象。

8.2.1.1　衍射

　　自由空间光子通信系统中的光源(这里是激光器)可被认为是一个高斯电磁波束，也就是说，光束的强度和沿光束截面的横向电场的分布服从高斯分布。光束半径是光束的束腰宽度，表示为 w_0，光束的局部半径设为 $w(z)$，定义为光束截面内光场强度从光束中心沿其半径方向降低到光束中心(或者更准确地说是光束中轴线)光场强度的 $1/e$ 时的距离。光束中某一点的光强取决于该点距光束中轴线的距离 r 及其与光束束腰 w 的距离 z，可表示为 $I(r, z)$：

$$I(r, z) = I_0 \left[\frac{w_0}{w_z} \right]^2 \exp \left[\frac{-2r^2}{w(z)^2} \right] \tag{8.17}$$

其中 I_0 为常数，表示光源输出的光强，即 $w = r = 0$ 处的光强，该强度是关于时间的平均值，$w(z)$ 可以表示为

$$w(z) = w_0 \sqrt{1 + \frac{z}{z_R^2}} \tag{8.18}$$

其中，$z_R = \dfrac{\pi^2}{w_0} \lambda$ 被称为瑞利波前，当 $z = z_R$ 时，上式中的 $w(z)$ 达到最大值。

　　衍射效应会导致光束在空间传输中不断扩散。该现象与光信号的波长有关，而与大气无关，也不依赖于大气的状态。对于一个特定的波长，光束的扩散程度是通信距离的函数。在通信系统的接收端，光束半径越小，光束与接收机的耦合效率越高，检测效率也就越高。经过数学分析可以得到：如果传输距离为 D、波长为 λ，则系统中的最佳光束半径为 $w_0^{\text{opt}} = \sqrt{\dfrac{\lambda D}{\pi}}$。

8.2.1.2　吸收

　　吸收损耗会对光束在大气中的传输造成严重影响。这种影响与天气情况和信号的频率都

紧密相关。比如，有雾的天气会使光信号产生很大的损耗，但对于射频（RF）信号的损耗影响却很小。然而，小雨天气对于光信号的损耗影响较小，而对于 RF 信号的损耗影响较大。由于大气影响，光信号的损耗随传输距离呈指数变化规律，可定义一个吸收损耗因子 α_{abs}，它的单位为 dB/km。由此，光强随大气传输距离的变化可表示为

$$I(\lambda, z) = I_0(\lambda)\mathrm{e}^{-z\alpha_{abs}(\lambda)} \tag{8.19}$$

其中 $I(\lambda, z)$ 为信号传输距离为 z 时的光强，I_0 为光源输出的光强，α_{abs} 为吸收损耗因子，λ 为光信号的波长。

已有研究表明，光和射频通信窗口的大气具有良好的透明性。这就是为什么通过选择合适的波长，就可以将光信号应用于长距离大气光子通信系统。

8.2.1.3　散射

大气散射也会劣化光子通信系统接收的光能量，与大气吸收的情况类似，但是存在两种不同的散射类型。第一种是弹性散射，它是由尺寸比通信光波长更小的分子扰动造成的，这样的散射也被称为瑞利散射。瑞利散射的强度与光波长的四次方成反比。因此，如果增加波长，可以快速降低这种散射效应的影响。然而，对于光子通信而言，这种散射效应不可忽视，因为光的波长很短。第二种散射效应被称为米氏散射，它与空气中的气溶胶或是空气中尺寸与波长可比拟的颗粒有关。信号散射强度与光信号的频率、空气杂质颗粒的尺寸以及气溶胶的分布和组成都有关。

8.2.1.4　大气闪烁

激光束通过大气传播后，最终的光束尺寸总会比只考虑衍射效应时光斑的展宽尺寸更大。这是由于光束在大气中的不断折射造成的，这一现象被称为大气闪烁，它使得信号光束变得不相干且进一步扩散。大气闪烁对于激光束的传播有两方面的影响，会同时改变光束的幅度和相位。第一个方面的影响是造成光束展宽，这是由空气中的小旋涡造成的。第二个方面的影响是造成光束的漂移，这是由空气中相对较大的旋涡造成的。上述这两种影响都会对大气光子通信系统接收端的光束对准和光束跟踪带来巨大的挑战。

8.3　光子通信网络

术语"光网络"（或更常见的表述是"光子通信网络"），是指基于光子技术和光子器件的大容量信息通信网络，它可在波长级别上提供容量、预留资源、实现路由以及进行（业务）疏导或恢复。光子通信网络与其他网络，比如无线通信网络或基于同轴电缆/电力传输线的信号传输网络相比，能有效降低每千米发送每个比特（信息）的传输成本[9]。

当前光子通信网络的应用领域涉及传输网络的各个层面，包括骨干网、城域网和接入网。其中骨干网和城域网的特点是传输速率高、传输距离长。在这样的网络中，光子技术的应用为主导。接入网承载小型业务节点之间的不同数据流，这些小型业务节点对业务进行复用/解复用，并提供至骨干网的业务连接。如今，光子通信网络的应用已经延伸到了接入网。

光子信息传输领域的两项重大发明导致了单根光纤的多通道传输技术的出现，即多个波长可以经过复用在同一根光纤中传输。这两项发明是波分复用（WDM）技术和掺铒光纤放大

器(EDFA)技术。EDFA 可以对光纤中传输的多个波长的光信号进行同时放大,而不需要对每个波长都采用一个放大器。

光子通信网络也采用了电子通信和计算机通信网络中通用的网络拓扑,一个大的网络可能由多个具有不同拓扑结构的子网络组成,这些拓扑包括以下几种。

1. 点到点链状拓扑:指两个节点/站点或端点之间的通信连接。

2. 星形拓扑:包括一个能将输入光功率分为多路输出的星形耦合器。根据数据是只传输到特定的节点/站点还是广播到全网的所有节点,网络中的星形耦合器可以是有源的或无源的。来自网络中任何一个节点/站点的信息都可以通过这个耦合器传输至另一个节点/站点。

3. 总线拓扑:在该拓扑结构中,网络的所有节点/站点都连接到一条总线上。来自网络中某一个节点的信息通过这条总线传输到连接在同一总线上的其他各个节点/站点。信息可沿着总线朝着两个方向传输。

4. 环形拓扑:网络中的所有节点/站点都通过光耦合器点到点依次连接成环形。

图 8.8 给出了上述各种网络拓扑的结构图。目前,业界已经提出了全光节点的概念,其关键部件是全光开关。这个部件具有全光接口,可以在光域中对多波长信号进行切换。这样,那些承载旁路业务的波长就可以保持在光域中通过该网络节点。因此,采用全光节点可以减少光子通信网络中使用的大量电子组件[10]。

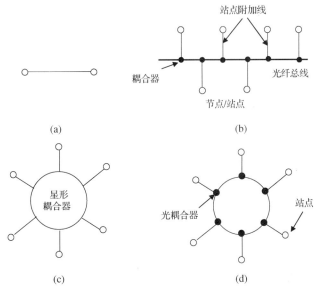

图 8.8　不同的网络拓扑:(a)点到点链状拓扑;(b)总线拓扑;(c)星形拓扑;(d)环形拓扑

根据光子通信网络相关技术的发展阶段,可将光子通信网络[8]划分为两代:

1. 第一代光子通信网络工作于单根光纤的一个波长,是不透明的,也就说,光通路中的信号由中继器再生。所有的信号切换与处理功能均在网络的电子层中完成。该网络技术采用光纤分布数据接口(FDDI)和同步光网络/同步数字体系(SONET/SDH)。该架构中定义了标准的线速率、编码方案、比特率分级结构和各模块的功能。网元和网络结构也是标准化的。

2. 第二代光子通信网络使用波分复用(WDM)技术。当前的骨干核心网和城域光网络主要依赖基于 WDM 的大容量光传输链路。除了能够提供单纤大容量的传输能力，第二代光子通信网络中还基于电子或光子开关节点实现了波长路由的功能。多波长光路由是第二代光子通信网络的一个突出特点[11]。

FDDI 架构中使用了双光纤连接，每一组的数据传输速率为 100 Mbps，信息数据被编码为一定的比特图样，成本相对较高。FDDI 架构通常用于互联网服务提供商(ISP)的对等节点处，为不同的 ISP 之间提供互连。FDDI 中可采用多模光纤，最大传输距离为 2 km。FDDI 中也可使用单模光纤，传输距离可达 40 km。工作在 850 nm、1300 nm 和 1550 nm 的光子发射机都可用于 FDDI 网络中[12]。一般而言，FDDI 网络采用环形拓扑，如图 8.9 所示。该环形网络中的所有节点或工作站(WS)都由一个双纤环路串联。其中一个光纤环路为主要环路，处于工作状态，另一个环路为备用环路，处于备用状态。当出现光纤断裂故障时，两个环路都会进入工作状态，如图 8.9(b)所示。

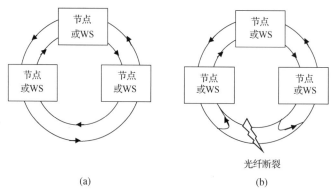

图 8.9　FDDI 网络拓扑：(a) FDDI 网络中的双纤环路；(b) 当光纤断裂时，FDDI 网络中的主要、备用环路均进入工作状态

SONET 标准主要用于北美洲，而 SDH 网络主要用于欧洲、日本和其他国家。SONET 基次群的数据传输速率为 51.84 Mbps，而 SDH 基次群的数据传输速率为 155.52 Mbps，它被称为第一阶同步传输模块(STM-1)。SONET/SDH 网络的拓扑或配置的选择如下。

1. 点到点链状拓扑：采用这种拓扑时，网络的节点可以使用终端复用器(TM)或线路终端设备(LTE)。

2. 线性拓扑：采用这种拓扑时，在上述点到点链路中的两个 TM 之间接入了分插复用器(ADM)。

3. 环形拓扑：采用这种拓扑时，网络节点通过单向通路倒换环(UPSR)或双向通路倒换环(BLSR)接入网络。

SONET/SDH 环可以是单向或双向的。SONET/SDH 环被称为自愈环，因为当某一环路上传输的业务中断或业务质量劣化到一定程度时，该环路能自动地将业务切换到备用环路上来实现自愈功能。在 SONET/SDH 自愈环中，当某一链路中由于发射机或接收机故障以及光纤断裂而导致业务失效时，环路可基于自动保护倒换(APS)协议实现业务的自动恢复，且业务恢复时间少于 60 ms。之所以能够实现业务的保护和恢复，是因为在网络的每个节点中都有两套设备分别连接两根不同的光纤(即工作光纤和保护光纤)。SONET/SDH 节点同时在这两根光纤上发送业务，而目的节点总是选择业务质量最好的一路信号。所以当出现链路故障时，业务传输几乎不受影响。这种 SONET/SDH 自愈环中的业务保护可以是链路级保护或通路级保护。

8.3.1　波分复用(WDM)

　　光子复用器的主要功能是将两个或多个波长的信号合路至同一根光纤中传输。光纤网络能提供巨大的带宽(约为 100 THz)。波分复用(WDM)是一种能够将来自不同激光器的多波长光载波信号合并到一根光纤中传输的技术[13]。光源的波长可在 1530～1610 nm 之间选取[14]。如图 8.10 所示，基于 WDM 技术，一些不同波长的信号就可以在同一根光纤中传输。因此，除了能增大光纤通信的容量，WDM 技术也使得单纤双向的信号传输成为可能。

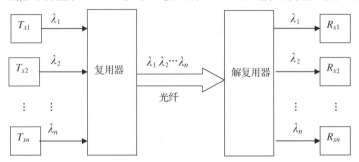

图 8.10　光纤通信中的 WDM 技术

　　图 8.10 中的发射机模块(T_x)表示单个光发射机。而 T_x 本身也可能表示其他发射机阵列输出的信号，如此可以形成复用的等级结构。而且，发射机模块也可能是一个时分复用系统，其输出为时分复用信号。最终，这些发射机在相应波长上发出的信号(依据 ITU G.692 标准)经波分复用器合路，并注入光纤传输至接收端。该通信系统中包含多个发射机和接收机，但是从其拓扑类型来看，它仍然属于点到点链路。在链路沿线需要周期性地插入光放大器或再生器来确保光通信链路的性能，并获得最小的 BER。在接收端，波分复用信号再经波长解复用器解复用。不同的接收机接收它们各自波长的信号，并对这些信号做进一步的处理，最后再发送给终端用户[15]。

　　总之，在 WDM 系统中，来自多个发射机的信号在发送端经波分复用器合路，在接收端经波长解复用器分路并传输至不同的接收机，其中相邻波长通道之间的频率间隔为 25～100 GHz 范围。现代 WDM 系统可在单根光纤中实现约 160 路波长，因此可将以往单波长光子通信系统的数据传输速率从 10 Gbps 提升至 1.6 Tbps。通常，WDM 系统中都使用单模光纤，但是WDM 技术也可用于纤芯直径为 50 μm 或 62.5 μm 的多模光纤[16]。

　　WDM 系统可以分为粗波分复用(CWDM)和密集波分复用(DWDM)两类。CWDM 系统在 1.550 μm 波长附近的光纤传输窗口(称之为 C 波段)可以提供 8 个波长，而 DWDM 系统可在同一波段提供更多的波长。然而与 DWDM 相比，CWDM 系统增加了波长之间的间隔，因此可以使用性能较低、更廉价的光信号发射机/接收机。在 CWDM 波长范围，没有可用的光放大器，因此其光子通信距离通常仅限于几十千米以内。DWDM 系统中可采用 40 个间隔为100 GHz 的波长或 80 个间隔为 50 GHz 的波长，甚至可以使用间隔为 12.5 GHz 的波长，而光纤中的波长数量还可以更多。DWDM 系统的一些主要优势为：(a)只需对系统做较少的改动就可以实现光子通信系统的扩容；(b)对业务透明，因为通道容量的升级与数据传输的定时信息无关；(c)波长本身还可以作为业务路由的目的地址；(d)当波长阻塞或由于其他网络因素而导致所需的波长无法获得时，可以进行波长切换。

8.3.1.1 路由拓扑

所谓路由，是指在网络中选择最佳路径的过程。波长路由器是 WDM 网络中的重要组件，在绝大多数长距离光子通信网络中都很常用。波长路由需要光子开关、交叉连接器等。全光网络早期的发展主要基于光网络节点中的核心器件，包括无源分光器、耦合器和广播星形耦合器。当波长数给定时，这种无源网络可支持相对较少的连接数量。

图 8.11 中的波长路由网络是基于电路交换的网络。而根据网络节点/站点处路由信息的分配方式不同，路由机制又可以分为：(a)单播，(b)广播，(c)选播，(d)组播，(e)基于位置的多播，[(a)~(d)如图 8.12 所示]。单播路由器将信息发送到一个单一的特定节点/站点，而广播路由器将信息发送到网络中的所有节点。类似地，选播路由器将信息传输至网络中某一组节点之外的任何节点，典型情况是将信息传输到网络中距离信息源节点最近的那个节点。组播路由器仅将信息传输至对该信息感兴趣的一组节点。

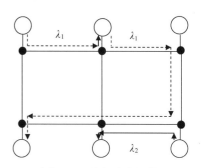

图 8.11 波长路由网络

基于位置的多播路由器将信息传输至同属一个较大地理范围中的所有节点。

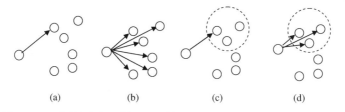

图 8.12 不同的路由机制：(a)单播；(b)广播；(c)选播；(d)组播

根据网络中所使用的路由表是人工生成还是自动生成的，光子通信网络的路由拓扑可以是静态/非自适应的或者自适应的类型。采用人工预先计算的路由表的方式主要适用于小型的光子通信网络，但对于较大的和复杂的网络，这种依靠人工预先计算的路由表的方式就会变得不可行。因此，动态或自适应路由表的需求也就出现了，这种路由表是根据每次路由的需求由网络自动创建的。自适应路由表基于某种路由算法来计算网络中节点之间的最佳路径。下面介绍了一些常见的路由算法。

距离矢量路由算法：该算法为光网络中每个节点之间的链路分配一个代价因子。最佳路径的标准是一个节点将信息通过该路径传输到另一个节点时，信息经过路径上所有链路的代价之和是最小的。为此，网络中的节点需要计算网络中所有相邻节点之间的代价因子(或距离)。然后，该节点到网络中所有其他节点的距离信息和该节点向其发送信息的下一跳节点都要被存储在这个节点的路由表或距离表中。随着计算过程不断推进，最终网络中的所有节点都知晓它通往所有目的节点的最佳下一跳节点，以及达到这些节点的最小代价。当网络中存在一个失效节点时，这个网络节点的路由表需要将到达这个失效节点的下一跳信息删除，并创建一个新的路由表。接下来，该节点还要把更新的路由信息传递给所有与它相邻的节点，而这些相邻的节点也会重复上述的路由表更新过程。

链路状态路由算法：对于此类路由算法，网络中的每个节点都需要保存网络拓扑图。而为了确保每个节点都能获得这个网络拓扑图，每个网络节点都需要将它能够连接的网络节点信息在整个网络上泛洪，其他的每个节点都可以根据这些消息生成自己的网络拓扑图。基于这个网络拓扑图，每个节点路由器都可以独立地计算它到网络其他节点的最小代价路径或最短路径，最终可实现路由表的建立。路由表信息中明确了当前节点到网络中其他任何节点的最佳下一跳节点。

优化链路状态路由算法：优化链路状态路由算法主要是针对移动自组织(Ad Hoc)网络的应用而设计的。在该算法中，每个网络节点发现 2 跳相邻节点的信息并选出一组多跳中继(MPR)路由。

路径矢量协议算法：路径矢量协议算法与上述三种算法不同，它主要用于多域网络中的域间路由。在多域网络中，每个域中有一个称之为代表节点(speaker node)的节点，它代表整个独立的网域来完成路由计算。代表节点创建一个路由表，并将该路由表信息传递至相邻网域的代表节点。路径矢量协议算法与前面的距离矢量路由算法的核心思想相同，只是在路径矢量协议下，网络中只有每个路由域中的代表节点之间能够相互通信。因为在该协议下，一条路径由它的两个目的节点之间的路径属性来定义，故得名路径矢量协议。

8.3.1.2　光子交叉连接

光子交叉连接是一种全光交换机制。光子交叉连接器从输入端口选出一个特定波长的信号，并对其进行转换，然后复用至输出端口。基于该组件，可以直接将 n 个网络节点互连成任意结构的网状光网络。广域 WDM 网络中需要动态地对波长通道实现路由，从而实现对网络的重构并保持其无阻塞的特性。为了支持 Gbps 量级的传输速率，在光网络中通过使用光放大器和密集波分复技术，提高了光纤的传输容量。但为了应对网络容量不断增加的挑战，人们提出能够基于波长实现业务交换的光子交叉连接器。光子交叉连接不仅可由其交换机制来定义，还可以由连接器的介质来定义，因此可以分为两类，即自由空间交叉连接器和波导交叉连接器。这些光子交叉连接器与以往光网络节点中采用的数字交叉连接器相比，具有多方面的优势，因为它们内部的串扰可以忽略，而且能提供更大的交换带宽。

光子交叉连接器由 N 个输入端口、N 个输出端口和开关矩阵构成，其中开关矩阵定义了任意输入端口与一个或多个输出端口之间的连接关系。从数学上来看，它的模型可用一个交叉连接器矩阵来描述。设 I_K 为输入端口 K 处的光信号强度，O_L 是输出端口 L 处的光信号强度，T_{KL} 表示光子交叉连接器的传输矩阵，该模型的表达式为

$$O_L = \sum T_{KL} I_K \tag{8.20}$$

光子交叉连接器的结构如图 8.13 所示，传输矩阵的性能会受到连接器介质吸收效应和色散效应的影响。在理想条件下，上式中的 T_{KL} 这一项为 1 或者 0，分别表示连接的建立或断开，而其中的连接损耗和色散都为零。

尽管目前光网络中数据、语音和视频信号的传输

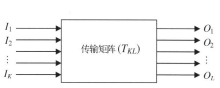

图 8.13　光子交叉连接器的模型

还部分地依赖于数字交叉连接器、复用器、路由器和高性能的开关，但在未来的光网络中将会更多地使用光子交叉连接器来应对不断增长的带宽容量需求，实现超高速的光网络信息交换。

对于绝大多数的通信网络而言，通道的交叉连接都是其中的一个核心功能。在电子通信系统中，大规模的交叉连接主要是基于集成电路实现的[17]。在光子通信系统中也需要类似的大规模交叉连接。这种光通道的交叉连接可基于以下两种方式实现：

1. 先将光数据流转换为电数据，然后再利用电子交叉连接技术实现交换，最后再将电数据流转换回光数据。这种方式被称为光-电混合交换。
2. 直接在光域中实现的光子交叉连接。这种方式被称为全光交换。

光-电混合交换方式目前比较流行，因为当前大带宽、多通道（$N \times N$）、无阻塞的电子交叉连接器的设计与制作技术都已经相当成熟，其中 N 可达上千量级。而全光交换主要用于大带宽、通道数较少的交换矩阵中（比如光路由器中）。由于受到技术水平的限制，目前全光交换可实现的最大 N 为 32。实现 N 为 1000 的光子交叉连接器虽充满挑战，但却极具发展前景。

8.3.1.3 分插复用器

当光子通信网络中的 WDM 节点处需要插入或分出一个或多个通道，而不希望影响其他通道时，就需要用到分插复用器[18]。这种分插复用器可用在光通信链路中的不同位置，从而实现对选定通道的分出或插入操作，从而增加了光网络的灵活性。图 8.14 的框图中展示了分插复用器的基本功能，其功能主要包括：对输入的 WDM 信号进行解复用，然后基于光开关对选定通道进行分出或插入操作，最后再将所有信号复用起来。图 8.15 给出了基于光开关/光栅的分插复用器的结构示意图。

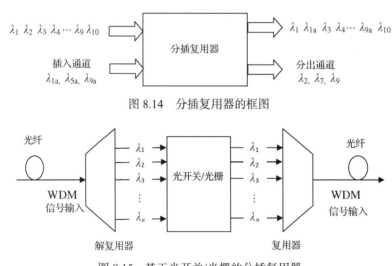

图 8.14　分插复用器的框图

图 8.15　基于光开关/光栅的分插复用器

根据光通信链路是否为专用的，分插复用器可以分为固定的或可重构的两类。如果光通信链路是专用的，则其中光的分出或插入操作也是固定的，此时多采用固定的分插复用器。而可重构的分插复用器可根据网络的需要，利用电子技术改变链路中不同的分出或插入操作，因此更有助于旁路失效的链路和进行系统升级。

8.3.1.4　分插滤波器

分插滤波器的功能是滤出一个特定的波长通道而不影响其他的 WDM 信号。在光网络中，如果不需要使用分插复用器对所有波分复用通道进行解复用，而只是需要从中提取某一个通道，那么这种情况下就可以在 WDM 系统中使用分插滤波器。它的基本结构是一个多端口的器件，该器件可从一个端口中选出单个通道，并将该端口中的其他通道传输至另一个端口。光纤光栅所具有的波长选择特性，就可用于实现这种分插滤波器，如图 8.16 所示。其中使用隔离器是为了防止信号从这个端口输出，这样能更好地将需要分出/插入的通道分离出来。

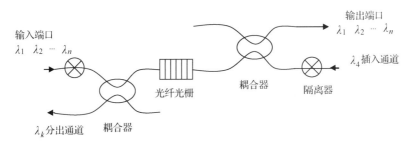

图 8.16　基于光纤光栅、耦合器和隔离器的分插滤波器

8.3.1.5　光纤时钟与总线

点到点的光通信链路为高速串行总线提供了最佳的解决方案。连接不同功能单元的多点串行总线可均衡分配网络中的业务负载。连接到任何一个功能单元的串行总线的数量，必须保证其带宽的总和是不变的。其延时必然会增加，但是现代的高速信号处理器技术已经弥补了这一弊端。

串行总线在其他方面的应用也得到了开发。在一个使用串行链路连接到多端口存储器模块的多处理器系统中，互连的网络包含一组连接 M 个存储模块和 N 个处理器模块的高速串行链路。而且，为了满足网络的带宽需求，存储器模块具有多个串行的端口[19]。在这种情况下，可以通过光纤将一个高质量的时钟信号从一个中央时钟单元分配到其他模块，这种方案比起采用多个时钟单元的方案更具优势。采用基于光纤链路的时钟分配技术，可以降低时钟系统中对于相位恢复电路的要求。

基于光纤的串行链路对于几个 GHz 的时钟频率传输很有吸引力。因为在该频率范围内，时钟分配与数据传输都需要很高的质量和稳定度。利用这种方案，长距离的时钟分配仅产生很小的时钟抖动。基于光纤链路的高速串行总线能使存储器总线得到最佳应用，也可降低总线的宽度与成本。

8.3.1.6　接入网

接入网是通信网的一部分，负责将终端用户连接至业务提供商或骨干网的本地交换机。本地交换机中通常包含多个自动交换设备，以便通过它将呼叫用户连接到接收用户。与骨干网将本地业务提供商相互连接起来不同，接入网覆盖了从集总交换设备到不同家庭设备之间的延伸连接。接入网的前端通常采用树形拓扑结构。

接入网中的通信过程起始于一个或多个用户与本地交换机之间的交互信息传输。这种交互的结果可能是成功接入或者是接入失败。成功接入使得呼叫用户和他所预期的接收用户之间建立连接并实现信息传输。而当用户终端得到了失败的接入结果时，他会继续尝试重新接入，并在允许的最大接入时间到达时终止接入。

接入网可以连接到骨干网上的一个高速核心交换机。接入网末端节点可以是校园或是城市中的一栋大楼，末端节点通过路由器连接到骨干网边缘的核心交换机上，如图 8.17 所示。

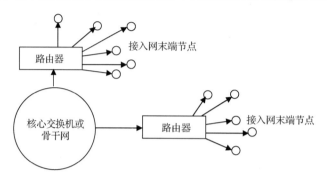

图 8.17　接入网示意图

8.3.1.7　光传输网络

相比损耗很大的自由空间光通信，基于波导的光通信在实际使用中更受青睐。因此传输波导介质的选择对于光子通信系统的传输速率和传输距离而言至关重要。利用光子技术提高光子通信网络性能是当今通信技术领域的一大研究热点。光子与电子组件在同一芯片上的紧密集成(即光-电混合方式)，极大地提高了光子通信系统的通信带宽。在当今绝大多数的陆地通信网络中，光子通信技术主要用于在传输链路中实现大容量的信息传输，而在网络的节点处，大多还要依赖电子信息处理技术，因此需要多次的光-电和电-光转换。这种网络的一个典型的例子就是同步数字体系(SDH)环形网络，如图 8.18 所示。

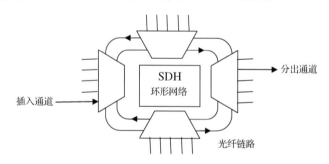

图 8.18　同步数字体系(SDH)环形网络

光传输网络可分为三层：(1)光通道层，该层主要负责连接两个用户的整条光通路；(2)光复用层，该层主要负责将多个波长的信号复用后在同一根光纤上传输，这一层处于光子通信系统中的波分复用器和解复用器之间，承载经过复用的信号；(3)光传输层，这一层主要负责在两个接入点之间传输经过复用的信号。光传输网络所面临的主要技术挑战包括[20]：

1. 为了降低每比特信息的传输成本，网络中需要使用更好的光放大器来增大信号的无中继传输距离，并通过使用更多的波长来增加光纤的传输容量(通过 WDM 技术)或增加每个波长的传输速率。

2. 使用相干光子通信系统来优化网络成本，并在未来的光传输网络中使用光子集成电路（PIC）。

3. 使用全光网络结构，而不是目前的点到点结构，使得信号的传输与处理都完全在光域中实现。在全光网络结构中，基于光子技术来实现信号的传输与处理，因此减少了光-电-光转换（OEO）的使用，而对于信号处理的控制功能仍需在电域中实现。

4. 减少网络接口的成本、体积和功耗。

8.3.2 掺铒光纤放大器（EDFA）

一般而言，光放大器对光信号的放大与电子放大器对电信号的放大效果是一样的。光放大器主要由一个经泵浦信号源激活的介质构成，如图 8.19 所示。输入光信号经过光纤连接至放大器的耦合器，并注入放大器的激活介质，然后光信号在放大器的激活介质中基于受激辐射效应而被放大。经过放大的光信号再通过放大器的另一个光纤耦合器送入光纤中继续传输。在输入光经过光放大器的激活介质时，放大器泵浦光信号的功率转移给信号功率，光信号由此便获得了增益。

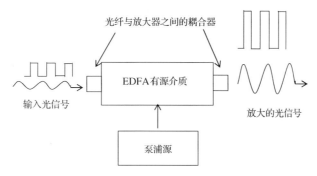

图 8.19　光放大器的一般结构

掺铒光纤放大器（EDFA）使用稀土元素作为增益介质，在光纤制作过程中将其掺入光纤纤芯。这种放大器的特性，比如工作波长范围和增益带宽由掺入的稀土元素决定，与光纤无关，光纤只是起到了宿主介质的作用。人们尝试了在光纤中掺入多种元素，但是目前铒（Er）元素被认为是最合适的稀土元素，因为它的增益波长范围恰好接近 1550 nm 波长。选择波长合适的泵浦源，光放大器基于粒子数反转和受激辐射的原理产生光信号增益。光放大器的增益谱和泵浦方式与纤芯中掺入的其他杂质（比如 Ge 和 Al）有关。由于石英非结晶的属性，导致 Er^{3+} 离子的能级展宽为能带。图 8.20 给出了 Er^{3+} 离子在石英玻璃中的几个能级。

如图所示，多个跃迁过程都可用于实现对 EDFA 的泵浦，使用工作在 980 nm 和 1480 nm 波长的半导体激光器可实现对 EDFA 的高效泵浦。一旦放大器的增益介质被合适的泵浦源所激活，激活粒子就被激发到更高的能级。而激活离子向较低能级的跃迁主要存在两种可能的辐射过程：（a）自发辐射，该辐射过程是自发产生的，此时发光过程为非相干的；（b）受激辐射，这是相干的发光过程，它只在受到输入光子激励的时候发生。对于光放大过程而言，其中的受激辐射是至关重要的。然而，尽管可以减少其中的自发辐射过程，但却无法完全消除。正是由于这种自发辐射的存在，导致了光放大器的输出信号中含有噪声。

设放大器的泵浦信号波长为 λ_p，它激发并保持光放大器的增益介质处于粒子数反转状态。

放大器输入的弱信号波长为 λ_s，它与 λ_p 信号合并后同时经过掺有铒离子的光纤纤芯传输，这段掺铒光纤就是放大器的增益介质。输入信号在光放大器内得到放大。这个过程类似激光的产生，于是在放大器的输出端得到经过放大的光信号。然而，EDFA 输出的光信号中还带有部分泵浦光波长的信号，可用波长解复用器在 EDFA 的输出端将其滤出。泵浦光子与信号光子在 EDFA 中的相互作用与它们的传输方向无关。也就是说，即使泵浦光从 EDFA 的输出端注入，即泵浦光的传输方向与待放大的光信号的传输方向相反，也不会改变 EDFA 的性能。

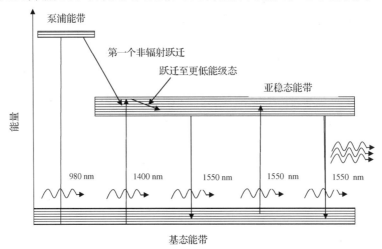

图 8.20　$E_r{}^{3+}$ 离子的能级结构

对于输入信号功率较弱的情况，$P_{s(\text{input})} << P_{\text{pump}}$ 的 EDFA 的增益可表达为

$$G \approx \frac{\lambda_p}{\lambda_s}\frac{P_{\text{pump}}}{P_{s(\text{input})}} \tag{8.21}$$

由上式可见，当输入信号功率较弱时，EDFA 具有较高的初始增益。然而，这个增益会随着输入信号功率的升高而降低。此外，EDFA 的增益也是掺铒光纤长度的函数。

通过使用 WDM 光子集成电路(PIC)模块、单片集成可调光路由器、大容量核心交换机、可扩展的集成光子开关阵列，以及在客户接口处采用所谓的电光集成电路(EPIC)等光子集成技术，还有可能进一步增强光传输网络的性能[21]。而且，由若干个光电二极管组成的整个光相干接收机都可以集成在一个 PIC 上；大量的光网络组件都可以平版印刷并单片级联，这样更容易实现走线长度的匹配与信号相位的平衡。目前，已有研究人员开始使用一些尖端技术来进一步增强光传输网络的性能，比如应用超连续谱光源和相干光放大器。

8.4　光子安全网络

数据安全是长距离通信网络中需要考虑的一个极其重要的问题。通常，数据在传输前需要进行加密或编码，最后在接收端解密。信息在光纤中以光速传播，然而数据加密在电域中进行，其速率存在电子瓶颈的限制。对数据包进行加密处理会造成时延，这会对信号的高速传输带来额外的性能开销。因此，研究人员开始考虑使用光子技术加密，这样数据能以更快的速度完成加密过程。在该领域发展出来的新科技可催生超高速、安全的数据传输技术，从高安全性通信到高频次贸易领域，这些技术都极具应用价值。

加密机制是发射机采用的一种算法，它作用于密钥和输入数据，然后发射机发送经过密钥加密的数据。接收机使用一种解密算法，并利用密钥还原被加密的数据。其核心思想是：如果发送端和接收端使用了同样的密钥，则接收端解密后的数据与发送端的数据一致。

8.4.1　相位与偏振加密

在全光加密方法中，光子偏振态被用于信息传输[22]。许多基于光纤通信的安全通信系统都采用了 BB84 协议来进行光子偏振态编码。系统中的发射机(通常称之为 Alice)和接收机(通常称之为 Bob)之间通过可以传输光子偏振态的通信通道相连。这种基于密钥的加密信息传输技术还可进一步用于经典的公共广播通道或因特网。

BB84 协议的安全性来自它将信息编码于非正交态，而要对这种非正交态进行测量，必然会改变其原始状态。BB84 协议中采用了两对偏振态，这两对偏振态彼此共轭，而每对偏振态中的两个偏振态彼此正交。这些正交态被称为基。通常情况下，偏振态使用垂直 0° 和水平 90° 的直线基或者 45° 和 135° 的对角线基。其中的任意两个基都彼此共轭，因此任意两个基都可用于 BB84 协议。图 8.21 给出了使用的直线基和对角线基。

在信息的发送端，BB84 协议可描述如下：Alice 产生一个随机比特("0"或"1")，然后随机选择她的两个基，根据传输比特的值和所选择的基，用光子偏振态传输这个比特。比如，"0"比特编码为直线基(+)，采用垂直 0° 偏振态，"1"比特编码为对角线基，采用 135° 偏振态，如图 8.21 所示。然后 Alice 重复该过程并记录每次发送光子的偏振态，也就是所用的基。

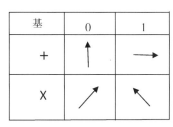

图 8.21　BB84 协议中使用的直线基和对角线基

8.4.2　解密技术与差错控制

在 BB84 安全密钥协议中，当 Bob 不知道发送信息编码所用的基时，他只能随机选择一个基来测量接收到的光子偏振态，有可能是直线基也可能是对角线基。Bob 对每个光子都按这种方式接收，并记录接收的时间、测量时所用的基以及测量结果。当 Bob 接收完所有的光子后，他与 Alice 在常用的公共通道上通信。Alice 向 Bob 发送她在发送每个光子时所采用的基。据此，Bob 丢掉那些测量时所用的基与 Alice 发送光子时所用的基不一致的光子测量结果，通常有一半都需要丢掉，而另一半可能是正确接收的。

Alice 和 Bob 通过对正确接收的那些比特进行比较，可以检测出信息在传输过程中是否有人窃听。如果存在第三方在信息传输过程中获取了光子的偏振态信息，就会导致接收端(即 Bob 这一端)的测量结果出现更多的差错。如果错误达到一定数量，他们便丢弃当前使用的密钥，重新进行信息传输。

8.4.3　光子图像编码技术

为了实现安全的图像传输，通常需要在可接受的传输速率条件下对多幅图像运用加密和压缩处理技术。近年来，已经提出了多种图像加密算法[23][24][25]。这些算法中有一些可以采用光子技术来实现，从而充分利用光子学强大的二维图像处理能力和并行处理能力。在这些方法中，基于相干光的方法极具发展前景[26]。

　　傅里叶变换(FT)编码算法是最常用的光子加密算法之一[23][27]。该算法在图像信号输入平面和傅里叶平面分别使用两个独立的随机相位编码,将一幅图像编码为一种静态的白噪声。首先,输入图像与其中一个随机相位编码相乘,然后对这个乘积进行傅里叶变换,之后再乘以第二个随机相位编码,如图 8.22 所示。再进行第二次傅里叶变换,就可以得到加密后的图像输出。该过程可用一个 4f 系统来实现。在系统中,用平行光束照射输入平面,该平面包含输入图像与随机安全编码的乘积。当信息窃取者无法获取图像加密所用的密钥时,这种加密算法是十分可靠的。因此,这种加密技术为图像和数据传输的加密提供了一种很好的解决方案。图像的解密过程可使用相同的 4f 系统以及与发送端编码共轭的随机相位编码。

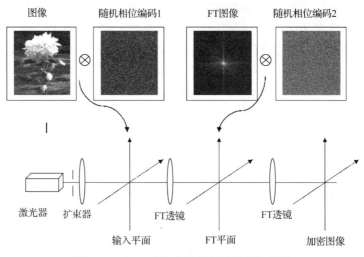

图 8.22　在 4f 系统中使用双随机相位编码

　　已有文献提出了利用联合变换相关器(JTC)结构的双随机相位编码的加密方法(详见第 10 章)[28]。在该方法中,待加密的图像功率谱和密钥编码都被记录为加密数据。如图 8.23 所示,

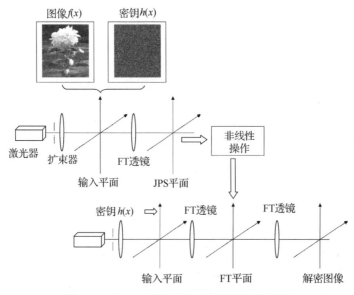

图 8.23　在 JTC 系统中使用双随机相位编码

设 $f(x)$ 表示输入图像，$h(x)$ 表示加密时采用的密钥，则 $f(x)$ 和 $h(x)$ 的联合功率谱就是加密数据。用一束平行光束照射该联合图像，并产生联合功率谱。与经典的双随机相位编码不同，这里的所描述的方法对于数据的加密和解密采用同样的密钥 $h(x)$，而且也不需要共轭密钥。对于数据的解密，密钥被放置于输入平面，该平面被来自扩束器的一束平行光照射。如文献[29]所述，通过在包含了解密功能的联合功率谱中引入一个简单的非线性操作，就可以极大地提高解密后的图像质量。这种非线性操作也使得系统对于明文攻击更具抵御能力。在光折变晶体中可以记录联合功率谱。

文献[30]中给出了另一种基于 JTC 结构的加密方法。该方法采用了一种不需要额外参考光波的图像加密和解密方法。研究结果表明：这种方法与传统方法相比，最终可获得的解密图像的质量更好。

扩展阅读

1. *Optical Fibre Communication*: G. Keiser, McGraw Hill, 3rd edition, 2000.

2. *Fibre Optic Communication Systems*: G.P. Agrawal, Wiley, New York, 1997.

3. *Optical fibre Communications*: J. M. Senior, Prentice Hall, Englewood Cliffs, NJ, 1992.

4. *Optical Fibre Telecommunications, Volume-II* : S. E. Miller and I. P. Kainow（ed.），Academic, New York, 1988.

5. *Optical Fibre Telecommunications, Volume-III, A and B*: I. P. Kainow and T. L. Koch（eds.）: Academic, New York, 1997.

6. Fibre Optic Communications: J. C. Palais, Prentice Hall, New York, 1998.

7. *An Introduction to Fibre Optic Systems*: J. Powers, S. Irwin, Chicago, 1997.

8. *Optical Networks*: R. Ramaswami and K. Sivarajan, Morgan Kaufmann, San Francisco, 1998.

9. *Optical Communication Networks*: B. Mukherjee, McGraw Hill, New York, 1997.

10. *Passive Optical Components for Optical Fibre Transmission*: N. Kashima, Artec House, Norwood, MA, 1995.

11. *Optical Networks and Their Applications*: R. A. Barry, Optical Society of America, Washington, DC, 1998.

12. *Design of Optical WDM Networks*: B. Ramamurthy, Kluwer Academic, Norwell, MA, 2000.

13. *Understanding SONET/SDH and ATM*: S. V. Kartalopoulos, IEEE Press, Piscataway, NJ, 1999.

14. *Optical Networking with WDM*: M. T. Fatehi and M. Wilson, McGraw-Hill, New York, 2002.

参考文献

[1]　X. Liu, D. M. Gill, and S. Chandrasekhar. Optical technologies and techniques for high bit rate fibre transmission. *Bell Labs Tech. J.*, 11（2）:83-104, 2006.

[2]　C. Pask and R. A. Sammut. Developments in the theory of fibre optics. *Proc. IEEE*, 40（3）:89-101, 1979.

[3]　A. Ghatak and K. Thyagarajan. Graded index optical waveguides: a review. In E. Wolf（ed.），*Progress in Optics*, North-Holland, 1980.

[4]　A. W. Snyder. Understanding monomode optical fibers. *Proc. IEEE*, 69（1）:613, 1981.

[5]　M. Nishimura. Optical fibers and fiber dispersion compensators for highspeed optical communication. *J. Opt.*

Fiber Comm., 2(2):115139, 2005.

[6] C. C. Chien and I. Lyubomirsky. Comparison of RZ versus NRZ pulse shapes for optical duobinary transmission. *J. Lightwave Tech.*, 25(10):29-53, 2007.

[7] J. P. Fonseka, J. Liu, and N. Goel. Multi-interval line coding technique for high speed transmissions. *IEE Proc. Commun.*, 153(5):619-625, 2006.

[8] M. P. Clark. *Networks and Telecommunications: Design and Operation.* John Wiley, New York, 1997.

[9] A. Rodriguez-Moral, P. Bonenfant, S. Baroni, and R. Wu. Optical data networking: protocols, technologies, and architectures for next generation optical transport networks and optical internetworks. *J. Lightwave Tech.*, 18(12):1855-1870, 2000.

[10] D. F. Welch et al. Large-scale InP photonic integrated circuits: enabling effcient scaling of optical transport networks. *IEEE J. Selected Topics in Quant. Elect.*, 13(1):22-31, 2007.

[11] M. P. McGarry, M. Reisslein, and M. Maier. WDM ethernet passive optical networks. *IEEE Commun. Mag.*, 44(2):15-22, 2006.

[12] A. VanNevel and A. Mahalanobis. Comparative study of maximum average correlation height filter variants using LADAR imagery. *Opt. Eng.*, 42(2):541-550, 2003.

[13] J.M. Senior. *Optical Fiber Communications: Principle and Practice.* Prentice Hall of India. New Delhi, 2002.

[14] F. Forghieri, R. W. Tkach, and A. R. Chraplyvy. WDM systems with unequally spaced channels. *J. Lightwave Tech.,* 13(5):889-897, 1995.

[15] R. Davey, J. Kani, F. Bourgart, and K. McCammon. Options for future optical access networks. *IEEE Commun. Mag.*, 44(10):50-56, 2006.

[16] G. J. Pendock and D. D. Sampson. Transmission performance of high bit rate spectrum- sliced WDM systems. *J. Lightwave Tech.*, 14(10:21412148, 1996.

[17] W. Wei, Z. Qingji, O. Yong, and L. David. High-performance hybridswitching optical router for IP over WDM integration. *Photonics Network Comm.*, 9(2):139-155, 2005.

[18] C. R. Giles and M. Spector. The wavelength add/drop multiplexer for lightwave communication networks. *Optical Networking*, 4:207, 1999.

[19] D. Litaize, A. Mzoughi, P. Sainrat, and C. Rochange. The design of the m3s project: a multiported shared memory multiprocessor. In *Supercomputing 92*, Minneapolis, USA, pages 326-335, 1992.

[20] K. I. Sato. Photonic transport networks based on wavelength division multiplexing technologies. *Phil. Trans. R. Soc. Lond. A*, 358:2265-2281, 2000.

[21] D. F. Welch et al. Large-scale inp photonic integrated circuits: enabling effcient scaling of optical transport networks. *EEE J. Sel. Top. Quantum Electron*, 13(1):2231, 2007.

[22] C. H. Bennett and G. Brassard. Quantum cryptography: Public key distribution and coin tossing, *Proc. IEEE Int. Conf. on Computers, Systems and Signal Processing*, 175: 8, 1984.

[23] P. Refregier and B. Javidi. Optical image encryption based on input plane and Fourier plane random encoding. *Opt. Let.*, 20:767-769, 1995.

[24] G. Unnikrishnan, J. Joseph, and K. Singh. Optical encryption by doublerandom phase encoding in the fractional Fourier domain. *Opt. Let.*, 25:887-889, 2000.

[25] B. M. Hennelly and J. T. Sheridan. Optical image encryption by random shifting in fractional Fourier domains.

Opt. Let., 28:269-271, 2003.

[26] T.J. Naughton, B.M. Hennelly, and T. Dowling. Introducing secure modes of operation for optical encryption, *J. Opt. Soc. Am.*（*A*）, 25: 2608-2617, 2008.

[27] P. Kumar, J. Joseph, and K. Singh. Known-plaintext attack-free double random phase-amplitude optical encryption: vulnerability to impulse function attack. *J. of Opt.*, 14:045401, 2012.

[28] T. Nomura and B. Javidi. Optical encryption using a joint transform correlator architecture. *Opt. Eng.*, 39:2031-2035, 2000.

[29] J. M. Vilardy, M. S. Millan, and E. P. Cabre. Improved decryption quality and security of a joint transform correlator-based encryption system. *J. of Opt.*, 15:025401, 2013.

[30] Y. Qin and Q. Gong. Optical encryption in a JTC encrypting architecture without the use of an external reference wave. *Opt. and Laser Tech.*, 51:5-10, 2013.

第9章 光子计算

9.1 引言

以更高的计算速度进行信息处理的需求不断增长，导致了大规模集成电路(VLSI)技术的改进，其中器件尺寸变得越来越小，但却更加复杂。然而，VLSI 技术正在快速接近亚微米小型化的基本极限，且尺寸的进一步减小可能会引起诸如介质击穿、热载流子和短沟道效应等光刻问题。即使大部分问题都得到解决，但只要在信息处理时对更高带宽的需求不断增加，那么对进一步小型化的需求就会继续存在。因此，需要另一种解决问题的方法。面向计算与通信的光子学平台给以微电子为基础的系统提供了另一种可供选择的途径。光子技术的高速、高带宽和低串扰的特点非常适合具有高互连密度的超快速计算方案。此外，光子器件甚至可以提供比同等电子系统更好的性能。

9.2 高速计算和并行处理的需求

有必要考虑并行计算的抽象概念和相应的复杂性，以突出强调光子并行处理和计算系统必须应对的相关制约因素。在给定的体系结构中，复杂度函数 f 用以度量执行给定大小 n 的算法所需的时间和空间(内存)，这有助于确定体系结构和技术的性能。对于较大的 n 值，复杂度函数的渐近特性是十分有趣的。然而，人们主要关注的是算法的性能，算法可定义为 f 的阶数，即 $O(f)$。例如，对于最原始的序列机(即图灵机)，其时间复杂度函数 $t(n) \geq n$；而对于一个普通的机器，比如随机访问机，则为 $t(n) \geq O(T(n)\log n)$。

当为特定应用选择或发展计算机体系结构模型时，硬件分类似乎是自然的选择。可以考虑采用单向无环图(组合布尔电路)来表示。一般来说，每个电路是由几个门组成的，其中 NOT(非)门、OR(或)门和 AND(与)门被称为基本门。一个具有 n 个输入变量和 m 个输出变量的电路可以计算一个用于特定问题的函数 $f:(0,1)^n \rightarrow (0,1)^m$。电路尺寸大小被定义为电路中门的数量，而电路的深度是从输入节点到输出节点最长路径上门的数量。此外，如果对于每一个 $n \geq 0$，c_n 是一个有 n 个输入节点的电路，那么 $c = (c_0, c_1, c_2, \cdots)$ 被称为一个电路族。函数 f 如果可通过尺寸大小为 $Z(n)$ 的电路族计算，就称之为具有尺寸大小复杂度 $Z(n)$。如果一个空间受限的确定型图灵机 $O(\log Z(n))$ 可以计算 $(1^n, c_n)|n \geq 0$，那么具有尺寸大小复杂度 $Z(n)$ 的电路族 C 则被认为是一个统一的电路族。在时序计算中，并行计算的性能主要受到电路尺寸大小的影响。不同的电路方案和演示存在不同层次的并行度。对于小于 $O(10)$ 的并联连接，并行度为低级；对于 $O(10^2)$ 的并联连接，并行度为中级；对于大于 $O(10^3)$ 的并联连接，并行度为高级。

但是，不同于抽象或实际结构的时序机，不同体系结构的并行机连接方式的差异并不明显。弗林(Flynn)引用了一种虽然抽象但却有用的分类[1]，该分类取决于数据的差异、指令流的差异和并行度的差异。对于信息处理，通常分为四种类型，即单指令单数据流（SISD）、单指令多数据流（SIMD）、多指令单数据流（MISD）和多指令多数据流（MIMD）。传统的冯·诺依曼体系结构的计算机基于 SISD 处理方式，其中的指令流由单个程序计数器控制，并且在指令中使用地址来访问数据。

虽然这个设计很成功，但人们仍然不断努力进行各种尝试，使用多种体系结构概念，通过消除所谓的冯·诺依曼瓶颈来改善性能。一些采用 SIMD 操作的单元逻辑处理体系结构[2]，其中所有的处理器元件都是由控制计算机的单个指令来启动相同的操作[3]。这意味着所有处理器寻址本地存储器的相同位置，且该地址也由中央控制器广播。具有流水线体系结构的计算机被归类为 MISD 机器。

MISD 处理方式关于单数据流的概念具有一定的误导性。因为在 MISD 操作中，几个不同的数据流实际上可以同时存在。MISD 的主要约束因素是栅格数据处理的必要性。在 MIMD 机器中，独立的指令在数据流上并行执行。因此，MIMD 体系结构实际以多元处理器技术运行。每个处理器都有自己的程序存储器和指令流控制。SIMD 体系结构具有最低的并行度，而 MIMD 体系结构则有最高的并行度。SIMD 和 MIMD 体系结构适用于规则数据（例如阵列和图像数据）的并行处理。

9.2.1　单指令多数据流（SIMD）体系结构

基于 SIMD 体系结构的计算机通常由被称为处理单元（PE）的许多处理器构成，它们都服从单个中央控制单元发出的一系列指令序列，如图 9.1 所示。其中的信息流是双向的，即指令序列扇出到每个处理单元和控制信息。通常单状态位扇入控制器，以便使其能够控制全局数据的决策。基于 SIMD 的并行体系结构对于局部处理是有用的。在给定周期内，局部相邻数据阵列之间没有交互作用。单元逻辑阵列（CLA）构成了一种基本的 SIMD 体系结构。虽然该体系结构的初始推动力是快速算术运算，但是单元逻辑阵列处理已经扩展到金字塔型的并行分层和多功能系统[4]。

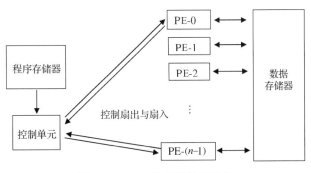

图 9.1　SIMD 体系结构示意图

类似于 SIMD，互连密集型体系结构的另一个例子是连接机（CM）。连接机（CM）的原理部分来自语义网络和知识表示语言。可用的知识是隐式存储的，需要通过推理来使其显式化。然而，快速性能的实现需要大量的处理单元和可编程的互连结构，因此，体系结构的拓扑结构必须是可重构的。该方法论可直接应用于人工智能系统的光子计算技术[5]。

9.2.2　多指令多数据流（MIMD）体系结构

MIMD 体系结构如图 9.2 所示，其中有一个传统的微处理器核心体系结构，它包括一个本地存储器系统。处理器之间的通信是彼此同步的。这种类型的体系结构提供了大规模的并行性，要求每个处理器配有单独的控制单元，其中单个处理器分配单个可同时执行的任务。MIMD 体系结构适用于高级视觉处理任务，这就要求在不相交数据集上执行不同的算法。MIMD 与共享资源的交互式过程有关，并因此具有异步并行性的特征。信息传递多计算体系结构（即计算机集成块）设备和共享内存多元处理器是 MIMD 机器的两个重要例子。但是 SIMD 体系结构与 MIMD 体系结构能够互相模拟。SIMD 机器可以将数据解释为不同的指令，而 MIMD 机器只能执行一个指令而不是多个指令。体系结构之间没有严格的界限，解决特定问题的基本要求由问题需要的处理效率和成本决定。

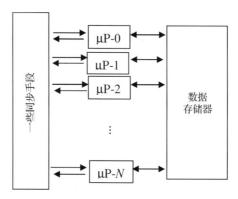

图 9.2　MIMD 体系结构示意图

9.2.3　流水线并行体系结构

我们感兴趣的一种体系结构是流水线处理器，它在空间和时间上提供重叠的并行性。可以将任务适当地划分为子任务，然后流水线的各个阶段以并行的方式执行原始任务。流水线体系结构可分为三类。第一类即矢量超级计算机处理技术，被广泛应用于算术处理，其完整性很有用处。第二类被称为多功能流水线，通常用于低级图像处理，可实时执行操作。第三类被称为脉动结构，通过允许输入和部分结果从一个阶段流动到另一个阶段来扩展流水线。脉动结构可以实现基本的卷积运算。

数据流体系结构已经成为重要的并行配置之一。这种体系结构偏离了冯·诺依曼计算的控制驱动特性，也被称为数据驱动的计算机器。数据流方案通过指令或数据流图（如 PETRI 网）实现，由数据操作数的可用性激活，因此与细粒度的多计算机[6]没有太大的区别。与数据流计算有关的设计问题重点考虑了将给定程序分解（或编译）到某些数据流图的过程。这些数据流图借助合适的程序设计语言，展示了真正的并行性和/或并发性[7]。并行分布式处理（PDP）是另一个主要的计算范例。研究表明，并行分布式处理或以并行网络的增长为代价来提供处理速度[8]。PDP 通常是可重构的，且硬件组织足够灵活，可以适应不同的计算任务。

似乎可以得出恰当的结论：应对计算受限的一种方法是采用真正的分布式和分层表

示以及相关的处理算法。表示与算法的良好匹配也是很关键的。很明显，分布式并行处理以空间换取时间，使用它的一大优势在于其固有的大互连容量。这种计算与处理的方式可以超越传统的冯·诺依曼体系结构。由于光子结构固有的并行处理能力，人们可以考虑光子结构的计算概念。在系统层面，这些计算技术本质上是分布式的，并具有逻辑推理的能力。

9.3　电子计算机的局限性

电子计算机的性能不仅极为依赖算法，而且还依赖硬件和互连能力。随着亚微米技术的出现，逻辑门的切换时延很可能下降到 100 ps 以下，时钟频率接近几个 GHz。但其互连能力和系统总线技术似乎达到了最后的极限。其中的原因是电子线路的时间带宽积的物理限制，物理布局的拓扑限制，以及被称为冯·诺依曼瓶颈的体系结构极限。目前的计算机通过将工作量分配给几个处理器，以并行模式同时工作，在一定程度上已经达到了很高的数据处理速度（即在万亿触发次数范围内）。但是，这不足以满足将来对大量数据进行信息处理的需求。由于涉及算术和逻辑运算或图像处理操作，因此需要数据处理的高度并行性。据估计，未来的计算操作需要几十亿触发次数范围的数据处理速度。

并行处理减少了完全执行某个特定操作所需的时间，然而，已经观测到电子算术逻辑单元（ALU）的处理速度由于以下几个原因仍在降低：器件响应时延，电路时延，以及互连中的时延。超大规模集成电路（VLSI）技术通过减小互连长度，提供了减少拓扑维数的方法，这反过来又增加了集成电路中门的数量，导致在单个处理器中需要容纳更多的门。

随着技术的进步，处理速度可能会提高得更多。但从总体上考虑计算机的操作时，其性能受限于：(a)处理器内部和处理器之间通信的次数和带宽，(b)数据存储和检索速度。主要涉及物理拓扑和体系结构局限性的几个通信问题仍待解决[8]。其中一些是固有的局限性，下面进行详细解释。

9.3.1　物理限制

由于 VLSI 处理器芯片内互连的电容和电感，时间带宽积是受到固有限制的。据证实，局部和全局分布长度分别服从 $0.1\sqrt{A}$ 和 $0.5\sqrt{A}$ 的关系，其中 A 是芯片面积。由于电容和电感的存在，无论是局部还是全部的电线长度，都会导致信号传送的时延。但这种时延可以在选择互连长度和宽度时通过设计多层结构来最小化。一种基于亚微米技术的处理器使用六层或六层以上的结构来减少时延，但是这种时延永远不会降到零。对于芯片到芯片的连接，时延会更加明显，因为互连的物理长度较长。若考虑总线互连，则问题更加严重，此时有必要平衡与总线连接的不同电路板的不同时延。

9.3.2　拓扑限制

拓扑限制主要源于每个芯片的有源器件或逻辑门的数量。当使用亚微米技术时，在面积为 10 mm × 10 mm 的芯片内放置 10^9 个晶体管或逻辑门是不可能的。芯片内逻辑门的密度引发另一个问题：需要从芯片中减少连接以充分利用其功能容量。但在实践中，只能实现少于 1000 个的连接。因此，进一步提高封装密度也无助于解决引线连接的几何问题。随着芯片面积的增加，芯片的封装密度或器件数量也相应成比例地提高。此外，时延随着芯片面积的平方根的增加而增加。

9.3.3　体系结构的瓶颈

传统冯·诺依曼体系结构的瓶颈问题因使用多元处理器或其他已讨论过的体系结构而有所缓解。但是，串行或并行寻址机中存储器和处理器之间的周期时间不匹配仍旧是个难题。高速缓存的使用提供了一些优势，但是高速缓存的更新无法与处理器的周期相匹配。进一步提速则要求总线宽度超过 1024 位，以目前的技术来说，这似乎还是很困难的。电子交换开关的应用已被视为替代普通总线结构的一种有效方法。

在电子系统互连设计中，在高数据传输速率、互连长度和输入/输出密度方面遇到的问题可以概括为

1. 时钟和信号的偏差
2. 功耗和散热管理
3. 信号失真和信号延迟
4. 对电磁干扰（EMI）的敏感性
5. 互连可靠性

9.3.4　基本极限

现阶段，在物理极限基础上来探索电子学和光子学的可能性也许是有意义的。当进行计算成本的比较时，数据的描述技术和算法的复杂度是两个基本的指导原则。从电子学和光学/光子技术的理论出发，人们已估计出表示动态范围为 1000 的变量可能的最低能耗。为了保证 10^{-9} 的比特误码率（BER），每比特至少需要 10 个电子来表示一个数据位。因此，在数字电子计算机中要表示一个 10 位数，需要最小约为 $2 \times 10^3 k_B T$ 的能量，其中 T 是温度，k_B 是玻尔兹曼常数。在数字光子计算系统中，每个电子至少产生一个光子，反之亦然。因此，假设探测器工作在理想状态，存储一个 10 位数字至少需要 100 个光子。如果采用工作在 1.5 eV 带隙的激光二极管，在相同的比特误码率下，该数字表示需要 $10^4 k_B T$ 的能量。因此，除非在数字光子计算系统中充分利用了并行处理算法优势，否则难有收获。然而，必须指出的是，数字电子学和数字光学领域中现有的和可预见的器件都离物理极限太远了。因此，在现有器件技术的基础上进行性能比较是没有意义的。比较标准必须以现行可获得的实际系统为主或受限于器件技术，在不久的将来即将推出。

9.4　光子计算

自 20 世纪 70 年代以来，人们一直致力于研究传统计算模型的光子实现。但由于功耗、体积和扩展性等问题，20 世纪 80 年代开始，人们的兴趣逐渐消减。主要由于级联能力和制造可靠性的挑战，模拟和数字的方法都没有被证明是可扩展的。除了幅度噪声，模拟光子处理还会积累相位噪声，这使得级联操作特别困难。抑制噪声积累的数字逻辑门已经在光子学领域实现了，但是光子器件还没有满足复杂数字操作所需的极高的制造良品率。目前需求量

大的组件，大多数是全光开关组件。全光开关组件是以非线性光学材料为基础的，其发展相对较慢。此外，大多数光子器件需要高水平的激光功率来发挥作用。

为了实现更快的计算速度，要求加快提升计算能力。并行处理技术可以减少完成执行特定操作所需的时间。然而，由于前面提到的几个原因，已经实现的算术逻辑单元(ALU)的计算速度仍然缓慢。此外，大量的扇入和扇出为电子器件带来了空间和功率损失[9][10]，这极大地限制了电子技术在计算中的应用。由于器件性能和处理器之间通信的改进可能是缓慢的，因此整体性能大幅度的提升必须来自体系结构的不断创新。在不久的将来，并行处理可能在计算领域占据主导地位。

因此，人们探索了一个完全不同的计算概念，即由光子代替电子用作信息载体。自从激光发明以来，在数字图像处理和计算领域，光学可取代电子学的这一概念就一直处于研究之中。光学/光子技术可能超越电子数据处理能力和性能，这一概念在 20 世纪 70 年代中期引起了人们的高度重视[11][12]。这些尝试引导了技术演示系统的发展，并引发了将数字光学/光子计算用于信息处理的一系列研究活动。

现阶段，有必要对即将使用的术语进行标准化。可以看出，数字光学/光子计算系统主要基于光互连原理，但与外部世界的通信和交互接口仍停留在电子领域。因此，在光学领域考虑计算系统时，光子计算这个术语应该是一个更好的选择。但在光学领域出现互连问题时，应保留"光互连"这个术语。

实际上，光子计算意味着离散数据的光子操控。与所有电子计算相比，光子计算具有性能可提升多个量级的显著潜力，例如在速度、无干扰互连、大规模并行性、可靠性和二维数据表示以及容错性等方面。光子计算的主要吸引力在于它可以通过光源的开与关状态来代表二进制数据 1 或 0，从而表示二维非连续二进制数据阵列。已经证明光子系统固有的速度和并行性对于计算比较集中的各种问题是有益的，包括信号和图像处理、方程求解、数值计算以及数字逻辑的实现等其他领域。

光子计算体系结构(如图 9.3 所示)用于信息处理的基本组成是：(a)光源及其调制方法；(b)输入信息处理技术；(c)光学互连；(d)信息处理或决策模块。总之，光子的信息处理涉及光的产生、传播、调制和探测。对于系统来说，光存储不是必需的，但也应提供。

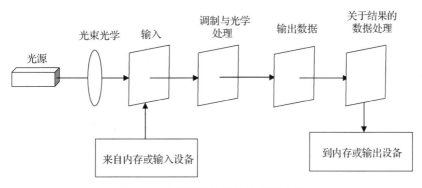

图 9.3　光子计算体系结构的示意图

依托于光子系统的二维性、光子器件的处理速度和互连，数字光子计算与处理倡导新的、完全不同的计算机体系结构。这种体系结构包括已有的采用智能像素的可编程光子逻辑阵列和专用的图像单元处理，以及采用基于非线性逻辑和新型光学逻辑门的数字光子计算机。

　　为了实现光子计算，一些可识别的基本构成要素是：(a)光线进入的方式或踪迹；(b)一个引导光线的模块，(c)将数据编码成光子比特的模块，(d)光子比特的解释器，(e)基本计算算法。光子计算可以提供非常大的空间带宽和时间带宽，因此具有高吞吐量。光子信号可以相互传播，基本上没有相互作用和串扰，这是电子信号无法比拟的优点。光子处理器本质上是二维的且并行工作，因此可以很好地执行模式匹配相关和其他图像处理操作(在逻辑程序设计的联合处理中经常使用)。

　　光学的三个特性使得光子计算颇具吸引力。第一个特性是光源的大带宽，可能接近吉赫兹。第二个特性是大空间带宽积。二维光学系统具有数量非常大的可分辨单元，这些单元都可被视为一个个独立的、具有高度连通性的并行通信信道。第三个特性与光路的无干扰连通性有关。现代激光提供了强大的高功率相干光子源，取代了非相干和低功率的光源(如 LED)，二维平面格式的图像可以从存储器或外部设备加载到输入端。开关器件，如非线性电光器件或空间光调制器(SLM)，可以记录输入的信息以及对通过的光进行调制。调制器形成的信息存储在光电探测器或电荷耦合 CCD 阵列中。信息处理与决策制定很容易由连接到系统的计算机进行处理。如果需要，通过光子转换器可以将处理后的信息再次转换为光学信息，并送入系统做进一步处理。二维光调制器的信息调制与光学无干扰并行性，可以与数学运算和逻辑处理领域工作在 SIMD 模式下的电子学技术相比拟。

　　对于大容量并行处理和计算来说，光子计算的体系结构基本上代表了二维或三维可重构和可寻址的光互连模式。光子计算系统中的互连使用透镜、微透镜阵列、分束器、空间光调制器等器件来实现。自由空间光学成像系统的优势主要是由于整个系统范围内的光路径长度恒定，其传输时间差异极小，在飞秒量级。基于成像的互连，不仅具有光路平行性的优点，还带来一定程度的规律性。由像差引起的容差几乎可以忽略不计，即大约在小于一个波长的量级上。如果需要数据交换，则可以有效地利用流水线结构将计算分解成数据块，其中很少发生数据的注册与存储。

　　近年来，光子计算的另一热门领域是智能处理，涉及诸如知识、推理、学习、采纳等概念。理论上讲，基于知识的专家系统及其光子实现非常适合执行出现在映射、关联、认知和控制中的复杂计算。人工神经网络研究中取得的进展也推动了光子计算的研究，可用于智能模式识别。

9.4.1　吞吐量问题

　　并行数字光学计算机通常以其渐近最大吞吐量 $r^\star$ 和平行度参数 $n^\star$ 来表征，以便指出机器对于小问题的处理效率。估测 SIMD 光阵列的 $r^\star$ 是十分有意义的。我们假设一个运算单元包括几个 SLM 且每个都具有 $p \times q$ 个处理单元或元件，能够以帧速率 S_f 执行完全加法或逻辑运算。存储单元具有相匹配的周期时间。因此，原始处理能力是每秒完成 $P_p = pqS_f$ 个基本操作(完全加法或逻辑运算)。假设浮点运算要求 P_e 个基本运算，我们预估得到的最大吞吐量是每秒浮点运算次数(FLOPS) $r^\star = P_p / P_e$。对于以 1 MHz 帧速率运行、512×512 像素的 SLM，其原始处理能力大约是每秒 26×10^{10} 次。假设浮点运算需要 10^3 次基本运算，最大吞吐量每秒只有 260 MFLOPS(每秒百万次浮点运算)。因为没有瓶颈，运算单元的潜在吞吐量是可以完全实现的。这是因为光学数据移动和存储的并行度与运算单元的并行度相当。

我们感兴趣的第二个参数是 $n^{\star}$，机器吞吐量的矢量长度是 $r^{\star}/2$。对于非流水线 SIMD 阵列，$n^{\star}$ 只是阵列大小的一半。这意味着处理器很容易并行执行至少一百万次运算。遗憾的是，$r^{\star}$ 和 $n^{\star}$ 并不能完全表征并行光学处理器的性能，因为它们对处理单元之间可用的通信程度不敏感。部分面向通信的分类对于并行体系结构是可行的。这些体系结构主要关注直径（最坏情况下发送数据的通信周期数）、带宽（一个通信周期内可以发送/接收消息的总数）、广播时间和最大查找时间。

9.5 数字光学

光可以表示为强度大小连续可变的信号，就像电子学中的模拟信号一样。因为信号的数字表示本质上是离散的，数字电子设备或数字（电子）电路不是用连续变化的信号电平来表示模拟信号，而是将其分成不连续的许多段，段内的所有电平表示为相同的信号状态。在大多数情况下，这些状态的数量是 2，由两个电压电平表示：一个是地或 0 V 参考电压，另一个是电源电压。这些信号分别对应于布尔域的 false(= 0) 值和 true(= 1) 值。

计算机中的数据处理通常发生在三个层次。最低层次是门级，二进制开关在此执行布尔逻辑运算。最高层次是处理器级，在此整个算法单次完成。传统的数字光学处理器是在这个层次级别上运行的。在中间级别或寄存器级别，数字或数字块是通过简单的协同作用操纵的，但是它们可以组合在一起，形成大量的更高级别的运算。有人指出，随着互连数目的增加，每个处理单元的复杂度将会降低[13]。最终，处理单元被简化为简单的门，处理结构接近组合逻辑范围。除了连接或断开连接的模式，这里的系统没有内存。人们已经研究了利用光学技术实现组合和时序数字逻辑门的几种方法[14][15]。

在合理的复杂度水平上实现数字光学逻辑处理的意义并不大，部分原因涉及光开关器件的功耗。除了开关速度非常快，当考虑能量、功率和带宽时，光学逻辑相比于电子逻辑没有特别的优势。

9.5.1 阵列逻辑、多值逻辑和可编程逻辑

基于操作特性，逻辑电路被划分为组合逻辑和时序逻辑。此外随着加工技术的发展，其他类型的逻辑电路也变得很重要，特别是以二维格式排列的数据逻辑处理。光子学应用中的其他重要逻辑网络是阵列逻辑、多值逻辑和阈值逻辑。总体来说，阵列逻辑是利用阵列结构中的电路元件构造任意逻辑电路的技术。该体系结构的电路元件有时被称为逻辑阵列。在逻辑阵列中，一组输入比特（信号）对应于一个地址信号，一组输出比特（信号）对应于一个数据信号。由地址译码器选择地址且访问由地址指定的数据。对于一组特定的输入信号，要获得具有值 1 的输出信号，只需要定义一个描述输入和输出信号之间关系的逻辑函数。实现 AND（与）门和 OR（或）门的两级网络对于最小和可靠的计算过程是很重要的。通过使用 AND 和 OR 阵列实现任意逻辑的过程，通常取决于解码器或交叉开关的使用。二级或三级组合逻辑阵列能够形成逻辑完备集，可以实现一般的逻辑运算。

可编程逻辑器件（PLD）是标准的、现成的"零件"，为客户提供了广泛的逻辑容量、

功能、速度和电压特性。器件的性能可以随时改变而获得任意数量的功能，以便快速开发、模拟和测试客户的设计。然后，可以将一个设计快速编程到一个器件中，并立即在实际电路中测试。可编程逻辑阵列(PLA)以可重写存储器技术为基础，是逻辑阵列的子集，并用于实现组合逻辑电路。PLA 有一组可编程 AND 门平面，连接到一组可编程 OR 门平面，它们有条件地互补以产生输出。这种布局允许大量的逻辑函数在乘积的和(有时是和的乘积)的规范形式中合成。

9.5.1.1　光学可编程阵列逻辑(OPAL)

光学阵列逻辑是在二维(2D)图像数据上执行并行逻辑运算的技术，是电子阵列逻辑的光学版本。数字光学并行处理系统的最原始体系结构之一是由许多 2D 并行逻辑门组成的，称之为并行随机逻辑系统[16]。这种系统的一个主要特点是可以直接应用电子学领域的理论和技术。逻辑运算是在 2D 输入模式下执行，并生成了经过处理的输出模式。可惜的是，在这个体系结构中需要大量的并行逻辑门，因此光衰减和时延会导致其性能不佳。

类似于电子学上的可编程逻辑阵列(PLA)，阵列逻辑电路的构建机制被称为光学可编程阵列逻辑(OPAL)。通用光学体系结构由 Tanida 于 1983 年实现[17]。正如电子学中的 2 位解码器一样，通过使用 AND 和 OR 阵列，可以对输入信号实现任意的逻辑运算。类似地，编码为模式的输入数据的运算大致相当于具有 2 位解码器模式的逻辑阵列运算。如图 9.4 所示的体系结构能以并行的方式在像素和邻近像素之间传输数据，以便执行移位操作。利用逻辑邻域运算的这种性质并引入阵列逻辑的概念，可将特定像素及其邻域的数据用作针对像素的逻辑阵列输入信号。

这种处理方式可以使输入数据保持相同的结构。该系统为 SIMD 体系结构，对所有输入像素进行并行操作。对于输出图像 O，其像素 ij 的 O_{ij} 值表示为

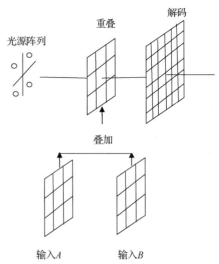

图 9.4　OPAL 体系结构的示意图

$$O_{ij} = L(A_{ij}, B_{ij}), (i, j = 1, 2, \cdots, N) \tag{9.1}$$

其中，L 表示逻辑运算，A_{ij} 和 B_{ij} 分别是 ij 像素的值以及相邻输入节点 A 和 B 中的值，其中 N 是两个输入数据的像素大小，系统同时并行执行 N^2 个逻辑邻域运算。因此，在大数据块的并行窗口中进行了两个输入变量、16 个组合逻辑的基本运算。

光学技术用于 2D 关联性，而电子学技术用于编解码、采样和反演运算[18]。用于 OPAL 处理的图像逻辑代数应用引入了布线和移位运算中的数据处理[19]、图像投射、多重成像和形态处理。除了并行逻辑运算，这种处理技术已应用于二进制和灰度图像处理、算术运算和图灵机的实现。

9.6　光子多级互连

光子计算的原动力是互连技术。自由空间光互连与空间交换网络密切相关。其中的开关由一组输入节点和与开关节点互连的输出设备组成。输入和输出阵列在空间上通过波导或自由空间连接。为了计算和交换的目的，实现空间不变和空间可变的互连是必须的。如果来自一个输入单元的线阵列随输入节点的不同而不同，则这个系统被称为空间可变的。而在空间不变系统中，每个输入位置会产生相同的输出模式，如图 9.5 所示。虽然空间可变运算限制了所能达到的空间带宽积，但空间可变互连仍优于空间不变互连。

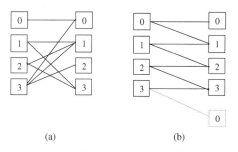

图 9.5　(a)空间可变和(b)空间不变的网络示意图

两个非常重要的交换网络是交叉开关网络和全混洗网络。在交叉开关网络中，每个输入端连接到交叉开关中的每个输出节点，每个输入和输出的交点形成一个交换节点。同样，对于包含 N 个输入端和 M 个输出端的网络，总计有 NM 个交换节点。描述交换网络的两个参数是交换节点的扇出和网络的直径。对于交叉开关网络，如果假定 $M = N$，则扇出 F 是输入或输出节点的数目，即 $F = N$。另一方面，直径 D 是将任意输入端连接到任意输出端所需的切换级数。因此，交叉开关网络允许每一个输入端选择路由到达每一个输出端。使用交叉开关的交换网络最显著的缺点是交换节点的数量巨大。交叉开关网络应用于 2D 输入和输出的一个最佳示例是空间可变网络，在没有干扰的情况下用于相互选择路由。一个空间不变交叉开关网络可以通过光学成像装置而有效实现，如图 9.6 所示。

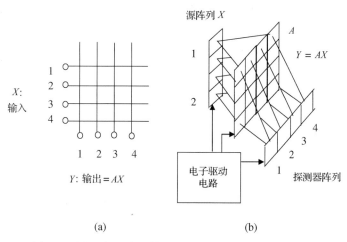

图 9.6　(a)空间可变网络；(b)空间不变交叉开关网络

多级互连网络(MIN)也是另一种有趣的交换网络形式。空间不变交换网络的一个例子是全混洗网络,它提供了对 N 个输入节点的洗牌技术,将 N 个节点分成上下相等的两部分,并分别相互内插进行洗牌,输入节点的初始顺序按要求经多次重复操作后得到重建。因此,对于 $N = 8$ 的一维输入,三级操作之后将恢复原来的顺序,如图 9.7 所示。

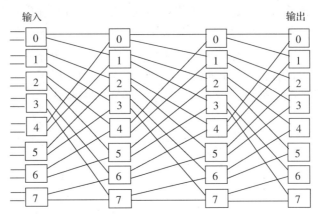

图 9.7　$N = 8$ 的全混洗网络的示意图

其他与全混洗网络相当的多级互连网络是榕树(banyan)网络和交叉(crossover)网络。图 9.8 分别显示了单级榕树网络和交叉网络。交叉网络可以实现输入阵列的特定部分的空间反演。幸运的是,大多数用于光子计算和交换的互连网络表现出一定的规律性,从而提高了网络在空间带宽积方面的高效实现。

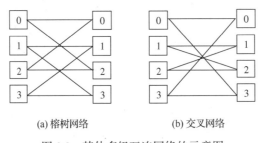

(a) 榕树网络　　　　　　(b) 交叉网络

图 9.8　其他多级互连网络的示意图

9.7　用于并行光子计算的数字系统

为了利用光路的大规模并行性进行计算,我们希望在所有运算对象上同时执行算术运算。因此光子运算单元通常被分类为单指令多数据流(SIMD)并行处理系统。模拟光子处理使用亮点的光强和/或位置作为二维平面上处理的信息,这会导致量化误差和空间带宽积的局限性。与之相比,如果输入信息被表示为一个数字序列,则总的动态范围得以提高,可以采用有光(光存在)、无光(光不存在)或一些可区分的其他属性来更好地表示输入信息。数据的二进制表示增加了动态范围,但二进制算术运算导致不该有的串行进位或脉动进位传播,光子计算必须有效地容纳或消除这种问题,因此需要适当的数字表征。

在数字光子算术运算中,数据以二维或三维的形式呈现。在加减法分别需要进位或借位的情况下，将会带来显著的时延，且未能充分利用光学技术提供的并行性。为了减少串行进位传播所产生的时延，进位要么被限制在几个处理步骤中，要么算术运算的进位要少。

因此，可以尝试使用两种方法来有效地提升光子算术处理器的性能。一种方法与开发合适的数字系统有关，该系统中的算术运算可执行免进位的并行算法。另一种方法是使用全新的体系结构，也是执行免进位的并行算法。人们预期用一种高效的光子算术处理器来兼顾这两种方法，这是因为当今器件技术的局限性，两种方法都不能单独产生最佳配置。

机器运算与所谓的实运算的主要不同在于精确度。因为固定的字长，算术处理器可产生的结果的精度有限，而实运算可以产生任何精确度的结果。因此，所有的计算机都要求对结果进行四舍五入。已有的算术运算操作，其数的表示方法都是使用位置数字系统[20][21]，其中的一个数字被编码为几个位（或数字）的矢量。对于每个位，根据其在矢量中的位置进行加权。与每个数字系统相关联的是进制（或基数）r。基本上，用于计算的数字系统可以分为两种类型，即二进制和非二进制。对于正基数的数字系统，使用补码和冗余二进制形式来表示负数（$r = 2$）。如果要同时表示正数和负数，则可以使用负基数的数字系统。

对并行处理能力的重视，使得人们对合适的数字算法（符号数字）重新产生了兴趣。二进制计算的一个主要问题，在于进位或借位带来的时延所引起的运算速度的局限性。因此，人们已经提议使用非二进制数字系统作为备选方案。另一种方法是使用余数数字系统，这是起源于中国的并行算术运算方法[22]。

光子计算中用于算术运算的重要数字系统包括：

1. 余数数字系统
2. 二进制数字系统
3. 冗余二进制数字系统
4. 广义带符号位（GSD）数字系统
    a. 改进的带符号位（MSD）数字系统
    b. 改进的混合带符号位（MMSD）数字系统
    c. 三进制带符号位（TSD）数字系统
    d. 四进制带符号位（QSD）数字系统
5. 负二进制数字系统

值得注意的是，除了余数数字系统，所有的记数表示法可以归为按位记数表示。

9.7.1 余数数字系统

余数数字系统是非二进制形式数字表示的重要备用选项。根据定义，余数本质上是整数系统。在余数数字系统中，选择一组称之为模的互质数来表示整数。任意整数 x 的余数由（R_n, $R_{n-1}, \cdots, R_0$）表示，对应的模集为 m_n, $m_{n-1}, \cdots, m_0$，其中 R_i 是模 m_i 的余数。每个余数 R_i 被定义为（x/m_i）的最小可能整数余数，即

$$x_i = x - m_i[x/m_i] \tag{9.2}$$

该系统明确地表示在给定范围 M 内的整数，M 为

$$0 \leqslant M \leqslant (\prod_{i=0}^{n} m_i) - 1 \tag{9.3}$$

考虑到模积限制了在特定域中可以表示的最大十进制数。只要结果在数字域内，两个十进制数之间的任何算术运算都是可行的。已有一个有趣提议，仅采用 2 和 5 两个模数来表示十进制数的任意位置上的一个数字[23]。因为 2 和 5 的乘积是 10，从 0 到 9 的十进制数可以在这个域中被唯一地表示。据此，可以建立一个位置余数数字系统，这样十进制数的每位数字的余数和商采用 2 和 5 记录[24]。

对于余数数字系统及其修正系统，如果用于光子计算，则可以将进位影响限制到更少的步骤[25][26]。每一个数的余数和商按位数相加，然后重新转换为小数，以便通过四步处理获得进位更少的加法结果。真值表转换[27][28]广泛应用于基于余数的计算机算法的光子实现中。这些技术能够实现无进位运算，但也受限于随着所涉及的数值范围变大，真值表的规模不断增加这一情况。大型的运算必须用到大量的模数，余数与商的运算可在光子体系结构中并行实现；然而，当必须处理多重密集数字运算时，这些系统的优势就没那么明显了。另一个主要缺点在于将十进制转换为余数的处理比较复杂，反之亦然。而且，基于余数算法的系统不适合单指令多数据流操作。

9.7.2　二进制数字系统

二进制数字系统是广义位置数字系统的一个特例，其基数 $r = 2$，$x_i \in 0,1$。因此，任何十进制正数 x 都可以用二进制形式表示为

$$x = \sum_{i=0}^{N-1} x_i 2^i \tag{9.4}$$

有时，在二进制数字系统中，会添加一个被称为符号位的额外位，用以表示二进制系统中的双极性数（正数和负数）。另一种替代方案是将数字转换为反码或补码的形式。在符号位表示中，最高位表示整数的符号（0 为正数，1 为负数）。对于一个 n 位的数字，正数的范围是 0 到 $(2^{n-1}-1)$，负数的范围是 0 到 $-(2^{n-1}-1)$。增加的符号位需要更高的存储容量。符号位表示的另一个问题是，当两个符号相反的数相加时，还要确定计算结果的符号。

负数也可以用其反码或补码表示，后者是首选。在反码表示中，二进制形式的数字（不包括符号位）按位取反，即 1 变为 0，反之亦然。这种方法有时可能会产生两种不期望的 0 的重复。在补码表示中，基数 $r = 2$，$x_i \in 0,1$。因此，反码加 1 就可以表示负数。负数必须经过两个步骤处理以得到补码表示。补码表示由下式给出：

$$x = -x_{N-1} 2^{N-1} + \sum_{i=0}^{N-2} x_i 2^i \tag{9.5}$$

$x_i \in 0,1, x_{N-1}$，其中 x_{N-1} 是符号位。

人们已经尝试实现运行于二进制架构上的光子计算[29][30]。然而，它们的应用主要局限于进位传递。人们提出了几种实现有效进位传递的方法，包括超前进位技术[31][32]。尝试使用符号替换的高阶模方法也已经提出，其中的几个位对将并行操作[33]。

9.7.3　带符号位数字系统

带符号位（SD）数字系统[34]允许进行并行算术运算，因为使用了基数表示的冗余形式，所以带符号位数字系统在光子计算中有着广泛的应用。进位影响可以被限制在几个相邻的数字位置上。因此，使用带符号位的数字表示也可以进行一些无进位的算术运算。光子计算中用

到的几种带符号位数字系统包括：改进的带符号位(MSD)数字系统，改进的混合带符号位(MMSD)数字系统，三进制带符号位(TSD)数字系统，四进制带符号位(QSD)数字系统。广义带符号位(GSD)数字系统也已经提出[35]，从中可以导出上述各种带符号位数字系统。

在广义带符号位数字系统中，基数 r 可以是正的，也可以是负的。一个十进制数在 N 位 GSD 形式中表示为

$$x = \sum_{i=-M}^{N-1} x_i r^i \tag{9.6}$$

$x_i \in {-a, \cdots, -1, 0, 1, \cdots, a}$，其中 a 是正整数，$r \geq 2$ 是 SD 的基数，数字 x_i 从集合 ${-a, \cdots, -1, 0, 1, \cdots, a}$ 中取值。

在带符号位的数字表示中，一个数可以没有统一的表示形式。冗余取决于 a 的选择，也可以给出 a 的最小值和最大值。由于该数字集相当大，算术运算需要许多替换规则。因此，带符号位的算术运算常通过光子符号替换来实现[36]。

在光子算术运算的执行过程中，更大的基数和多输入带符号位数字[37][38]已经能把进位限制在一个或两个位置内。通过使用运算对象的冗余表示，可以消除进位传递链。此外，这些基数更高的系统允许更高的信息存储密度、更低的复杂性、更少的系统组件、更少的门和更少的运算操作。

9.7.3.1 改进的带符号位(MSD)的数字表示

对于任意一个十进制数 x，无论它是正数还是负数，都可以由基数 $r = 2$、$a = 1$ 的 N 位 MSD 数表示[39][40]为

$$x = \sum_{i=0}^{N-1} x_i 2^i \tag{9.7}$$

$x_i \in {\bar{1}, 0, 1}$，其中 MSD 变量 x_i 在数字集 ${\bar{1}, 0, 1}$ 中取值。

值得注意的是，在这个 MSD 系统中，一个数不可能只有唯一的表示，例如 $(5)_{\text{dec}} = (1\bar{1}01)_{\text{MSD}} = (101)_{\text{MSD}} = (10\bar{1}\bar{1})_{\text{MSD}} = (1\bar{1}0\bar{1}\bar{1})_{\text{MSD}}$。由于不止有一种表示给定数的方法，因此可以将 MSD 数字表示看作冗余数(RN)。MSD 表示中的冗余性通常用于执行算术运算[41]。显然，MSD 数字系统是 GSD 数字系统的一个特例，其中基数 $r = 2$，$a = 1$。MSD 负数被指定为 MSD 正数的 MSD 补码。

在 MSD 数字系统中，使用的数字集是 $(\bar{1}, 0, 1)$。光子符号替换通常用于处理算术运算的数字集[42][43]。由于数字 1 加 $\bar{1}$ 的总和是 0，MSD 加法具有对称抵消的性质。MSD 加减法并行地生成主转移和权重数，类似于二进制加法中的进位与和。这些转移和权重数用于生成第二组转移和权重数，进而生成数字位，归纳后最终产生求和结果。加法运算中产生的进位被传递到两个步骤，在固定时间内加法分三个步骤完成，进而消除了计算速度的基本瓶颈。由于这些优点，MSD 数字系统广泛应用在采用几种体系结构和技术的光子计算中[44][45]。甚至对基于二进制逻辑运算的算术运算技术，人们已尝试使用 MSD 数字系统[46]。

9.7.3.2 改进的混合带符号位(MMSD)的数字表示

MSD 的另一种表示形式是改进的混合带符号位(MMSD)的数字表示。在 MMSD 表示中，十进制数 x 在 N 位二进制 MMSD 形式[47]中表示为

$$x = 2^N + \sum_{i=1}^{N} x_i 2^{i-1} \tag{9.8}$$

其中基数 $r = 2$，系数 x_i 是数字集 $\{\bar{1}, 0\}$ 中的一个。

然而，MMSD 数的最高有效位(MSB)总是 1。因此，MMSD 数包含数字 $\bar{1}$、0 和 1，且 $a = 1$，这个数字(MSB)增加了 2。十进制数到 MMSD 数的转换涉及三个步骤，即十进制到二进制，二进制到三进制，三进制到 MMSD。在光子领域中使用 MMSD 数字系统[48]进行加法运算，其中一个操作数转换为二进制数，另一个转换为 MMSD 数。由于 MMSD 数包含 1 作为 MSB，因此所有其他位都是 0 或 $\bar{1}$。进位在一个步骤中就全部消除了。这项技术的主要缺点在于它的转换过程，十进制数转换为 MMSD 数是相当复杂的，通常要涉及四个步骤。

9.7.3.3 三进制带符号位(TSD)的数字表示

十进制数 x 可由 N 位的 TSD 数[49]表示为

$$x = \sum_{i=0}^{N-1} x_i 3^i \tag{9.9}$$

在 TSD 数字系统中，基数 $r = 3$，$a = 2$，所使用的数字集为 $\{\bar{2}, \bar{1}, 0, 1, 2\}$。因为这个系统中的数可以有多种表示，因此将 TSD 数字系统称为冗余数字系统[50]，例如 $(11)_{dec} = (22\bar{1})_{TSD} = (11\bar{1})_{TSD} = (102)_{TSD}$。冗余度通常随着基数的增加而增加。当把 TSD 表示应用于两个个位数相加时[51][52]，我们发现数字组合 $(1,2), (2,2), (\bar{1},2), (\bar{2},2)$ 会引起到下一个更高阶位的进位传递。因此，用两步处理法把上述两个数字映射成中间和与中间进位可避免生成进位，这样上述组合就永远不会出现。全加法器通常用于实现基于 TSD 的加法运算。光子符号替换技术常用于处理增加的数字集 [53]。

9.7.3.4 四进制带符号位(QSD)的数字表示

十进制数 x 可由 N 位的 QSD 数[54]表示为

$$x = \sum_{i=0}^{N-1} x_i 4^i \tag{9.10}$$

其中，$x_i \in \bar{3}, \bar{2}, \bar{1}, 0, 1, 2, 3$。

显然，这里的基数 $r = 4$，$a = 3$，使用的数字集是 $\{\bar{3}, \bar{2}, \bar{1}, 0, 1, 2, 3\}$。QSD 系统也是一个冗余数字系统，例如十进制数 11 可以表示为 $(11)_{dec} = (23)_{QSD} = (3\bar{1})_{QSD} = (1\bar{1}\bar{1})_{QSD} = (1\bar{3}\bar{1}\bar{1})_{QSD}$。数字组合 $(1,2), (2,2), (1,3), (2,3), (3,3), (\bar{1},2), (\bar{2},2), (\bar{1},3), (\bar{2},3), (\bar{3},3)$ 会引起进位向更高阶位传递，但在使用 QSD 表示的加法运算中避免了这些组合。这是通过符号替换的方法实现的，其中需要若干替换规则[55]。QSD 运算已广泛应用于光学内容可寻址存储器的运算，特别是在共享模式下[56]。

9.7.4 负二进制数字系统及其变体

人们特意设计了带符号位的数字系统，以冗余为代价来表示双极性数字。使用更大的基数只会增加数字集，并没有减少冗余。此外，增加的数字集导致进行算术运算时需要使用大量的替换规则。这些难题可以通过另一种数字系统—负二进制数字系统来解决，这种数字系统可以提供唯一的表示且能方便地表示正数、负数和分数，而不用使用替换规则。

负二进制数字系统[57][58]定义为具有负基数(−2)的数字系统。该负二进制数字系统是一种可以表示正数和负数的独特非冗余方法，正数和负数可以不用符号位或补码来表示。负二进制数字系统有两种形式：无符号的和混合的。为了实现无进位算术运算，人们使用了带符号位的负二进制数系统[59]。负二进制数字系统可以是：(a)无符号形式，(b)带符号形式，(c)混合形式。数字系统的三种形式已根据所使用的数字进行归类，无符号形式使用数字(0, 1)，带符号形式使用数字$(0, \bar{1})$，混合形式使用数字$(0, \bar{1}, 1)$。负二进制数的混合形式有时也被称为负二进制带符号位(NSD)表示，其中基数 $r = -2$。由于 $r = (-2)$ 和 $a = 1$，混合负二进制数字系统也被认为是广义带符号位(GSD)表示的一个特例。

9.7.4.1 无符号负二进制数字系统

在一个无符号负二进制数字系统里，十进制数 x 具有唯一的表示形式：$x_{N-1} \cdots x_1 x_0 x_{-1} x_{-2} \cdots x_{-M}$，即

$$x = \sum_{i=-M}^{N-1} x_i (-2)^i \tag{9.11}$$

其中，$x_i \in 0, 1$，M 和 N 是正整数。i 的正值对应整数，而负值则产生分数。如同二进制数字系统，此类表示使用数字 0, 1。最大正整数 x 的所有偶数位为 1，奇数位为 0。最小负整数 x 的所有偶数位为 0，奇数位为 1。偶数 N 表示的数的范围是 $\left[\dfrac{2}{3}(1-2^N), \dfrac{1}{3}(2^N-1)\right]$，奇数 N 表示的数的范围是 $\left[\dfrac{2}{3}(1-2^{N-1}), \dfrac{1}{3}(2^{N+1}-1)\right]$。因此，对于一个 8 位数，这种方式可表示−170～85 之间的数；而对于一个 16 位数，可表示−43690～21845 之间的数。

对于用偶数 M 表示十进制分数，正分数的表示范围为 $[2^{-M}, \frac{1}{3}(1-2^{-M})]$，负分数的表示范围为 $[-(2^{-M}), \frac{2}{3}(2^{-M}-1)]$；对于奇数 M，其正分数的表示范围是 $[-(2^{-M}), \frac{1}{3}(1-2^{-(M-1)})]$，负分数的表示范围是 $[2^{-M}, \frac{2}{3}(2^{-(M+1)}-1)]$。因此，8 位正分数的表示范围是(0.00390625)到(0.33203125)，负分数的表示范围是(−0.00390625)到(−0.6640625)。

无符号负算术运算是加法和减法的两步处理过程，其中加数和被加数可以有四种组合，即(0,0)、(0,1)、(1,0)和(1,1)。操作数相加的结果产生中间进位和中间和。在某位产生的进位从下一个高位的和中减去，以便在第二步中产生一个无进位的结果，因此这种进位被称为负进位。这种技术不需要任何替换规则来执行它的操作。但是，由于所涉及的其他步骤以及在光子结构中实现的编码技术，其运算速度仍然受到限制。

9.7.4.2 混合负二进制数字系统

在混合负二进制数字系统中，十进制数 x 具有 $x_{S-1}, \cdots, x_1, x_0$ 的表示形式，即

$$x = \sum_{i=-R}^{S-1} x_i (-2)^i \tag{9.12}$$

其中，$x_i \in 0, \bar{1}, 1$，R 和 S 是正整数。在这种数字系统中，小数部分也有多种表示方式。

最大正数 x 的所有偶数位为 1 且所有奇数位为 $\bar{1}$，最小负数 x 的所有偶数位为 $\bar{1}$ 且所有奇数位为 1。因此，对于偶数 S，这种数字系统可以表示的范围是 $[1-2^S, 2^S-1]$，对于奇数 S，可以表示的范围是 $[1+2^S, -(1+2^S)]$。例如，对于 8 位数，表示的范围是 (-255) 到 (255)；对于 16 位数，表示的范围是 (-65535) 到 (65536)。

对于分数，当 R 是偶数时，可以表示正值和负值的范围分别是 $(2^{-R}, 1-2^{-R})$ 和 $(-2^{-R}, 2^{-R}-1)$；当 R 是奇数时，表示正值和负值的范围分别是 $[-2^{-R}, (1+2^{-R})]$ 和 $[2^{-R}, -(1+2^{-R})]$。对于 8 位分数，正值表示范围是 (0.00390625) 到 (0.99609375)，而负值表示范围是 (-0.00390625) 到 (-0.99609375)。

在混合负二进制数的表示形式中，在每个位上并行地进行求和以产生中间进位和中间和。$(1, 1)$ 和 $(\bar{1}, \bar{1})$ 数字组合分别产生 $\bar{1}$ 和 1 的进位，而 $(1, \bar{1})$ 和 $(\bar{1}, 1)$ 数字组合产生的进位为 0。其余组合产生冗余进位。利用该冗余，通过两个步骤执行加法运算。在第一步中，根据进位与中间和来确定规则，以便在第二步中获得无进位结果。

9.7.4.3　带符号负二进制数字系统

在带符号负二进制数字系统中，十进制数 x 具有唯一的表示形式 $(x_{Q-1}\cdots x_1 x_0)$，即

$$x = \sum_{i=-P}^{Q-1} x_i(-2)^i \tag{9.13}$$

其中，$x_i \in 0, \bar{1}$，P 和 Q 是正整数。

最大正整数 x 的所有奇数位为 $\bar{1}$，所有偶数位为 0。最小负整数 x 的所有奇数位为 0，所有偶数位为 $\bar{1}$。因此，偶数和奇数 Q 可以表示的数字范围分别是 $[\frac{1}{3}(1-2^Q), \frac{2}{3}(2^Q-1)]$ 和 $[\frac{1}{3}(1-2^{Q+1}), \frac{2}{3}(2^{Q-1}-1)]$。因此，对于 8 位数，表示的范围是从 (-85) 到 (170)；对于 16 位数，表示范围是 (-21845) 到 (43690)。

对于偶数 P 表示的小数部分，其正分数的表示范围是 $[2^{-P}, \frac{2}{3}(1-2^{-P})]$，负分数的表示范围是 $[-(2^{-P}), \frac{1}{3}(2^{-P}-1)]$；对于奇数 P，其正分数表示范围是 $[-(2^{-P}), \frac{2}{3}(1-2^{-(P+1)})]$，负分数的表示范围是 $[2^{-P}, \frac{1}{3}(2^{-(P-1)}-1)]$。因此 8 位正分数的表示范围是 (0.00390625) 到 (0.6640625)，负分数的表示范围是 (-0.00390625) 到 (-0.33203125)。

为了将十进制数转换成有符号的负二进制数，将该十进制数（或第一次迭代后通过除法计算出的商）依次除以 (-2)。为了将十进制小数转换成有符号的负二进制小数，可以将该小数依次乘以 (-2)。例如，$-(0.15625) \equiv 0.0\bar{1}\bar{1}\bar{1}\bar{1}$ 和 $(0.15625) \equiv 00\bar{1}0\bar{1}$。

9.7.4.4　浮点数的负二进制表示方法

浮点表示法是一种非常有用的工具，用于以二进制形式表示大数[21]。浮点表示法通常采用 $\pm Mr^{\pm E}$ 的形式，其中 M 是尾数或有效数，r 表示基数，E 是指数。以浮点格式表示的数是冗余数，即它们可以按多种方式表示。例如，十进制数 8 的各种浮点无符号负二进制表示是 $0.110(-2)^5 \equiv 0.0110(-2)^6 \equiv 110(-2)^2$，因为 $(0.110(-2)^5)_{unsignega} = (1(-2)^{-1}+1(-2)^{-2}+0(-2)^{-3})(-2)^5 = 8_{decimal}$。类似

地，其他冗余表示也可以给出相同的值 8。由于浮点格式可以表示正数和负数，因此负二进制数字系统的浮点表示法增加了实际可用于算术运算的数字范围。

9.8 光子计算体系结构

光子计算的概念可能不会成为现实，除非该技术能够提供令人信服的证据，证明基本算术、逻辑运算和其他计算（如矩阵矢量乘法）可以在光子域中有效地处理。由于加法是任何算术计算中最基本的操作，因此人们对通过光子技术实现加法运算表现出很大的兴趣。其他操作，例如减法，乘法和除法，都可以通过加法来实现。

人们期望光子算术系统能够利用光学元件的高并行性和大规模互连来执行高速计算，并且它还将利用与电子设备的交互性。因此，需要研究无进位并行算法和开发有效的光子体系结构。因为无进位并行算法和光子计算体系结构都不能单独产生所需的结果，所以有效的光子算术处理器有望实现这两种机制的结合。此外，我们还需要光子计算技术来执行基本逻辑运算。通过使用逻辑运算来实现算术运算也是一种可能性。

9.8.1 光学阴影投射体系结构

无透镜光学阴影投射（OSC）技术完全利用了光学在执行组合逻辑运算方面的优势[17]。执行 OAL 处理的光学并行处理器被称为光学逻辑阵列处理器（OLAP）。它不仅可以作为并行操作逻辑门，还可以作为能够动态控制运算的并行处理单元。由于该方案中的操作是线性的，因此计算速度仅受光从输入平面传播到输出平面所花费时间的限制。

为了用于可编程图像处理应用，人们已经修改了 OSC 的基本方法。然而，两种 2D 输入图像模式的编码和输出图像模式的处理，是通过包含延迟和存储元件的电子技术实现的。此外，在系统中使用了 4 种波长，从而可以同时执行 4 个独立的乘法操作。通过这种方式，对于由（64×64）像素组成的两个输入，实现了 16 个变量的 16 384 个乘法运算。对于相关性，使用了由透镜、微棱镜阵列和带分段镜的反射相关器组成的多重成像系统。

OSC 技术领域中开展的大多数工作都与编码技术的发展有关，并且许多技术被应用于 2D 图像模式的数据编码和解码。在 Tanida[17]提出的两种输入图像模式的原始编码方法中，每种输入图像模式被分成（$N \times N$）个方形区域或单元格。每种编码模式中的单元被分成 4 个子单元，其中只有一个子单元位置可以很亮，具体取决于两个输入的逻辑组合。模式的编码是由计算机控制的，且通常是基于强度的。通过合适的输入编码方式，可以扩展到多个输入。

基于晶体双折射特性的偏振编码一直是一个很有吸引力的研究领域，并且有许多研究报告可供使用。其中一些基于符号替换，而另一些基于阴影投射方案。OSC 系统已经扩展到包含偏振编码，用于输入像素编码和输出掩模板透明度。这已被广泛用于设计加法器、逻辑电路以及多元处理器。由于输入重叠模式，LED 源模式和输出重叠模式的大小直接取决于小区域（minterms）的数量及其适当的空间分布，因此偏振编码的 OSC 电路尤其需要设计小区域。一些修改方案已经尝试用于增加编码的自由度，从而可以设计复杂的逻辑电路。偏振系统需要利用偏振态的精确检测，不过其实际困难都已被消除。

图 9.9 是两个输入无透镜阴影投射系统的一个单元操作示意图。在光源平面上，对一个单元

组成的光源阵列的开/关状态施加操作内核。对于逻辑和算术运算，使用(2×2)的光源阵列，因此 $i = 1, 2$ 和 $j = 1, 2$。输入数据被编码为 2D 图像，两个输入图像叠加形成编码的输入图像。对于这里使用的编码技术，其中每个编码图像单元由 4 个元素 c_{ij}(其中 $i = 1, 2$ 和 $j = 1, 2$)组成，可以用 (2×2)的位置矩阵来表示。输入平面上的编码图像与指定所需操作的操作内核有关。当所有 4 个光源都处于开启状态时，利用与(2×2)输入矩阵相关的操作内核，形成了一个(3×3)叠加模式，其中每个元素由 $S_{ij}(i = 1, 2, 3$ 和 $j = 1, 2, 3)$给出。位置矩阵的元素 S_{22} 包含编码子单元与相应光源的开/关状态相关的所有可能信息，即仅有子单元 S_{22} 包含了输入单元经过特定操作内核指定处理后的最终结果。由解码掩模板(在 S_{22} 位置透明)记录子单元的强度，即

$$S_{22} = c_{11} \wedge l_{11} + c_{12} \wedge l_{12} + c_{21} \wedge l_{21} + c_{22} \wedge l_{22} \tag{9.14}$$

其中，"$\wedge$"是代表"在其上操作"的符号，符号 "+" 表示逻辑(OR)运算。

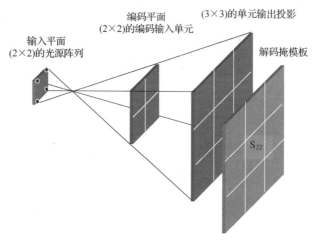

图 9.9　光学阴影投射系统的单个单元操作示意图

将这种情况推广到整个图像模式的其他所有单元。显然，c_{ij} 是编码模式的第(i, j)个单元，l_{ij} 是操作规则的第(i, j)个元素。采用来自相关模式的所有单元的解码掩模板，对处理后的输出进行采样和解码。根据特定的编码技术，对 A 和 B 两个输入进行多单元操作，形成编码输入模式。编码输入与操作规则有关，操作规则以光源的开/关状态形式给出。根据操作规则对相关输入进行采样，以产生处理后的图像。上述操作如图 9.10 所示。

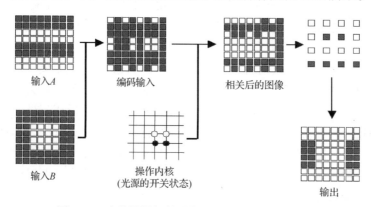

图 9.10　光学阴影投射系统的多个单元操作示意图

9.8.2 基于光学阴影投射的统一算法和逻辑处理体系结构

光子计算的核心要求是无进位算术运算。为了便于进行算术运算，人们已经提出了推进进位信号的不同方法，其中包括超前进位加法器和进位保存加法器。但是，二进制加法的顺序特性不能改变。长期以来，人们一直在研究使用其他数字系统的进位限制或无进位的算术运算。当光子处理器以二维矩阵形式使用控制运算符实现并行加法时，需要代码转换才能使这些系统与传统的十进制数系统相兼容，这需要大量的内存，因此它们未得到广泛认可。在所有无进位算术运算中，涉及多步算法的复杂多重替换规则是十分必要的。因此，这些技术受到处理时间更高要求的限制。

一种以并行方式且在并行通道中能够执行算术和逻辑运算的光子体系结构如图 9.11(a) 所示。基于带符号位的负二进制数字系统，可以执行正数和/或负数的无进位加法运算，并且单步完成。这种体系结构能够同步实现逻辑运算。逻辑运算也在负二进制数字系统上进行。顺序触发器操作也可以使用相同的体系结构来实现，与组合逻辑运算的唯一区别在于，它不使用负二进制数字系统对输入进行编码。统一光子体系结构的另一个优点在于，使用单个液晶显示器 (LCD) 来表示空间编码数据、操作内核和 2D 图像形式的解码掩模板。图像代表操作结果，由 CCD 相机记录并在计算机中进行处理，最终以十进制形式呈现。

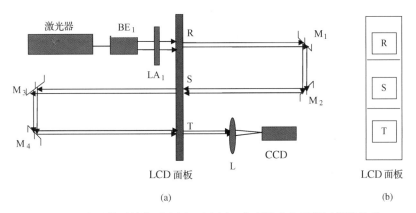

图 9.11 光子体系结构示意图：(a) 用于实现算术和逻辑运算的体系结构；(b) 将 LCD 面板划分为三个区域 R、S 和 T 的示意图

在空间编码技术以及解码掩模板的结构中，用于加法和减法的方案基本上遵循了阴影投射的原理，但要进行一些修改。为了控制操作内核，并在处理光路中显示输入和解码掩模板，在传统的阴影投射系统中需要至少 3 个空间光调制器。在该体系结构中，使用单个 LCD 面板和折叠光路，大大降低了体系结构的复杂性。这可以通过将 LCD 面板的有源区域划分为三个方形区域并标记为 R、S 和 T 来实现，如图 9.11(b) 所示。R 区域用于引入操作内核，S 区域用于呈现编码的输入图像，T 区域用于引入解码掩模板。

在该体系结构中，来自激光器的光由扩束器 BE_1 扩展。扩展后的平行光束入射在 (2×2) 微透镜阵列 LA_1 上。阵列的每个透镜都充当点光源。微透镜阵列与 LCD 面板 R 区域处的可寻址不透明和透明单元相结合，引入了 OSC 系统的操作内核。两个操作数中，每个位的空间编码单元模式被叠加，得到的叠加模式被记录在 LCD 面板 S 区域的输入平面上。来自有效源阵列的光束经镜子 M_1 和 M_2 折叠之后入射在 LCD 面板 S 处的输入平面上。通过使用 M_3 和 M_4 进行光束折叠，在 LCD

面板 T 处形成了叠加模式的阴影，并且其中已经预先记录了所有位的解码掩模板。利用光束通过镜子的折叠，就可以采用单个 LCD 面板而不是三个空间光调制器，并且控制操作内核以及提供输入和解码掩模板。T 处解码掩模板出射的光被聚光透镜 L 汇聚，然后入射在 CCD 相机上，通过图像采集卡连接到计算机。相机记录的图像被扫描并解码，以便获得特定操作的结果。该体系结构的一个优点是，它以单指令多输出并行处理模式运行。可以在不同的通道中并行地添加或减去几个数字对。此外，可以在不同的通道中同时执行两个或多个逻辑操作。

源间距 l、输入单元大小 d_1、阴影单元大小 d 之间的关系由下面的公式给出：

$$d = \frac{ld_1}{l-d_1}z + z_1 = \frac{lz}{l-d_1}, d_1 < l \tag{9.15}$$

如图 9.11 所示，输入平面(LCD 面板的 S 位置)与源平面(或微透镜阵列，比如 LCD 面板的有效 R 位置)的距离为 $z\,(= a + b + c)$。对于阴影投射平面中 T 位置输入的半单元位移，投影平面(LCD 面板的 T 位置)与输入平面(LCD 面板的 S 位置)之间的距离为 $z_1 = z_2 + z_3 + z_4$。

9.8.2.1 负二进制数的无进位算术处理器

对于算术运算，两个输入的编码及其叠加的编码模式遵循一个规则，即一个输入用无符号的负二进制形式表示，另一个用带符号的负二进制形式表示。需要设计解码掩模板，以便在使用负二进制数字系统时解码 $\overline{1}, 0, 1$。

源阵列掩模板和解码掩模板如图 9.12 所示，生成的单元结构可以有效地调制源阵列，从而对操作数执行带符号的异或(Ex-OR)运算。图中也展示了用于投影叠加输入的每个位的 (4×4) 单元的解码掩模板。

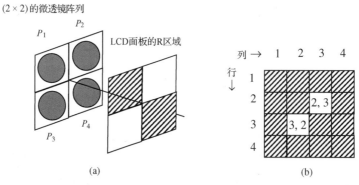

图 9.12 (a) 生成的单元结构，可以有效地调制源阵列，以对操作数执行带符号的异或运算；(b) (4×4) 单元的解码掩模板，用于投影叠加输入的每个位

逐位叠加的编码方案如图 9.13 所示，合成的输入模式如图 9.14 所示。解码掩模板中每个位的 (2, 3) 单元有光就被解码为 1，解码掩模板中每个位的 (3, 2) 单元有光就被解码为 $\overline{1}$。解码掩模板的 (2, 3) 和 (3, 2) 两个单元中任意一个无光就被解码为 0。解码掩模板的每个单元大小都等于形成阴影的单元大小。

多个通道可以通过一条指令同时添加不

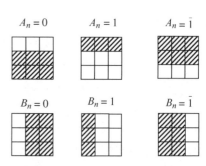

图 9.13 两个输入操作数 (3×3) 模式的逐位叠加

同的数字对。通过这种系统，将 C 个通道的两个数进行相加，每个数用负二进制形式表示，长度假定为 L 位。由于以负二进制形式表示的数，其每一位是 $(3×3)$ 的空间编码模式，因此每个通道需要的单元数是 $(3×3L)$。在探测器阵列中所需的单元数为 $[4×(3L+1)]$。对于 C 个通道数，完成叠加编码输入所需的单元数是 $(3C×3L)$，则探测器阵列的大小应该是 $[(3C+1)×(3L+1)]$。只需要一个周期就可以完成整个加法操作，这个过程独立于负二进制形式表示的位数或通道数。由于已经假设这些位以接口计算机的时钟周期 f_c 通过系统，因此在 C 个通道中加法计算过程的处理时间是 $1/f_c$ μs。可以容纳的通道数仅受光束直径和相机光圈的限制。

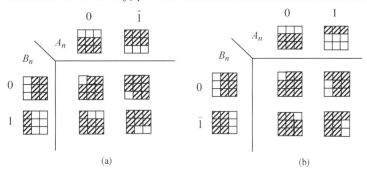

图 9.14　A 和 B 的每个位的叠加输入组合：(a)操作数 A 和 B 分别转换为带符号和无符号的负二进制形式；(b)操作数 A 和 B 分别转换为无符号和带符号的负二进制形式

两个通道中 $(170+85)$ 和 $[100+(-50)]$ 的计算结果显示在图 9.15 的结果框中。

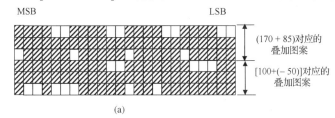

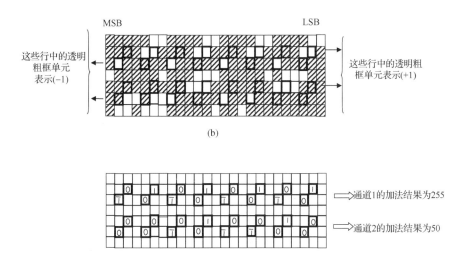

图 9.15　A 和 B 每个位的输入组合结果：(a)两个通道中加数和加数的叠加图案；(b)两个通道中加数叠加模式的投影图案(粗框的单元代表待扫描单元)；(c)粗框单元的扫描系数

9.8.2.2　基于负二进制的逻辑处理器

对于逻辑运算,在十进制数字系统中,输入操作数 A 或 B 可以取 0($=$ 不存在)或 1($=$ 存在)。在带符号负二进制数字系统中,十进制数 0 和 1 分别表示为 00 和 $\bar{1}\bar{1}$。因此,带符号负二进制数字系统中的逻辑运算规则被模拟为: $0+0=0$, $0+\bar{1}=\bar{1}$, $\bar{1}+\bar{1}=\bar{1}$(或运算); $0\cdot 0=0, 0\cdot\bar{1}=0$, $\bar{1}\cdot\bar{1}=\bar{1}$(与运算); $0\oplus 0=0, 0\oplus\bar{1}=\bar{1}, \bar{1}\oplus\bar{1}=0$(异或运算)。

光子在实现不同的逻辑操作时需要选择适当的操作内核。在阴影投射体系结构中,操作内核采用 (2×2) 源阵列形式,并与 LCD 面板上的单元结构相结合。任何需要的逻辑操作可以通过控制 LCD 面板的传输特性来实现,这实际上控制了光源的开/关状态。对于 4 个输入组合 $(0,0)$、$(0,1)$、$(1,0)$ 和 $(1,1)$,在输出处获得 1 的数量决定了需要打开的有效光源的数量。因此,在 LCD 上设计的单元结构中,只有 (2×2) 中的一个单元保持透明以进行逻辑与运算,而其他 3 个单元将保持透明以进行逻辑或运算。一些逻辑运算的单元设计结构如图 9.16 所示。

将输出乘以相应的负二进制基数,可以得到所需操作的十进制数。

9.8.2.3　顺序光子触发处理器

正如文献[60]中所描述的,同样的阴影投射体系结构被用来实现触发器的顺序操作。在这个操作中,触发器的前一个状态被认为是随系统两个输入一起到来的第三个输入,因此考虑 3 个输入的空间编码和叠加,如图 9.17 所示。对于 (3×3) 模式的源,其中心源总是关闭的,如图 9.18 所示,受 SLM 的调制。不同类型触发器的源调制和解码掩模板如图 9.19 所示。

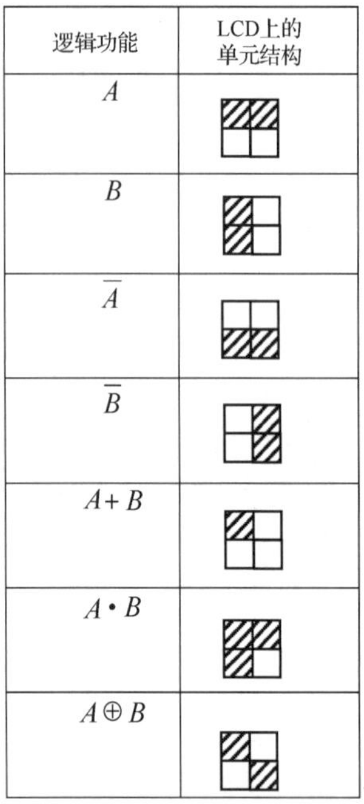

图 9.16　为进行逻辑运算,在微透镜阵列上设计的一些单元结构

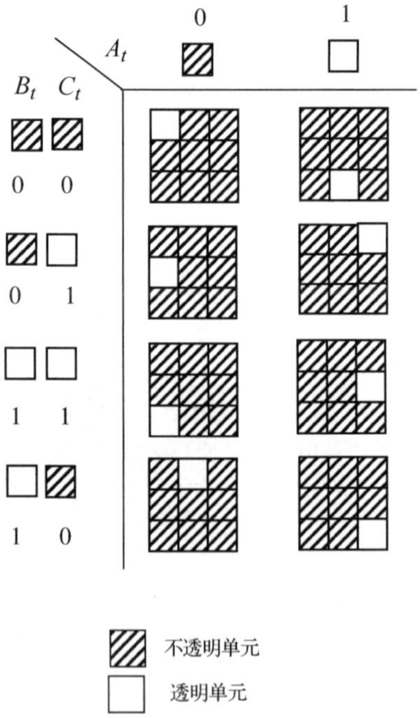

图 9.17　触发器的 3 个输入的编码

9.8.3　基于卷积的乘法器体系结构

两个 L 位的数 a 和 A,它们的乘积 h 用基数 S 可表示为

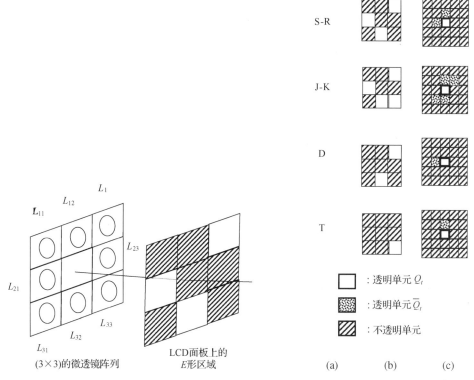

图 9.18 SLM 调制的 (3×3) 源

图 9.19 不同触发器的源图案和解码掩模板：(a) 触发器类型；(b) 源图案；(c) 解码掩模板

$$h = aA = \sum_{i=0}^{L-1} \sum_{j=0}^{L-1} a_i A_j S^{(i+j)} \tag{9.16}$$

其中，$a = \sum_{i=0}^{L-1} a_i S^i$ 和 $A = \sum_{j=0}^{L-1} A_j S^j$。

已经证明了两个以二进制形式表示的数，其乘积实质上会涉及卷积运算，这种通过数字卷积进行乘法运算的过程被称为模拟卷积数字乘法 (DMAC) 技术。为了避免进位的出现，通过数字乘法获得的卷积系数以混合二进制形式表示。这些系数在与相应的基数进行多次乘法后，再以十进制形式相加来产生相加的结果。为了说明 DMAC 算法，将两个 8 位二进制数 a 和 A 相乘，分别表示为 $a = a_n \cdots a_1 a_0$ 和 $A = A_n \cdots A_1 A_0$。a 的数位写成相反的顺序，并将 A 的数位移动。两个数中重叠的位相乘并给出卷积系数，如式 (9.17) 所示。由此得到的卷积系数的第一个值是 $a_0 A_0$，第二个值是 $a_1 A_0 + a_0 A_1$，以此类推，最终的系数是 $a_7 A_7$。显然，卷积系数将由两个 8 位数的乘法产生。因此，如果 a 和 A 是两个二进制数，则 8 位数的卷积系数 h 表示为

$$
\begin{aligned}
h_0 &= a_0 A_0 \\
h_1 &= a_1 A_0 + a_0 A_1 \\
h_2 &= a_2 A_0 + a_1 A_1 + a_0 A_2 \\
h_3 &= a_3 A_0 + a_2 A_1 + a_1 A_2 + a_0 A_3 \\
h_4 &= a_4 A_0 + a_3 A_1 + a_2 A_2 + a_1 A_3 + a_0 A_4
\end{aligned} \tag{9.17}
$$

$$h_5 = a_5 A_0 + a_4 A_1 + a_3 A_2 + a_2 A_3 + a_1 A_4 + a_0 A_5$$
$$h_6 = a_6 A_0 + a_5 A_1 + a_4 A_2 + a_3 A_3 + a_2 A_4 + a_1 A_5 + a_0 A_0$$
$$h_7 = a_7 A_0 + a_6 A_1 + a_5 A_2 + a_4 A_3 + a_3 A_4 + a_2 A_5 + a_1 A_6 + a_0 A_7$$
$$h_8 = a_7 A_1 + a_6 A_2 + a_5 A_3 + a_4 A_4 + a_3 A_5 + a_2 A_6 + a_1 A_7$$
$$h_9 = a_7 A_2 + a_6 A_3 + a_5 A_4 + a_4 A_5 + a_3 A_6 + a_2 A_7$$
$$h_{10} = a_7 A_3 + a_6 A_4 + a_5 A_5 + a_4 A_6 + a_3 A_7$$
$$h_{11} = a_7 A_4 + a_6 A_5 + a_5 A_6 + a_4 A_7$$
$$h_{12} = a_7 A_5 + a_6 A_6 + a_5 A_7$$
$$h_{13} = a_7 A_6 + a_6 A_7$$
$$h_{14} = a_7 A_7$$

二进制乘法规则（$0 \times 0 = 0$，$0 \times 1 = 0$，$1 \times 0 = 0$，$1 \times 1 = 1$）也是适用的。因此卷积系数的值只能取为 0 和 1。十进制形式的加权卷积系数是通过卷积系数相加得到的。然而，乘法的结果由加权卷积系数与相应的二进制基数相乘来获得。在二进制中，这种因子采用 $(2)^n$ 的形式表示。最终的乘法结果以十进制形式表示为

$$h = h_{14} 2^{14} + h_{13} 2^{13} + h_{12} 2^{12} + h_{11} 2^{11} + h_{10} 2^{10} + h_9 2^9 + h_8 2^8$$
$$+ h_7 2^7 + h_6 2^6 + h_5 2^5 + h_4 2^4 + h_3 2^3 + h_2 2^2 + h_1 2^1 + h_0 2^0 \tag{9.18}$$

注意，二进制数字系统中的加法运算可能产生进位。然而，当通过 DMAC 过程进行乘法所需的加法操作时，不会产生进位。正如公式所示，该过程采用了混合表示（即十进制加权因子 h_n 和二进制基数 2^n）。

在频域或时域中，也可以执行 DMAC 算法的光子实现。在傅里叶或频域卷积中，一个函数的傅里叶变换存储在全息图上，第二个函数的傅里叶变换入射到全息图上。再用一个透镜收集传输光束并选择路径到达探测器。由此获得的两个函数的乘积被重新变换以产生卷积运算。人们已经证明傅里叶域的卷积是有效的。

在时域卷积技术中，时间反转的一个函数保持不变，而另一个函数滑过它。每个重叠点处的乘积给出卷积系数。由于空间光调制器的可用性以及与收缩处理相关的兼容性，该技术变得特别有吸引力。时域光子卷积器同样可以工作在空间积分或时间积分结构中。在空间积分结构中，其中一个操作数通过光源阵列以空间变量 $g(x)$ 输入，并保持不变。另一个函数 $H(t)$ 通过 SLM 或一个用作移位寄存器的 CCD 阵列呈现，以离散步长滑过 $g(x)$ 函数。离开移位寄存器的光通过一个汇聚透镜在空间上相加，并汇聚到单个探测器上。

当函数 $g(t)$ 作为时变信号馈送到单个源上时，另一个函数 $H(-t)$ 输入到 SLM，SLM 用作时间积分结构中的移位寄存器。函数 $g(t)$ 通过一个透镜组在 $H(-t)$ 上均匀展开，透镜组以离散步长随 $H(-t)$ 移动。离开寄存器的光会在时间上离散地累加到探测器阵列的离散单元上。

9.8.3.1　矩阵矢量乘法体系结构

矩阵矢量（M-V）乘法是一种重要的线性代数运算，其中一个矩阵与一个矢量相乘。其操作定义为 $\mathbf{y} = \mathbf{Hg}$，其中 $\mathbf{g}$ 是由 N 个元素组成的输入矢量，$\mathbf{H}$ 是一个由 $(M \times N)$ 个元素 a_{ij} 组成的二维矩阵，$\mathbf{y}$ 是由 M 个元素 y_j 组成的输出矢量。不管选择的技术是什么，M-V 乘法都涉及加法之后的一系列乘法运算。

许多算法可以在数字计算机中执行乘法运算，但是，这些算法受使用的电子硬件所限制。

定点乘法也就是人们所熟知的纸笔法。通常，计算机中十进制数的乘法运算是采用二进制形式的手工乘法算法，它是基于重复加法和寄存器的移位来实现的。实际上，k 位整数与 m 位整数相乘需要 $(m×k)$ 全加和逻辑与运算。因此，定点乘法比加法需要更多的硬件，所以没有将其包含在之前的小型计算机指令集中。

符号数的乘法可以通过无符号数纸笔法的直接扩展来实现。在这种方法中，符号是分开计算的，也可以使用补码技术，它是许多算法的基础。超大规模集成电路(VLSI)技术的进步使得建立组合电路成为可能，它可以执行相当大规模的乘法运算。例如，一个乘法器芯片可以在 16 ns 内完成两个 16 位数的乘法运算，它由简单的组合单元阵列组成，其每一单元完成乘法运算中一小段的加、减法和移位操作。

在浮点乘法的情况下，处理器的吞吐量在没有大量增加硬件的情况下得到了提升，这得益于流水线处理技术。乘法通常采用一种被称为"进位保存加法"的技术，这种技术特别适合于流水线处理。在光子域中执行 M-V 乘法时，人们发现一对一地替换电子技术和算法并不能产生好的结果，而且在大多数情况下不能利用光学技术的附加优势。在 M-V 乘法的情况下，光学技术的主要优势是数据的二维表示。二维光学系统提供了大量可分辨的像素点(或单元)，每个像素点都可以作为一个单独的并行通道进行寻址和互连。光子源的大时间带宽为高速运算提供了额外的优势。

基本的处理方法可大致分为模拟和数字光子技术。由于光强在模拟技术中是很有意义的，因此可以使用非相干光。在光学术语中，光强大小或调制器的透过率可以代表要操作的数字。因此，在单个探测器上汇聚两个或多个光束就可以执行相加操作。许多光子矩阵矢量乘法器都基于这个原理(光强叠加原理)。

在执行模拟 M-V 乘法的典型通用光子系统中，通过输入传输结构来输入矢量单元，调制输入光源发出的相干或非相干光（根据数据的数字表示决定开/关）。矩阵元素被输入到二维调制器，调制器控制输出传输结构。整个系统结构是根据乘法运算需要选择的输入传输结构和输出传输结构进行设计的。最后，乘法运算的结果总是在探测器单元或探测器阵列上相加。但是，这些依赖于强度的处理器，随着时间的推移表现出性能老化的情况，因为在整个过程中无法一直很好地控制和维持光强。此外，有限的动态范围限制了模拟光学处理的性能。尽管可以产生和检测大约 500 个不同等级的光强，但采用探测器测量光强会限制所期望的精度。因此，加工过程中的误差会不断累积，导致数值精度降低。这类模拟处理器可以利用光学技术的高速处理和大规模并行工作的优势。然而，它们的广泛应用却受限于可以达到的精度。

人们已经提出了几种技术来提高数值的精度，它们利用数据的数字表示来代替模拟表示。所谓的模拟卷积数字乘法(DMAC)及其变体是实现高精度乘法的有效方法。DMAC 技术的一种改进版被用在 M-V 乘法中。在该技术中，光源的开关状态被用作系统的矢量输入，并且利用二维数据平面代替探测器阵列来显示结果，该结果可被扫描以进行数字到十进制的转换。通过控制传输特性，将数字形式的矩阵元素输入到 LCD 面板(用作二维空间光调制器)。该系统以电子扫描所需的时间为代价，具有更高的吞吐量。使用下面所示的(4×3)矩阵和(3×1)矢量来展示负二进制的 M-V 乘法：

$$\begin{pmatrix} a & b & c \\ d & e & f \\ g & h & i \\ j & k & l \end{pmatrix} \quad \begin{pmatrix} A \\ B \\ C \end{pmatrix} = \begin{pmatrix} aA + bB + cC \\ dA + eB + fC \\ gA + hB + iC \\ jA + kB + lC \end{pmatrix} \tag{9.19}$$

这里矩阵和矢量元素的正负可以是任意的。为简单起见，假设所有元素都是 8 位数。矩阵矢量乘积的第一行 $(aA + bB + cC)$ 可以用卷积系数 h、h' 和 h'' 表示，由下式给出：

$$
\begin{aligned}
aA = h = {} & h_{14}(-2)^{14} + h_{13}(-2)^{13} + h_{12}(-2)^{12} + h_{11}(-2)^{11} + h_{10}(-2)^{10} \\
& + h_9(-2)^9 + h_8(-2)^8 + h_7(-2)^7 + h_6(-2)^6 + h_5(-2)^5 + h_4(-2)^4 \\
& + h_3(-2)^3 + h_2(-2)^2 + h_1(-2)^1 + h_0(-2)^0 \\
bB = h' = {} & h'_{14}(-2)^{14} + h'_{13}(-2)^{13} + h'_{12}(-2)^{12} + h'_{11}(-2)^{11} + h'_{10}(-2)^{10} \\
& + h'_9(-2)^9 + h'_8(-2)^8 + h'_7(-2)^7 + h'_6(-2)^6 + h'_5(-2)^5 + h'_4(-2)^4 \\
& + h'_3(-2)^3 + h'_2(-2)^2 + h'_1(-2)^1 + h'_0(-2)^0 \\
cC = h'' = {} & h''_{14}(-2)^{14} + h''_{13}(-2)^{13} + h''_{12}(-2)^{12} + h''_{11}(-2)^{11} \\
& + h''_{10}(-2)^{10} + h''_9(-2)^9 + h''_8(-2)^8 + h''_7(-2)^7 + h''_6(-2)^6 + h''_5(-2)^5 \\
& + h''_4(-2)^4 + h''_3(-2)^3 + h''_2(-2)^2 + h''_1(-2)^1 + h''_0(-2)^0
\end{aligned}
\tag{9.20}
$$

矩阵矢量乘积第一行的逐位卷积系数集合将产生相同的方程组。

矢量元素 A、B 和 C 的负二进制位与矩阵第一行等价位置元素 a、b 和 c 的负二进制位相乘。在第一个周期中，矢量元素的最低有效位（LSB）A_0、B_0 和 C_0 与矩阵元素相乘。在第二个周期中，乘以下一个高阶位的元素 A_1、B_1、C_1。这个过程一直持续到矢量元素的最高有效位（MSB）与对应的矩阵元素相乘。矩阵乘法的卷积系数现在可以通过系数的逐列相加得到。包含这 8 个周期的运算和最后列式的逐一求和，得到矩阵矢量乘积的第一行。类似的操作可以生成乘积的其他三行。与二进制数字系统相似，系统中的无符号负二进制位只取 1 和 0，因此可以用光的开/关状态来表示。用于 (4×3) M-V 乘法的光子体系结构原理图如图 9.20 所示。

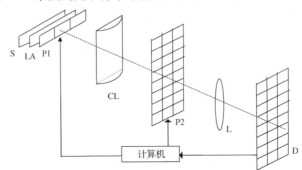

图 9.20 M-V 乘法的示意图。S：激光源；LA：微透镜阵列；P1：源代码控制 SLM；CL：柱形透镜；L：透镜；P2：SLM；D：探测器阵列

9.8.4 混合光子多元处理器

这种多元处理器体系结构可称为连接机，由一组印制电路板（PCB）组成，每一个都包含 512 个处理元件，平均分配在 32 个电子芯片中。这种体系结构如图 9.21 所示，板上有 4 个芯片，每个板都包含一个选频滤波器。这种光子芯片包含半导体激光器、光电二极管和可重构的衍射光栅。衍射光栅执行开关切换操作，使芯片之间能够通信。这种结构采用波分复用（WDM），通过芯片来引导不同波长的光。

9.8.5 全光数字多元处理器

全光数字多元处理器[61]如图 9.22 所示。系统的输入是激光源阵列或放置在激光源前面

的一个二维 SLM。放置在源阵列前面的门阵列可以是另一个 SLM 或双稳态光学装置(BOD)
阵列。

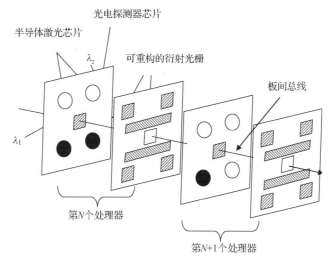

图 9.21　混合光子多元处理器的示意图

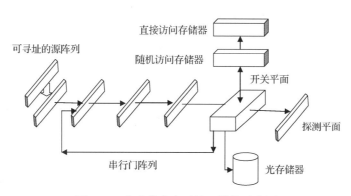

图 9.22　全光数字多元处理器的示意图

　　BOD 是由法布里–珀罗腔组成的，其中包括一个折射率随光强呈非线性变化的材料。由于
它的切换速度很快，人们比较喜欢使用 BOD。BOD 前面的光速控制器采用可重构的衍射光栅
进行切换和互连。由于该系统需要大量的阵列，因此在实时全息图阵列中得到了应用。如图 9.22
所示，光束控制器将出射的光束指向可寻址探测器阵列或随机访问存储器和门阵列的输入。几个
逻辑元素可以通过光束控制器形成处理单元或节点，该节点表示门阵列中的一个元素。这样，门
阵列中的各个元素可以实现诸如逻辑单元、时钟、高速缓存等操作。

9.8.6　基于 S-SEED 的全光子多元处理器

　　由 AT&T 实验室开发的这种多元处理器[62]是全光数字多元处理器的变体，如图 9.23 所示。
这种多元处理器的运算速度为 10^6 周期/秒。双稳态开关元件是一种 GaAs/AlGaAs 对称自电光
效应器件(S-SEED)，可提供 1 pJ 的开关能。S-SEED 含有两个反射率可控的反射镜。S-SEED
为 32 器件阵列，每个阵列包含两个发射 0.85 μm 波长的注入式激光二极管。每个处理器由 4
个 S-SEED 阵列组成，每个 S-SEED 驱动两个输入。

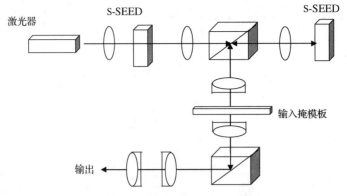

图 9.23　AT&T 多元处理器的示意图

　　注入式激光器发出的光经过透镜和掩模板，有助于 4 个阵列之间的通信。这种掩模板是含有透明或不透明斑点的玻璃载玻片，以允许或阻止光的传播。S-SEED 阵列的输出作为下一个 S-SEED 阵列的输入。每个 S-SEED 的状态在被处理之前不会改变。信息的传输通过光纤在自由空间进行。

扩展阅读

1. *Optical Computing—a Survey for Computer Scientists*: D. G. Feitelson, MIT Press, New York, 1992.

2. *Optical Computing—Digital and Symbolic*: R. Arrathoon, Marcel Dekker, Inc., New York, 1989.

3. *The Connection Machine*: W. D. Hills, MIT Press, MA, 1985.

4. *Optical Computing Hardware*: J. Jahns and S. H. Lee, Academic Press, London, 1994.

5. *Computing with Optics, Introduction to Information Optics*: G. Li and M. S. Alam. Academic Press, CA, 2001.

6. *A Digital Design Methodology for Optical Computing*: M. Murdocca, McGraw-Hill, New York, 1990.

7. *Computer Arithmetic Systems—Algorithms, Architecture and Implementations*: A. Omandi, Prentice Hall, NJ, 1994.

参考文献

[1]　M. J. Flynn. Some computer organisation and their effectiveness. *IEEE Trans.*, C 21:948, 1972.

[2]　R. C. Minnick. Cutpoint cellular logic. *IEEE Trans. Elec. Comp., EC* 13:685, 1968.

[3]　J. H. Siegel. A model of SIMD machine and a comparison of various interconnection networks. *IEEE Trans. Comp.*, 28:907, 1979.

[4]　S. L. Tanimoto. A hierarchical cellular logic for pyramid computer. *J. Parallel and Dist. Comp.*, 1:105, 1984.

[5]　G. Eichman, H. J. Caulfield, and I. Kadar. Optical artificial intelligence and symbolic computing. *App. Opt.*, 26:18-27, 1987.

[6]　A. Veen. Data ow architecture. *CS*, 18:365, 1986.

[7]　S. Kung, S. C. Lo, S. N. Jean, and R. Leonardi. Wavefront array processors-concepts to implementations. *Computers*, 20:18, 1987.

[8] S. Asia and Y. Wada. Technology challenges for integration near and below 0.1 micron. *Proc IEEE*, 85:505, 1997.

[9] F. E. Kiamilev. Performance comparison between opto electronics and vlsi multistage interconnection networks. *J. Light Wave Tech.*, 9:1742, 1991.

[10] J. Tanida, K. Nitta, T. Inoue, and Y. Ichioka. Comparison of electrical and optical interconnection for large fan-out communication. *J. Opt. A: Pure Appl. Opt.*, 1:262-266, 1999.

[11] D. Psaltis and R. A. Athale. High accuracy computation with linear analog optical systems: A critical study. *App. Opt.*, 25:3071, 1986.

[12] R. Arrathoon. *Optical Computing: Digital and Symbolic*. Marcel Dekker, Inc., New York, 1989.

[13] K Huang and F. A. Briggs. *Computer Architecture and Parallel Processing*. McGraw Hill, New York, 1984.

[14] Y. Ha, B. Li, and G. Hichman. Optical binary symmetric logic functions and their application. *Opt. Eng.*, 28:380, 1989.

[15] M. Murdocca. *A Digital Design Methodology for Optical Computing*. McGraw-Hill, NY, 1990.

[16] P. S. Guilfoyle and W. J. Wiley. Combinatorial logic based digital optical computing architectures. *App. Opt.*, 27:1661, 1988.

[17] J. Tanida and Y. Ichioka. Optical logic array processor using shadowgrams. *J. Opt. Soc. Am.*, 73:801-809, 1983.

[18] J. Tanida and Y. Ichioka. Modular components for an optical array logic system. *Appl. Opt.*, 26:3954, 1987.

[19] M. Fukui and K. Kitayama. Applications of image-logic algebra: wire routing and numerical data processing. *Appl. Opt.*, 31:4645-4656, 1992.

[20] J. J. H. Cavanagh. *Digital Computer Arithmetic: Design and Implementation*. McGraw-Hill, New York, 1985.

[21] A. Omandi. *Computer Arithmetic Systems: Algorithms, Architecture and Implementations*. Prentice Hall, New Jersy, 1994.

[22] N. S. Szabo and R. T. Tanaka. *Residue Arithmetic and Its Applications to Computer Technology*. McGraw Hill, New York, 1967.

[23] S. Mukhopadhyay, A. Basuray, and A. K. Datta. New technique of arithmetic operation using positional residue system. *App. Opt.*, 29:2981-2893, 1990.

[24] M. Seth, M. Ray (Shah), and A. Basuray. Optical implementation of arithmetic operations using the positional residue system. *Opt. Eng.*, 33:541-547, 1994.

[25] D. Psaltis and D. Casasent. Optical residue arithmetic: A correlator approach. *App. Opt.*, 18:163-171, 1979.

[26] C. D. Capps, R. A. Falk, and T. K. Houk. Optical arithmetic/logic unit based on residue arithmetic and symbolic substitution. *App. Opt.*, 27:1682-1686, 1988.

[27] A. P. Goutzoulis, E. C. Malarkey, D. K. Davis, J. C. Bradley, and P. R. Beaudet. Optical processing with residue LED/LD lookup tables. *App. Opt.*, 27:1674-1681, 1988.

[28] M. L. Heinrich, R. A. Athale, and M. W. Huang. Numerical optical computing in the residue number system with outer-product look-up tables. *Opt. Let.*, 14:847-849, 1989.

[29] S. Mukhopadhyay, A. Basuray, and A. K. Datta. A real-time optical parallel processor for binary addition with a carry. *Opt. Commun.*, 66:186-190, 1988.

[30] A. K. Datta and M. Seth. Parallel arithmetic operations in an optical architecture using a modified iterative technique. *Opt. Comm.*, 115:245-250, 1995.

[31] R. Golshan and J. S. Bedi. Implementation of carry-look ahead adder with spatial light modulator. *Opt. Commun.*, 68:175-178, 1988.

[32] A. Kostrzewski, D. H. Kim, Y. Li, and G. Eichman. Fast hybrid parallel carry-look-ahead adder. *Opt. Let.*, 15:915-917, 1990.

[33] S. P. Kozaitis. Higher order rules for symbolic substitution. *Opt. Comm.*, 65:339, 1988.

[34] B. Parhami. Carry-free addition of recoded binary signed-digit numbers. *IEEE Trans. on Computers*, 7:1470-1476, 1988.

[35] B. Parhami. On the implementation of arithmetic support functions for generalized signed-digit number systems. *IEEE Transactions on Computers*, 42:379-384, 1993.

[36] A. A. S. Awwal. Recoded signed digit binary addition subtraction using opto-electronic symbolic substitution. *App. Opt.*, 31:3205-3208, 1992.

[37] A. K. Cherri. Signed-digit arithmetic for optical computing: digit grouping and pixel assignment for spatial encoding. *Opt. Engg.*, 38:422-431, 1999.

[38] G. Li and F. Qian. Code conversion from signed-digit to complement representation based on look-ahead optical logic operations. *Opt. Eng.*, 40:2446-2451, 2001.

[39] Y. Li and G. Eichmann. Conditional symbolic modified signed-digit arithmetic using optical content-addressable memory logic elements. *App. Opt.*, 26:2328-2333, 1987.

[40] S. Zhou, S. Campbell, P. Yeh, and H. K. Liu. Two-stage modified signeddigit optical computing by spatial data encoding and polarization multiplexing. *App. Opt.*, 34:793-802, 1995.

[41] H. Huang, M. Itoh, and T. Yatagai. Modified signed-digit arithmetic based on redundant bit representation. *Appl. Opt.*, 33:6146-6156, 1994.

[42] R. P. Bocker, B. L. Drake, Lasher M. E., and T. B. Henderson. Modified signed-digit addition and subtraction using optical symbolic substitution. *App. Opt.*, 25:2456-2457, 1986.

[43] A. K. Cherri, M. S. Alam, and A. A. S. Awwal. Optoelectronic symbolic substitution based canonical modified signed-digit arithmetic. *Opt. and Laser Tech.*, 29:151-157, 1997.

[44] H. Huang, M. Itoh, and T. Yatagai. Optical scalable parallel modified signed-digit algorithms for large-scale array addition and multiplication using digit-decomposition-plane representation. *Opt. Eng.*, 38:432-440, 1999.

[45] F. Qian, G. Li, and M. Alam. Optoelectronic quotient-selected modified signed-digit division. *Opt. Engg.*, 40:275-282, 2001.

[46] F. Qian, G. Li, H. Ruan, and L. Liu. Modified signed-digit addition by using binary logic operations and its optoelectronic implementation. *Opt. Laser Tech.*, 31:403-410, 1999.

[47] A. K. Datta, A. Basuray, and S. Mukhopadhyay. Arithmetic operations in optical computations using a modified trinary number system. *Opt. Let*, 14:426-428, 1989.

[48] A. K. Datta, A. Basuray, and S. Mukhopadhyay. Carry-less arithmetic operation of decimal numbers by signed-digit substitution and its optical implementation. *Opt. Comm.*, 88:87-90, 1992.

[49] M. S. Alam. Parallel optical computing using recoded trinary signed-digit numbers. *App. Opt.*, 33:4392-4397, 1994.

[50] A. K. Cherri, N. I. Khachab, and E. H. Ismail. One-step optical trinary signed-digit arithmetic using redundant bit representations. *Opt. Laser Tech.*, 29:281-290, 1997.

[51] J. U. Ahmed, A. A. S. Awwal, and M. A. Karim. Two-bit trinary full adder design based on restricted signed-digit numbers. *Opt. Laser Tech.*, 26:225-228, 1994.

[52] M. S. Alam. Parallel optoelectronic trinary signed-digit division. *Opt. Eng.*, 38:441-448, 1999.

[53] M. S. Alam, M. A. Karim, A. A. S. Awwal, and J. J.Westerkamp. Optical processing based on conditional higher-order trinary modified signed-digit symbolic substitution. *Appl. Opt.*, 31:5614-5621, 1992.

[54] M. S. Alam, K. Jemili, and M. A. Karim. Optical higher-order quaternary signed-digit arithmetic. *Opt. Eng.*, 33:3419-3426, 1994.

[55] A. K. Cherri and N. I. Khachab. Canonical quarternary signed-digit arithmetic using optoelectronics symbolic substitution. *Opt. Laser Tech.*, 28:397-403, 1996.

[56] G. Li, L. Liu, H. Cheng, and X. Yan. Parallel optical quaternary signed-digit multiplication and its use for matrix-vector operation. *Optik*, 107:165-172, 1998.

[57] C. Perlee and D. Casasent. Negative base encoding in optical linear algebra processors. *App. Opt.*, 25:168-169, 1986.

[58] G. Li, L. Liu, L. Shao, and Z. Wang. Negabinary arithmetic algorithms for digital parallel optical computation. *Opt. Let.*, 19:1337-1339, 1994.

[59] A. K. Datta and S. Munshi. Signed-negabinary-arithmetic-based optical computing by use of a single liquid-crystal-display panel. *App. Opt.*, 49:1556-1564, 2002.

[60] A. K. Datta and S. Munshi. Optical implementation of Flip-Flops using single LCD panel. *Opt. and Laser Tech.*, 40:1-5, 2008.

[61] B. K. Jenkins, P. Chavel, R. Forchheimer, A. A. Sawchuk, and T.C. Strand. Architectural implications of a digital optical processor. *App. Opt.*, 23:3465-3474, 1984.

[62] OE Reports. Optical computer: Is concept becoming reality. *SPIE Int. Soc. Opt. Eng.*, 75:1-2, 1990.

第 10 章 光子模式识别和智能处理

10.1 引言

使用光子技术和器件进行模式识别起源于 1963 年 Vander Lugt 开发的模式相关器。随着用于数据和图像接口的光子器件的发展，新的技术和算法慢慢出现。用于模式识别的光子实现基本上可以分为两种。第一种是傅里叶域匹配滤波器或空间域线性和非线性滤波器的光子实现，第二种是使用光子器件和体系结构实现的各种人工神经网络(ANN)模型。

10.2 模式识别的相关滤波器

相关性是指输入目标与参考信号或图像的匹配程度。相关滤波器已广泛用于模式匹配问题。匹配滤波器用于检测场景中已知对象的存在和位置。二维目标或测试(待测)图像 $t(x,y)$ 与参考图像 $r(x,y)$ 的相互关系 $c(x,y)$ 表示为

$$c(x,y) = t(x,y) \otimes r(x,y) \tag{10.1}$$

在傅里叶空间可写为

$$C(u,v) = T(u,v)R^*(u,v) \tag{10.2}$$

其中，$T(u,v)=\text{FT}[t(x,y)]$，$R(u,v)=\text{FT}[r(x,y)]$，而 FT 表示空间域信号的傅里叶变换。(x,y) 是空间域中的坐标，而 (u,v) 是频域中的坐标。然后，相关的结果可以通过傅里叶逆变换 $C(u,v)$ 来计算。

如果场景中有 N 个测试图像，则可以扩展相关技术。场景中也可能包含噪声 $n(x,y)$。如果 $t(x,y) = \sum_{i=1}^{N} = r(x-x_i,y-y_i) + n(x,y)$，则 $r(x,y)$ 和 $t(x,y)$ 交叉相关函数的形式为 $\sum_{i=1}^{N} c(x-x_i,y-y_i) + [n(x,y) \otimes t(x,y)]$。因此，这个相关的输出结果是以目标坐标为中心的、$N$ 个相关总和的带噪声版本。因此，相关技术被视为是对场景中出现的目标执行实时决策的一种方法。

频域相关技术通常使用匹配滤波器来实现，以相关匹配滤波器为主，此外还有两种著名的光学相关体系结构，即 Vander Lugt 相关器(VLC)和联合变换相关器(JTC)。它们都可以在 4f 光学装置中实现，并且都是基于目标或待测图像 $t(x,y)$ 和参考图像 $r(x,y)$ 的比较。两幅图像之间的相似性是通过自相关峰值检测来实现的。VLC 体系结构需要傅里叶域的空间匹配滤波器，JTC 体系结构避免了滤波器的合成，但为了实现相关，它需要空间域的脉冲响应(冲激响应)。

10.2.1 Vander Lugt 相关器

在 Vander Lugt 相关器(VLC)体系结构中，相关性可以被认为是匹配滤波器的输出，其脉

冲响应是参考图像的反演形式。相关器具有输入信号，该信号在傅里叶域与预合成滤波器进行乘法运算。滤波器 $H(u,v)$ 使信噪比最大化，这是通过对测试图像 $t(x,y)$ 进行傅里叶变换而实现的。因此，$H(u,v) = T^*(u,v)$，其中 $T(u,v)$ 是测试图像 $t(x,y)$ 的傅里叶变换。

在光子实现过程中，测试图像或目标图像的傅里叶变换（FT）与傅里叶域的滤波器进行光学卷积，卷积的结果再进行光学傅里叶逆变换，得到相关峰。图 10.1 给出了 VLC 体系结构的示意图，其中在 FT 平面放置了一个图像滤波器。

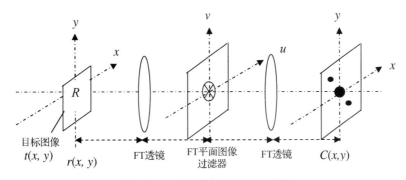

图 10.1　VLC 体系结构的示意图

检测目标图像需要一个复值空间滤波器，其对制造工艺有严格的要求，该滤波器在幅度和相位上都要与图像的频谱相匹配。因此，VLC 中的校准或对准非常关键，主要因为 VLC 需要在目标 FT 和频率平面上的滤波器之间进行精确的像素级匹配。在光子实现中，利用一个简单透镜系统在光学上实现 FT 的优势得到了应用。VLC 体系结构的光学结构如图 10.2 所示。

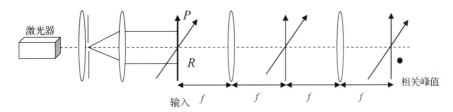

图 10.2　VLC 体系结构的光学结构

来自激光器的光束经扩束器扩束，然后采用一个透镜和一个针孔的组合体进行准直。准直光束入射到由一个电寻址空间光调制器（SLM）提供的输入图像上。通过 4f 系统，在输出平面上产生相关峰值，这些相关峰值被 CCD 相机采集或捕获。首先获得输入图像的傅里叶平面滤波器。然后将滤波器显示在由准直光束照明的一个 SLM 上。Vander Lugt 相关器最重要的标准是严格的对准，使得输入 FT 与频率平面上的滤波器完全匹配。

10.3　频域相关滤波器

在用于识别任务时，一个理想的相关滤波器将产生一个尖锐的峰值，从而使得相关滤波器与数据库中存储的测试图像完美匹配。这种测试图像通常被标记为真图像。另一方面，如果在相关平面上没有找到这样的峰值，则对应的图像被标记为假图像。搜索相关输出的峰值，分析该峰值的相对高度，以确定测试图像是否被识别。一般而言，测试人脸的认证通常由一种称为峰值-旁瓣比(PSR)的度量标准来指导，它是从相关平面测量的。在理想情况下，当经过 FT 的测试图像与参考图像的 FT 图像完美匹配时，可以得到具有较高 PSR 值的相关峰值。在实际应用中，对于完美的身份验证，PSR 值要超过 10。

图 10.3 描述了对于人脸识别任务，如何采用相关滤波器来执行频域相关技术。如图中所示，对于给定数据库，人脸类型总数为 C，来自第 k 个人脸类型($k \in C$)的 N 个训练图像的信息被执行傅里叶变换，以作为第 k 个相关滤波器的输入。图 10.3 的右侧显示了相关平面的典型响应，分别与真实和虚假情况相对应。

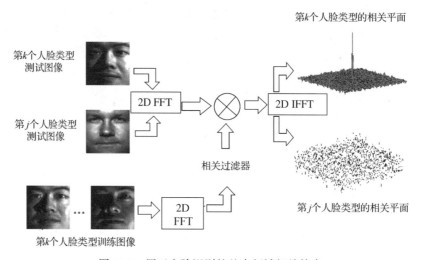

图 10.3　用于人脸识别的基本频域相关技术

由于在图像中相位信息比幅度信息重要得多，所以与经典匹配滤波器相比，纯相位相关滤波器在光学相关系统中具有 100%的光学效率。纯相位滤波器的另一个优点是在主相关峰值附近没有旁瓣，从而减少了误报的机会。因此，只有过滤相位的滤波器是一个鲁棒滤波器，并且被证明比匹配滤波器具有更好的区分性能。

$$H(u,v) = \frac{R(u,v)}{|R(u,v)|} \tag{10.3}$$

这种匹配的傅里叶域的滤波器最早是采用全息技术合成的。

复杂匹配滤波器的概念与识别目标图像的思想一起发展，不考虑图像的旋转、缩放变化或其他任何畸变。因此，不必存储所有这些畸变的图像以匹配未知目标，只需存储为满足这些变形而合成的复杂匹配滤波器。采用一组训练图像来训练复杂匹配滤波器，并且相关器的作用就是发现目标或测试图像与任意一个训练图像的相似性。这样，采用一系列的参考图像合成滤波器，而不需要存储参考图像集。因此，匹配滤波器的合成优先于相关，它能满足实时畸变的需要。

10.3.1　相关性能评估指标

可以使用一些性能参数来确定相关性的优势，例如相关峰值强度(CPI)[3]、峰值-相关能量比(PCE)、信噪比(SNR)、峰值-旁瓣比(PSR)等。

10.3.1.1　峰值-相关能量比

峰值-相关能量比(PCE)是相关峰值强度与相关平面能量的比值。因此，PCE 可以写成

$$\text{PCE} = \frac{\text{相关峰值强度(CPI)}}{\sum_{ij} I_{cp}(i,j)} \tag{10.4}$$

其中 $I_{cp}(i,j)$ 是相关平面上点 (i,j) 的强度。

10.3.1.2　信噪比(SNR)

信噪比(SNR)[5][6]定义为预期的相关峰值强度与峰值方差之比，即

$$\text{SNR} = \frac{C_0 - \bar{c}}{\sigma_{\text{noise}}} \tag{10.5}$$

其中，C_0 是相关峰值强度，$\bar{c}$ 和 σ_{noise} 分别是除峰值本身外整个相关平面上数据的平均值以及除峰值本身外整个相关平面上数据的标准方差。滤波器被合成以使得 SNR 最大化。SNR 随目标在尺度上的改变而下降或受限于平面内和平面外的旋转。

10.3.1.3　区分率

区分率(DR)用于对真假类型的图像进行分类，其定义为真图像的 CPI 与假图像的 CPI 之比。所以

$$\text{DR} = \frac{\text{CPI}_{\text{true}}}{\text{CPI}_{\text{false}}} \tag{10.6}$$

10.3.1.4　峰值-旁瓣比

频域相关技术中最常用的度量标准是峰值-旁瓣比(PSR)。PSR 是在相关平面上测量的，比如，一个集中在峰值附近的(20×20)像素的矩形区域，可以将其提取并用于计算 PSR。如图 10.4 所示，一个集中在峰值附近的(5×5)矩形区域被模糊化(蒙盖住)，剩下的环形区域被定义为旁瓣，用于计算旁瓣的平均值和标准方差。在理想情况下，当第 k 个类型的任意经过 FT 的测试图像与第 k 个类型的相关滤波器相关联时，得到一个具有高 PSR[4]值的相关峰值。然后计算 PSR 为

$$\text{PSR} = \frac{\text{峰值均值}}{\text{标准方差}} \tag{10.7}$$

真、假识别的 PSR 图像如图 10.4 所示，其中(a)为假识别，(b)为真识别。

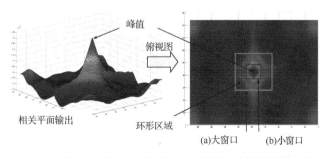

图 10.4　基于相关平面上输出 PSR 度量标准的图形化表示

如果主要的相关峰值低于 PSR 的阈值，则测试图像属于其他类别，即第 j 类，其中 $j \in C$ 且 $j \neq k$。但是，系统在识别率方面的性能取决于相关滤波器的设计。

10.3.2 频域相关滤波器的类型

相关滤波器的研究类型大致可分为两类:线性约束相关滤波器和线性无约束相关滤波器。最初，人们先研究了线性约束相关滤波器。为了克服约束相关滤波器的问题，后来又研究了它们的无约束版本。

许多约束相关滤波器的设计要求设计者为提供的每个训练图像指定滤波器的输出。对于 N 个训练图像，就会产生 N 个约束，这通常比自由参数的数量要少得多。由于这个原因，在满足 N 个约束的同时，许多设计优化了一些滤波器的性能指标。这类设计被称为线性约束相关滤波器。线性约束相关滤波器 $\mathbf{h}$ 的一般形式是

$$\mathbf{h} = \bar{\mathbf{Q}}^{-1}\mathbf{A}(\mathbf{A}^{+}\bar{\mathbf{Q}}^{-1}\mathbf{A})^{-1}\mathbf{u} \tag{10.8}$$

其中，粗体字符表示矩阵。$\mathbf{A}$ 是矩阵，其 N 列是 N 个矢量化的频域训练图像($\mathbf{x}_i s$)，$\bar{\mathbf{Q}}$ 是对角预处理器矩阵，$\mathbf{u}$ 是每个训练图像指定的($N\times 1$)的相关输出矢量。矩阵 $\bar{\mathbf{Q}}$ 的不同形式将产生不同的线性约束相关滤波器(见表 10.1)。

表 10.1 对角预处理器矩阵 $\bar{\mathbf{Q}}$ 的不同值对应的相关滤波器

滤波器类型	来自式(10.8)的 $\bar{\mathbf{Q}}$ 值
ECPSDF[7](SDF 的一种)	$\mathbf{Q} = \mathbf{I}$ (强度矩阵)
MVSDF[8]	$\bar{\mathbf{Q}} = \bar{\mathbf{O}}$
MACE[9]	$\bar{\mathbf{Q}} = \bar{\mathbf{D}}, \bar{\mathbf{D}} = \sum_{i=1}^{N}\bar{\mathbf{D}}_i$，其中 $\bar{\mathbf{D}}_i = \bar{\mathbf{X}}_i\bar{\mathbf{X}}_i^{*}$
OTSDF[10]	$\bar{\mathbf{Q}} = \alpha\bar{\mathbf{O}} + \sqrt{1-\alpha^2}\,\bar{\mathbf{D}}$
MINACE[11]	$\bar{\mathbf{Q}} = \max(\alpha\bar{\mathbf{O}}, \sqrt{1-\alpha^2}\,\bar{\mathbf{D}}_1, \cdots, \sqrt{1-\alpha^2}\,\bar{\mathbf{D}}_N)$

在表 10.1 中，如果 $\bar{\mathbf{Q}}$ 被单位矩阵 $\bar{\mathbf{I}}$ 代替，则设计方程简化为综合判别函数(SDF)滤波器。SDF 滤波器的缺点是它不能忍受明显的输入噪声。为了能够容忍噪声，Kumar[8]引入了最小方差综合判别函数(MVSDF)。MVSDF 的设计方程在表 10.1 中通过用 $\bar{\mathbf{O}}$ 代替 $\bar{\mathbf{Q}}$ 来给出，其中 $\bar{\mathbf{O}}$ 是包含噪声功率谱密度的对角矩阵。MVSDF 在满足相关峰值幅度约束的同时，最小化相关输出噪声方差(ONV)。

第一个约束是 MVSDF 也控制了相关性图像中唯一的一个点，就像 SDF 的特殊情况一样。第二个约束是必须预先知道噪声矩阵的方差以便设计滤波器。然而，即使准确知道后者，MVSDF 也是不切实际的，因为它需要对大的噪声协方差矩阵求逆[12]。最小平均相关能量(MACE)滤波器试图控制整个相关平面,试图降低除相关平面原点外所有点的相关函数水平，从而获得非常尖锐的相关峰值[9]。这相当于在满足原点处的强度约束条件下最小化能量的相关函数。MACE 滤波器的封闭形式的解是通过用 $\bar{\mathbf{D}}$ 代替 $\bar{\mathbf{Q}}$ 获得的，如表 10.1 所示，其中 $\bar{\mathbf{D}}_i$ 是第 i 个训练图像的功率谱，而 $\bar{\mathbf{D}}$ 是平均训练功率谱。在表 10.1 中，$\bar{\mathbf{X}}_i = \text{diag}\{\mathbf{x}_i\}$。然而，MACE 滤波器经常受到两个主要缺点的影响。首先，它没有内置的抗噪声能力；其次，MACE 滤波器对同类内样本变化往往过于敏感。然而，该滤波器可导出用于对象识别的频域设计的有效方法。最优权衡综合判别函数(OTSDF)滤波器[10]包含权衡参数 α，其允许用户强调低的输出噪声方差(ONV)(α 接近 1)或低平均相关能量(ACE)(α 接近 0)。设置 $\alpha=1$ 将产生最小方差 SDF 滤波器，其具有最小 ONV，但通常表现出宽的相关峰值；相反，设置 $\alpha=0$ 会

产生 MACE 滤波器，它具有最小的 ACE 并在训练图像上产生尖锐的峰值，但是它对噪声和失真非常敏感。

最小噪声和相关能量(MINACE)滤波器[11][13]通过使用一个等于每个频率的较大噪声和训练图像功率谱的包络，在这两个极端之间实现了一个可选的折中。值得注意的是，在表 10.1 的 MINACE 滤波器方案中出现的权衡参数 α 不属于传统 MINACE 滤波器设计[11]。相反，由于输入的噪声水平通常是未知的，$\bar{\mathbf{O}}$ 值也是直接变化的。这种差异仅仅是语义上的。在实践中，同样的效果是通过选择不同的 $\bar{\mathbf{O}}$ 或 α 而实现的。在 OTSDF 和 MINACE 的设计中，因为输入噪声和相应的权衡可以通过标度 $\bar{\mathbf{O}}$ 对 $\bar{\mathbf{D}}$ 的相对值来实现，因而单个参数 α 可以同时实现这两个目标。

原点相关值的严格限制不仅是不必要的，而且有可能适得其反[14][15]。放宽或消除这些约束可能会产生滤波器更大的解空间。此外，当涉及高度相似的训练图像时，受约束设计中矩阵的逆可能是病态的。由于这些原因，人们已经提出了几种无约束线性滤波器设计。这些设计最大限度地测量真实训练图像的平均输出，同时最小化了其他标准，如 ONV 和 ACE。最大平均相关高度(MACH)滤波器[16]就是这样一种设计，它通过对训练图像最大化真实类型相关输出形状的相似性来获得失真容限。最大化是通过真图像的平均相似性度量(ASM)的最小化差异性测量来实现的。$\bar{\mathbf{S}}$ 代替 $\bar{\mathbf{D}}$ 可以引出无约束的 MACE(UMACE)滤波器[17]方案。

无约束 OTSDF(UOTSDF)滤波器[18]是一种最小化真实类型 ACE 和 ONV 之间权衡的设计(如 OTSDF 设计)。人们已经提出了一种最优的权衡方法，该方法与相关平面度量指标有关[19]，并引入了一个 OTMACH 滤波器，其中 α、β 和 γ 是非负的最优权衡(OT)参数。表 10.2 给出了一些重要滤波器的设计方程。

表 10.2　无约束线性滤波器设计

滤波器类型	滤波器($\mathbf{h}$)
MACH[16]	$\bar{\mathbf{S}}^{-1}\mathbf{m}$
UMACE[17]	$\bar{\mathbf{D}}^{-1}\mathbf{m}$
UOTSDF[18]	$\{\alpha\mathbf{O}+\beta\mathbf{D}\}^{-1}\mathbf{m}$
OTMACH[19]	$\{\alpha\mathbf{O}+\beta\mathbf{D}+\gamma\mathbf{S}\}^{-1}\mathbf{m}$
EMACH[20]	主特征矢量 $\{\alpha\bar{\mathbf{I}}+(1-\alpha^2)^{1}/2\bar{\mathbf{S}}^{\beta}\}^{-1}\bar{\mathbf{C}}^{\beta}$
EEMACH[21]	主特征矢量 $\{\alpha\bar{\mathbf{I}}+(1-\alpha^2)^{1}/2\bar{\mathbf{S}}^{\beta}\}^{-1}\hat{\mathbf{C}}^{\beta}$

除 OTMACH 滤波器外，人们还提出了不同的 MACH 滤波器。在文献[20]中，通过减少对平均训练图像 $\mathbf{m}$ 的依赖来解决扩展的 MACH(EMACH)滤波器的设计问题。表 10.2 中给出的可调参数 β 可以用于控制这种减少过程。在设计中使用了两个新的度量：(1)全图像相关高度(AICH)，其考虑了 $\mathbf{m}$ 上的滤波器输出以及各个训练图像；(2)修正的平均相似性度量(MASM)，它测量与最佳输出形状相比的平均差异。该最佳形状考虑了新的 AICH 度量实现减少了对 $\mathbf{m}$ 的依赖性。EMACH 设计还考虑了 ONV 标准，以帮助维持噪声容限。权衡参数 α(见表 10.2)用于控制 ONV 和 MASM 标准的相对重要性，其中较高的 α 值更强调 ONV，反之亦然。如果协方差矩阵 $\bar{\mathbf{C}}^{\beta}$ 仅由其主要特征矢量和特征值近似产生新的矩阵 $\hat{\mathbf{C}}^{\beta}$ 来逼近，则得到的滤波器方案被称为特征扩展 MACH(EEMACH)滤波器[21]。

除线性相关滤波器外，人们还设计了几种非线性相关滤波器。表 10.3 给出了一些设计方程。线性相关输出是标量输出值的阵列，这些值来自每一次移动时应用于输入图像的线性判别式。线性相关滤波器的能力虽然受到线性这一本质特性的限制，但其在高效频域计算领域具有重要优势。不过，人们已经提出了一些具有特殊情况的非线性判别函数，线性相关滤波器吸引人的计算特性可以通过专门的实现方法来保留。这种系统被称为非线性相关滤波器，主要有两类设计。

第一类设计，即二次相关滤波器(QCF)以通过求解 d 维空间中的二次判别函数为表征，其中 d 是图像中的像素数。该二次判别式可以被看成一组线性滤波器，采用特征分解就能有效实现。人们提出了几种在 QCF 设计中求解对角矩阵的方法。一些高级的相关滤波器在表 10.3 中给出。

表 10.3 一些高级的相关滤波器

滤波器类型	设计方程
GMACH[20][22]	$\mathbf{h} = \{\delta\mathbf{\Omega} + \alpha\mathbf{O} + \beta\mathbf{D} + \gamma\mathbf{S}\}^{-1}\mathbf{m}$ 其中 $\mathbf{\Omega}$ 是秩为 N 的 $d^2 \times N$ 阶矩阵
WaveMACH[23]	$\mathbf{h} = \{\bar{\mathbf{S}}^{-1}\mathbf{m}\} \| \mathbf{H}(u, v)\|^2$ 其中 $\mathbf{H}(u, v)$ 是 Mexican hat 滤波器
ARCF[24]	$\mathbf{h} = (\bar{\mathbf{D}} + \epsilon\bar{\mathbf{I}})^{-1}\bar{\mathbf{X}}[\bar{\mathbf{X}}^+(\bar{\mathbf{D}} + \epsilon\bar{\mathbf{I}})^{-1}\bar{\mathbf{X}}]u$ $\epsilon = 0$ 时为 MACE 滤波器，$\epsilon = \infty$ 时为 SDF 滤波器
CMACE[25]	$\mathbf{h} = \mathbf{V}^{-1}\mathbf{A}\{\mathbf{A}^+\mathbf{V}^{-1}\mathbf{A}\}^{-1}u$ 其中 $\mathbf{V} = \dfrac{1}{N}\sum\limits_{i=1}^{N}\mathbf{V}_i$，$\mathbf{V}_i \triangleq$ 相关熵矩阵
ActionMACH[26]	MACH 滤波器的 3D 版本
MMCF[27]	$\mathbf{h} = \{\lambda\bar{\mathbf{I}} + (1-\lambda)(\bar{\mathbf{D}} - \mathbf{A}\mathbf{A}^+)\}^{-1/2}\tilde{\mathbf{A}}a$ 其中 $\tilde{\mathbf{A}} = [\tilde{\mathbf{x}}_1, \tilde{\mathbf{x}}_2, \cdots, \tilde{\mathbf{x}}_N]$ 和 $\tilde{\mathbf{x}} = \{\lambda\bar{\mathbf{I}} + (1-\lambda)(\bar{\mathbf{D}} - \mathbf{A}\mathbf{A}^+)\}^{-1/2}\mathbf{x}_i$，$a^{[27]}$通过顺序最小优化技术进行评估

第二类设计，即多项式相关滤波器(PCF)是一组应用于多通道输入图像的线性滤波器，按其输出顺序求和以获得单个输出。人们提出了两种 PCF 变体：(a) 约束 PCF(CPCF)，其中 CPCF 设计最小化 ONV 和 ACE 的加权和，类似于 OTSD 设计，使用类似的权衡参数 α；(b) 无约束的 PCF(UPCF)，其中 UPCF 设计最大化平均相关高度(ACH)，同时最小化 ONV 和 ACE 的加权和。

下面给出一些设计相关滤波器的数学基础。

10.3.2.1 SDF 相关滤波器的设计

在 SDF 相关滤波器的传统设计方法中，对训练图像施加线性约束，以在相关平面中的特定位置产生已知值。经典的 SDF[7][28]滤波器主要针对两类问题，其中对一个类(一般是论证过的或真实的类)的训练图像，其原点的相关值被设置为 1(在多类问题中，可以选择其他值)，并且对于假类型的训练图像，将相关值设置为 0。SDF 可以通过单个矩阵矢量来指定：

$$\mathbf{A}^+\mathbf{h} = u^{\textcircled{1}} \tag{10.9}$$

其中，$\mathbf{A} = [x_1, x_2, \cdots, x_N]$ 是一个 $(d \times N)$ 矩阵，其中 N 个训练傅里叶变换形成的矢量作为其列，$u = [u_{(1)}, u_{(2)}, \cdots, u_{(N)}]^\mathrm{T}$ 是一个 $(N \times 1)$ 的系数矢量，包含所需类在相关平面原点的期望峰值，d 是一个图像中的像素总数。这里 $\mathbf{h}$ 是所需的大小为 $(d \times 1)$ 的滤波器，上标"+"表示复共轭转置。考虑到传统的 SDF 和一个复合图像 $\mathbf{h}$ 是匹配的，其中

---

① 这里的系数矢量 u 和下页 c 的字体不同于文中矩阵的字体，以示区别。

$$\mathbf{h} = \mathbf{A}c \tag{10.10}$$

线性组合系数矢量 $c = [c_{(1)}, c_{(2)}, \cdots, c_{(N)}]^{\mathrm{T}}$ 的选择需要满足式(10.9)中所示的确定性约束。因此，由式(10.10)和式(10.9)可得 SDF 滤波器 $\mathbf{h}_{\mathrm{SDF}}$ 的表达式为

$$\mathbf{h}_{\mathrm{SDF}} = \mathbf{A}(\mathbf{A}^{+}\mathbf{A})^{-1}u \tag{10.11}$$

10.3.2.2　MACE 滤波器的设计

MACE 滤波器的设计旨在确保得到尖锐的相关峰值，并允许在完全相关平面中易于检测以及控制相关峰值。为了实现良好的检测，除了在相关平面的原点处，其他所有点都需要降低相关函数的水平。具体地说，相关函数值在原点处必须为用户指定的值，但在其他地方可以变化。这相当于在满足原点处的强度约束的同时，最小化相关函数的能量。MACE 滤波器的相关峰值约束类似于式(10.9)给出的 SDF 滤波器的情况。对于 MACE 滤波器 $\mathbf{h}$，响应 $\mathbf{x}_i$ 的相关平面可以用矩阵矢量形式表示为

$$\mathbf{g}_i = \bar{\mathbf{X}}_i^{*}\mathbf{h} \tag{10.12}$$

其中 $\bar{\mathbf{X}}_i$ 表示沿其对角线包含第 i 个训练矢量 $\mathbf{x}_i$ 的 $(d \times d)$ 对角矩阵。因此，第 i 个相关平面的能量可以表示为

$$|\mathbf{g}_i|^2 = |\bar{\mathbf{X}}_i^{*}\mathbf{h}|^2 \tag{10.13}$$

其中，$\bar{\mathbf{D}}_i = \bar{\mathbf{X}}_i\bar{\mathbf{X}}_i^{*}$ 是包含对应于 $\mathbf{x}_i$ 功率谱的 $(d \times d)$ 对角矩阵。对于每个 $i = 1,2,\cdots,N$，ACE 是

$$\mathrm{ACE} = \frac{1}{N}\sum_{i=1}^{N}|\mathbf{g}_i|^2 = \frac{1}{N}\sum_{i=1}^{N}\mathbf{h}^{+}\bar{\mathbf{D}}_i\mathbf{h} = \mathbf{h}^{+}\bar{\mathbf{D}}\mathbf{h} \tag{10.14}$$

其中，$\bar{\mathbf{D}}$ 表示包含沿其对角线的平均功率谱的 $(d \times d)$ 对角矩阵，并由下式给出：

$$\bar{\mathbf{D}} = \frac{1}{N}\sum_{i=1}^{N}\bar{\mathbf{D}}_i = \frac{1}{N}\sum_{i=1}^{N}\bar{\mathbf{X}}_i\bar{\mathbf{X}}_i^{*} \tag{10.15}$$

因此，为了合成 MACE 滤波器，人们尝试最小化式(10.14)中给出的 ACE，同时满足式(10.9)中的线性约束。通过使用拉格朗日乘法，可以找到该问题的解决方案。约束优化问题的类似推导可以在文献[8]和[9]中找到。式(10.14)的最优解显式表示为

$$\mathbf{h}_{\mathrm{MACE}} = \bar{\mathbf{D}}^{-1}\mathbf{A}(\mathbf{A}^{+}\bar{\mathbf{D}}^{-1}\mathbf{A})^{-1}u \tag{10.16}$$

10.3.2.3　MVSDF 的设计

MVSDF 最小化相关输出噪声方差(ONV) $\mathbf{h}^{+}\bar{\mathbf{O}}\mathbf{h}$，其中 $\bar{\mathbf{O}}$ 是对角矩阵，它的对角元素是噪声功率谱密度，同时满足峰值幅度的关系约束。MVSDF 的解表示为

$$\mathbf{h}_{\mathrm{MVSDF}} = \bar{\mathbf{O}}^{-1}\mathbf{A}(\mathbf{A}^{+}\bar{\mathbf{O}}^{-1}\mathbf{A})^{-1}u \tag{10.17}$$

10.3.2.4　最佳权衡(OTF)滤波器的设计

由于 MACE 滤波器中 ACE 的最小化标准，通过抑制目标图像的旁瓣，使其具有明显的相关峰值是可行的。然而，因为 MACE 滤波器强调高频分量，这个滤波器可能会导致未包括训练集内图像的较差识别。此外，由于内部没有对噪声的免疫，MACE 滤波器往往对噪声过于敏感。为了获得带有抑制噪声的高相关峰值，可以将 MACE 滤波器与 MVSDF 滤波器相结合，强调低空间频率以降低噪声。这一技术演化出了最优权衡函数(OTF)[29]。OTF 的最优解是

$$\mathbf{h}_{\text{OTF}} = \bar{\mathbf{T}}^{-1}\mathbf{A}(\mathbf{A}^{+}\bar{\mathbf{T}}^{-1}\mathbf{A})^{-1}u \tag{10.18}$$

其中 $\bar{\mathbf{T}} = \alpha\bar{\mathbf{D}} + \sqrt{1-\alpha^2}\,\bar{\mathbf{O}}$，$0 \leqslant \alpha \leqslant 1$。$\alpha$ 是权衡参数，即 $\alpha = 0$ 指 MVSDF 滤波器，$\alpha = 1$ 指 MACE 滤波器。

10.3.2.5　MACH 滤波器的设计

设计相关滤波器的另一种方法是在相关平面上去除硬约束，因此，这种类型的滤波器通常被称为无约束相关滤波器。无约束相关滤波器提高了失真容忍度，因为在设计这种滤波器的时候，训练图像不是作为对象的确定性表示，而是作为一个类的样本，其特征参数被用于编码滤波器中[17]。为了达到效果，得到相关平面的优化形状 $\mathbf{f}$[用 $(d \times 1)$ 维矢量的形式表示] 是必要的，以便式 (10.12) 中对应的第 i 个相关平面与理想形状矢量 $\mathbf{f}$ 的差别最小化。这种偏差可以用均方误差（ASE）来量化：

$$\text{ASE} = \frac{1}{N}\sum_{i=1}^{N}|\mathbf{g}_i - \mathbf{f}|^2 \tag{10.19}$$

通过设置 $\nabla_{\mathbf{f}}(\text{ASE}) = 0$ 来最小化 ASE，可获得最优形状矢量：

$$\mathbf{f}_{\text{opt}} = \frac{1}{N}\sum_{i=1}^{N}\mathbf{g}_i = \frac{1}{N}\sum_{i=1}^{N}\bar{\mathbf{X}}_i^{*}\mathbf{h} = \bar{\mathbf{M}}^{*}\mathbf{h} \tag{10.20}$$

其中，$\bar{\mathbf{M}} = \dfrac{1}{N}\sum_{i=1}^{N}\bar{\mathbf{X}}_i$。

式 (10.20) 代表平均相关平面，$\bar{\mathbf{M}}$ 是用对角线形式表示的平均训练图像。平均相关平面 $\bar{\mathbf{M}}^{*}\mathbf{h}$ 提供了所有可能参考形状的最小 ASE，因此获得了以平方误差表示的最小失真。在式 (10.19) 中，通过替换 $\mathbf{f} = \mathbf{f}_{\text{opt}} = \bar{\mathbf{M}}^{*}\mathbf{h}$ 和 $\mathbf{g}_i = \bar{\mathbf{X}}_i^{*}\mathbf{h}$，得到平均相似性度量（ASM）为

$$\text{ASM} = \frac{1}{N}\sum_{i=1}^{N}|\bar{\mathbf{X}}_i^{*}\mathbf{h} - \bar{\mathbf{M}}^{*}\mathbf{h}|^2 = \mathbf{h}^{+}\bar{\mathbf{S}}\mathbf{h} \tag{10.21}$$

其中

$$\bar{\mathbf{S}} = \frac{1}{N}\sum_{i=1}^{N}(\bar{\mathbf{X}}_i - \bar{\mathbf{M}})(\bar{\mathbf{X}}_i - \bar{\mathbf{M}})^{*} \tag{10.22}$$

是 $(d \times d)$ 对角矩阵，用于测量训练图像与频域类平均的相似性。另一种滤波器设计是以最大化平均相关平面的相关峰值强度，而不是每个训练图像在相关平面上的具体值为标准。在数学上，平均相关平面的相关峰值强度可以写成

$$|g(0,0)|^2 = |\mathbf{m}^{+}\mathbf{h}|^2 = \mathbf{h}^{+}\mathbf{m}\mathbf{m}^{+}\mathbf{h} \tag{10.23}$$

其中

$$\mathbf{m} = \frac{1}{N}\sum_{i=1}^{N}\mathbf{x}_i \tag{10.24}$$

表示训练矢量 $\mathbf{x}_i$ 的均值矢量（$i = 1, 2, \cdots, N$）。现在，可以通过最小化 ASM 和最大化峰值来优化平均相关平面的取值。因此，为了改进失真容限，该标准优化为

$$J(\mathbf{h}) = \frac{\mathbf{h}^{+}\mathbf{m}\mathbf{m}^{+}\mathbf{h}}{\mathbf{h}^{+}\bar{\mathbf{S}}\mathbf{h}} \tag{10.25}$$

并称之为平均相关高度标准。通过调节滤波器 $\mathbf{h}$ 来最大化该标准，因此又称之为最大平均相

关高度(MACH)滤波器。MACH 滤波器使平均相关峰值对于预期失真的相对高度最大化。由于式 (10.25) 中的 $J(\mathbf{h})$ 会导致出现小分母，因此滤波器 $\mathbf{h}$ 将减小式 (10.21) 中给出的 ASM。通过将 $J(\mathbf{h})$ 关于 $\mathbf{h}$ 的梯度设置为零，可以建立最优滤波器方程，并由文献 [17] 给出，即

$$
\begin{aligned}
\nabla_h\{J(\mathbf{H})\} &= \frac{(\mathbf{h}^{+}\bar{\mathbf{S}}\mathbf{h})(2\mathbf{mm}^{+}\mathbf{h}) - \mathbf{h}^{+}\mathbf{mm}^{+}\mathbf{h}(2\bar{\mathbf{S}}\mathbf{h})}{(\mathbf{h}^{+}\bar{\mathbf{S}}\mathbf{h})^{2}} = 0 \\
&= \frac{\mathbf{mm}^{+}\mathbf{h}}{\mathbf{h}^{+}\bar{\mathbf{S}}\mathbf{h}} - \frac{\mathbf{h}^{+}\mathbf{mm}^{+}\mathbf{h}(\bar{\mathbf{S}}\mathbf{h})}{(\mathbf{h}^{+}\bar{\mathbf{S}}\mathbf{h})^{2}} = 0
\end{aligned}
\tag{10.26}
$$

上式可以简化为

$$
\mathbf{mm}^{+}\mathbf{h} = \lambda\bar{\mathbf{S}}\mathbf{h}
\tag{10.27}
$$

其中，

$$
\lambda = \frac{\mathbf{h}^{+}\mathbf{mm}^{+}\mathbf{h}}{\mathbf{h}^{+}\bar{\mathbf{S}}\mathbf{h}}
\tag{10.28}
$$

是与 $J(\mathbf{h})$ 相同的标量。考虑到 $\bar{\mathbf{S}}$ 是可逆的[①]，式 (10.27) 可以改写为

$$
\bar{\mathbf{S}}^{-1}\mathbf{mm}^{+}\mathbf{h} = \lambda\mathbf{h}
\tag{10.29}
$$

式 (10.27) 表示广义的特征值问题。根据式 (10.29)，可以说 $\mathbf{h}$ 是特征值 λ 对应的特征矢量 $\bar{\mathbf{S}}^{-1}\mathbf{mm}^{+}$。由于式 (10.28) 中的 λ 与 $J(\mathbf{h})$ 等价，因此将选择最大特征值 λ 对应的特征矢量以最大化 $J(\mathbf{h})$。因为 $\mathbf{mm}^{+}$ 是矢量的外积，所以 $\bar{\mathbf{S}}^{-1}\mathbf{mm}^{+}$ 只有一个非零特征值。因此，相应的特征矢量是最佳滤波器的必然选择，并可以通过在式 (10.29) 中替换 $\mathbf{m}^{+}\mathbf{h}=\mu$（标量）来求解，因此，

$$
\mu\bar{\mathbf{S}}^{-1}\mathbf{m} = \lambda\mathbf{h}
\tag{10.30}
$$

或者，

$$
\mathbf{h}_{\mathrm{MACH}} = \frac{\mu}{\lambda}\bar{\mathbf{S}}^{-1}\mathbf{m}
\tag{10.31}
$$

其中，$\mathbf{h}_{\mathrm{MACH}}$ 是期望的 MACH 滤波器，即转换后的类别相关的均值图像。

10.3.2.6　UMACE 滤波器的设计

在式 (10.31) 中，用 $\bar{\mathbf{D}}$ 取代 $\bar{\mathbf{S}}$，得到 UMACE 滤波器的闭合形式的解：

$$
\mathbf{h}_{\mathrm{UMACE}} = \frac{\mu}{\lambda}\bar{\mathbf{D}}^{-1}\mathbf{m}
\tag{10.32}
$$

其中 $\dfrac{\mu}{\lambda}$ 是一个常数项，不会影响滤波器的性能。通常将 $\dfrac{\mu}{\lambda}$ 设置为 1。

10.3.2.7　OTMACH 滤波器的设计

文献 [17] 和 [19] 已经证明 MACH 滤波器及其变体，尤其是最佳权衡 MACH(OTMACH) 是一种非常强大的相关滤波器算法。实际中，ACE、ONV 等其他性能指标也被考虑用来平衡不同应用系统的性能。采用相关平面度量(例如 ONV、ACE、ASM 和 ACH)，人们已经设计出最佳权衡方法。通过最小化相关滤波器 $\mathbf{h}$ 的能量函数 $E(\mathbf{h})$，OTMACH 滤波器的性能可获得改善，并由下式给出：

$$
E(\mathbf{h}) = \alpha(\mathrm{ONV}) + \beta(\mathrm{ACE}) + \gamma(\mathrm{ASM}) - \delta(\mathrm{ACH})
\tag{10.33}
$$

$$
= \alpha\mathbf{h}^{+}\bar{\mathbf{O}}\mathbf{h} + \beta\mathbf{h}^{+}\bar{\mathbf{D}}\mathbf{h} + \gamma\mathbf{h}^{+}\bar{\mathbf{S}}\mathbf{h} - \delta|\mathbf{m}^{+}\mathbf{h}|^{2}
\tag{10.34}
$$

---

① 已假定训练向量是相互线性独立的。

OTMACH 滤波器的表达式可写为

$$h_{\text{OTMACH}} = \frac{\mathbf{m}}{\alpha\bar{\mathbf{O}} + \beta\bar{\mathbf{D}} + \gamma\bar{\mathbf{S}}} \tag{10.35}$$

其中 α、β 和 γ 是非负最优权衡参数。

10.3.3　混合数字-光子相关器

Vander Lugt 相关器(VLC)需要 $4f$ 光学系统的严格对准。为了克服 VLC 的缺点，使用混合数字-光子相关体系结构，如图 10.5 所示。

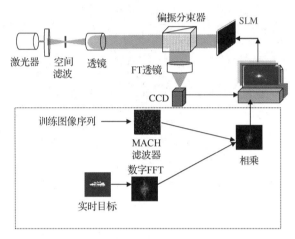

图 10.5　混合数字-光子相关体系结构的光学排列

经过傅里叶变换(FT)的图像与预合成的滤波器经数字相乘并显示在 SLM 上。SLM 用相干准直激光束照射。FT 透镜完成 SLM 上该乘积图像的光学傅里叶变换。分析所获得的相关峰值，以便于检测目标图像或测试图像。图中所示的 SLM 是反射型的，因此为了观察 CCD 相机上的相关峰值，使用了一个偏振分束器(PBS)。与 VLC 几何结构相比，混合数字-光子相关器具有以下几个优点：

(a)不需要输入 SLM，因此对于随后与存储模板进行的数字混合，可以获得精确的频谱。

(b)与 $4f$ 光学 VLC 体系结构不同，无须保持光学形成的光谱与频率平面 SLM(其上显示了滤波器)之间的匹配。

(c)容易以视频速率和视频分辨率计算二维 FT。

(d)因为只需要单个光学傅里叶变换，其光学设计和对准比全光学相关器的要简化很多。

(e)降低了机械对准难度，提高了装置对外部机械干扰的稳健性。

混合处理方法考虑了执行输入信号的 FT 与模板搜索之间的速度变化。

10.3.4　联合变换相关器

在 VLC 被报道几年后，韦弗(Weaver)和古德曼(Goodman)首次演示了联合变换相关器(JTC)[1]。在文献[2]的介绍之后，其他几个人又进行了实验证明。在 JTC 中，需要存储一个完整的参考图像数据库。将输入的测试图像和存储的每一个参考图像一起联合显示在 FT 透镜的输入平面中，以获得透镜后焦平面上的联合功率谱(JPS)。然后对捕获的 JPS 进行傅里叶逆变换(IFT)，以实现相关性。设 $f(x, y)$ 为 JTC 的图像输入，其中包括测试图像或目标图像 $t(x+a, y-b)$ 以及所存储的参考图像 $r(x-a, y+b)$，并且它们相隔距离 $2(a^2+b^2)^{1/2}$；然后有

$$f(x, y) = t(x+a, y-b) + r(x-a, y+b) \tag{10.36}$$

从 $f(x, y)$ 的傅里叶变换 $F(u, v)$ 可推导出 JPS，由下式给出：

$$
\begin{aligned}
I(u, v) = |F(u, v)|^2 &= T^2(u, v) + R^2(u, v) \\
&+ R(u, v)T^*(u, v)\mathrm{e}^{[j2(-au+bv)]} + T(u, v)R^*(u, v)\mathrm{e}^{[j2(au-bv)]}
\end{aligned} \tag{10.37}
$$

其中，(u, v) 为频域坐标，$T(u, v)$ 和 $R(u, v)$ 分别为 $t(x, y)$ 和 $r(x, y)$ 的傅里叶变换，$*$ 符号表示复共轭。$I(u, v)$ 的第二个傅里叶变换给出了相关输出：

$$
\begin{aligned}
C(x, y) = t(x, y) \otimes t(x, y) &+ r(x, y) \otimes r(x, y) \\
&+ r(x-2a, y+2b) \otimes t(x-2a, y+2b) \\
&+ t(x+2a, y-2b) \otimes r(x+2a, y-2b)
\end{aligned} \tag{10.38}
$$

其中，符号 $\otimes$ 表示相关运算符。

相关输出 $C(x, y)$ 的前两项是由参考信号和目标信号与它们自身相关形成的轴上自相关项，并产生直流或零阶相关，而第三项和第四项是目标信号和参考信号的相关项。因此，只有在目标图像和参考图像之间存在完全匹配时才产生自相关峰值。如果测试图像有扭曲(如旋转，缩放等)，则 JTC 技术将失败。JTC 体系结构的示意图如图 10.6 所示。

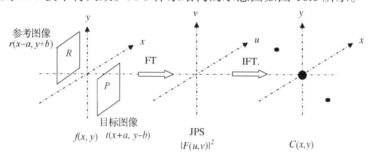

图 10.6　JTC 体系结构的示意图

JTC 通常具有低检测效率，尤其是在目标被嵌入在噪声或强烈背景中，或者进行了旋转、缩放等情况下。尽管如此，它也具有诸如易于实时实现和更高空间带宽积等若干优点。JTC 的另一个缺点是它具有非常强的零阶相关峰值，这将抑制自相关峰值强度。

与经典 JTC 有关的问题之一是，在输出平面上存在不期望的强零阶自相关峰值，这几乎掩盖了期望的互相关峰值。在嘈杂的环境中，这种情况更加严重，因为零阶峰值可能会使输出检测器过饱和并导致虚检。为了克服检测上的一些问题，可以使用二进制 JTC 技术。在应用傅里叶逆变换操作之前，这种技术在傅里叶平面上对联合功率谱进行二值化非线性硬裁剪，只允许有二进制值+1 和-1。人们发现二进制 JTC 可以产生理想的相关峰值强度、更好的相关宽度和更多的可分辨灵敏度。然而，由于 JPS 二值化阈值的计算，二进制 JTC 具有处理速度低的缺点。此外，二值化会产生谐波相关峰值，因此一些能量分布在这些高次谐波项中。此外，高阶谐波项可能会产生假警报或导致误报，从而使目标检测过程复杂化。

为了缓解一些误报的问题，在二值化的过程中有时采用中值阈值技术。对于大输入场景噪声，已经观察到使用噪声相关阈值的二进制 JTC，其性能优于使用固定阈值的情况。在这

种情况下，对每个新输入场景更新阈值。在软件和硬件实现方面，大型阵列的中值估计的计算量是比较大的。出于这个原因，人们评估了另一种被称为子集中值阈值的方法，用于对联合功率谱进行阈值化处理。它还考虑了输入场景噪声对计算阈值的影响。

在另一种方法中，在进行傅里叶逆变换之前，将 JPS 乘以幅度调制滤波器（AMF）函数，以获得比经典的和二进制的 JTC 技术更好的相关性能。AMF 定义为

$$H_{\mathrm{amf}}(u, v) = \frac{1}{|R(u, v)|^2} \tag{10.39}$$

其中 $|R(u, v)|$ 是参考信号 $r(u, v)$ 的傅里叶变换。然而，具有一个或多个极值的因子 $|R(u, v)|^{-2}$ 可能导致 AMF 的增益接近无穷大。该问题严重限制了这一技术的实现。此外，对于较低的参考信号值，高光学增益在某种程度上掩盖了 AMF 的优点，这实际上可能降低 JTC 的抗噪声性能。

利用分数傅里叶平面进行相关的 JTC 技术也已经出现。在这项技术中，在傅里叶平面上只使用了相位空间光调制器（SLM）。分析/仿真结果仅适用于不包含任何零值的参考图像联合功率谱。为了解决这一问题并同时提高自相关峰值强度，人们提出了一种边缘校正 JTC 技术，该技术采用了一种被称为边缘校正滤波器（FAF）的实值滤波器。FAF 函数被定义为

$$H_{\mathrm{faf}}(u, v) = \frac{B(u, v)}{A(u, v) + |R(u, v)|^2} \tag{10.40}$$

其中，$A(u, v)$ 和 $B(u, v)$ 是常数或函数。通过选择合适的 $B(u, v)$ 以避免光学增益大于 1。选择较小的 $A(u, v)$ 值可以解决极值点问题，同时可以获得高相关峰值。选择合适的函数 $A(u, v)$，使其抑制带限（频带受到限制）信号中噪声的影响。在这种技术中，可以使用适当的幅度匹配来获得更大且更清晰的自相关峰值。FAF 函数仅包含强度，没有包含相位项。因此它简单且适用于光学实现。由于 FAF 的计算时间非常短，因此对系统的处理速度没有显著的不利影响。该方法的缺点之一是，它需要额外的一个 SLM 在傅里叶平面上显示滤波器功能。获取用于模式识别的 JTC 的一般流程如图 10.7 所示。

另一类相关技术被称为啁啾编码的 JTC。该技术在不同的平面上产生三个输出相关函数。光轴上的自相关函数集中在一个输出平面上，离轴的互相关函数在两个单独的输出平面上产生。在这个系统中，参考信号被放置在不同的输入平面上，它对每个相关项的联合功率谱用一个函数（即啁啾函数）进行编码。

通常，JTC 中使用的参考图像是从计算机存储器中提供给测试系统的，而测试场景是从外部世界输入的，可能包含也可能不包含感兴趣的目标。因此，输入场景光照条件可以完全不同于参考场景光照条件。这给 JTC 技术带来了严峻的挑战，其中目标与参考的照度平衡决定了相关性能。在实时情况下，几乎不可能将这样的系统用于非合作环境，因为在该环境中不可能对测试场景进行真正的控制。为了减轻光照条件对 JTC 相关输出的不利影响，人们提出了一种偏振编码的双通道 JTC 体系结构。通过使用反转参考功率谱，采用了可以锐化 JTC 的相关峰值的强度补偿滤波器。该技术可通过使用反转的预处理参考频谱来实现，其与输入参数无关。人们还开发了一种混合系统，该系统使用自生成阈值函数来执行具有多参考的 JTC。JTC 的强度问题可以通过强度补偿滤波器来解决。

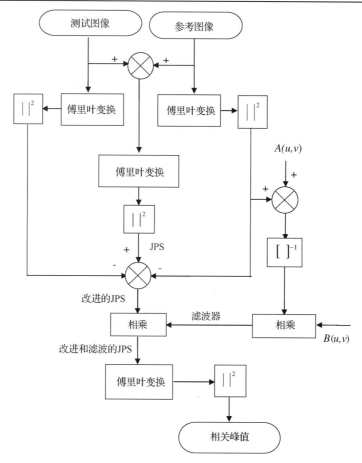

图 10.7　获取 JTC 的一般流程

10.3.4.1　光子联合变换相关器

经典 JTC 的示意图如图 10.8 所示。目标场景由 CCD 相机（CCD_0）捕捉，并且和参考场景一起联合显示在空间光调制器 SLM_1 的入射平面 P_1 上。

相干平行光束照射到 SLM_1 上。SLM 上显示的联合图像通过透镜 L_1 进行傅里叶变换，并且在平面 P_2 处产生联合衍射图案。联合功率谱由位于 P_2 平面的 CCD 相机（CCD_1）记录。第二个 SLM（SLM_2）位于平面 P_3 处，用于读出联合功率谱。通过对位于平面 P_3 处的联合功率谱进行傅里叶变换，在平面 P_4 处产生相关函数。为了获得傅里叶变换，需要平行相干激光束，它可以通过使用分束器和透镜从主激光源获得。

JTC 的重要参数是：(a)互相关峰值强度，(b)相关峰值强度与最大相关旁瓣的比值，(c) 半高全相关宽度，(d)相关宽度，(e)相关峰值幅度与噪声幅度的均方根偏差的比值。

已有研究表明，经典的联合变换图像相关技术具有光效率低、相关旁瓣大、相关宽度大、识别能力低等问题。这些问题在单个 SLM 的 JTC 中可得到显著改善，其中输入信号和参考信号的幅度都二值化为+1 和−1 两个值。与连续谱参考图像所需的存储空间相比，二进制参考信号所需的存储空间也有所减少。如图 10.9 所示，可以使用单个 SLM 来显示阈值输入信号和阈值傅里叶变换干涉强度。

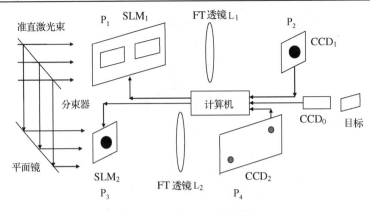

图 10.8　经典 JTC 的示意图

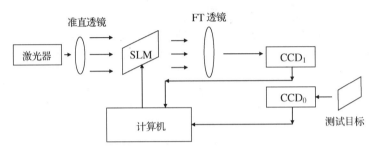

图 10.9　单个 SLM 的 JTC 的示意图

　　阈值输入和参考信号进入工作在二进制模式下的 SLM。使用一个透镜获得输入信号傅里叶变换之间的干涉，并且使用一个 CCD$_1$ 产生变换干涉强度分布。然后将干涉强度阈值化为 +1 和 -1 两个值，将二值化的干涉强度写入同一个 SLM 上。阈值干涉强度信号的傅里叶逆变换产生相关信号。CCD$_0$ 用于捕获测试对象的图像。

　　可以获得上述基本方案的许多变体，并可用于基于 JTC 进行模式识别的许多任务。每种体系结构都有各自的缺点。JTC 更加稳健且易于实现，尽管它为两步处理且产生的高强度零阶衍射图案有时会掩盖检测平面中相关峰值的存在。为了克服这个问题，研究人员提出了一种非零阶差分 JTC。

　　如图 10.10 所示的两级 JTC 体系结构，在适应各种操作算法方面具有一定的灵活性。傅里叶变换产生 JPS，并使用 JTC 中的 CCD 相机进行捕获。通过 SLM 呈现的这个 JPS 由准直激光照射，并且通过 CCD 相机捕获相关峰值。

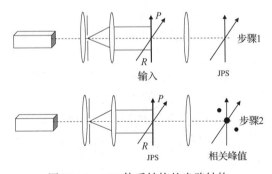

图 10.10　JTC 体系结构的光路结构

10.4　智能光子处理

在模式识别的光子实现中主要有两种方法，即利用前面几节所描述的光子相关器以及通过人工神经网络的模拟。利用神经控制系统进行自动监视或图像识别是未来信息管理系统的关键技术。在不确定、非平稳或模糊的情况下，系统检测、过滤和处理数据以达到某些最佳决策或推理的能力可称之为智能信息处理。虽然有许多方法和技术，但这些系统大多遵循人脑工作的逻辑。人工神经网络是模拟人脑功能的最佳选择。

10.5　人工神经网络(ANN)

人工神经网络(ANN)由一组高水平的、相互连接的处理单元(PE)组成，称之为神经元，ANN 类似于人脑或生物神经网络[30]。一对 PE 之间的连接或链接有一个相关的数值强度，称之为突触权重或自适应系数。ANN 体系结构是通过组织 PE 到各域或各层，并相互之间采用了加权的互连而形成的。主要的连接有两种，即兴奋性互连和抑制性互连。兴奋性互连提高了 PE 的激活性，通常用正(有益)信号来表示。抑制性互连降低了 PE 的激活性，通常表现为负(惩罚)信号。ANN 的一些特征如下。

1. 适应性：ANN 通过调整网络中连接 PE 的突触权重来自动学习以响应遇到的新输入模式的能力。
2. 分布式存储和相关存储器：ANN 中的任何信息都在连接中分布和编码，而不是存储在特定位置。此外，ANN 具有通过内容访问信息的相关存储器。
3. 容错：由于信息分布在网络中的许多 PE 上，因此少数 PE 或链路的损坏不会丢失信息。ANN 能够容忍硬件故障，因此具有很强的容错能力。

图 10.11 显示了通用 PE 的内部结构。这种连接的神经元模型后来被命名为感知器[31]。输入信号来自环境或其他 PE 的输出，形成输入矢量 $\mathbf{X}=(x_1,\cdots,x_i,\cdots,x_n)$，与每个输入相关联的权重矢量为 $\mathbf{W}_j=(w_{1j},\cdots,w_{ij},\cdots,w_{nj})$，对于第 j 个 PE，其中 w_{ij} 表示从第 i 个输入到第 j 个 PE 的互连强度。还可以存在由与每个 PE 相关联的 w_{0j} 加权的阈值 θ。所有的权重(也称之为互连强度)用于计算第 j 个 PE 的输出值 y_j。通常，y_j 的值通过取 $\mathbf{X}$ 和 $\mathbf{W}_j$ 的点积，再减去阈值权重来计算，并将结果通过阈值函数来传递。瞬时输入-输出关系可以表示为

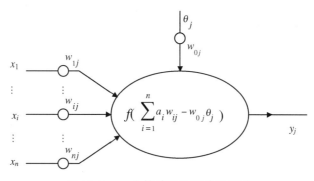

图 10.11　一个简单的处理单元(PE)

$$x_j = \sum_{i=1}^{n} w_{ij}y_j - w_{0i}\theta_i \tag{10.41}$$

输入-输出关系的短期平均值表示为

$$y_i = f(\lambda x_j) \tag{10.42}$$

其中 λ 是正数，$f(.)$ 是阈值函数。

阈值函数 $f(.)$ 也被称为传递函数，它将 PE 的输出值映射到预先指定的范围。常用的阈值函数有：(a) 非线性斜坡 (阶跃) 函数，(b) 中继 (线性阈值) 函数，(c) sigmoid (S 形) 函数，如图 10.12 所示。最实用的阈值函数是 sigmoid 函数，该函数是一个有界的、单调的、非递减的函数，它提供一个渐变的非线性响应。典型的 sigmoid 函数定义为

$$S(x) = (1 + e^{-x})^{-1} \tag{10.43}$$

合并 sigmoid 函数，输出 y_i 可以用输入 x_i 表示为

$$y_i = \frac{1}{1 + e^{-\lambda x_i}} \tag{10.44}$$

并且当 $\lambda \to \infty$ 时，它接近单极阈值。

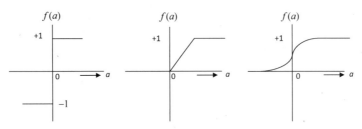

图 10.12　传递函数：(a) 阶跃函数；(b) 线性阈值函数；(c) S 形函数

学习是人工神经网络最重要的特征。所有的学习方法可以分为两类：(a) 监督学习和 (b) 无监督学习。监督学习是一个包含外部指导以整合全局信息的过程。监督信息决定何时终止学习，以及根据学习效果或性能错误提供训练和信息的输入频率。无监督学习也称之为自组织，是一个不包含外部指导并仅依赖于本地局部信息的过程。监督学习技术大致分为以下几种。

(a) 纠错学习：这种学习技术根据输出层中每个 PE 的期望值和计算值之间的差值来调整输入和输出 PE 之间的互连权重。如果第 j 个输出层 PE 的期望值是 c_j 并且相同 PE 的计算值是 y_j，则适应第 i 个输入层 PE x_i 和第 j 个输出层 PE y_j 之间的中间域权重校正的一般等式定义为

$$\Delta w_{ij} = \alpha x_i[c_j - y_j] \tag{10.45}$$

其中 Δw_{ij} 是从 x_i 到 y_j 的互连强度的变化，α 是学习速率，通常 $0 < \alpha < 1$。

(b) 强化学习：这种学习技术类似于纠错学习，不同之处在于对表现好的操作，权重被加强；对表现不佳的操作，权重受到惩罚。纠错学习需要每个输出层 PE 的误差值 (即误差矢量)，而强化学习只需要一个值来描述输出层的性能[32]。一般的强化学习方程定义为

$$\Delta w_{ij} = \alpha[r - \theta_j]e_{ij} \tag{10.46}$$

其中，r 是环境提供的标量成功/失败值，θ_j 是第 j 个输出层 PE 的强化阈值，e_{ij} 被称为第 i 个输入层 PE 和第 j 个输出层 PE 之间的吻合程度。e_{ij} 值取决于先前选择的概率分布，并用于确定计算的输出值是否等于期望的输出值。

　　(c)随机学习:这种学习技术使用与概率分布相关的随机过程和能量关系来调整内存互连权重[33][34]。随机学习使得随机权重变化,确定变化后产生的合成能量,并根据给定的条件保持权重变化,例如:(i)当随机权重变化后,使得 ANN 能量较低(即系统性能更好),(ii)如果随机权重变化后的能量不降低,则根据预先选择的概率分布接受权重变化,否则(iii)拒绝变化。接受一些改变之后尽管性能较差,但通过模拟退火的过程,ANN 可以避开局部能量最小值,从而获得更优的能量最小值[35]。这个过程缓慢地减少了可能接受的权重变化的数量,从而导致性能下降。

　　(d)无监督学习:这种学习形式一般也被称为自组织,是一个不包含外部指导并仅依赖于局部信息的过程。无监督学习方法自我组织呈现的数据并发现相似的集体属性。无监督学习的例子包括:(i)Hebbian 学习和(ii)竞争性学习。

(i)作为相关学习的初始概念,Hebbian 学习首先被确立,并且根据两个相互关联的 PE 值的相关性来调整互连权重。对于简单 Hebbian 学习,其中权重 w_{ij} 是 PE x_i 与 PE y_j 的相关性:

$$\frac{\mathrm{d}w_{ij}}{\mathrm{d}t} = -w_{ij} + x_i y_j \tag{10.47}$$

简单 Hebbian 学习的两个扩展是信号 Hebbian 学习[36]和差分 Hebbian 学习[37]。信号 Hebbian 学习是通过 sigmoid 函数过滤激活的相关性。差分 Hebbian 学习是 PE 之间信号变化的相关性。

(ii)竞争性学习技术用于调节域内连接的模式分类程序。它被描述为邻居抑制(竞争)或邻居激励(合作)。在 PE 激活期间,竞争性学习以下列方式工作:(1)输入模式呈现给 PE 层;(2)每个 PE 通过向其自身发送正信号(自激)和向其他 PE 发送负信号(邻居抑制)来与其他 PE 竞争。最终,具有最大激活性的 PE 是单独激活的,其他都是无效的。

10.5.1　ANN 的训练

　　ANN 的训练可以通过监督模式或无监督模式进行。基于此分类,相关的网络如感知器模型、多层感知器、Hopfield 模型、玻尔兹曼机属于监督的 ANN,而 Kohonen 的自组织特征图和 Carpenter/Grossberg 模型属于无监督的 ANN。

　　监督的 ANN 需要有监督的训练,其中 ANN 提供已知的输入序列 $(x_1, x_2, \cdots, x_k, \cdots)$,并经过 ANN 处理后,预期所需或正确的输出序列为 $(y_1, y_2, \cdots, y_k, \cdots)$。为此,ANN 经历迭代过程,使得获得的输出与期望输出进行比较,并且使用一些学习算法通过修改突触权重来校正差异(如果有的话)。重复该过程,直到实际输出接近所需输出的可接受值。

　　感知器模型[38]是由一个或多个 PE 组成的单层网络。它是一种监督的 ANN 模型,其中输入的是二元值或连续值。输入值被用于训练网络。该模型基本上是一种线性分类器,它将输入 x 映射到输出 $f(x)$。当将输入模式 $(x_1, x_2, \cdots, x_n)$ 应用于输入时,它与相应的互连权重 $w_1, w_2, \cdots, w_n$ 相乘。所有加权后的输入相加时被阈值化,以表示 PE 的输出 y。这种模型如图 10.13 所示。

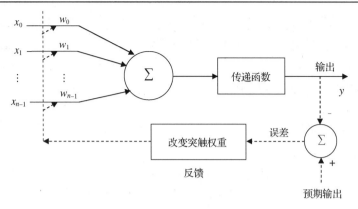

图 10.13　感知器模型

如果 θ 是 PE 的阈值函数，则时刻 t 的输出 y 可以写为

$$y(t) = \sum_{i=0}^{n} w_i(t)x_i(t) - \theta \tag{10.48}$$

在两类 $\{0,1\}$ 的分类问题中，如果加权和大于阈值，输入属于 1 类，则 ANN 的输出 y 为 $+1$；而如果加权和小于阈值，输入属于 0 类，则 ANN 的输出 y 是 -1。在时刻 t，ANN 的输出 y 为

$$y(t) = \begin{cases} +1 & , \ y(t > 0) \\ -1 & , \ 其他 \end{cases} \tag{10.49}$$

在时刻 $(t+1)$，突触权重根据输出的 $y_i(t)$ 和期望 $d_i(t)$ 的差值 Δ 按式 (10.50) 进行修改：

$$w_i(t + 1) = w_i(t) + \eta \triangle \tag{10.50}$$

其中，$0.1 < \eta < 1.0$ 控制权重的学习率。

10.5.2　线性模式分类器和多层感知器

简单神经元模型的有效性在一种被称为线性分类的模式识别技术中得到了证明。通过线性决策边界，将输入分类为 A 或 B 两个可能的类。PE 的两个输入是 x_1 和 x_2，输出是 y，假设输出 $y = 0$ 表示一个特定的情况，还假设阈值单元是一个简单的中继函数。对于一维情况，可以写出下面的方程：

$$x_2 = \frac{w_1}{w_2}x_1 + \frac{w_0}{w_2}\theta = 0 \tag{10.51}$$

因此，通过改变权重来控制直线的斜率和截距，A、B 两个类别可以被线性分离。然而，在许多情况下，类之间的划分本质上是复杂的且不能用直线分开。这种情况是一个异或 (Ex-OR) 问题。在任何情况下，直线都不能分为两个类。但是，将两个 PE 组合到另一个 PE 中可以解决这个问题，如图 10.14 所示。当输入模式对应于 (0,1) 时，PE$_1$ 进行检测，当输入模式对应于 (1,0) 时，PE$_2$ 进行检测。

通过另一个 PE (指定为 PE$_3$) 将这两种效果组合在一起，可以正确地对输入进行分类。但是，第二层或 PE$_3$ 不知道哪一个是真实输入。实际上，硬限制阈值函数去除了确定网络是否成功学习所需的信息，即 PE$_1$ 和 PE$_2$ 输入中的权重不变，能够改变 PE$_3$ 的输入。这个问题可通过用 sigmoid 函数代替硬限制阈值函数来解决。这个简单的例子确定了多层感知器网络模

型的必要性。三层模型具有输入层、输出层和介于其间的隐藏层。阈值函数通常是 sigmoid
函数或线性阈值函数。多层感知器模型中可以有许多隐藏层。

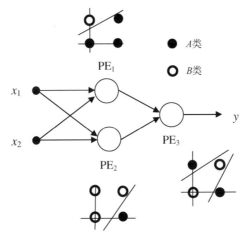

图 10.14　Ex-OR 类问题

对于由 N 个神经元或 PE 组成的单层神经网络，大约有 N^2 个互连。因此，第 i 个神经元
的状态可以表示为

$$y_j(t) = \sum_{j=0}^{n-1} w_{ij}(t) x_i(t) - \theta_j \qquad (10.52)$$

其中，w_{ij} 是第 i 个和第 j 个神经元之间的互连权重矩阵。式 (10.52) 的右边项实际上是矩阵矢
量外积。

PE 有不同的互连方案。两个主要方案是域内连接和域间连接。域内连接也被称为横向连接，
是同一层的 PE 之间的连接。域间连接是不同层的 PE 之间的连接。域间连接信号以前馈或反馈
两种方式之一进行传播。前馈信号仅允许信息在 PE 之间沿一个方向流动，而反馈信号允许信息
在 PE 之间以任意方向流动。从环境接收输入信号的层被称为输入层，向环境发射信号的层被称
为输出层。位于输入层和输出层之间的任何层都被称为隐藏层，并且不与环境直接接触。

多层感知器[39]是前馈 ANN，其中第一层是输入层，如果最后一层是第 n 层，则第 n 层
是输出层。输入层和输出层之间的所有层都是隐藏层，如图 10.15 所示。特定层中的节点连
接到前一层的所有节点以及后续层的所有节点。隐藏层的数量和隐藏层的节点数由最适合线
性不可分离问题分类的输入模式的适当内部表示来确定。

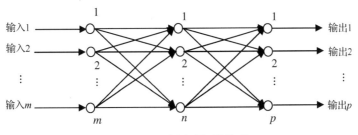

图 10.15　多层感知器模型

对于存在隐藏层的多层感知器，使用诸如反向传播的训练算法。由于这是一个监督的

ANN，输入和所需的输出都被馈送到网络。定义误差函数 δ，计算其期望输出和所获得的输出之间的差异。为了用给定的输入和期望的输出训练 ANN，通过调整节点之间的连接突触权重来使误差函数最小化。反向传播算法可以通过以下步骤来描述。

步骤 1：将所有权重和阈值设置为小的随机值。

步骤 2：对于 m 个输入节点有矢量 $(x_1,x_2,\cdots,x_m)$，并且期望的输出矢量 $(d_1,d_2,\cdots,d_n)$ 被馈送到 n 个输出节点。

步骤 3：使用反曲的非线性阈值 θ 计算任何时刻 t 的实际输出矢量 $(y_1,y_2,\cdots,y_n)$，

$$y_j(t) = \sum_{j=0}^{n} w_{ij}(t)x_i(t) - \theta_j \tag{10.53}$$

它成为下一层的输入。

步骤 4：使用迭代算法调整连接上的权重，其中误差项 δ_j 用于输出节点 j，即

$$w_{ij}(t+1) = w_{ij}(t) + \eta\delta_j y_j \tag{10.54}$$

其中 η 是增益项。

输出节点的误差项可以写为 $\delta_j = ky_j(1-y_j)(d_j-y_j)$，隐藏节点的误差项可以写为 $\delta_j = ky_j(1-y_j)\Sigma_k(\delta_k w_{jk})$，其中求和是对 j 节点上隐藏层中的 k 个节点进行的。

为了避免网络陷入局部最小值并使收敛更快，可以按一种形式引入另一个动量项 α，使得式(10.54)可以替换为

$$w_{ij}(t+1) = w_{ij}(t) + \eta\delta_j y_j + \alpha[w_{ij}(t) - w_{ij}(t-1)] \tag{10.55}$$

10.5.2.1　Hopfield 模型

Hopfield 模型是单层递归的 ANN。在这种类型的 ANN 中，每个节点或 PE 都连接到其他任意节点，从而使其成为完全互连的网络。输入节点的数量等于输出节点的数量。每个节点的输出反馈给所有其他节点。在节点 i 和 j 之间两个方向上的互连权重是相同的，即 $w_{ij} = w_{ji}$。

每个节点计算输入的加权和并且对其进行阈值判决，以便确定输出。根据输入的类型，Hopfield ANN 可以是离散型或连续型的。在离散型中，输入具有 $(0, 1)$ 或 $(-1,+1)$ 值的形式。节点 i 和 j 之间的互连权重(即 w_{ij})被赋值为

$$w_{ij} = \begin{cases} \sum_{s=1}^{m} x_i^s x_j^s & , \ i \neq j \\ 0 & , \ \text{其他} \end{cases} \tag{10.56}$$

假设正权重是激活性的且加强了连接，而负权重是抑制性的且削弱了互连。Hopfield 模型如图 10.16 所示。

目标函数也被称为能量函数，与离散 Hopfield ANN 的每个状态相关联，并由下式给出：

$$E = -\frac{1}{2}\sum_{j}\sum_{i} s_i s_j w_{ij} \tag{10.57}$$

其中 s 是激活状态，第 i 个节点的激活状态由下式给出：

$$s_i = \begin{cases} +1 & , \ \text{节点} = 1 \\ -1/0 & , \ \text{其他} \end{cases} \tag{10.58}$$

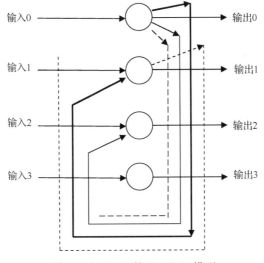

图 10.16　ANN 的 Hopfield 模型

使用梯度下降规则使目标函数 E 最小化,即计算每个节点开启和关闭状态的全局能量差,并且如果能量差为正,则节点开启,否则关闭。最终,当能量处于最小值时,节点输出保持不变,网络收敛,并且达到稳定状态。

在连续 Hopfield ANN 中,输入不仅受限于离散的开关状态,而且具有连续的模拟值。连续 Hopfield ANN 使用反曲、非线性的而不是二进制的阈值。节点由给定的等式控制,

$$C_j \frac{\mathrm{d}s_j}{\mathrm{d}t} = \sum_i w_{ji} y_i - \frac{s_j}{R_j} + I_j \qquad (10.59)$$

其中,s_j 是第 j 个 PE C_j 的激活状态,R_j 是正常数,I_j 是输入偏置项,y_i 是在应用反曲阈值之后节点 i 的输出。

连续 Hopfield ANN 中的能量方程变为

$$E = -\frac{1}{2} \sum_j \sum_i s_i s_j w_{ij} - \sum_j s_j I_j \qquad (10.60)$$

互连权重的更新可以按同步或异步方式完成。权重的异步更新意味着每次计算任意一个神经元的输出后立即更新。在权重的同步更新中,计算所有输入的总加权和,并对其进行阈值化处理以获得相应的输出,同时更新权重。与权重的异步更新不同,同步更新可以导致振荡状态。

可以通过 Hopfield ANN 实现关联存储器,实现这种关联的模型如图 10.17 所示。通过将所有节点设置为某些特定值,将图案或模式馈送到网络中,即将输入图案存储在互连权重矩阵中。然后使用异步或同步技术使网络经历多次迭代以进行权重更新。经过几次迭代后,当读取输出节点时,发现获得了与馈入图案相关联的图案。人们发现将这些 Hopfield ANN 用作内容可寻址存储器系统时,即使其中某些网络的连接被破坏,性能被降低,但是仍然保

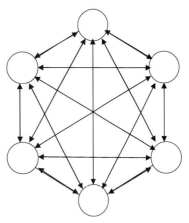

图 10.17　Hopfield 自相关模型

留了恢复相关图案的一些网络能力。由于对特定的训练图案，在 Hopfield ANN 中只有一个目标函数的绝对最小值，并且该最小值在多次迭代后达到，因此网络必须始终收敛到训练图案，即使某些失真的图案稍后出现，甚至某些节点被破坏。

10.5.2.2 玻尔兹曼机

作为 Hopfield 模型的随机版本，玻尔兹曼机也是完全互连的 ANN。除输入和输出节点外，其余都是隐藏节点，如图 10.18 所示。

输入和输出节点是随机选择的，而其余节点则被认为是隐藏节点。Hopfield 模型通过梯度下降规则来优化能量或目标函数以收敛到稳定状态。与 Hopfield 模型不同，玻尔兹曼机采用模拟退火来收敛，因此不会像 Hopfield ANN 这样收敛到局部最小值。

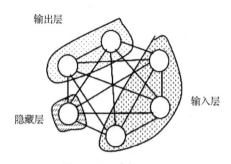

图 10.18　玻尔兹曼机

在任何时刻 t，第 i 个节点的净输入由下式给出：

$$\text{net}_i(t) = \sum_j w_{ij}s_j(t) - \theta_i \tag{10.61}$$

其中 $s_j(t)$ 是时刻 t 的第 j 个节点的状态。在这种类型的 ANN 中发生节点的异步更新。玻尔兹曼机的概率决策规则是，节点 i 具有状态 s_j 的概率为

$$P_i = \frac{1}{1 + e^{(-\Delta E_i/T)}} \tag{10.62}$$

其中，$\Delta E_i = \sum_i w_{ij}s_i$。

这种概率方法使玻尔兹曼机能够稳定到一个全局能量状态[41]，逐渐降低温度 T 以及每次迭代计算状态的概率。当具有能量 E_β 的状态的概率在随后的迭代中不变时，我们就说 ANN 稳定到热平衡状态。

10.5.3　无监督的 ANN

另一方面，无监督的 ANN 不需要任何监督训练，但需要使用分等级或强化训练和自组织的方式进行训练。在分等级训练的情况下，给予 ANN 数据输入，但没有期望的输出。相反，在每次实验之后，网络都会获得"性能等级"或评估规则，以告知提升等级后的输出有多好。ANN 在这个过程中自动学习了未知的输入，而通过自组织训练，网络仅需要数据输入，ANN 将自己组织成一些有用的结构。

10.5.3.1　Kohonen 的自组织特征映射

Kohonen 的自组织特征映射是一种 ANN，其中有两层，一个是输入层，由一个线性阵列节点组成，另一个是输出层，由一个矩形阵列节点组成。输入层中的每个节点都连接到输出层的每个节点，但反馈仅局限于输出层中直接相邻的节点。Kohonen 的自组织 ANN 的模型如图 10.19 所示。

像人脑一样，为了模拟复杂的数据结构，这种模型使用空间映射。Kohonen 的自组织 ANN 对存储在网络中的矢量采用矢量量化技术执行数据压缩。在学习过程中，输出层中的节点被组织成域内或局部的邻居关系，以形成特征映射。在时刻 t，输入 $x_i(t)$ 出现在网络节点 i 上，

输入节点 i 与输出节点 j 之间的距离 d_j 可以用下面的公式计算：

$$d_j = \sum_{i=0}^{n-1} [x_i(t) - w_{ij}(t)]^2 \tag{10.63}$$

其中 $w_{ij}(t)$ 是输入节点 i 到输出节点 j 的互连权重。

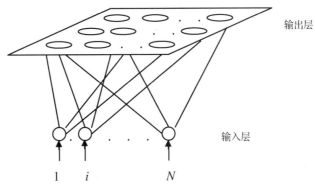

输出层

输入层

1 $\quad i \quad\quad\quad\quad N$

图 10.19　Kohonen 的自组织 ANN 的模型

输出节点具有最小距离 d_j，称之为欧氏距离。邻近节点 j 的权重按以下方式进行更新：

$$w_{ij}(t+1) = w_{ij}(t) + \eta(t)((x_i(t) - w_{ij}(t)) \tag{10.64}$$

其中 $\eta(t)\,[\,0 < \eta(t) < 1\,]$ 是随时间减小的增益项。

10.5.3.2　Carpenter-Grossberg 模型

Carpenter-Grossberg 模型基于自适应共振理论（ART）。设计它的目的是用于模拟大规模并行自组织无监督的 ANN。它表现出对网络上重复显示信息的敏感性，并且可以区分不相关的信息。这种模型包含一个输入层和一个输出层，每个层由数量有限的节点组成。任何时刻，输出节点只有少数几个在使用，其余的一直等待被使用。一旦所有节点都用完，网络就会停止自适应。输入和输出节点通过前馈和反馈权重进行广泛连接。初始时，前馈 w_{ij} 和反馈 t_{ij} 的值取为 $w_{ij}(0) = \dfrac{1}{n}$ 和 $t_{ij} = 1$，其中 $1 \leqslant i \leqslant n$ 且 $1 \leqslant j \leqslant m$。该模型如图 10.20 所示。

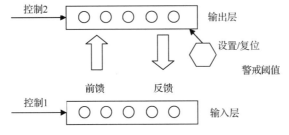

控制2　　输出层

设置/复位

警戒阈值

前馈　　反馈

控制1　　输入层

图 10.20　基于自适应共振理论的 Carpenter-Grossberg 模型

控制 1 和控制 2 是输入层和输出层的外部控制信号，通过网络控制数据流。在输入层和输出层之间有一个复位电路，用于复位输出层，还负责将输入值和警戒阈值 ρ 进行比较，警戒阈值取为 0 和 1 之间的值。这个警戒阈值确定输入与已存储的样本图案匹配的程度，以及是否应该使用以前空闲的输出节点，为输入图案创建一个新的图案类。输出利用下面的公式进行计算：

$$y_j = \sum_{i=1}^{n} w_{ij}(t)x_i \qquad (10.65)$$

最好的图案类由匹配方程 $y_j^* = \max_j[y_j]$ 得出，然后选中，前馈和反馈权重也随之更新。当测试和训练的图案足够近似时，它们被认为是共振的。如果输出层中没有空闲的节点，那么新的输入将不会产生响应。

10.5.4　ANN 的光子实现

　　一段时间以来，人们已经认可了利用光子实现神经网络的能力。在过去的几年里，各种各样的体系结构被提出和构建，因此定义一个通用的光子神经网络处理器是一项艰巨的任务。光子结构主要利用光的平行性和连通性。光束在自由空间或玻璃等线性介质中不会相互作用，并且具有在二维或三维空间中实现光子互连的巨大优势。因此，分离的神经元平面组成的结构可采用光学系统实现神经元平面之间的连接。神经元平面可以由非线性光子处理元件组成，而互连系统可能由全息图和/或空间光调制器组成。图像中的单个像素或一组像素可以被视为处理元素或神经。

　　然而，实际系统主要受系统级别和技术实现需要考虑的因素(如连接性约束)以及待解决问题的计算复杂性所制约。因此，从一开始，光学和电子学的直接比较就没有太多意义。现在，神经关联结构的所有电子实现都越来越受到互连的数量和带宽、数据存储以及检索速度的限制，而不是受到处理能力的限制。然而，大多数光子神经网络系统同时包含光子子系统和电子子系统，这主要是因为大多数实用的光子处理器都有电子的输入。这种系统必须与主机的计算机或输出设备通信，因此是有可能充分利用光学和电子学各自潜能的应用领域。此外，任何基本神经网络体系结构的实现都要求在处理节点上加入非线性光学材料或电子电路，以增加系统的非线性特性。选择非线性光学材料涉及如何在反应速度和非线性效应大小之间做出权衡。

　　多年来，人们已经明确了光子学和神经网络之间的优质匹配[43]。在全息记录介质上，干涉形成波阵面表示的成对二维图案。如果其中一个波阵面入射到全息图上，则可以重建另一个波阵面。因此，可以按这种方式存储多对图案。基于此原理，在全息系统中进行了一些早期实验[44][45]。在 ANN 的光子实现中，这种研究的结果激发了工作人员增加增益和非线性反馈，以及加剧了创建一类全息存储系统方面的竞争。实现感知器网络的方案就采用了全息方法，如图 10.21 所示。输入图案以 $(N×N)$ 阵列形式存储到全息板上。如果全息图被平行光束照明，并且如果全息图的透射率是 W_{ij}，而 SLM 的透射率是 x_i，则在输出平面上可以得到透射率的总和 $y_j(t) = \sum_j w_{ij}s_i(t)$。

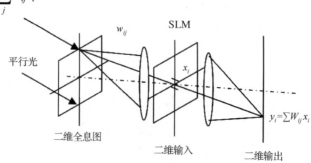

图 10.21　用于实现感知器网络的全息体系结构

图 10.22 显示了用于实现感知器网络的混合光子体系结构[46]。如图所示，来自激光器的光经扩束器(BE)扩束准直后，入射到 SLM₁ 上，在 SLM₁ 上显示输入图案。通过第二个 SLM₂，显示互连权重矩阵(IWM)。使用微透镜阵列(LA)将输入和 IWM 相乘。通过 CCD 相机对输出进行求和并捕获，然后进行阈值化处理。阈值输出可以在 PC 监视器上查看，也可以作为输入返回下一次迭代。

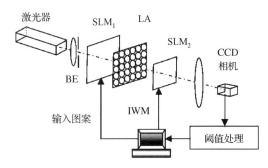

图 10.22　用于实现感知器网络的混合光子体系结构

输入和期望的输出图案可以转换为它们的 n 位二进制形式，并在 SLM 上显示为 ANN 的节点输入。每个节点的 IWM 可以选择值 $(0,1)$，表示抑制性和兴奋性；或者选择值 $(\bar{1},0,1)$，表明抑制性、无效和兴奋性。因此，可以根据每个双态或三态逻辑对 IWM 进行编码。

10.6　二维模式识别的联想记忆模型

联想记忆模型是有效的神经网络模型之一。在双向联想记忆(BAM)的发展过程中，反馈联想结构的引入使人们对神经网络联想记忆产生了深刻的认识，BAM 中的输入/输出状态矢量具有二进制量化分量[42]。BAM 是异向联想的，但是也可以扩展到单向的自动联想。关于模式对，前向和后向的信息流可能产生双向的关联搜索。联想记忆模型的构建基于一个迭代阈值矩阵矢量的外积，因此可以通过电子或光子技术来实现。

人们已经多次尝试利用光子技术实现神经网络模型，特别是实现光学/光子联想记忆和 Hopfield 模型[47][48]。已经证明：光学矩阵矢量乘法器直接适用于 ANN 的实现。此外，人们已经提出多种光子技术，用于实现模式识别的联想网络，其中包括集成图像技术、联合变换相关器技术和全息方法[49][50][51][52]。基于矩阵矢量乘法器，人们也提出了实现"赢者通吃"(winner-take-all，WTA)模型的技术[53]。

以其最简单的形式，联想记忆被设计用于存储模式的输入/输出对。当某个特定的输入被识别为所存储的输入之一时，即使这个输入不完整和/或存在噪声，与之相关联的输出也会被检索出来。对于特定的情形，模式可以通过做出相同的输入和输出响应与自身关联。在这种情况下，输入端不完整模式的出现会导致对完整模式的回忆。这种性质的回忆被称为自动联想。当随机选择存储矢量时，也就是说矢量是不相关的，会产生理想的存储和回忆。一般而言，基于 Hebbian 学习模型的特定存储机制适用于计算互连权重。对涉及的一组特定模式而言，这些互连权重是固定的。因此，记忆将以分布式的方式被明确地教授它应该知道的内容。

10.6.1　自动联想记忆模型

最简单的自动联想记忆模型之一是 Hopfield 模型，它已经被广泛应用于模式识别领域和组合优化问题，人们已经很好地定义了该体系结构的时域行为。该模型假设 Hopfield 记忆由取+1 或–1 双极性值的 N 个神经元组成。整个系统的状态由一个双极性矢量 $\mathbf{A} = \{a_1, a_2, \cdots, a_n\}$ 表示。每个元素 $a_i (i = 1, \cdots, N)$ 表示神经元的状态。联想检索分两个阶段进行。第一阶段遵循一个学习过程来计算连接矩阵 $\mathbf{W}$。第二阶从不完整的输入中提取存储的模式矢量。

假设 $\{\mathbf{A}^1, \mathbf{A}^2, \cdots, \mathbf{A}^M\}$ 是一组 M 个需要记忆的训练模式，其中 $\mathbf{A}^k = \{a_1^k, a_2^k, \cdots, a_N^k\}$。根据 Hebbian 学习规则，连接矩阵 $\mathbf{W}$ 定义为

$$\mathbf{W} = \sum_{k=1}^{M} \left[(\mathbf{A}^k)^{\tau} \mathbf{A}^k - \mathbf{I}_N \right] \tag{10.66}$$

其中 τ 表示矢量的转置，$\mathbf{I}_N$ 是 $N \times N$ 单位矩阵。可以看出 $\mathbf{W}$ 是对角元素为零的对称矩阵。

回忆阶段使用异步更新模式，因此，下一个状态 $a_j(t+1)$ 由下面的算式决定：

$$a_j(t+1) = \Phi \left[\sum_{j=1}^{N} w_{ij} a_j \right] \tag{10.67}$$

其中，$\Phi[\cdot]$ 是一个阈值函数。当 $x > 0$ 时，$\Phi(x) = +1$；当 $x < 0$ 时，$\Phi(x) = -1$。

对于任意的、随处开始学习的对称连接矩阵 $\mathbf{W}$，通过运用指定的回忆规则，系统可以交汇到一个稳定的状态。但是，学习规则并不能确保所有的训练模式在记忆中都是稳定状态，而这对于联想记忆的正常运转是必需的。根据回忆规则，当且仅当每个神经元 $a_i(t) = a_i(t+1)$ 时，模式矢量 $\mathbf{A}$ 是稳定的。这可能涉及两种情况：(a) $a_i = +1$，则 $\sum_{j=1} w_{ij} a_j > 0$；(b) $a_i = -1$，则 $\sum_{j=1} w_{ij} a_j < 0$。因此，我们可以注意到，如果

$$\sum_{j=1}^{N} w_{ij} a_j a_i > 0 \tag{10.68}$$

则模式矢量 $\mathbf{A}$ 在记忆中是一个稳定态。对于 M 个记忆训练模式 $\mathbf{A}^1, \mathbf{A}^2, \cdots, \mathbf{A}^M$，如果满足

$$\sum_{j=1}^{N} w_{ij} a_j^k a_i^k > 0, \quad i = 1, 2, \cdots, N, \quad k = 1, 2, \cdots, M \tag{10.69}$$

那么它们在记忆中都是稳定态。

通常，在二进制连接记忆矩阵中，要存储的信息是以 N 维二进制矢量的形式编码的。在记忆矩阵中，这种矢量的存储是利用外积的和来完成的，如同 Hopfield 模型的情况。不同之处在于，互连权重被量化成二进制存储点（比特），并使用了依赖输入的阈值运算。要存储的信息是以 N 维二进制矢量 $\mathbf{A}^k$ 的形式编码的。在记忆矩阵中，存储 $\mathbf{M}$ 这样的矢量，在数学上可以描述为

$$w_{ij} = 1, \quad \sum_{k=1}^{M} a_i^k a_j^k > 0$$

和

$$w_{ij} = 0, \quad \text{其他} \tag{10.70}$$

如果将上面方程中所述的记忆用于任意已存储的模式矢量 $\mathbf{A}^t$，则第 i 个神经元的输出 y_i

则可以表述为

$$y_i = \sum_{j=1}^{N} w_{ij} a_{j^t} = S a_i^t + f_i(\mathbf{A}^t) \tag{10.71}$$

其中，S 是输入矢量 $\mathbf{A}^t$ 的矢量强度(数字 1)，$f_1(\mathbf{A}^t)$ 是 $\sum_{j=1}^{N} w_{ij} a_{j^t}$ 和 $S a_i^t$ 之间的数量差，该公式

为记忆的输出信号,其中第二项表示输出噪声。如果 y_i 以 S 为阈值点,对于所有的 $i=1,2,\cdots,N$，

$f_i(\mathbf{A}^t)$ 都小于 S，则此时可以得到正确的自动联想。现在可以得出

$$a_i^t = \Phi_S(y_i) \tag{10.72}$$

其中，当 $x \geqslant S$ 时，$\Phi_S(x) = 1$；当 $x \leqslant S$ 时，$\Phi_S(x) = 0$。

　　注意，除非谨慎地选择二进制矢量集(即正交化集)，否则这种二进制矩阵正确产生自动联想的能力会受到严重质疑。使用稀疏矢量编码，将以二进制形式存储的矢量强度限制为 N 中的一小部分，那么二进制矩阵记忆的检索错误率可以显著地降低，并且同时保持合理的存储容量,最佳的矢量强度约为 $\log_2 N$ 量级。关于二元互连神经网络记忆的性能检测，人们已经展示了用于稀疏编码的局部抑制方案,在 N 非常大并且存储模式完全无关联的情况下,可以存储近 $0.25N$ 个无错误的记忆模式。稀疏矢量编码的概念对输入模式矢量的选择提出了很严苛的限制，显然在任何实际系统中的应用都微乎其微。

　　为了解决这个问题，可以引入中间类模式矢量 $\mathbf{C}^k$，该矢量有已知的且受限制的二进制 1 的比特序列。我们存储与其定义类模式相关联的模式，而不是将自动关联模式存储在记忆中。由此，在这种情况下，所提出的二元互连记忆矩阵 $\mathbf{T}$ 的逐个元素可以定义为

$$t_{ij} = +1, \qquad \sum_{k=1}^{M} a_i^k c_j^k > 0 \tag{10.73}$$

和

$$t_{ij} = -1, \qquad \sum_{k=1}^{M} a_i^k c_j^k < 0 \tag{10.74}$$

其中，c_j^k 是矢量 $\mathbf{C}^k$ 的一个元素。

　　如果记忆是由不完整的模式矢量 $\mathbf{X}^t$ 启动的，则输出是与最接近 $\mathbf{X}^t$ 的输入模式矢量真正关联的类模式。类矢量的记忆，即矩阵响应 y_i 由不完全模式矢量与记忆矩阵 $\mathbf{T}$ 的乘积来决定，其中 $i=1,2,\cdots,N$。神经元的状态通过矩阵响应的阈值化来计算。这里我们使用了动态阈值计算，选择所有最大的 y_i，并将它们设置为二进制 1，其他设置为零。因此，被记忆的类模式矢量可以求出如下:

$$c_i = \Phi[y_i] \quad \text{对于所有的 } i \tag{10.75}$$

其中，当 $y_i = (y_i)_{\max}$ 时，阈值函数 $\Phi[\cdot] = 1$；否则 $\Phi[\cdot] = 0$。

　　与最接近测试输入矢量 $\mathbf{X}^t$ 的模式相关联的二进制类模式矢量 $\mathbf{C}^k$ 可以从最后一个方程中找到。无误差类矢量现在可以被反馈到内存中，又一次与记忆矩阵 $\mathbf{T}$ 的转置相乘，经过后续的阈值计算，回忆真正的模式矢量(如 $\mathbf{A}^k$)是最接近 $\mathbf{X}^t$ 的，在数学上可表述为

$$z_j^k = \sum_{i=1}^{N} \tag{10.76}$$

和

$$a_j^k = \Phi[z_j^k] = 1 \text{ or } 0 \tag{10.77}$$

z_j^k 表示第 j 个输出神经元的响应，并定义了被检索矢量 $\mathbf{A}^k$ 上的第 j 个元素。

图 10.23（a）展示的输入训练模式包含了四个字母：A、S、P 和 D，其中 A 与 S 相关联。输入的测试模式是失真的 A，如图 10.23（b）的左侧所示。经过几次迭代后，失真的测试模式 A 由真模式 A 生成。因为 A 与 S 相关联，最后被检索的模式是 S，如图 10.23（b）的右侧所示。这表明了 Hopfield 模型的性能与模式相关，并且与去除测试模式中的失真有关。

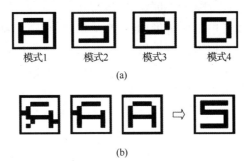

图 10.23　自动联想模式识别示意图：(a)输入的训练模式集，其中关联的是(A，S)
和(P，D)；(b)关联模式 S 的输出，即使给定的输入模式 A 存在失真

10.6.1.1　互连权重矩阵的全息存储

与学习模式相关的一种数据存储和检索的有效方法，在几乎所有的神经联想表述法中都是至关重要的。全息存储，因其潜在的高容量和快速随机接入，使其以二维(2D)或三维(3D)格式方便地存储互连权重矩阵成为可能。全息存储在光子体系结构中被用于记忆关联。

关联网络模型可以使用 2D 全息存储方案来实现。可以使用分区或空间复用方案，在记录介质的每个 (x, y) 位置上记录一个全息图。与记录每个位置上的直接图像或逐比特存储相反，全息图记录的是输入比特模式的傅里叶变换与位于特定 (x, y) 位置上平面波参考光束之间的干涉图。傅里叶全息图有一个有趣的性质，即重建图像的位置在全息图横向平移时保持不变。

输入信息(权重矩阵)存储在存储器中，以页面格式排列。重建的数据以亮点和暗点组成的 2D 阵列形式记录，亮点和暗点分别代表数字输入的 1 和 0。对于非常高的信息密度，应注意数据显示和检测器件优先使用二进制代码的限制。

有必要将二进制输入模式矢量作为数字数据页存储到全息存储器中，并且要开发数据页的读出过程用于形成互连权重矩阵。数据输入设备是由二维电子寻址空间光调制器(SLM)组成的页面合成器。简单的矩阵寻址方案可从透明到暗切换 SLM 像素，反之亦然。于是，可直接将电数字信号转换成数据位的 2D 阵列。最初，SLM 被视为无连接线的矩阵，给输入模式矢量 $\mathbf{A}^k$ 中的每个位分配一条垂直线，而一条水平线则表示类矢量中的每个位，如图 10.24 所示。在学习阶段，每个模式矢量连同它的类矢量一起出现。模式矢量出现在垂直线上，而类矢量则在水平线上以字并行形式出现。每当有源垂直线穿过有源水平线时，在记忆矩阵中将设置一个链接，即 +1 的权重。

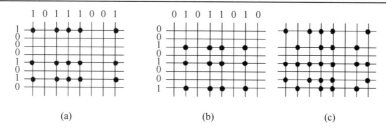

图 10.24　任意模式矢量与其类矢量对应的矩阵状态：(a)帧 $\mathbf{T}^i$ 表示矢量$(\mathbf{A}^1)$,$\mathbf{C}^i$ 的外积矩阵；(b)帧 $\mathbf{T}^j$ 表示矢量$(\mathbf{A}^j)$,$\mathbf{C}^j$ 的外积矩阵,(c)外积矩阵$(\mathbf{T}^i + \mathbf{T}^j)$

因此，所得的二进制矩阵是模式矢量 $\mathbf{A}^k$ 及其相关类矢量 $\mathbf{C}^k$ 之间的外积。

图 10.24(a) 显示的是，当以任意模式矢量 $\mathbf{A}^i$ 及其相关类矢量 $\mathbf{C}^i$ 训练时，其对应矩阵的状态。这个外积矩阵被认为是帧，并被标记为 $\mathbf{T}^i$。同样，图 10.24(b) 给出的外积矩阵 $\mathbf{T}^i$ 是由矢量$(\mathbf{A}^j)$ 及其相关类矢量 $\mathbf{C}^j$ 形成的。两外积矩阵的和，即 $\mathbf{T} = \mathbf{T}^i + \mathbf{T}^j$ 如图 10.24(c) 所示。根据我们的定义，链接一旦形成，就留在该位置。如果在一个空位置模式需要链接，那么新的链接就会形成。但是，如果在已经存在链接的位置需要链接，那么就不会改变。于是如前所述，这个过程无可非议地转化为学习规则。值得注意的是，直到现在，互连矩阵 $\mathbf{T}$ 仅由单极性的二进制值组成，因此，在其真正意义上反映了单极形式。然而在联想记忆构建中，双极性二进制互连矩阵能获得更好的信噪比，常常是更好的选择。一种处理双极性二进制数据的常规方法是把矩阵 $\mathbf{T}$ 分成两部分 $\mathbf{T} = \mathbf{T}^+ - \mathbf{T}^-$，其中 $\mathbf{T}^+$ 和 $\mathbf{T}^-$ 都是单极性二进制矩阵。在记忆阶段的任何处理环节，通过对矩阵 $\mathbf{T}^+$ 的每个元素取补，得到 $\mathbf{T}^-$。因此将二进制双极性互连权重存储到内存中并不是强制性的。

图 10.24 所描述的互连权重矩阵的生成过程是由傅里叶全息技术实现的。在全息方案的设置中描述了编写不同帧$(\mathbf{T}^i$、$\mathbf{T}^j$ 等)的基本方案，即记录外积矩阵和随后执行的读出过程，以便实现存储的外积矩阵光学和。帧 $\mathbf{T}^i$ 记录在存储介质的任意(x,y)位置，其代表性方案在图 10.25(a) 中进行了阐述。SLM 平面显示了代表目标的帧 $\mathbf{T}^i$。在记录平面上，目标光束的振幅是数据页或帧 $\mathbf{T}^i$ 的傅里叶变换。该振幅模式与记录平面 H 上的参考光束相干涉。系统的光学性质会导致目标光束和参考光束在置于 H 的存储介质上相交，以便选择与特定平面相对应的空间地址。图 10.25 表明帧 $\mathbf{T}^j$ 在记录平面 H 上的另一位置 O 重复了同样的过程。对于存储在 SLM 平面上作为不同帧出现的其他多个模式，该过程可以按类似的方式重复进行。

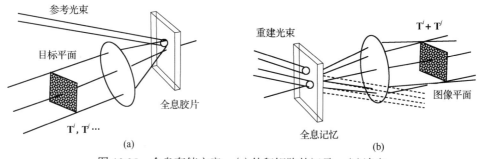

图 10.25　全息存储方案：(a)外积矩阵的记录；(b)读出

数据页重构的读出过程如图 10.25(b) 所示。这里只出现了参考光束，而在任何平面上重建的图像包含了所有的数据页或叠加在图像平面上的帧。可以看到，目标平面和图像平面是两个共轭平面。因此，如果在帧的记录期间，目标平面上的 SLM 保持不变，那么不同帧代表的光谱坐标移位[不同的帧记录在不同的(x,y)位置]将不改变其在图像平面上重建图像的位置。因此，图像平面上的叠加图像实际上是事先存储在全息图中的外积矩阵光学和。在图像平面上，一个亮点指定一个链接，即一个二进制 1；暗点或光的缺失表示没有链接，即一个二进制 0。使用光电探测器阵列读取亮点的二维阵列。阵列中的每个探测器都起到阈值检测器的作用，即指示光的存在(= 1)或不存在(= 0)。我们也许会注意到，在权重矩阵中的相同位置处，不止一个模式需要链接。这仅仅表明图像平面上 2D 阵列的亮点将具有不同的光强大小，这是由于不同的位置包含了不同数量的亮点的叠加。探测器中阈值检测电平的设置方式是，对于与单个链接相关联的光强，将其输出设置为 1。因此，所有更高的光强会自动地将探测器的输出切换到 1。但是，理想的光电探测器必须具有很高的探测能力，以便在有噪声时区分 1 和 0。人们提出的阈值检测方案放宽了对光电探测器阵列高动态范围的要求。

图 10.26 显示了全息记录的示意图和用于联想记忆的记忆阶段的光矩阵矢量处理器。对于学习阶段，在一个时钟周期内，每个输入存储模式矢量 $\mathbf{A}^k$ 及其相关的类矢量 $\mathbf{C}^k$ 被馈送到放置在目标平面 O 上的 SLM$_1$。所得的矢量 $\mathbf{A}^k$ 和 $\mathbf{C}^k$ 之间的外积矩阵，被相干激光器的平面平行光束照射，然后由透镜进行傅里叶变换。利用平行的参考光束，再将傅里叶光谱记录在全息胶片 H 中。参考光束也是由 SLM$_2$ 进行空间调制，以照亮 2D 全息平面中不同的空间区域。在下一个周期中，用另一对矢量更新 SLM$_1$，并改变 SLM$_2$ 的状态以照亮 H 上的另一空间位置。机械式 x-y 光束偏转器可以用来改变傅里叶谱的位置，并同步跟踪参考光束所选定的新空间位置。为了达到实时性，可以编程驱动光束偏转器的寻址和 SLM$_2$ 控制开关的切换，以便两种操作同步进行，从而同步跟踪目标光束和参考光束。上述操作可以重复 M 次以存储 M 个模式。

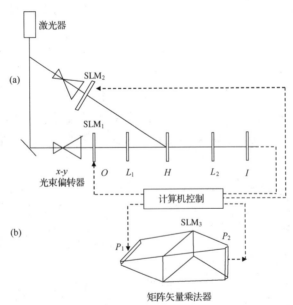

图 10.26   全息记录与读取的方案：(a)外积矩阵的记录；(b)读出

在重建阶段，使用相同的参考光束照射全息图，SLM$_2$ 的所有单元处于 ON 状态。这样，所有存储的外积矩阵的重叠图像在图像平面 I 上重建，它是所存储模式的外积矩阵与它们的类矢量的和。最终给出互连权重矩阵。所得平面 I 上的记忆矩阵 $\mathbf{T}$，借助平面 I 上的 2D 探测器阵列被转移到正在处理的 SLM 上，即 SLM$_3$。该处理过程基于光子矩阵矢量乘法器，其中 P_1 和 P_2 是由成对源和探测器阵列组成的。每个阵列中的元素数等于要处理的矢量长度。两个层中的源阵列代表网络的神经元。它们的状态，无论是 ON 还是 OFF，都用来表示单极性二进制矢量。

在实验中，不完整的输入被并行地反馈至源 P_1。输入矩阵与矩阵 $\mathbf{T}$ 相乘得到的响应信号 $y_i^k s$ 由 P_2 处的探测器接收。输入矢量与权重矩阵的相乘是借助于变形透镜系统，由源 P_1 对显示在 SLM$_3$ 平面上的输入矢量垂直涂抹来实现的。第二个变形透镜系统(图中未显示)接收来自 P_2 探测器阵列的单个光电二极管上 SLM$_3$ 每一行的光。然后，将探测器信号进行 A/D 转换，并将其转移到电子信息处理器进行阈值计算。阈值输出代表被指定为最接近输入模式 $\mathbf{A}^p$ 的任意一个类矢量 $\mathbf{C}^p$，并会反馈到源 P_2。在这一阶段，P_1 处的探测器收到矩阵响应 $z_j^k s$，它是矢量 $\mathbf{C}^p$ 和矩阵 $\mathbf{T}^t$ 的乘积，后者是记忆矩阵 $\mathbf{T}$ 的转置。取得这种阈值后，就得到了真实的模式 $\mathbf{A}^p$，并完成回忆过程。

10.6.2　异联想记忆

迄今为止，正式提出的各种异联想方案在广义上被称为线性联想记忆(LAM)模型。LAM 基本上是一个两层前馈异联想模式匹配器，使用相关矩阵的形式存储任意模拟模式对 $(\mathbf{A}^k, \mathbf{B}^k)$。在 LAM 的描述中，由于通道串扰的存在，模式矢量离形成标准正交越远，回忆过程就越糟。在许多实际环境中，要求存储的输入矢量的正交性假设是不现实的。然而，编码程序的出现改善了这个局面，其中矩阵 $\mathbf{A}$ 的伪逆(也被称为 Moore-Penrose 的广义逆)用于代替形成记忆矩阵所需的转置运算，该矩阵使用相关的 Hebbian 学习。矩阵的列定义了输入矢量 $\mathbf{A}^k$。只有当矢量 $\mathbf{A}^k$ 为线性独立时，才能保证有伪逆解。

人们已经提出当输入/输出状态矢量具有二进制量化分量时，反馈关联结构可以用于开发双向联想记忆(BAM)模型。BAM 模型具有几个独特的优点，例如结合双向性的概念，它能使前后向信息流对模式对进行双向关联搜索；其次，证明了对于任意的互连矩阵，常常存在能量函数，因此 BAM 为无条件的李雅普诺夫(Lyapunov)型。相反地，Hopfield 联想记忆虽然以类似的方式构造，却要求具有零对角元素的对称连接矩阵，以实现全域稳定性。

一个通用的两层异联想、最近邻模式匹配器利用了 Hebbian 学习，对任意模式对 $(\mathbf{A}^k, \mathbf{B}^k)$ $(k=1,2,\cdots,M)$ 进行编码。第 k 个模式对由双极性矢量表示，并确定如下：

$$\mathbf{A}^k = \{a_i^k = (+1,-1)\} \quad i = 1,2,\cdots,N$$
$$\mathbf{B}^k = \{b_j^k = (+1,-1)\} \quad j = 1,2,\cdots,N \tag{10.78}$$

其中，N 是矢量中的元素个数。

N 个第一层 PE 或神经元被分配给 $\mathbf{A}^k$ 的分量，N 个第二层 PE 或神经元对应分配给 $\mathbf{B}^k$ 的分量。M 个训练矢量对以权重矩阵 $\mathbf{W}$ 的形式存储，表示为模式对外积之和，用元素标记法表述为

$$w_{ij} = \sum_k a_i^k b_j^k \tag{10.79}$$

其中，w_{ij} 是将第 i 个输入层 PE 与第 j 个输出层 PE 互连的连接强度。

输出层 PE 的激活值可以计算为

$$b_j(t+1) = b_j(t) \qquad y_i = 0 \tag{10.80}$$

和

$$b_j = -1 \qquad y_j < 0 \tag{10.81}$$

$$b_j = +1 \qquad y_j > 0 \tag{10.82}$$

显然，$b_j(t+1)$ 是第 j 个输出层 PE 在 $(t+1)$ 时刻的激活值，y_j 是第 j 个输出 PE 的预激活值，其方程表示为

$$y_j = \sum_{i=1}^{N} a_i(t) w_{ij} \tag{10.83}$$

其中，$a_i(t)$ 是第 i 个输入层 PE 在时刻 t 的激活值。

因此，关联的记忆方程可以写成

$$b_j(t+1) = \phi \left[\sum_{i=1}^{N} a_i(t) w_{ij} \right] \tag{10.84}$$

其中，$\phi[\cdot]$ 是硬限幅器的阈值函数。

可以考虑大小为 $L \times L$ 的 2D 图像的情况。叠加每个图像的列，产生长度为 $N = L^2$ 的矢量来获得 $\mathbf{A}^k s$ 和 $\mathbf{B}^k s$。因此，矩阵 $\mathbf{W}$ 的大小为 $N \times N = L^2$，该数值对于任意一个典型的图像来说都是极大的。这个公式的另一种实现方案是，使用 2D 矢量 $\mathbf{A}^k$ 和一个四维（4D）记忆函数。但是，这种方法很麻烦，因为它需要用复杂的多路复用来实现 4D 运算。或者利用子空间技术，如主成分分析，也可以实现这种处理。

除了采用库矢量的外积之和，也可以采用内积的形式制定一个通用的异联想记忆算法。这种内积相关方案被称为分布式联想记忆，其中输入/输出状态矢量及相关系数都是二进制的量化分量。此外，还附加了一个反馈回路来检索相关的模式对，这类似 BAM 的情况。第 j 个输出层 PE 的预激活值以如下形式出现：

$$y_j = \left[\sum_{i=1}^{N} a_i(t) \left\{ \sum_k a_i^k b_j^k \right\} \right] \tag{10.85}$$

其中 a_i^k 和 b_j^k 分别是第 k 个库矢量对 $(\mathbf{A}^k, \mathbf{B}^k)$ 的第 i 个和第 j 个元素。

设 $\mathbf{A}$ 为输入数据矢量，$a_i(t)$ 是输入数据矢量在 t 时刻的第 i 个元素。目前的问题是识别输入数据矢量 $\mathbf{A}$ 的关联模式。重新排列求和的顺序，上面的等式可以写成

$$y_j = \left[\sum_k g^k b_j^k \right] \tag{10.86}$$

其中，

$$g^k = \sum_{i=1}^{N} a_i^k a_i(t) = (\mathbf{A}^k)^\tau \mathbf{A} \tag{10.87}$$

且 τ 表示转置。

该方程给出了第一集合的第 k 个库矢量和输入数据矢量的内积。这里真正的意义是，如果 M 个模式对 $(\mathbf{A}^k, \mathbf{B}^k, \ k = 1, 2, \cdots, M)$ 相关联，那么得到 M 个不同的 g 值。对应的矩阵表示形式为

$$\mathbf{XA} = \mathbf{G} \tag{10.88}$$

其中 $\mathbf{X}$ 是具有 M 行的矩阵，$\mathbf{G}:[g^1, g^2, \cdots, g^k]$ 是由 M 个相关系数组成的 M 元矢量。

X 的每一行表示第一集合（$\mathbf{A}^k$）的库矢量，集合的 N 列等于每个矢量的元素个数。为了完整地回忆任意一个特定关联，比如第 p 个关联（$\mathbf{A}^p, \mathbf{B}^p$），必须满足以下属性：

$$(a^p)^{\tau} \cdot \mathbf{A} = (a^k)^{\tau} \cdot \mathbf{A}|_{\max} = g^k|_{\max} = g^p \tag{10.89}$$

显然，输入数据矢量 $\mathbf{A}$ 中增加的噪声或位流出减小了自相关系数 g^p 与互相关系数 $g^k s\,(k \neq p)$ 的比值。这些不希望的互相关系数会蠕变到记忆过程中，可能导致收敛到一个错误的状态。为了克服这个问题，需要一个动态的多级阈值化操作。这个操作会在所有的 $g^k s(k=1,2,\cdots,M)$ 中选择最大的相关系数，并将其状态设置为 1，将所有其他状态设置为 0。相对于其他矢量，该过程反过来优先选择与给定输入相关联的特定矢量。因此，对于第 p 个特定关联（$\mathbf{A}^p, \mathbf{B}^p$），执行的阈值运算为：如果 $k=p$，则 $\Psi[g^k]=1$；如果 $k \neq p$，则为 0。那么第 p 个输出层 PE 的状态表示为

$$y_j(t+1) = \sum_{k=1}^{M} \Psi[g^k] b_j^k = b_j^p \tag{10.90}$$

其中，b_j^p 表示真矢量 $\mathbf{B}^p$ 的第 j 个分量。上述召回方程的矩阵表示为

$$(\mathbf{Y})^{\tau} \tilde{\mathbf{G}} = \mathbf{B} \tag{10.91}$$

其中 $\tilde{\mathbf{G}}$ 是通过对矢量 $\mathbf{G}$ 进行阈值化而获得的一个 M 元二进制矢量，即 $\tilde{\mathbf{G}} = \Psi[\mathbf{G}]$。

矩阵 $\mathbf{Y}$ 有 M 行，并且 $\mathbf{Y}$ 的每一行表示第二集合 $\mathbf{B}^k$ 的库矢量。矢量 $\mathbf{B}$ 是一个 N 元的记忆矢量，比如 $\mathbf{B}^p$，真正与输入数据矢量 $\mathbf{A}$ 相关联（矢量 $\mathbf{A}$ 可能含有噪声）。对于与 $\mathbf{B}^p$ 配对的真实输入矢量 $\mathbf{A}^p$，可以通过将无噪声矢量 $\mathbf{B}^p$ 作为输入反馈回网络来回忆。因此，关联的模式对可以通过该算法来恢复，其中涉及二元矩阵和矢量的简单内积。相关系数的中间阈值计算限制了向输出传播噪声项。

存储的双极性二进制库矢量 $\mathbf{A}^k$ 和输入数据矢量 $\mathbf{A}$（可以部分是或全部是噪声）之间的紧密度测量可以由下式得到：

$$C[\mathbf{A} \cdot \mathbf{A}^k] = (\mathbf{A}^k)^{\tau} \cdot \mathbf{A} = g^k = Q - d \tag{10.92}$$

其中 Q 表示 $\mathbf{A}^k$ 和 $\mathbf{A}$ 中相同位的位数，d 表示不同位的位数。

两个矢量之间的有效汉明（Hamming）距离是

$$H[\mathbf{A}, \mathbf{A}^k] = N - C(\mathbf{A}, \mathbf{A}^k) = N - g^k \tag{10.93}$$

因此，两个二进制双极性矢量之间的汉明距离最小化与 g^k 值的最大化是相同的。

显而易见，该算法实际上是一个两步关联过程。第一步，通过赢家通吃（WTA）运算来确定矢量 $\mathbf{G}$ 中的最高分量，也就在所有 $\mathbf{A}^k$ 中找到最近邻输入数据矢量 $\mathbf{A}$ 的级别。$\mathbf{G}$ 的元素，即 g^k 值是通过内积找到的。然后，系统进入第二步。取阈值化的 g^k 值，内积回忆与任意矢量 $\mathbf{A}^k$ 相关的库矢量 $\mathbf{B}^k$，$\mathbf{A}^k$ 与输入数据矢量 $\mathbf{A}$ 最接近或具有最小的汉明距离。所阐述的问题总是产生真正相关的模式。

这种模型可用于二进制模式的异联想回忆。其中储存了 13 个空间字母表的关联[A, N][B, O] [C, P],$\cdots$,[M, Z]（见图 10.27）。通过堆叠每个模式的行来产生长度 $N = 8 \times 6$ 的矢量，进而获得模式矢量 $\mathbf{A}^k$ 和 $\mathbf{B}^k$（$k=1,2,\cdots,M$）。黑色单元被编码为二进制 1，白色单元被编码为二进制

–1。互连矩阵 **X** 是通过堆叠代表字母[A, B,···, M]的矢量的第一集合来构建的。同样，**Y** 矩阵具有字母[N, O, ···, Z]，即第二集合，其中 **X** 和 **Y** 都有+1 或–1 元素。

图 10.28(a)代表有噪声输入模式的输入矢量。内存的最终状态，即恢复的输出模式展示在图 10.28(b)中，该模式与有噪声输入、具有最小汉明距离的模式相关联。在下一次迭代中，提取恢复的输入模式，如图 10.28(c)所示。

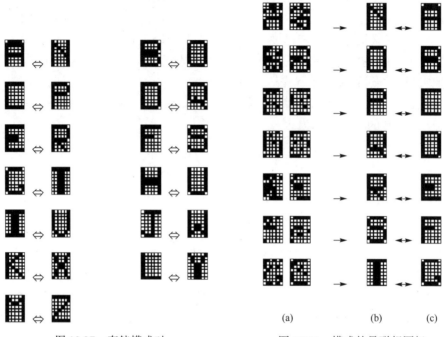

<table>
<tr><td></td><td></td><td>(a)</td><td>(b)</td><td>(c)</td></tr>
</table>

图 10.27　存储模式对　　　　　　　　图 10.28　模式的异联想回忆

只有当存储到记忆中的模式选择满足严格的约束条件时，双层 BAM 的性能才是可靠的。系统要求输入(第一集合)模式之间的成对汉明距离以及输出(第二集合)模式之间的成对汉明距离必须是相同的量级。但这种约束很难适用于所有的场合。对于强关联存储模式，即当存储的模式之间具有更多的公共位时，外积 BAM 模型的回忆效率将进一步降低。

10.6.3　光子异联想记忆

通过数字光子矩阵矢量乘法过程，执行多通道内积规则可完成异联想记忆模型的光子实现。WTA 操作已经通过电子反馈电路实现。由于光信号只能在 ON(= 1)或 OFF(= 0)状态，二进制双极性矢量被转换成单极性矢量。因此，在每个矩阵和矢量中的双极性数据被分成两个单极性矩阵和矢量。**G** 的方程可以表示为

$$\begin{aligned}
\mathbf{G} &= (\mathbf{X}^+ - \mathbf{X}^-) \cdot (\mathbf{A}^+ - \mathbf{A}^-) \\
&= (\mathbf{X}^+\mathbf{A}^+ + \mathbf{X}^-\mathbf{A}^-) - (\mathbf{X}^+\mathbf{A}^- + \mathbf{X}^-\mathbf{A}^-) \\
&= \mathbf{K}_1 - \mathbf{K}_2
\end{aligned} \tag{10.94}$$

其中，**X**⁺、**X**⁻ 和 **A**⁺、**A**⁻ 是仅由 {+1, 0} 构成的单极性矩阵/矢量。

采用两个并行通道可实现上述操作。在两个通道里，通过单极性矩阵矢量乘法来进行相似性度量。通道 1 计算 **K**₁ 的表达式，通道 2 并行地计算 **K**₂。可以看到，**G** 中任何元素的最

大值(例如 g^p)要求 K_1^p 和 K_2^p 之间的差值必须是最大值。基于所考虑的情况，假设双极性矩阵 $\mathbf{X}$ 包括 M 个任意模式矢量 $\mathbf{A}^1, \mathbf{A}^2, \cdots, \mathbf{A}^M$，选择的矢量 $\mathbf{A}$ 代表有噪声的输入，且与存储的模式之一(例如 $\mathbf{A}^1$)具有最小的汉明距离。所以，$\mathbf{G}$ 中的元素 g^1 是最大的，且必须获得。图 10.29 给出了通过 WTA 网络互连的光子体系结构的实现。不过，图 10.29 中并没有给出计算部分乘积所需的体系结构。

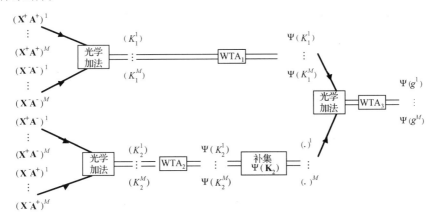

图 10.29　异关联结构操作流程图

为了检测任意最大值元素 g^1，必须检测 $\mathbf{K}_1$ 的最大值元素(即 K_1^1)和 $\mathbf{K}_2$ 的最小值元素(即 K_2^1)，在这种情况下，$(K_1^1 - K_2^1)$ 的差才会总是最大的。WTA_1 电路检测 K_1^1 为最大值，并将其设为 1，其余 $K_1^k (k = 2, \cdots, M)$ 都设为 0。为使 $\mathbf{K}_2$ 达到最小值，WTA_2 电路的输出只补充提供一个最小值(= 0)来设置 $\mathbf{K}_2$ 的最小值，因为 WTA_2 只获得一个 K_2^k，其他元素被设置为 1。最终所得的 M 元二进制矢量是 WTA_1 的输出。WTA_2 的互补输出通过光学方法相加，且被馈送到 WTA_3 网络。显然，WTA_3 在矢量 $\mathbf{G}$ 的所有 g^k 中选择了对应于 g^1 的节点。

10.6.4　赢家通吃(WTA)模式

图 10.30 显示了一个三层联想记忆模型[54]。从图中可以看出，三层网络中包括输入层 R_A 和输出层 R_B，每层都有 N 个神经元。R_H 表示具有 M 个神经元的隐藏层，其中 R_{HI} 和 R_{HO} 是该隐藏层的输入和输出。对于 $(\mathbf{A}^k, \mathbf{B}^k)$ 这一对关联，其权重 $w_{ik} = a_i^k$。如果 $\mathbf{G}$ 和 $\mathbf{G}'$ 代表隐藏层的输入和输出，$\mathbf{W}_1$ 和 $\mathbf{W}_2$ 分别代表 R_A、R_{HI} 层之间和 R_B、R_{HO} 层之间的 IWM，那么 $\mathbf{G} = \mathbf{W}_1\mathbf{A}$，$\mathbf{B} = \mathbf{W}_2\mathbf{G}'$。

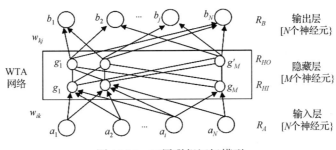

图 10.30　三层联想记忆模型

计算汉明距离可以得到关联模式，并由下式给出：

$$H(\mathbf{A}, \mathbf{A}^k) = N - (\mathbf{A}^k)^{\tau} \mathbf{A} = N - g_k \tag{10.95}$$

因此，利用测试输入矢量 $\mathbf{A}$ 对任意一个具有最小汉明距离的存储矢量进行搜寻，就等同于激活矢量 $\mathbf{G}$ 中最大元素的检测。激活矢量 $\mathbf{G}\{g_k\}(k=1,\cdots,M)$ 是隐藏层中 WTA 网络的输入数据矢量。WTA 的处理过程完成后，输出层 R_{HO} 的 M 个神经元的状态可以用 M 元二进制矢量 $\mathbf{G}$ 表示。

输出层 R_B 的神经元状态现在可以通过取隐藏层 R_{HO} 输出的线性和来获得，并由 R_{HO} 和 R_B 之间的互连强度加权。于是，R_B 中第 j 个输出神经元的状态的数学表达式为

$$b_j(t+1) = \sum_{k=1}^{M} g_k' w_{kj} \tag{10.96}$$

输出状态的矢量表示为

$$\mathbf{B} = \mathbf{W}_2 \mathbf{G} \tag{10.97}$$

其中，$\mathbf{W}_2$ 是隐藏层 R_{HO} 和输出层 R_B 之间的互连权重矩阵。

WTA 模型的光子体系结构如图 10.31 所示。双极性二进制权重矩阵被分成两个单极性矩阵：$\mathbf{W}(t) = \mathbf{W}^+(t) - \mathbf{W}^-(t)$。将单极性 IWM、$\mathbf{W}^+$ 和 $\mathbf{W}^-$ 加载到空间光调制器（SLM）上。输入数据矢量被馈送到源阵列 S 中，其中每个元素代表 WTA 网络中 R_{HI} 的一个神经元。柱面透镜 L_1 沿 SLM 上权重矩阵的每一列分配来自各个源阵列的光。透镜 L_2 和 L_3 的组合，将来自 SLM 的每一行的光收集到探测器阵列 D 上。探测器所得的积，即 S_1 和 S_2，被反馈到计算机上，由预先分配的权重因子 Z_1 和 Z_2 读取并相乘。

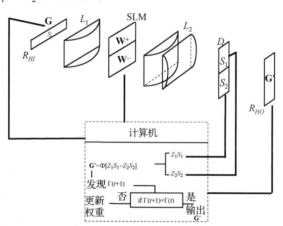

图 10.31　WTA 模型的光子体系结构

新加权矢量的差产生了 WTA 的二元状态矢量，由下式给出：

$$\mathbf{G}' = \Phi[Z_1 S_1 - Z_2 S_2] \tag{10.98}$$

在 $(t+1)$ 时刻，输出神经元的阈值化由下式给出：

$$\Gamma(t+1) = \sum_{j=1}^{M} g_{j(t+1)}' \tag{10.99}$$

更新权重，直到 $\Gamma(t+1) = \Gamma(t)$，找到"获胜"的神经元。显然，对于第 p 个特定的关联 $(\mathbf{A}^p, \mathbf{B}^p)$，当使用任意一个矢量 $\mathbf{A}$ 初始化网络时，输出中的矢量 $\mathbf{B}^p$ 总是被回忆，矢量 $\mathbf{A}$ 应与所存储的模式矢量 $\mathbf{A}^p$ 具有最大相关性。如果满足下列条件，则恢复总是完整的：（i）测试输入矢量 $\mathbf{A}$

与目标存储矢量 $\mathbf{A}^p$ 之间的内积是正的；(ii)测试输入矢量与其他已存储矢量之间的内积小于 $(\mathbf{A}^p)^\tau \mathbf{A}$。在这两个条件下，$R_B$ 上的第 j 个输出神经元的状态是 b_j^p，且与矢量 $\mathbf{A}^p$ 相关的矢量 $\mathbf{B}^p$ 总能被恢复。通过交换 $\mathbf{W}_1$ 和 $\mathbf{W}_2$，并将恢复的真矢量 $\mathbf{B}^p$ 反馈到 R_A 的网络上，就能获得矢量 $\mathbf{A}^p$。当 $\mathbf{W}_1 = \mathbf{W}_2$ 时，模式的自动关联搜索可能以类似的方式进行。

在光子体系结构中，可以使用如图 10.32 所示的 WTA 有效地实现三层联想记忆模型。整个处理序列由数字计算机控制。在回忆任意一个特定关联 $(\mathbf{A}^p, \mathbf{B}^p)$ 时，所涉及的任务会逐步终结。

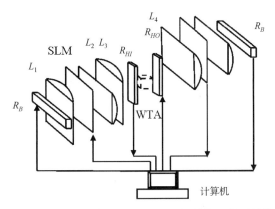

图 10.32　具有 WTA 三层异联想记忆的光子体系结构

相关步骤如下：

(i) 在 R_A 上，利用任意一个初始化的二进制矢量 $\mathbf{A}$ 输入神经元，矢量可能是有噪声的。具有 N 个元素的源阵列 S 表示输入矢量的状态。

(ii) 采用光子矩阵矢量结构的并行互连权重矩阵 $\mathbf{W}_1$，计算具有元素 $g_k(k=1,\cdots,M)$ 的激活矢量 $\mathbf{G}$。透镜 L 代表用于矩阵矢量结构的变形透镜系统。元素 $g_k(k=1,\cdots,M)$ 指定 R_{HI} 上 M 个不同隐藏层神经元的激活水平，其中探测器阵列 D_1 用于接收神经元的信号。接下来，WTA 网络选择具有最高激活水平的特定隐藏层神经元，并将 R_{HO} 上相应的神经元状态设置为 1，并且进一步将其余的输出设置为 0。源阵列 S_1 代表了 R_{HO} 神经元的状态。

(iii) R_{HO} 与输出层 R_B 之间的互连权重矩阵 $\mathbf{W}_2$ 将 R_{HO} 的非零输出前馈到输出层，通过回忆 $\mathbf{B}^p$ 来完成关联识别。探测器阵列 D_2 接收二进制回忆矢量。

(iv) 真输出模式 $\mathbf{B}^p$ 被反馈回输入层 $R_A \mathbf{A}$。矩阵 $\mathbf{W}_1$ 被更新到 $\mathbf{W}_2$，反之亦然。

(v) 重复步骤(i)到(iv)，以获得与记忆模式 $\mathbf{B}^p$ 相关联的真输入模式 $\mathbf{A}^p$。

值得一提的是，就光子 WTA 处理器而言，这里只考虑了算法或体系结构问题。如想尝试实际的硬件实现，可能需要对解决方案进行更多的改进。

扩展阅读

1. *Real time Optical Information Processing*: B. Javidi and J.L. Horner, Academic Press, California, 1994.

2. *Perceptrons*: M. L. Minsky and S. Papert, MIT Press, Cambridge, MA, 1962.

3. *The Organization of Behaviour*: D. O. Hebb, John Wiley & Sons, New York, 1949.

4. *The Adaptive Brain: Vol I and II* : S. Grossberg, Elsevier Science Publishers, 1986.

5. *Neural Networks*: R. Rojas, Springer-Verlag, Berlin, 1996.

6. *Self-Organization and Associative Memory* : T. Kohonen, Verlag, Berlin, 1990.

7. *Introduction to Information Optics*: F. T. S. Yu, S. Jutamulia, and S. Yin, Academic Press, California, 2001.

参考文献

[1] C. S. Weaver and J. W. Goodman. A technique for optically convolving two functions. *App. Opt.*, 5:1248-1249, 1966.

[2] F. T. S. Yu and X. J. Lu. A technique for optically convolving two functions. *Opt. Comm.*, 2:10-16, 1984.

[3] J. L. Horner. Metrics for assessing pattern recognition performance. *App. Opt.*, 31:165-166, 1992.

[4] B. V. K. Vijaya Kumar, M. Savvides, C. Xie, K. Venkataramani, J. Thornton, and A. Mahalanobis. Biometric verification with correlation filters. *Appl. Opt.*, 43 (2):391-402, 2004.

[5] B. V. K. Vijaya Kumar and E. Pochapsky. Signal-to-noise ratio considerations in modified matched spatial filters. *J. Opt. Soc. Am. A*, 3 (6):777-786, 1986.

[6] B. Javidi and J. L. Horner. *Real Time Optical Information Processing.* Academic Press, California, 1994.

[7] C. F. Hester and D. P. Casasent. Multivariate technique for multiclass pattern recognition. *App. Opt.*, 9 (11), 1980.

[8] B. V. K. Vijayakumar. Minimum variance synthetic discriminant functions. *J. Opt. Soc. Am.* (A), 3 (10), 1986.

[9] A. Mahalanobis, B. V. K. Vijaykumar, and D. Casassent. Minimum average correlation energy filter. *App. Opt.*, 26 (17):3633-3640, 1987.

[10] P. Refregier. Filter design for optical pattern recognition: Multi-criteria optimization approach. *Opt. Let.*, 15:854-856, 1990.

[11] G. Ravichandran and D. Casasent. Minimum noise and correlation energy optical corrrelation filter. *App. Opt.*, 31:1823-1833, 1992.

[12] B. V. K. Vijayakumar. Tutorial survey of composite filter designs for optical correlators. *App. Opt.*, 31 (23):4773-4801, 1992.

[13] R. Patnaik and D. Casasent. Illumination invariant face recognition and impostor rejection using different MINACE filter algorithms. In *Proc. SPIE 5816, Optical Pattern Recognition XVI*, 2005.

[14] B. V. K. Vijayakumar and A. Mahalanobis. Recent advances in composite correlation filter designs. *Asian J. Physics*, 8 (3), 1999.

[15] M. Savvides, B. V. K. Vijayakumar, and P. K. Khosla. Two-class minimax distance transform correlation filter. *App. Opt.*, 41:6829-6840, 2002.

[16] S. Bhuiyan, M. A. Alam, S. Mohammad, S. Sims, and F. Richard. Target detection, classification, and tracking using a maximum average correlation height and polynomial distance classification correlation filter combination. *Opt. Eng.*, 45 (11):116401-116413, 2006.

[17] A. Mahalanobis, B. V. K. Vijaykumar, S. Song, S. Sims, and J. Epperson. Unconstrained correlation filter. *App. Opt.*, 33:3751-3759, 1994.

[18] B. V. K. Vijayakumar, D. W. Carlson, and A. Mahalanobis. Optimal trade-off synthetic discriminant function filters for arbitrary devices. *Opt. Let.*, 19(19):1556-1558, 1994.

[19] P. Refregier. Optimal trade-off filters for noise robustness, sharpness of the correlation peak, and Horner effciency. *Opt. Let.*, 16(11):829-831, 1991.

[20] M. Alkanhal, B. V. K. Vijayakumar, and A. Mahalanobis. Improving the false alarm capabilities of the maximum average correlation height correlation filter. *Opt. Eng.*, 39(5):1133-1141, 2000.

[21] B. Vijayakumar and M. Alkanhal. Eigen-extended maximum average correlation height (EEMACH) filters for automatic target recognition. *Proc. SPIE 4379, Automatic Target Recognition XI*, 4379:424-431, 2001.

[22] A. VanNevel and A. Mahalanobis. Comparative study of maximum average correlation height filter variants using LADAR imagery. *Opt. Eng.*, 42(2):541-550, 2003.

[23] S. Goyal, N. K. Nischal, V. K. Beri, and A. K. Gupta. Wavelet-modified maximum average correlation height filter for rotation invariance that uses chirp encoding in a hybrid digital-optical correlator. *App. Opt.*, 45(20):4850-4857, 2006.

[24] H. Lai, V. Ramanathan, and H. Wechsler. Reliable face recognition using adaptive and robust correlation filters. *Computer Vision and Image Understanding*, 111:329-350, 2008.

[25] K. H. Jeong, W. Liu, S. Han, E. Hasanbelliu, and J. C. Principe. The correntropy MACE filter. *Patt. Rec.*, 42(9):871-885, 2009.

[26] M. D. Rodriguez, J. Ahmed, and M. Shah. Action MACH: a spatiotemporal maximum average correlation height filter for action recognition. In Proc. IEEE *Int. Con. Computer Vision and Pattern Recognition*, 2008.

[27] A. Rodriguez, V. N. Boddeti, B. V. K. Vijayakumar, and A. Mahalanobis. Maximum margin correlation filter: A new approach for localization and classification. *IEEE Trans. Image Processing*, 22(2):631-643, 2012.

[28] D. Casasent. Unified synthetic discriminant function computational formulation. *App. Opt.*, 23(10):1620-1627, 1984.

[29] P. Refregier. Filter design for optical pattern recognition: multi-criteria optimization approach. *Opt. Let.*, 15, 1990.

[30] S. W. McClloch and W. Pitts. A logical calculus of the ideal imminent in nervous activity. *Bull. Math. Biophysics*, 5:115-133, 1843.

[31] F. Rosenblatt. *Principles of Neurodynamics. Spartan Books*, New York, 1959.

[32] B. Widrow, N. Gupta, and S. Maitra. Punish/reward: learning with a critic in adaptive threshold systems. *IEEE Trans. Syst. Man Cybern*, SMC-5:455-465, 1973.

[33] D. Ackley, G. Hinton, and T. Sejnowski. A learning algorithm for Boltzman machines. *Cognitive Sci.*, 9:147-169, 1985.

[34] S. Geman and G. Geman. Stocastic relaxation, Gibbs distributions and the Bayesian restoration of the images. *IEEE Trans. Patt. Anal. Mach. Intell*, PAMI-6:721-741, 1984.

[35] S. Kirkpatrik, C. Gelatt, and M. Vecchi. Optimization by simulated annealing. *Science*, 220:671-680, 1985.

[36] M. Koskinen, J. Kostamovaara, and R. Myllyla. Comparison of the continuous wave and pulsed time-of-fight laser range finding techniques. *Proc. SPIE: Optics, Illumination, and Image Sensing for Machine Vision VI*, 1614:296-305, 1992.

[37] B. Kosko. Competitive adaptive bidirectional associative memories. *Proc. IEEE First Int. Conf. Neural*

Networks, II:759-464, 1987.

[38] F. Rosenblatt. *Principles of Neurodynamics*. Spartan Books, New York, 1957.

[39] D.E. Rumelhart, G.E. Hinton, and R.J. Williams. *Learning internal representations by error propagation*. MIT Press, Cambridge, MA, 1986.

[40] J. J. Hopfield. Neural network and physical systems with emergent collective computational abilities. In *Proc. of Nat. Aca. of Sc.*, volume 79, pages 2554-2558, 1982.

[41] T. J. Sejnowski and D. H. Ackley. A learning algorithm for Boltzmann machines. *Technical Report, CMU-CS*, 84:119, 1984.

[42] B. Kosko. Bidirectional associative memories. *IEEE. Trans. Syst. Man and Cybern.*, 18:49-60, 1988.

[43] D. Gabor. Associative holographic memories. *IBM J. Res. Dev.*, 13:156, 1969.

[44] K. Nakamura, T. Hara, M. Yoshida, T. Miyahara, and H. Ito. Optical frequency domain ranging by a frequency-shifted feedback laser. *IEEE J. Quant. Elect.*, 36:305-316, 2000.

[45] H. Akafori and K. Sakurai. Information search using holography. *App. Opt.*, 11:362-369, 1972.

[46] F. T. S. Yu, S. Jutamulia, and S. Yin. *Introduction to Information Optics*. Academic Press, California, 2001.

[47] N. H. Farhat, D. Psaltis, A. Prata, and E. Paek. Optical implementation of the Hopfield model. *App. Opt*, 24:1469-1475, 1985.

[48] D. Psaltis and N. Farhat. Optical information processing based on an associative memory model of neural nets with thresholding and feedback. *Opt. Let.*, 10:98-100, 1985.

[49] D. Fisher and C. L. Giles. Optical adaptive associative computer architecture. *Proc. IEEE COMPCON*, CH 2135-2/85:342-348, 1985.

[50] C. Guest and R. TeKolste. Designs and devices for optical bidirectional associative memories. *App. Opt.*, 26:5055-5060, 1987.

[51] K. Wagner and D. Psaltis. Multilayer optical learning networks. *App. Opt.*, 26:5061-5076, 1987.

[52] J. Ticknor and H. H. Barrett. Optical implementations in Boltzman machines. *Opt. Eng.*, 26:16-22, 1987.

[53] S. Bandyopadhyay and A. K. Datta. A novel neural hetero-associative memory model for pattern recognition. *Pattern Recognition*, 29:789-795, 1996.

[54] S. Bandyopadhyay and A. K. Datta. Optoelectronic implementation of a winner-take-all model of hetero-associative memory. *Int. J. Optoelectronics*, 9:391-397, 1994.

第11章 量子信息处理

11.1 引言

从量子理论的初期开始，人们就认为关于信息的经典概念可能需要在量子理论框架下重新定义。在以海森堡不确定性原理为指导思想的量子理论中，两个互相不对易的观测量不能同时具有精确的测量值。事实上，如果两个观测量不对易，那么测量一个可观测量势必会影响对另一观测量的后续测量。因此，从一个物理系统获取信息的行为将不可避免地扰乱该系统的状态。这是因为系统初始状态的不确定性会导致测量结果具有一些随机因素。此外，获取信息会引起干扰，并且由于这种干扰，信息不能以完美的保真度被复制。在这个框架下的信息被称为量子信息[1]。

虽然早在20世纪60年代，John Bell 就在他的著作中指出了量子信息与经典信息的不同之处[2]，但是量子信息真正地作为一门独立学科的研究始于20世纪80年代。John Bell 指出，量子力学的预言不能用任何局部隐变量理论来重建。John Bell 还表明，量子信息可以在一个物理系统不同部分之间的非局域相关性中编码[3]。

当代的量子信息处理与其他几个跨学科领域的发展息息相关。例如，量子计算广泛涉及量子算法的研究，它比传统的图灵机算法更有效[4]。量子线路作为量子计算机的基本组成和启发式的执行构件，需要经过设计才能包含较小的量子门单元。量子门作为无耗散的可逆操作算符，巧妙地操控了量子态。从设备的角度来看，硬件实现已成为一个开放的问题[5]。量子信息处理技术的发展也产生了安全通信的新方式，这一领域统称为量子通信和量子密码学[6]。

然而，我们有必要详细地说明为什么人们对量子信息处理感兴趣，以及为何这种处理技术比传统的电子处理技术更强大。其原因来自摩尔定律的延伸，摩尔定律预言了未来对信息处理能力的要求。为了满足速度和带宽的高要求，逻辑门的尺寸预计几乎达到原子的大小，至少理论上如此。因此，量子力学的探索与应用对于在这种尺寸开发设计未来的逻辑器件是非常重要的。然而，量子理论在工程和实践中有几个实际的局限性，主要包括量子退相干、可扩展性，以及控制和耦合量子信息处理单元基本构件的能力。

11.2 符号与数学基础

量子理论是物理世界的数学模型。它通常由量子态、可观测量、量子测量和量子演化来表示。一个量子态是一个物理系统的完整描述。在量子力学中，量子态是希尔伯特空间 H^s 中的射线。射线是矢量的等价类，通过乘以非零复标量来区分。希尔伯特空间是复数域上的一个矢量空间。换而言之，H^s 空间是内积矢量空间，其中单位矢量是系统可能的量子态之一。在 H^s 上引入标准正交基是很重要的，特别是对于需要两个正交基态来描述的量子系统。在 H^s 中，矢量 $\mathbf{M}$ 的标准正交基矢是：$\mathbf{M}$ 的每个元素都是单位矢量(长度为1的矢量)，任何两个不同的元素都是正交的。

狄拉克提出的左矢-右矢(bra-ket)标记法是量子信息处理中最常用的标记法。它可以用来表示算子和矢量,其中每个表达式有两个部分,即左矢和右矢,表述为 $\langle|$ 和 $|\rangle$。H^s 的每个矢量都是右矢 $|\cdot\rangle$,其共轭转置都是左矢 $\langle\cdot|$。在这个标记法中,当 $n=m$ 时,内积表示为 $\langle\psi_m|\psi_n\rangle=1$。通过反转顺序,得到右矢-左矢的外积为 $|\psi_m\rangle\langle\psi_n|$。内积具有正定性、线性和反对称性的特征。

量子信息处理中的一个重要符号是密度矩阵[7]。密度矩阵有时也被称为密度算子,具有能够描述仅部分已知的量子系统的态的性质。更确切地说,密度矩阵能够表示混合态,该混合态是各自概率加权之后的多个可能态之和。混合态描述的不是实际物理状态,它们仅仅是给定系统的信息的表达方法。在任何时刻,量子系统都处于一个确定的态;但是,当只有部分态的知识可获得时,混合态就是一个有用的工具。

鉴于此,假设一个量子系统的量子态是几个可能的量子态 $|\phi_i\rangle$ 之一,由 i 索引,且相应的概率为 P_i,则描述这种状态的密度矩阵可以通过下面的式子得到:

$$\rho = \sum_i P_i.|\phi\rangle\langle\phi_i| \tag{11.1}$$

$|\phi\rangle\langle\phi_i|$ 表示外积,它是一个矩阵即迹算子,表示一个量子系统可能观测的态。根据所施加的测量,当观测到任意量子态 $|\psi\rangle$ 时,它以概率 P 塌缩,P 是从所有可能的输出态集合中观测到状态 $|\psi\rangle$ 的概率。因此,整个量子系统的态可表示为 $\mathrm{trace}\sum P_i|i\rangle\langle i|$,其中 P_i 是观察到量子态 $|i\rangle$ 的概率。

幺正变换的线性特性可以扩展到混合态,因此也可以对密度矩阵定义幺正变换。对于一个给定的幺正变换 U(例如,量子门的矩阵表示),通过变换获得的量子态的密度矩阵由下式给出:

$$\rho' = U\rho U^{-1} \tag{11.2}$$

可观测量是指一个物理系统原则上可以被测量的一种性质。在量子力学中,可观测量是厄米(自伴)算子,其中算子是矢量到矢量的线性映射,由以下式子得出:

$$A : |\psi\rangle \to A|\psi\rangle \tag{11.3}$$

其中,A 是不相交算子。

在量子力学中,对可观测量 A 测量的数值结果是 A 的一个特征值。测量之后,系统所处的量子态是该本征值对应的 A 的一个本征态。如果测量前系统所处的量子态是 $|\psi\rangle$,以概率 $P(a_n) = \langle\psi|P_n|\psi\rangle$ 得到结果 a_n,那么(归一化的)量子态就是 $\dfrac{P_n|\psi\rangle}{\left(\langle\psi|P_n|\psi\rangle\right)^{1/2}}$。

在考虑量子系统动力学演化时,量子态随时间的演化是幺正的。该演化是由厄米算子生成的,称之为系统的哈密顿量 H_m。系统量子态随时间的演化由薛定谔方程给出。对于无穷小时间 $\mathrm{d}t$,这个典型的方程可以被重新写成

$$|\psi(t+\mathrm{d}t)\rangle = (1-iH_m\mathrm{d}t)|\psi(t)\rangle \tag{11.4}$$

由于 H_m 是自伴的,满足 $U^\dagger U = 1$,所以算子 $U(\mathrm{d}t) \equiv (1-iH_m)\mathrm{d}t$。幺正算子的乘积是有限的,因此有限时间间隔上的演化也是幺正的,并由以下式子给出:

$$|\psi(t)\rangle = U(t)|\psi(0)\rangle \tag{11.5}$$

量子态可以通过两种截然不同的方式改变。一方面是确定性的幺正演化。也就是当给定 $|\psi(0)\rangle$ 后，理论上可以预测一段时间 t 后系统的状态 $|\psi(t)\rangle$。然而，另一方面，还存在概率性的测量。理论上并不能对测量结果有确定性的预测；它只是给各种可能的结果分配了概率。这是量子理论二元性的表现形式之一。

11.3　冯·诺依曼熵

在经典信息论中，一个源生成包含 n 个字母（$n \gg 1$）的信息，其中每个字母都独立地从集合 $X = \{x, P(x)\}$ 中抽取。如第 1 章所述，香农信息 $H(X)$ 是每个字母所携带信息的不可压缩的位数。两个字母集合 X 和 Y 之间的相关性是由条件概率 $P(y|x)$ 给出的，且互信息可以由下式表示：

$$I(X|Y) = H(X)H(X|Y) = H(Y)H(Y|X) \tag{11.6}$$

互信息是通过读取 Y 获得的关于 X 中每个字母的信息量（反之亦然）。如果 $P(y|x)$ 的特征是噪声信道，那么当 X 的先验分布是已知的时候，$I(X|Y)$ 表示每个能通过信道传输的字母的信息量。

就量子信息的传输而言，其中一个源制备 n 个字母的信息，每一个字母都是从量子态的集合中选出的。信号字母由一组以特定的先验概率 P_x 出现的量子态 q^x 组成。因此，即使观察者不知道制备了哪一个字母，对该集合进行任何测量得到任何输出字母的概率都可以完全由密度矩阵表征。因此，密度矩阵可以表示为

$$\rho = \sum_x P_x \, \rho_x \tag{11.7}$$

对于这个密度矩阵，冯·诺依曼熵被定义为

$$S(\rho) = -\mathrm{tr}(\log \rho) \tag{11.8}$$

其中 tr 表示矩阵的迹。

或者，选择一组正交的基 $\{|a\rangle\}$ 将 ρ 对角化，得出的密度矩阵如下式所示：

$$\rho = \sum_a \lambda_a |a\rangle\langle a| \tag{11.9}$$

于是

$$S(\rho) = H(A) \tag{11.10}$$

其中，$H(A)$ 是集合 $A = \{a, \lambda_a\}$ 的香农熵。

顺便说一下，如果信号字母是由相互正交的纯态组成的，则量子源简化为经典源，其中所有的信号状态都可以完全区分，且 $S(\rho) = H(X)$。当信号态 ρ 不相互对易时，则量子源更令人感兴趣。

冯·诺依曼熵的一个重要性质是量子环境中的测量熵。对量子态 ρ，可观测量 A 由下式给出：

$$A = \sum_y |a_y\rangle a_y \langle a_y| \tag{11.11}$$

其中，a_y 是以概率 $P(a_y)$ 得到的测量结果，概率 $P(a_y)$ 表示为

$$P(a_y) = \langle a_y|\rho|a_y\rangle \tag{11.12}$$

一组测量结果集合 $Y = \{a_y, P(a_y)\}$ 的香农熵满足 $H(Y) \geqslant S_{(\rho)}$，其中当 A 和 ρ 对易的时候，该公式取等号。因此，如果被测量的可观测量和密度矩阵是对易的，那么测量结果的随机性被最小化。

总之，冯·诺依曼熵量化了量子信息源中不可压缩的信息，与香农熵量化经典信息源的信息一样。冯·诺依曼熵起着双重作用。它不仅量化集合中每一个字母的量子信息，也就是对每个字母进行可靠信息编码所需的最小量子态数，并且量化它的经典信息。因此，量子信息处理理论主要涉及冯·诺依曼熵的解释和应用，而经典信息论在很大程度上是关于香农熵的解释和应用的。

11.4 量子比特

比特或二进制位是经典信息系统的基本组成部分。作为二进制位，它可以取 0 或 1，这是比特的两个可能态。在具体的物理实现中，比特可以用电路中的高电压电平和低电压电平表示，或用光脉冲的两个强度水平或类似的双值物理现象表示。经典信息理论并不依赖于比特的物理表示的选择，但是它对信息处理和传输的技术进行了大致的数学描述。

相比较而言，量子信息处理器以量子比特(qubit)为单位来存储和处理信息。在物理术语中，量子比特通常用光子、原子核、原子或一些亚原子现象的量子力学状态表征。二进制位与量子比特的主要区别是量子比特不仅可以表示 0 和 1，而且可以处于二者的叠加态，此时系统可以同时处于 0 和 1 状态。这是量子力学叠加原理的直接推论。

一个量子比特具有希尔伯特空间 H^s 的两个计算基矢，即 $|0\rangle$ 和 $|1\rangle$，分别对应于经典比特值 0 和 1。那么一个量子比特的任意状态 $|\psi\rangle$ 是计算基矢的线性加权组合。量子比特定义为满足以下方程的量子态：

$$|\psi\rangle = \alpha|0\rangle + \beta|1\rangle \tag{11.13}$$

其中 α 和 β 是概率振幅，$|\psi\rangle$ 表示一个量子态，称之为该量子态的波函数，且满足 $(\alpha^2 + \beta^2) = 1$。

在矢量记法中，量子比特标识为

$$|\psi\rangle = \alpha\begin{bmatrix} 1 \\ 0 \end{bmatrix} + \beta\begin{bmatrix} 0 \\ 1 \end{bmatrix} \tag{11.14}$$

图 11.1 显示了经典比特和量子比特的图形表示。它表明量子比特可以处于无限数量的量子态，称之为叠加态。与经典比特相比，量子比特不必独立于其他量子比特：在这种情况下，所说的量子比特则被称为是纠缠的，这种现象即量子纠缠。

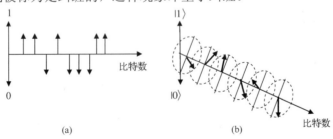

图 11.1　(a)经典比特和(b)量子比特的可视化

量子比特系统可以处于系统任何(适当归一化)经典态的叠加态中。量子系统的状态是 $|\psi\rangle = \sum_i \alpha_i |i\rangle$，其中 $|i\rangle$ 是经典态，且 $\sum_i \alpha_i^2 = 1$。因而量子比特是定义了内积的二维复矢量空间中长度归一化为 1 的矢量。参照经典比特的定义，这个空间中标准正交基的元素为 $|0\rangle$ 和 $|1\rangle$。

量子比特的性质受量子力学波函数的支配。量子比特的态 $|0\rangle$ 和 $|1\rangle$ 可以被看作经典态(比特)的表示。相对于经典比特只能设置为两个状态中的一个，即 1 或 0，量子比特可以是 $|0\rangle$ 和 $|1\rangle$ 的任意线性叠加，并且原则上可以处于无数的量子态。这意味着大量的甚至无限量的信息可以通过适当选择 α 和 β 而编码在单个量子比特的振幅上。

式(11.13)也可以写成

$$|\psi\rangle = \cos\frac{\theta}{2}|0\rangle + \mathrm{e}^{i\psi}\sin\frac{\theta}{2}|1\rangle \tag{11.15}$$

去除整体相位因子后，量子比特态的这个表达式可以被看作半径为 1 的球面上的点。再将 θ 和 ψ 对应为图 11.2 所示的量子比特球面中的角度。基矢态 $|0\rangle$ 和 $|1\rangle$ 分别位于南北极，剩下的两组相互无偏基 $\frac{1}{\sqrt{2}}(|0\rangle + |1\rangle)$，$\frac{1}{\sqrt{2}}(|0\rangle - |1\rangle)$ 和 $\frac{1}{\sqrt{2}}(|0\rangle + i|1\rangle)$，$\frac{1}{\sqrt{2}}(|0\rangle - i|1\rangle)$ 位于赤道上。

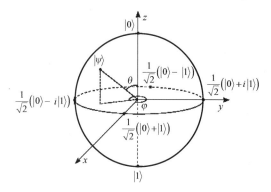

图 11.2　球面中表述的量子比特态

对处于叠加态 $|\psi\rangle = \sum_i \alpha_i |i\rangle$ 的量子系统进行测量，将以概率 α_i^2 得到量子态 $|i\rangle$。这个测量可以通过 $|\psi\rangle$ 到 $|0\rangle$ 和 $|1\rangle$ 的映射来执行。测量结果是不确定的；得到结果 $|0\rangle$ 的概率为 $|\alpha^2|$，得到结果 $|1\rangle$ 的概率为 $|\beta^2|$。此外，对量子态 $|\psi\rangle$ 的测量移除了所有与测量结果不一致的量子态。换而言之，对量子态 $|\psi\rangle = \sum_i \alpha_i |i\rangle$ 的测量会得到 $|\psi'\rangle = \sum_j \frac{\alpha_i}{N}|j\rangle$ 的量子态，其中 $|j\rangle$ 是与测量相互一致的量子态，$N = \sqrt{\Sigma \alpha_j^2}$ 保持了归一化。

上述讨论完全没有定义量子比特的实际物理载体，只需要物体按照量子原理来处理。

11.4.1　多个量子比特

可以很自然地将单个量子比特的描述扩展到几个或多个量子比特中。最简单的情况是两个量子比特的描述。两个量子比特的希尔伯特空间在 4 个状态 $|00\rangle$，$|01\rangle$，$|10\rangle$，$|11\rangle$ 上展开，其中 $|00\rangle \equiv |0\rangle \otimes |1\rangle$。因此，任何两量子比特态都可以表示为这些基矢的叠加，如下所示：

$$|\psi\rangle = \alpha_{00}|00\rangle + \alpha_{01}|01\rangle + \alpha_{10}|10\rangle + \alpha_{11}|11\rangle \tag{11.16}$$

其中，α_{ij} 是复数。将该量子态归一化得到 $|\alpha_{00}|^2 + |\alpha_{01}|^2 + |\alpha_{10}|^2 + |\alpha_{11}|^2 = 1$ 。

两组重要的量子比特态是所谓的贝尔（Bell）态，如下所示：

$$|\Phi^{\pm}\rangle = \frac{1}{\sqrt{2}}(|00\rangle \pm |11\rangle) \tag{11.17}$$

和

$$|\Psi^{\pm}\rangle = \frac{1}{\sqrt{2}}(|01\rangle \pm |10\rangle) \tag{11.18}$$

在这些状态中的两个量子比特具有相关性。比如 $|\Phi^{\pm}\rangle$ 态中的两个量子比特总是处于相同的状态，要么两个都在 $|0\rangle$ 态，要么都在 $|1\rangle$ 态，而 $|\Psi^{\pm}\rangle$ 态中的两个比特总是处于相反的状态，若一个比特处在 $|0\rangle$ 态，则另一个处在 $|1\rangle$ 态。

N 量子比特系统的量子态可以表示为 2^N 维度空间中的矢量。这个空间的一组标准正交基可以是这样一种量子态，其每个量子比特都具有一定的值（$|0\rangle$ 或 $|1\rangle$），可以用二进制字符串标记，例如 $|001001100\cdots10\rangle$，则该量子态可以表示为

$$|\psi\rangle = |\psi_1\rangle|\psi_2\rangle \cdots |\psi_N\rangle \tag{11.19}$$

包含了组合 $|00\cdots0\rangle$, $|00\cdots1\rangle$,$\cdots$, $|11\cdots1\rangle$ 中的任何一个。

可以通过增加量子比特的数量来扩展系统，也可以通过拥有两个以上的标准正交基矢的单个量子比特来扩展系统。一个用 n 个基矢 $|x_n\rangle$ 表示的通用量子比特系统 qu-nit 可表示为

$$|\psi\rangle = \sum_n c_n|x_n\rangle \tag{11.20}$$

且 $\sum_n |c_n|^2 = 1$ 。

一个 qu-nit 很难用物理属性来编码，并且二维希尔伯特空间也不能将其完整地描述。但是，在诸如时间或空间模式之类的自由度中，仍然可以使用 qu-nit。

11.4.2 量子比特的条件概率

为简单起见，我们考虑两量子比特系统。假设第一量子比特的能量测量值为 E_0，对第二量子比特的能量测量将以一定的概率给出一定的值。设 A 表示测得第一量子比特能量为 E_0 的事件，B 表示测得第二量子比特能量为 E_0 的事件，C 是测得第二量子比特能量为 E_1 的事件。测得第一量子比特能量为 E_0 对应的量子态是 $|00\rangle$ 和 $|01\rangle$。因此，A 事件的概率为 $P(A) = \alpha^2 + \beta^2$。

量子态 $|00\rangle$ 对应于 $A\bigcap B$ 的情况，于是 $P(A\bigcap B) = \alpha^2$。同样，$P(A\bigcap C) = \beta^2$。因此，

$$P(B|A) = \frac{\alpha^2}{\alpha^2 + \beta^2}, \quad P(C|A) = \frac{\beta^2}{\alpha^2 + \beta^2}, \quad 且二者概率和为 1。$$

但是，测量第一量子比特的能量之后，直接计算系统的量子态，而不是继续测量第二量子比特的能量。由于 $P(A|A) = 1$，因此 $P(B|A)$ 和 $P(C|A)$ 已知，且该系统仅由第一量子比特为 0 的基矢构成。满足第二量子比特为 0 和 1 的新量子态由下式给出：

$$|\psi'\rangle = \frac{\alpha}{\sqrt{\alpha^2 + \beta^2}}|00\rangle + \frac{\beta}{\sqrt{\alpha^2 + \beta^2}}|01\rangle \tag{11.21}$$

11.4.3　量子比特的操作

量子态可以用两种方式来操作：幺正变换和量子测量。

11.4.3.1　幺正变换

幺正变换可以描述为矢量上的矩阵操作(矢量代表量子态)。量子操作由下式表示：

$$|\psi\rangle \mapsto \mathbf{U}.|\psi\rangle \tag{11.22}$$

其中$|\psi\rangle$是n量子比特的量子态(2^n空间维度的矢量)，$\mathbf{U}$是幺正矩阵，满足方程$\mathbf{U}^T\mathbf{U}=\mathbf{I}$，$\mathbf{I}$是单位矩阵。幺正变换是可逆的，因此$|\psi\rangle = \mathbf{U}^{-1}\mathbf{U}|\psi\rangle$。这意味着执行幺正变换将不会破坏任何信息。

一个特殊的单量子比特幺正变换是 Hadamard 变换 H_t，如下所示：

$$H_t = \frac{1}{\sqrt{2}} \begin{bmatrix} 1 & 1 \\ 1 & -1 \end{bmatrix} \tag{11.23}$$

其中，$H_t = 1$。

11.4.3.2　量子测量

第二类能操控量子态的操作是量子测量。与幺正变换相反，测量是破坏性的操作，因此是不可逆的。测量将量子态塌缩到可能的基矢态之一；得到特定基矢态的概率由其相应系数的模平方给出。因此，测量以破坏量子态为代价且有效地从量子信息中提取经典信息。然而，测量是获得未知量子态信息的唯一方法。只要还没有测量系统，其量子态就仍然未被观察到，并且可能存在于其基矢态的叠加态中。测量之后，量子态被迫成为某一种经典态。

此外，测量是概率性的：获得每个给定基矢态的概率由其系数的模平方来确定。测量通常沿着某个固定的可观测量进行，即沿着它被测量的轴。不同的可观测量通常假设了不同的基矢集合，并将给出不同的结果。

11.4.4　量子比特的实现

量子比特的实现方式有很多种。其中一种二能级量子比特利用了粒子的自旋，即自旋向上(符号为↑或$|0\rangle$)和自旋向下(符号为↓或$|1\rangle$)。并非所有的二能级系统都适合于实现量子比特，但只要能谱足够非简谐，能提供良好的二能级系统的任何物理现象都可以用来实现量子比特。表 11.1 所示的是可以用来实现量子比特的不同技术的总结；但需要指出的是，大多数技术还都处于不同的实验阶段。

表 11.1　量子比特的实现技术

技术	单个/集合	测量
原子/离子	单个	光诱导荧光
核磁共振	集合	频率分析
约瑟夫森结(JJ)电荷	单个	电流，电荷探针
量子点	单个	芯片结构
线性光学量子计算(LOQC)	单个	单光子偏振

对于实现量子比特的大多数技术，大体上可以从微观、介观和宏观技术进行区分。微观

二能级系统是局部系统，涉及材料的生长过程，通常由原子或分子杂质生成电子电荷或利用核自旋得到。介观量子比特系统通常涉及几何定义的限制电位，比如量子点，这些量子点通常用半导体材料制成，具有量子化的电子能级。宏观超导量子比特主要基于包含约瑟夫森结(JJ)的电路[8]。

对于量子比特的物理实现，主要要求的是相干性，通过能够完成的误差较小的量子门操作的数量来衡量。这个要求是非常苛刻的，因此量子比特需要被保护以阻止退相干(decoherence)。

11.4.4.1 原子和离子量子比特

原子和离子等微观量子系统的主要优点是它们的量子性。其中一种较为成熟的量子比特的实现方式是基于离子阱中的离子与其纵向运动的耦合以及光学寻址[9]。这个思路是将几个中性原子囚禁在一个小的高精度光腔中，其中量子比特存储在原子内部状态，这主要是因为将它们耦合到了光腔中电磁场的正常模式。通过脉冲激光的驱动，可以在一个受其他原子内部状态控制的原子上实现跃迁操作[10]。

对于离子阱，每个离子的量子态都是基态 $|g\rangle$ (等价于 $|0\rangle$) 和一个长寿命、亚稳定的激发态 $|e\rangle$ (等价于 $|1\rangle$) 的线性组合。两个能级的相干线性组合态 $\alpha|g\rangle + \beta e^{i\omega t}|e\rangle$ 可以存活与激发态的寿命相当的时间[11]。离子状态的读出可以通过投影到 $\{|g\rangle, |e\rangle\}$ 基上的测量来实现。这里将激光调节到从基态 $|g\rangle$ 到短寿命激发态 $|e'\rangle$ 的跃迁。

由于相互间的库仑斥力，离子被充分地分离，它们可以通过脉冲激光单独寻址。当激光照射离子时，处于 $|0\rangle$ 态的每个量子比特反复吸收并重新发射激光，因此给出可见荧光，而处于 $|1\rangle$ 态的量子比特一直保持是暗的。如果激光被调节到跃迁频率 ω，并且聚焦在第 n 个离子上，则会在 $|0\rangle$ 和 $|1\rangle$ 之间引起振荡。通过适当地定时激光脉冲和适当地选择激光器的相位，可以实现任意一个量子比特的幺正变换。$|0\rangle$ 态和 $|1\rangle$ 态的任意线性组合态，也可以通过将激光脉冲作用在 $|0\rangle$ 态上来制备或产生。

离子阱可以用来研究物理对称性，可以通过小的退相干子空间来降低系统对环境噪声的灵敏度[12]。但离子阱量子比特的一个主要缺点是其缓慢的跃迁速度，该速度最终受限于能量-时间不确定性关系[13]。已经提出且用于实验的离子阱显示出以下主要特征：(a)量子比特的状态是由设置在线性射频陷波器中每个离子核和电子之间的超精细相互作用来定义的；(b)通用量子门是用激光束激发离子的集体量化运动来实现的；(c)量子信息交换是通过离子之间的库仑相互作用来完成的；(d)多量子比特系统是通过在阱上增加离子来实现的。

11.4.4.2 电子量子比特

制备电子量子比特遵循的两大策略是基于单个粒子的量子态和基于整个电路的量子态。对于第一个策略，量子态是核自旋态、单电子自旋态或单电子轨道态。第二个策略是在基于约瑟夫森结的超导电路中发展起来的，约瑟夫森结形成了一种人造原子。虽然它们在低温时显示了比较好的量子特性，但是当使用自旋态时，其主要缺点是量子操作难以执行，因为单个粒子不易控制和读出。这些人造原子的量子性比不了天然原子或自旋的量子性。

使用电子自旋作为量子比特是不错的选择，因为自旋是弱耦合的，自旋态可以转移到电荷状态以便于读出[14][15]。另一方面，用于制备量子比特的量子点是一种利用光刻形成的结构，它把电子限制在两种材料之间的边缘层。通过改变周围的电势，单个电子可以定位在一个小区域。量子比特可以根据保持在量子点中电子的数量或者单个电子的自旋或能级来定义[16]。

人们正在研发几种量子点装置。其中一种用于实验的先进方法使用一对量子点作为双轨编码逻辑量子比特，左边量子点的单个电子表示一个逻辑 0，右边量子点的单个电子表示一个逻辑 1[17][18]。另一种方法使用了单电子量子点的线性阵列，并在过剩的电子自旋中编码量子比特。在第三种方法中，两个相邻量子比特之间的交换是通过降低电势进而允许电子隧穿来实现的，但是该系统容易因较短的相干时间而受损。

11.4.4.3　约瑟夫森结

基于约瑟夫森结(JJ)的量子信息处理装置是超导系统，可以用于实现量子比特[19][20]。这些结可被看成人造的宏观原子，其性能可以通过施加电场或磁场来控制，也可通过偏置电流来控制。约瑟夫森结可以用三种方式来实现量子比特，即使用电荷、磁通以及相位[21][22]，利用传统的电子束光刻进行制造。在 JJ 电荷量子比特中，亚微米大小的超导盒(本质上是一小电容器)和一个更大的超导储层耦合[23]。

最简单的超导量子比特电路是由一个连接到电流源的有超导电极的隧穿约瑟夫森结组成的。在该结上引入超导相位差，使其具有阻尼非线性振荡的形式。耗散决定量子比特的寿命，所以适合量子比特应用的电路必须具有非常小的耗散。结电容的静电能起着动能的作用，而约瑟夫森电流的能量起着势能的作用。为了方便，我们引入结电容的充电能量。势能对应于约瑟夫森电流的能量，磁能对应于偏置电流。在没有偏置电流的情况下，电势会引起振荡，称之为等离子体的振荡。最简单的量子比特的实现是使用一个约瑟夫森能量大于充电能量的电流偏置的约瑟夫森结。在经典区域，代表相位的粒子要么停靠在势阱的底部，要么在阱内振荡。

射频-超导量子相干装置(rf-SQUID)是另一重要的超导电路，它是将隧穿的约瑟夫森结插入超导回路中。该电路实现了约瑟夫森结的磁通偏置。对等于磁通量子整数倍的偏置磁通，SQUID 的势能有一个绝对最小值。对于等于磁通量子整数倍的一半的偏置磁通，势能有两个简并的最小值，它们对应于 SQUID 环中两个流动方向相反的持续电流状态，由此可构造一个持续的电流磁通量子比特。当两个约瑟夫森结并联在一个电流源上时，新的物理特征是双结的有效约瑟夫森电流的能量依赖于穿过 SQUID 环上的磁通。

另一种合适的约瑟夫森结是将一个小的超导岛通过隧穿约瑟夫森结连接到一个大的超导库，称之为单电子盒。该岛与另一电极电容耦合，可以起到静电门的作用，由电压源控制门电位。该系统处于库仑阻塞状态，电子只能一个接一个地转移到岛上，岛上电子的数量是由门电位控制的。在超导状态下，这个电路被称为单个库珀对盒。量子比特可以简单地表示为包含隧穿约瑟夫森结的超导环上，库珀对持续超流的两个旋转方向[24][25]。在超导体中，电子成对运动，量子比特用盒子中库珀对的数量表示，控制为 0 或 1，或者两者的叠加。也可以将库珀对引入到超导环中，循环并产生量化磁通[26][27]。磁通量子比特具有更长的门操作时间，但是具有相对较长的相干时间，因而实验的结果似乎正在转向磁通量子比特[28]。最近，人们讨论了一些比较复杂的 JJ 电路，这些电路具有非凡的简并基态，可以有效地用于量子比特保护以防止退相干。

11.4.4.4　核磁共振(NMR)装置

迄今为止，也许 NMR 实验是最完整的量子演示装置[29]。在 NMR 系统中，量子比特是由原子核的自旋来表示的。当放置在磁场中时，可以通过微波辐射来操纵自旋。在液体中，使用了精心设计的分子。分子中的一些原子有核自旋，它们所受的辐射频率因它们在分子中的位置而异。因此，不同的量子比特可以用频率来寻址。这种集成系统不需要特殊的冷却装置。但是，由于随着量子比特数量的增加而信噪比下降，它的可扩展性被认为是相当有限的[30][31]。

与液体核磁共振不同，在基于全硅核磁共振的量子比特处理器中，量子比特储存在核自旋中，其读出是通过磁共振力显微镜(MRFM)完成的。初始化是通过电子完成的，电子的自旋可以用偏振光来设置。其中的操作是通过指向设备的微波辐射完成的。微磁体提供了较高的场梯度，因而允许单个原子通过频率来寻址。

11.4.4.5　光子量子比特

如前所述，任何二能级量子力学系统都可用来表示量子比特。所以，通过使用与光子相关的各种物理现象，量子比特的实现也有许多种可能性。其中，由于只需要使用线性光学元件来实现光子-光子相互作用，因此光子的控制门操作很有前景。

(a)使用偏振：由于在实验装置中，使用半波片(wave plate)和四分之一波片以及偏振器来操控光子偏振相对容易，因此光子的偏振是实现量子比特的一种常用选择。可以用正交的水平偏振$|H\rangle$和垂直偏振$|V\rangle$来表示逻辑基矢态$|0\rangle$和$|1\rangle$。对角线/反对角线偏振$|D\rangle/|A\rangle$和左旋/右旋圆偏振$|L\rangle/|R\rangle$对应剩下的两组没有偏置的基矢态$\frac{1}{\sqrt{2}}(|0\rangle\pm|1\rangle)$和$\frac{1}{\sqrt{2}}(|0\rangle\pm i|1\rangle)$。

(b)利用相位：相位量子比特也是一种常见的选择。用干涉仪两个臂之间的相对相位差来表示$|0\rangle$和$|1\rangle$的逻辑基矢，其中$|0\rangle$态对应于零相位差，$|1\rangle$态对应π相位差。基态可以写为$\frac{1}{\sqrt{2}}(|1\rangle\otimes|0\rangle\pm|0\rangle\otimes|1\rangle)$，其中$|1\rangle\otimes|0\rangle$表示在干涉仪的第一臂存在一个光子，另一臂中则没有光子。实际中一般使用一对干涉仪，一个用于编码，另一个用于解码。相位差由干涉仪臂中的相位调制器设定。为使编码生效，光子的相干长度必须大于干涉仪臂的不匹配路径长度。

(c)使用时间：时间编码通常用于光纤上的远距离通信，因为它可以控制光纤中的退相干效应。时间信息可以用来编码量子比特，是因为两个时隙可以对应于逻辑基矢$|0\rangle$和$|1\rangle$。由此，基矢可写成$|1\rangle\otimes|0\rangle$和$|0\rangle\otimes|1\rangle$，其中$|1\rangle\otimes|0\rangle$表示第一时隙中有一个光子，而第二时隙中没有。量子比特是通过使用不平衡的干涉仪发送光子而产生的，产生或制备了光子在两个不同时隙之间的叠加，两个不同时隙分别对应光子穿过干涉仪中的短臂还是长臂。

(d)使用空间模式：生成量子比特的另一种可能性是使用两种空间模式，其中一种空间模式有一个光子对应于$|0\rangle$态；另一种模式则对应于$|1\rangle$态。基矢可写成$|1\rangle\otimes|0\rangle$和$|0\rangle\otimes|1\rangle$，前者表示在第一空间模式中有一个光子，而在另一个空间模式中没有光子。二者之间的叠加是通过可变耦合器实现的，解码是通过反向装置来完成的。

(e)使用频率：使用光子的频率也是一种可能的选择，其中基矢由两种不同的频率状态表示，即$|\omega_1\rangle$和$|\omega_2\rangle$。一般而言，传播过程中的色散问题限制了这种特定量子比特的实现。

11.5　纠缠态与光子纠缠

根据定义，复合系统的态如果不能写为其组成系统态的直积形式，则就被称为是纠缠的。数学上可以表述为，对于两量子比特态，如果不可能找到 4 个满足以下方程的参数

a_1、a_2、b_1、b_2，则它们就是纠缠的：

$$|\psi\rangle = (a_1|0\rangle + b_1|1\rangle) \otimes (a_2|0\rangle + b_2|1\rangle) \tag{11.24}$$

测量之前，两个纠缠的粒子自身并没有确定的状态，但它们之间的关联是已知的，例如它们总是处于同一状态。执行测量后，其中一个粒子的状态将塌缩到其可能的测量结果之一，然后，另一个粒子的状态也将随之被完全确定。即使这两个粒子在空间上分离，这也是成立的；因此，通过测量一个粒子可以对另一个粒子产生非局域的影响[33]。

纠缠可以按多种方式发生。最简单的情况是只有两个量子系统纠缠在一起。通常，两个系统的纠缠态被称为贝尔态[34]。这些态是最大纠缠态，意味着这两个系统中的任何一个系统到 $|0\rangle$ 态或者 $|1\rangle$ 态的塌缩，将完全确定另一个系统的状态。另外重要的一点是，在另一组基上进行测量，例如 $\frac{1}{\sqrt{2}}(|0\rangle \pm |1\rangle)$，并不影响系统之间的关联性；在一个系统上执行的测量将再次完全确定另一个系统的状态。这是纠缠的一个关键特性：局域操作不改变系统的关联性质。此外，如果对第一个系统执行部分求迹，这就相当于仅能访问第二个系统的信息，导致第二个系统处于混合态。也就是说，尽管可以得到两系统状态(称为纯态)的全部信息，但不能得到第二个系统混合态的全部信息。

纠缠态可以在许多物理系统中实现。纠缠光子对的产生可以通过在非线性晶体中使用自发参量下转换(SPDC)的技术实现。当使用 SPDC 产生光子对时，纠缠可以直接产生，也可以通过使用相位匹配的后选择产生，两个下转换光子将从以泵浦光束为中心的两个锥体上发射出来。如果其中一束光的偏振被旋转 90°，随后将两个光束在分束器上组合，那么当两个光子在分束器的单独输出端口中离开时，会得到极化纠缠态。或者，使用源来制备直积态，其中将两个光子发送到分束器的两个输入端口，当光子从单独输出端口离开时，会产生如下形式的极化纠缠态：

$$|\psi\rangle = \frac{1}{\sqrt{2}}(|HV\rangle + |VH\rangle) \tag{11.25}$$

11.6 量子计算

量子计算是一个迅速发展的领域。相比于电子或光子计算机，由于量子计算机巨大的计算潜力，使得研究人员备受鼓舞。当前的研究，一方面集中在算法和复杂性理论的研究上，另一方面集中在量子门的执行和量子比特的存储技术上。设计能有效运行量子算法的实用体系结构仍处于探索中。一开始我们提到过，与传统计算机不同，量子计算机是根据不同的物理原理运行的。但是，它并不是能够实现传统计算机无法完成的任何事情。无论是使用传统计算机还是量子计算机，什么是可计算的概念将是相同的。

量子计算机通过在物理载体中存储信息来工作，在载体中信息经历一系列幺正演化和测量。信息载体通常是量子比特。一般来说，量子计算机至少包含两个可寻址量子态，此外，量子比特也可以处在任意的叠加态中。用于构成量子计算的、在量子比特上执行的幺正演化，可以分解为单量子比特操作和两量子比特操作。要使量子计算机的性能超过任何传统计算机，这两种类型的操作都是必需的。

由于量子计算机以量子比特为单位工作，因此 N 个量子比特的集合可以被假定到初始零

态，例如 $|0\rangle|0\rangle\cdots|0\rangle$，或者 $|x=0\rangle$。然后，将幺正变换 U 应用在这 N 个量子比特上。假设 U 由标准量子门的直积组成，且幺正变换一次只作用在几个量子比特上。在执行 U 操作之后，通过投影到 $\{|0\rangle,|1\rangle\}$ 基上来测量量子比特的所有状态。

这里使用的算法是概率算法。也就是说，由于量子测量过程的随机性，运行相同的程序两次，很可能得出不同的结果。因此，一个算法的量子计算实际上生成的是可能输出值的概率分布。但是，测量结果，即以经典信息表达出来的计算结果是可以输出的。

量子计算中的关键问题是退相干问题或者量子态的丢失问题。退相干是时间、门错误和量子比特传输的函数。因此，量子技术需要实现远低于临界阈值的错误率，以避免错误纠正过程带来的过度开销。DiVincenzo 制定了执行量子计算需要满足的一组通用判据[35]。硬件上必须满足一些严格的条件，例如：

1. 二能级系统(量子比特)寄存器，$n=2^N$ 个状态 $|101\cdots01\rangle$ (N 为量子比特个数)。
2. 量子比特寄存器的初始化：例如，将其状态设置为 $|000\cdots00\rangle$。
3. 操控工具：量子比特门需要翻转状态。
4. 单量子比特的读出。
5. 具有足够长的相干时间和误差校正能力，以保持系统相干性。
6. 量子比特的传输，以及在不同的相干系统(量子–量子界面)之间转移纠缠。
7. 用于控制、读出和信息存储的经典–量子接口的创建。

11.6.1 量子逻辑门与电路

传统(确定性)计算机对函数 $f:\{0,1\}^n \rightarrow \{0,1\}^m$ 进行求值。也就是说，给定设 n 位的输入系统，对于指定的 n 位参数，计算机必须产生仅由输入确定的 m 位输出结果。具有 m 位值的函数等价于 m 个函数，其中每一个函数都只有一个值。然后由计算机执行的基本任务是 $f:\{0,1\}^n \rightarrow \{0,1\}$。允许有 2^n 个输入，每个输入有两个可能的输出，那么可能的函数的数量是 2^{2^n} 个。此类函数的赋值可以简化为基本逻辑运算的序列。

11.6.1.1 经典逻辑电路

对于可能的输入值 $x=x_1x_2\cdots x_n$，可以将其划分为两组；一组由 $f(x)=1$ 的值组成，另一组由它的补集 $f(x)=0$ 的值组成。函数 $f(x)$ 可以由三个基本逻辑操作连接构成：非(NOT)，与(AND)，或(OR)；分别由符号 $\dashv$、$\wedge$ 和 $\vee$ 来表示。

对于所有 $f^{(a)}s$，函数 f 的逻辑或($\vee$)运算可以表述如下：

$$f^{(a)}(x) = \begin{cases} 1, & x=x^{(a)} \\ 0, & \text{其他} \end{cases} \tag{11.26}$$

其中的 $x^{(a)}$ 满足 $f(x^{(a)})=1$。

于是

$$f(x) = f^{(1)}(x) \vee f^{(2)}(x) \vee f^{(3)}(x) \vee \cdots \tag{11.27}$$

同样，n 位逻辑与($\wedge$)运算可以由下式得出：

$$f(x) = f^{(1)}(x) \wedge f^{(2)}(x) \wedge f^{(3)}(x) \wedge \cdots \tag{11.28}$$

得到的表达式被称为 $f(x)$ 的析取范式。

在计算中，一个有用的操作是复制(COPY)，它将一个比特变成两个比特，即 COPY：$x \to xx$。其他一系列的基本逻辑操作包括与非(NAND)，它是由 NOT 和 AND 操作组合而成的。同样地，使用 COPY 和 NAND 操作，可执行 NOT 操作。也可使用 COPY 和 NAND 来执行 AND 和 OR 的操作。因而可以得出结论，单个逻辑连接的 NAND 和 COPY 操作足以执行任意的函数 f。另外一种可能的通用逻辑选择是或非(NOR)。通常，计算是作用于特定的输入的，但是，作用于输入端大小可变的电路系列也是可能的。

11.6.1.2 量子门

经典计算的电路模型可以推广到量子计算的量子电路模型。对于传统计算机处理比特，配备了一组可以应用于比特集合的、有限的门操作。对于量子计算机处理量子比特，可以假定在计算过程中，量子计算机也配备了一组离散的基本要素，即量子门。每个量子门都是一个幺正变换，可以作用于固定数量的量子比特上。正如任何经典计算可以分解成一系列的、一次只作用于几个经典比特的经典逻辑门一样，任何量子计算也同样可以分解成一系列的、一次也只作用于几个量子比特的量子逻辑门。其中的主要区别在于，经典逻辑门操控经典比特值(0 或 1)，而量子门可以操控任意多粒子的量子态，包括计算基矢的任意叠加态(常常也是纠缠态)。所以，量子计算的逻辑门与经典计算的逻辑门有很多区别。

在量子计算中，有限数目的 n 量子比特被初始化到 $|00\cdots0\rangle$ 态。由有限数目的、作用于这些量子比特的量子门构成的电路执行操作。最后，对所有量子比特(或量子比特的子集)进行冯·诺依曼测量，将每个比特投影到 $\{|0\rangle, |1\rangle\}$ 基上。这个测量的结果就是计算的结果。

量子门操作是一个可逆的幺正变换。事实上，可逆的传统计算机是量子计算机的一个特例。对 n 比特串进行排列的可逆经典门 $x^{(n)} \to y^{(n)} = f(x^{(n)})$，可以将其看成作用于计算基 $\{|x_i\rangle\}$ 的幺正变换，即

$$U : |x_i\rangle \to |y_i\rangle \tag{11.29}$$

这个作用是幺正的，因为第二个字符串 $|y_i\rangle$ 是相互正交的。由这些经典门构成的量子计算将 $|0\cdots0\rangle$ 态转换为一个计算基矢态，这样最终的测量结果是确定的。可在 n 个量子比特上执行的最普遍的幺正变换是 $U(2^n)$ 的一个元素。使用通用逻辑门，可以构造计算接近 $U(2^n)$ 中任意元素的幺正变换的电路。

物理上，在量子计算中，只要可以制备两个量子比特并且可以精确地实现它们之间通用的相互作用，那么就可以执行任意复杂的计算。非平凡计算在量子理论中普遍存在。除此一般性结果外，展示物理上容易实现的特定通用逻辑门组也是很有意义的。

量子计算机可以很容易地模拟概率经典计算机：它能制备 $\frac{1}{\sqrt{2}}(|0\rangle + |1\rangle)$ 态，并投影到 $\{|\rangle, |1\rangle\}$ 上，进而生成随机比特。主要的困难是 n 量子比特的希尔伯特空间是巨大的，其维度为 2^n，因此这个空间中典型矢量的数学描述是极其复杂的。

11.6.1.3 量子门电路

第一类重要的量子算子是单量子算子，在量子电路中实现为单量子比特门。对于两量子比特变换，最重要的操作是受控非(CNOT)操作[36]。涉及 n 比特操作的量子计算网络可以用这些操作来构建。CNOT 操作是很重要的，任意多量子比特的运算都可以由 CNOT 操作以及

单量子运算的组合来实现。CNOT 操作使用一个量子比特作为控制量子比特，另一个作为目标量子比特，并依赖控制量子比特的值进行操作，翻转目标量子比特或保持原态不变。相关的操作可以用以下的态转换表示：

$$|00\rangle \to |00\rangle, |01\rangle \to |01\rangle, |10\rangle \to |11\rangle, |11\rangle \to |10\rangle$$

在矩阵表示法中，使用基矢 $\{|00\rangle, |01\rangle, |10\rangle, |11\rangle\}$，其中矩阵执行与 CNOT 门相同的映射，操作可以表示为

$$\text{CNOT} = \begin{bmatrix} 1 & 0 & 0 & 0 \\ 0 & 1 & 0 & 0 \\ 0 & 0 & 0 & 1 \\ 0 & 0 & 1 & 0 \end{bmatrix} \tag{11.30}$$

CNOT 门是幺正的且容易识别，这可通过辨别矩阵的行/列形成单位矢量的正交集合态来识别。同样，称为异或（XOR）或 CNOT 变换的两量子比特变换的作用是

$$\text{CNOT} : |a, b\rangle \to |a, a \oplus b\rangle \tag{11.31}$$

其中，a 和 b 分别是控制（或源）位和 CNOT 目标位的经典值。

前面提到的贝尔态可以按 CNOT 操作，用一个简化的方程表示为

$$|\Phi\rangle = \frac{|0, b\rangle + (-1)^a |1, \text{NOT}(b)\rangle}{\sqrt{2}} \tag{11.32}$$

其中，$a, b \in \{0,1\}$。

值得注意的是，CNOT 门可以被看作一个单比特拷贝机。假设它的数据输入用 $|0\rangle$ 态永久地初始化，那么 CNOT 门在每个输出上发出控制输入的副本。通过组合这些原始变换或量子门，也可以执行其他的幺正变换。

量子比特的希尔伯特空间 H^s 中的任意量子态可以应用恒等算子的适当组合来实现。任何幺正的量子比特运算 U 可以表示为 $U = e^{i\alpha} R_z(\beta) R_y(\gamma) R_x(\delta)$，其中 $R_{x,y,z}$ 是绕相应轴的旋转矩阵，α、β、γ、δ 是角度。因而在实际中围绕量子比特球面的所有 3 个坐标轴（x、y 和 z 轴）的旋转都可以实现。这些旋转依赖于量子比特的特定物理实现，可以使用不同的物理分量获得。

量子比特一般用水平线表示，单量子比特幺正变换 U 的表示如图 11.3（a）所示。图 11.3（b）所示的电路（从左向右读）表示量子比特 H_t 门和 CNOT 门的乘积，CNOT 门以第一个量子比特为控制比特，以第二个量子比特为目标比特。制备贝尔态对应的量子电路如图 11.3（c）所示。据此，基态 $a, b = 0, 1$，其中 $a \oplus b$ 表示模 2 加法并表示在图 11.3（d）中。因此，如果第一个比特是 1，则这个门翻转第二个比特，如果第一个比特是 0，则不作用，即不翻转，这样就得出 $(\text{CNOT})^2 = 1$。如果第一个比特被设置为 1，则这个门也在第二个比特上执行 NOT 操作。如果 a 的初始值被设置为 0，则执行 COPY 操作。门的并联接法对应于表征各个门的幺正矩阵的克罗内克（Kronecker）积。门的串联接法对应于这些门的矩阵乘法（反向次序）。

交换（SWAP）门可以由三个 CNOT 门的序列实现。与经典计算的通用门一样，例如与非（NAND）门（它有两个输入和一个输出），量子计算也有通用门。但是，最小的这种门需要三个输入和三个输出。两个著名的例子是 FREDKIN 门和 TOFFOLI 门。TOFFOLI 门也被称为受控 CNOT（controlled-controlled-NOT）门，因为可以将其解释为当且仅当前两个输入位均为 1 时，

才对第三个输入位执行翻转操作。换言之，前两个输入位的值控制了第三个输入位是否被翻转。FREDKIN 门也可被视为受控 SWAP 门，因为当且仅当第一位的值为 1 时，它才交换第二位和第三位的值[37]。SWAP 门如图 11.4(a)所示，FREDKIN 门如图 11.4(b)所示，TOFFOLI 门如图 11.4(c)所示。

当寄存器操作可视化时，可体现出经典计算与量子计算的区别，如图 11.5 所示，分别显示了经典比特和量子比特输入到寄存器后的输出。

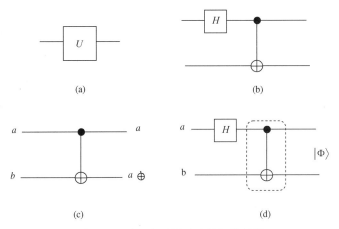

图 11.3　用于表示量子比特门的符号

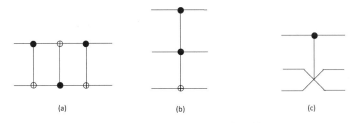

图 11.4　表示某些量子门电路的符号

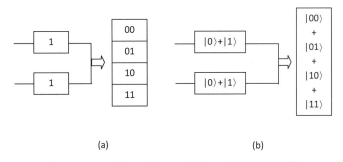

图 11.5　(a)经典比特和(b)量子比特的寄存器运算

11.6.2　量子计算体系结构

计算机体系结构有两个主要分支，即逻辑上不可逆和逻辑上可逆。普通计算机是不可逆的，因为它们消耗能量和信息。量子效应设备的应用并不改变相关计算机的这一基本事实：

每个门操作逻辑上都是不可逆的，且丢弃的信息被不断擦除而转换为热能。因此，具有量子组件的计算机并不构成量子计算机。量子信息处理器必须建立在由没有信息丢失的可逆门组成的基本可逆方案上，并且所有元素的内部过程都具有灵活性。这个问题与执行计算所需的最小能量问题有关（与删除最终结果所产生的熵变有关，即读取结果然后清除寄存器）。量子计算机的特性是可逆的和量子相干的，这意味着可以建立纠缠的非经典多量子比特量子态。

量子计算体系结构可分为两类：一类是用不断移动的现象表示量子比特（光子），另一类是用静态现象（核或电子自旋）表示量子比特。对于移动的现象，量子门是量子比特经过门时对其产生影响的物理装置。量子计算体系结构的光子实现一般属于这一类。对于静态现象，量子比特占据一定的物理位置且由来自应用的门进行操作。然而，静态的概念仅适用于门操作期间。一些静态技术，例如可扩展的离子阱，允许量子比特的物理载体在执行门操作之前被移动。区分静态实现和移动实现的关键因素是动态控制。在移动的量子比特装置中，门操作的顺序和类型必须是预先设定的，常常是在设备建造的时候设定；不同程序的执行是通过经典的开关控制来实现的，这些开关通过电路的不同部分引导量子比特。静态的量子比特装置具有更大的灵活性以便重构量子门。

量子计算体系结构的另一个显著特征是集成计算或单机计算的选择。在集成计算中，一般是在静态量子比特系统上实现。可能有许多相同的量子处理器都接收相同的操作，且在相同的数据上执行相同的程序（噪声除外）。单体系统具有直接控制用于表示量子比特的单个物理实体的能力。另一方面，由于大量原子或分子的操纵和测量技术都比较成熟，集成系统更容易进行实验。因此，最大的量子计算演示系统是在核自旋 NMR 上实现的，它使用分子系统来计算。

为了计算的可靠性且能够观察计算结果，计算技术必须支持读出过程。这种读出称之为测量，即观测量子比特的状态并产生一个经典结果。量子系统的可靠计算意味着即使不是大多数也是许多全量子操作运算将被测量。从体系结构的角度来看，如果测量必须连续地逐一进行或非常缓慢地进行，那么测量将成为计算的瓶颈。此外，如果需要额外的纯净量子比特来进行测量，那么频繁的初始化过程将是另一个瓶颈。同样，如果相关的技术限制了测量的实现，就需要在体系结构的设计中考虑这些限制。

这种体系结构应该具备量子纠错（QEC）功能，传统上该功能由交错测量实现。但是，也有可能在没有测量的情况下，以额外的量子比特为代价执行 QEC，额外的量子比特的数量随着实施纠错次数的增多而增长。当邻近的量子比特受限于集体错误过程时，可以使用另外一种被称为无退相干子空间的技术。在光子系统中，误差的主要来源是光子的损失。在这种情况下，由于很容易确定哪个量子比特已经丢失，擦除码（相对于纠错码）工作良好。例如，在量子计算机上，使用 Shor 算法在一个月内分解一个 576 位数字，首先需要通过量子纠错，使几千个逻辑量子比特在一个月的时间内保持相干态。其次，还需要速度为 $0.3 \sim 27$ Hz 的逻辑时钟。

量子计算机体系结构的研究还处于起步阶段。关注基础技术的研究人员现在开始研究如何构建完整的量子计算系统。目前，所有可扩展的量子计算技术都是研究方案，还需要加工技术的重大进步使它们成为现实。不过，一些方案需要的烦琐技术障碍比较少。此外，某些方案的技术相比于现有的基于硅的经典计算，其集成性更好。

11.7　量子通信

在量子通信系统中，特殊要求会出现在传统通信系统的不同部分。在发射端，要求单量子源，通过精确调控将信息编码到一个相关的自由度上[38]。在光子量子通信系统中，这些量子系统是光子。因此，明亮、高效、可靠的高质量光子源对于这种系统是必要的。在接收端，编码到量子系统上的信息需要被解码，再次需要精确控制量子系统的自由度。最后，需要测量量子系统。在光子系统中，这些要求变成了对光子特殊性质的操纵，以及需要能够在光子水平工作的探测器。虽然这样的探测器存在，但它们的效率在很大程度上取决于光子的波长。通用的双向通信系统的发展自然需要将多个系统连接到一个网络中。这样，网络中的任何用户都可以与任何其他用户进行通信。虽然在经典通信中，通信网络的发展很成熟，但是量子网络仍处于萌芽阶段，有待更深入的研究。目前只在量子密码中实现了小规模的量子网络。

11.7.1　量子密码学

安全通信是现代社会的重要领域之一，量子密码学可以给现代社会带来巨大的贡献。量子密码学是第一个直接利用量子规律为安全信息通信带来本质优势的领域[39][40]。传统密码学，其安全性是基于一些算法问题的计算复杂度，这只是未经证实的假设。量子密码学的一个重要特征是量子密钥生成的安全性与量子密码协议是基于量子力学定律,是更可靠的事实。

在一定条件下，量子密码学也可以像经典密码学一样工作。图 11.6(a)显示了一个经典信道，图 11.6(b)显示了使量子通信系统保持经典信道完整性所必需的修改。

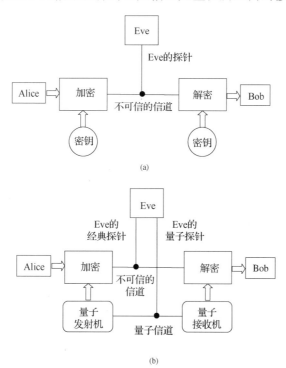

图 11.6　(a)经典密码系统和(b)量子密码系统

在经典密码学的基本系统中，Alice 试图通过不安全通道向 Bob 发送关键信息。敌方窃听者 Eve 试图尽可能多地窃取或悄悄地改变信息。这种密码方案可以通过引入量子发射器和接收器进行修改，使窃听者的企图难以实现。

Alice 用 Eve 不知道的特殊方式制备量子系统，并将其发送给 Bob。一般来说，在不引起干扰的前提下，量子态就不能被复制，也不能被测量，因而系统是安全的[41]。问题是 Eve 能从量子系统中提取多少信息？从量子系统受干扰的程度来看，信息的成本又是多少？因此，这里有两个概念是至关重要的：信息和干扰。通常被称为量子密码的方法，可以帮助解决刚才提到的问题，以安全的方式随机分发密钥[40]。

量子密码不能用于以安全的方式传递信息，但是它确实可以实现两个用户在彼此之间共享一个密钥。这就是量子密码系统被称为量子密钥分发系统的原因[42][43]。根据定义，量子密钥分发系统是一个信息通信系统，可以在发射端和接收端上创建一个完全安全的对称密钥。如图 11.6(b) 所示，它需要两个通信信道。一个是量子信道，用于传输量子比特，另一个是经典的公共信道，用于发射端和接收端之间的经典消息的传输。

在 Alice 向 Bob 发送状态 $|\psi\rangle$ 的方案中可以考虑两个极端的情况。第一个是 Eve 完全不知道量子态 $|\psi\rangle$ 的制备信息。Eve 唯一能做的是选择正交态的一些基矢 $\{e_i\}$，并对量子态 $|\psi\rangle$ 执行相应的投影测量。在这种情况下，量子态 $|\psi\rangle$ 塌缩到其中之一的基矢 $|e_i\rangle$；因而，Eve 获得的唯一信息是 $|\psi\rangle$ 与 $|e_i\rangle$ 不正交。同时，量子态 $|\psi\rangle$ 在很大程度上受到了破坏。第二个极端情况是 Eve 知道量子态 $|\psi\rangle$ 处于其中的一个基矢 $\{e_i\}$。在这种的情况下，通过基矢 $\{e_i\}$ 测量量子态 $|\psi\rangle$，Eve 得到了关于 $|\psi\rangle$ 的全部信息，因为量子态 $|\psi\rangle$ 塌缩到了它自身。对量子态 $|\psi\rangle$ 没有产生干扰。

量子密码中最困难的例子是第三种情况，此时 Eve 知道 $|\psi\rangle$ 是一组互不正交的量子态 $|\psi_1\rangle \cdots |\psi_n\rangle$ 之一，p_i 代表 Alice 发送的态是量子态 $|\psi\rangle$ 的概率。在这种情况下，相应的问题是 Eve 可以通过测量获得多少信息，以及引起多少干扰。Eve 的信息增益可以用香农熵来表示，即 $\sum_{i=1}^{n} p_i \lg p_i$，表示她在传输之前对系统的无知程度。她可以尝试通过一些测量来降低这个熵，并得到一些互信息。在这种一般情况下，Eve 的信息增益与干扰问题是量子密码协议安全性的核心之一。当 Alice 发送量子态 $|\psi\rangle$ 的时候，在有窃听的情况下，Bob 没有得到一个纯态，而是得到由密度矩阵 ρ_i 指定给这情况的一种混合态。Bob 检测到的干扰由 $D = 1 - \langle \psi_i | \rho_i | \psi_i \rangle$ 给出。

最著名的量子计算算法之一是 Shor 算法。该算法很重要，因为它表明了如果有足够强大的量子计算机，公钥密码可能很容易被破解。例如，一个由 Rivest、Shamir 和 Adleman 提出的 RSA 算法使用公钥 N，N 是两个大质数的乘积。破解 RSA 加密的一种方法是将 N 因式分解，但是用经典算法，因式分解随着 N 的增大，耗时越来越长。相比之下，Shor 算法可以在多项式时间内对 RSA 进行破解。

11.7.1.1　量子密钥分发（QKD）

如何在一般情况下发送量子态，特别是量子比特，是另一个常见的问题。到目前为止，偏振光子的传输是量子密码协议中发送量子比特态的基本工具之一。Alice 选择一个随机位串和一个随机序列的偏振基（线或对角线）。然后她发送一系列光子给另一个用户（Bob），每个光子代表为该位比特选择的基中字符串的一个比特，一个水平的或 45 度的光子代表一个二进

制的 0, $|\nearrow\rangle$ 态，一个垂直的或 135 度的光子代表一个二进制的 1, $|\diagdown\rangle$ 态。当 Bob 接收到光子后，他不受 Alice 影响，随机地选择对每个光子执行线偏振还是对角偏振的测量，并将测量结果表述为二进制 0 或 1。当用线偏振基尝试测量对角线偏振光子时，将产生随机的结果，全部信息将丢失，反之亦然。因此，Bob 只从他接收到的一半光子中获得有意义的数据，也就是他猜对了的、正确的那些偏振基。事实上，一些光子将在传输途中丢失，或者无法被 Bob 的不完美的探测器计数，这使得 Bob 获得的信息量更少。

假定信息易受窃听，而不是信息易于注入或改变，协议的后续步骤将会在一个普通的公共信道上进行。Bob 和 Alice 首先通过公开的信息交流，确定哪些光子被成功接收并以正确的基矢进行了测量。如果量子传输没有受到干扰，那么即使这些数据从未在公共信道上讨论过，Alice 和 Bob 也会对这些光子编码的比特达成一致。这些光子的每一个都会携带 1 比特的随机信息（不管线光子是垂直的还是水平的），Alice 和 Bob 知道这个信息，但其他人并不知道。

由于量子传输中的直线光子和对角光子的随机混合，任何窃听都有可能以这样的方式改变传输，导致 Bob 和 Alice 在本应结论一致的比特上产生了分歧。如果所有的比较结果都一致，则 Alice 和 Bob 就可以得出结论，量子传输没有出现明显的窃听，而那些剩余比特的发送基和接收基也同样是一致的。这些信息也就可以安全地用于公共信道上后续的安全通信。

QKD 方案主要有两种类型：一是制备和测量方案，另一种是基于纠缠的 QKD。BB84 和 B92 是第一种类型的 QKD。在 BB84 中，Alice 使用两组互补基矢的 4 个量子态中的任意一个发送一个量子比特；在 B92 中，Alice 使用两组非正交基矢的 6 个量子态中的任意一个发送一个量比特；Alice 也可以使用三组互补基矢的 6 个量子态中的任意一个发送一个量子比特。Ekert91 和 BBM92 是第二种类型的 QKD 方案，其中纠缠成对的量子比特被分配给 Alice 和 Bob，然后他们通过测量来提取密钥比特。在 BBM92 方案中，每一方对其一半比特选择两组互补基矢中的一个进行测量。在 Ekert91 方案中，Alice 和 Bob 基于贝尔不等式检验来估计 Eve 的信息；而在 BBM92 方案中，类似于 BB84 方案，Alice 和 Bob 试图估算 Eve 的最终密钥的信息。在这样的协议中，需要一个纠缠源，产生纠缠粒子对（通常是光子）。该光源通常是采用非线性下转换过程在光子上实现的，这是源于把激光照射到某些特定的晶体中。

如前所述，QKD 需要一个量子信道和一个经典信道。量子信道可能是不安全的，而经典信道假设是经过验证的。幸运的是，在经典密码学中，存在无条件安全的认证方案，并且这些无条件安全认证方案是有效的。对 N 比特消息进行验证，只需要共享密钥中 $\log N$ 量级的比特数。因为 Alice 和 Bob 之间需要少量预先共享的安全比特数，所以 QKD 的目标是密钥的增长，而不是密钥的分布。然而，在传统的信息理论中，密钥的增长是不可能完成的任务。因此，QKD 对一个传统上不可能解决的问题提供了根本解决方案。

11.7.1.2　协议的通用特征

量子密钥协议的一些通用特征可以参照量子密码协议中最常用的 BB84 协议来说明。每一方随机地选择两组基中的任意一个，即线基矢或对角线基矢。每个比特由相互正交的两个量子态中的一个来表示，这意味着每一方的基矢序列在原则上是相互独立的。密钥的特性包括传输、测量、偏移和误差校正。

　　在传输过程中，Alice 选择一般包含 N 个经典比特的消息(密钥)，并且根据每个比特的选择基矢将其编码为量子态。使用偏振编码就是把量子比特转换成光子偏振态，然后传输光子。在测量过程中，量子比特通过量子信道，一个接着一个地由 Bob 和 Eve 根据他们对每一个量子比特独立选择的随机基矢进行测量。测量结果是一个经典比特的序列。测量只是量子比特矢量向基矢上的投影。在无噪声信道中，不会修正或改变传输的量子比特，这时候如果发射端和接收端选择相同的基矢，测量结果则是相同的经典比特。但是对于使用不同基矢的情况，测量结果只能用概率表示。

　　在筛选操作期间，Alice 和 Bob 分别通过公开信道发布他们对态制备和测量所使用的基矢。在无损耗和无噪声的量子信道上，如果 Bob 想确认他测量的正是 Alice 发送的比特，则他就应该只考虑那些和 Alice 采用相同基矢的比特。因而，其余的比特将被丢弃。在这一步骤中，即使 Eve 能够知道 Alice 和 Bob 选择哪个基矢，她并不知道 Bob 的测量结果。所以，对于那些她使用错误的测量基矢而 Bob 使用正确的测量基矢的比特，她没有办法在另一组(正确的)基矢上重做测量。值得注意的是，此次通信需要一个经过认证的、与量子信道并行的经典信道。这里所谓的"经过认证的"，指的是一个不一定安全但所有消息都可以被认证的线路。在实际中，由于信道从来都是有噪声的，因此总是需要使用一些纠错机制。在这一步骤中，需要从剩余的比特中丢弃更多的比特，以低的密码率为代价来减轻可能的信息泄露。

　　BB84 方案提出后，人们开始修改它，并提出具有新改进或优点的新协议。例如，在 BB92 方案中，结果表明，非正交态也可用于偏振编码。与四态协议相比较，六态协议引入了更低的可容忍的信道噪声。在包含丢弃相当一部分初始(原始)交换密钥的加密步骤后，剩余序列的长度才是实际的密钥长度。密钥长度除以时间就得出了安全密钥交换率。这个交换率取决于量子信道误码率(QBER)，后者是量子通信系统的一个重要性能指标。

11.7.2　量子隐形传态

　　尽管不可能测量或广播要传输的信息，但是量子隐形传态却允许量子信息传输到遥远的地方。这是用量子纠缠作为通信方式的一个有趣示例。假设 Alice 和 Bob 共享一对纠缠粒子 A 和 B，并且 Alice 得到了一个制备在未知的量子态 $|\psi\rangle$ 中的粒子 C。现在 Alice 希望把量子态 $|\psi\rangle$(而不是她自己)发送到 Bob 那里。由于测量几乎会确定性地、不可逆地破坏信息，所以这就限制了 Alice 不能通过测量粒子来获取那部分可以通过经典信道传输或发送给 Bob 的信息。

　　但是，Alice 能够使制备在未知态 $|\psi\rangle$ 中的粒子 C 和她的纠缠对中的粒子 A 以适当的方式进行相互作用，然后，她可以适当地测量 C 和 A 的共享属性。结果，纠缠对中 Bob 一方的粒子 B 的量子态瞬间变成一个旋转等价于(在偏振态的情况下)量子态 $|\psi\rangle$ 的复制品。同时，由于 Alice 的测量，她拥有的粒子 C 和 A 失去它们的信息，但是获得了两比特的经典信息，这些信息会告诉 Alice，Bob 需要在他的粒子 B 上执行哪个操作(对于偏振就是旋转)，以使其粒子制备在量子态 $|\psi\rangle$。由于在 Bob 完成所需的旋转，以他的粒子 B 进入量子态 $|\psi\rangle$ 之前，他的粒子 B 的态仍然与纯的随机量子比特无法区分，因此 Alice 必须通过经典信道把她的两比特信息传送给 Bob。进而，Alice 可以将编码在量子态 $|\psi\rangle$ 中的信息分为两部分，即经典的和非经典的，并通过两个不同的信道(一个经典信道，一个量子信道)发送给 Bob。量子信道可以是由两个或两个以上的希尔伯特空间构成的 EPR (Einstein, Podolski, and Rosen)信道。也

可以说，通过对粒子 C 和 A 进行适当的测量，C 中的部分量子信息被立即发送到 B，而 Alice 则以经典信息的形式获得了量子态 $|\psi\rangle$ 的剩余信息。Bob 可以用这部分信息来让他的粒子 B 达到未知的量子态 $|\psi\rangle$。

最后要说明的是，Alice 和 Bob 都不知道量子态 $|\psi\rangle$ 的具体形式，但是他们都知道，在量子隐形传态结束时，不是 Alice 的而是 Bob 的粒子制备在了量子态 $|\psi\rangle$ 上。这样，未知的量子态 $|\psi\rangle$ 就可以分解成两个经典态和一个纠缠的量子纯态，然后再重建。我们可以观察到，以这种方式，发送者无须知道传输情况(不管是传输的量子态，还是预期接收者的位置)就可以将一个完整的且未知的量子态从一个地方传输到另一个地方。最后，我们可以发现上述过程并没有实现超光速通信，最多可以说粒子 C 中的部分信息被即时传送了。此外，如果 Bob 已经拥有量子态 $|\psi\rangle$，那么他可以通过量子隐形传态更完整地确定量子态 $|\psi\rangle$，因为他可以对两份量子态 $|\psi\rangle$ 进行测量。所以，在 Alice 不知道 Bob 的确切位置的情况下，隐形传态也是可实现的，只需将经典比特广播到所有 Bob 可能在的位置就足够了。

如图 11.7 所示，不包括测量和经典信息传输的隐形传态模型可以用三量子比特系统来展示。要传送的未知量子比特 1 处于量子态 $|\psi\rangle = a|0\rangle + b|1\rangle$。用量子比特 1 和量子比特 2 控制 CNOT 门，进而在量子比特 3 上得到原始的单量子比特态。作为隐形传态的结果，一个特定的但未知的量子态已经从量子比特 1 转移到量子比特 3，而量子比特 1 和量子比特 2 将处于叠加态。

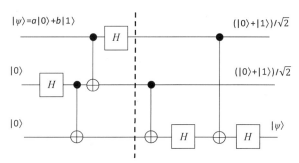

图 11.7　基于三量子比特系统的隐形传态模型

11.8　小结

从实际的角度来说，对量子信息处理的大多数基本问题给出明确的回答还为时过早。关于全功能量子计算机的演化，目前量子门和处理器的设计仍处于一个非常初级的阶段。但是，各种巧妙的想法已经发展到至少能使用量子比特建立有限的工作原型和简单的量子算法。然而，仍然有太多的硬件问题需要解决。人们也充分认识到，这种实验的成功可能还不足以将这些计算机提升到比传统计算机更有用。在实验方面，目前最主要的挑战并不是马上建立一台完整的量子计算机，而是从量子干涉和纠缠的展示实验转换到控制这些量子现象的实验。

然而，加密消息的量子通信这一领域已经取得一些实验成果。事实上，自由空间的量子密钥分发的实验已经在加那利群岛的拉帕尔马岛和特内里费岛之间成功实现。在该系统中，由发射端发射的多光子脉冲形成了密钥。QKD 发射端(Alice)的光学系统由 4 个激光二极管组成，每个二极管的方向相对于与它相邻的二极管方向旋转 45 度。所有二极管的输出光束都被一对凹凸的锥面镜重叠，并耦合到连接发射端的单模光纤中。通过同时激活两个随机选择的二极管，诱骗脉冲随机分布在信号序列中。对于空的诱骗脉冲，驱动激光二极管的电脉冲被抑制了。在耦合到光学系统(望远镜)之前，所有诱骗态的平均光子数用校准的光子探测器在 50:50 光纤分束器的输出端口之一进行监测。在发射端望远镜中，进行单光子的偏振分析，以校正沿光纤的变化。当前，户外实验明确地显示了安全地进行密钥分发的可行性，这将会提高安全通信的可能性。

扩展阅读

1. *Physics and Applications of the Josephson*: A. Barone and G. Paterno, John Wiley, New York, 1982.

2. *The Physics of Quantum Information-Quantum Cryptography, Quantum Teleportation, Quantum Computation: A. Ekert*, D. Bouwmeester and A. Zeilinger, Springer, New York, 2000.

3. *Quantum Computing*: J. Gruska, McGraw-Hill, New York, 1999.

4. *Introduction to Quantum Computation and Information*: S. Popescu (eds.) H. K. Lo, T. Spiller, World Scientific, Singapore, 1998.

5. *Quantum Information*: H. Weinfurter and A. Zeilinger (eds.) G. Alber, Springer, Berlin, 2001.

6. *Probabilistic and Statistical Aspects of Quantum Theory*: A. S. Holevo, North-Holland, Amsterdam, 1982.

7. *Quantum Computation and Quantum Information*: I. L. Chuang and M. A. Nielsen, Cambridge University Press, Cambridge, 2000.

8. *Quantum Entropy and Its Use*: D. Petz and M. Ohya, Springer, Berlin, 1993.

参考文献

[1]　A. Galindo and M. A. Martin-Delgado. Information and computation: Classical and quantum aspects. *Rev. Mod. Phys.*, 74(2):347-357, 2002.

[2]　J. S. Bell. On the Hinstein-Podolsky-Rosen paradox. *Physics*, 1(3):195, 1964.

[3]　A. Zeilinger, D. M. Greenberger, M. A. Horne. *Going beyond Bell's theorem, in Bell's Theorem, Quantum Theory, and Conceptions of the Universe.* Kluwer Academic Publishers, 1989.

[4]　D. Deutsch. Quantum theory, the Church-Turing principle and the universal quantum computer. *Proc. Royal Soc. London*, 400:97-117, 1985.

[5]　C. C. Cheng and A. Scherer. Fabrication of photonic bandgap crystals. *J. Vac. Sci. Tech.* (B), 13(6):2696-2700, 1995.

[6]　D. Bouwmeester, A. Ekert, and A. Zeilinger. *The Physics of Quantum Information: Quantum Cryptography, Quantum Teleportation, Quantum Computation. Springe*r, New York, 2000.

[7]　K. Blum. *Density matrix: theory and applications*. Plenum, New York, 1996.

[8]　Y. Makhlin, G. Schwon, and A. Shnirman. Quantum-state engineering with Josephson-junction devices. *Rev. Mod. Phys*, 73(2):357-400, 2001.

[9] H. C. Nager, W. Bechter, J. Eschner, F. Schmidt-Kaler, and R. Blatt. Ion strings for quantum gates. *App. Phys. B*, 66(5):603-608, 1998.

[10] J. I. Cirac and P. Zoller. New frontiers in quantum information with atoms and ions. *Phys. Today*, 57:38, 2004.

[11] J. P. Home, D. Hanneke, J. D. Jost, J. M. Amini, D. Leibfried, and D. J. Wineland. Complete methods set for scalable ion trap quantum information processing. *Science*, 325:1227-1241, 2009.

[12] R. Blatt and D. Wineland. Entangled states of trapped atomic ions. *Nature*, 453:1008-1012, 2008.

[13] K. Molmer and A. Sorensen. Multiparticle entanglement of hot trapped ions. *Phys. Rev. Let.*, 82:1835, 1999.

[14] S. Bose. Quantum communication through an unmodulated spin chain. *Phys. Rev. Let.*, 91:207901, 2003.

[15] T. J. Osborne and N. Linden. Propagation of quantum information through a spin system. *Phys. Rev. A*, 69, 2004.

[16] H. Kamada and H. Gotoh. Quantum computation with quantum dot excitons. *Semicond. Sci. Tech.*, 19:392, 2004.

[17] A. Loss and D. P. DiVincenzo. Quantum computation with quantum dots. *Phys. Rev. A*, 57:120, 1998.

[18] A. Zrenner, E. Beham, S. Stuer, F. Findeis, M. Bichler, and G. Abstreiter. Coherent properties of a two-level system based on a quantum-dot photodiode. *Nature*, 418:612, 2002.

[19] A. Shnirman, G. Scheon, and Z. Hermon. Quantum manipulation of small Josephson junctions. *Phys. Rev. Let.*, 79:2371, 1997.

[20] B. D. Josephson. Possible new effects in superconductive tunneling. *Phys. Let.*, 1:251, 1962.

[21] R. R. Clark. A laser distance measurement sensor for industry and robotics. *Sensors*, 11:43-50, 1994.

[22] J. E. Mooij, T. P. Orlando, L. Levitov, L. Tian, C. H. Vander Wal, and S. Lloyd. Josephson persistent current qubit. *Science*, 285:1036, 1999.

[23] D. P. Goorden and F. K. Wilhelm. Theoretical analysis of continuously driven Josephson qubits. *Phys. Rev. B*, 68:012508, 2003.

[24] K. Nakamura, T. Hara, M. Yoshida, T. Miyahara, and H. Ito. Optical frequency domain ranging by a frequency-shifted feedback laser. *IEEE J. Quant. Elect.*, 36:305-316, 2000.

[25] V. Bouchiat, P. Joyez, H. Pothier, C. Urbina, D. Esteve, and M. H. Devoret. Quantum coherence with a single Cooper pair. *Phys. Scripta*, T76:165, 1898.

[26] T. Yamamoto, Y. Pashkin, O. Astafiev, Y. Nakamura, and J. S. Tsai. Demonstration of conditional gate operation using superconducting charge qubits. *Nature*, 425:941, 2003.

[27] E. N. Bratus, J. Lantz, V.S. Shumeiko, and G. Wendin. Flux qubit with a quantum point contact. *Physica C*, 368:315, 2002.

[28] R. W. Simmonds, K. M. Lang, D. A. Hite, D. P. Pappas, and J. M. Martinis. Decoherence in Josephson qubits from junction resonances. *Phys. Rev. Let.*, 93, 2004.

[29] M. N. Leuenberger, D. Loss, M. Poggio, and D. D. Awschalom. Quantum information processing with large nuclear spins in GaAs semiconductors. *Phy. Rev. Let.*, 89:207601, 2002.

[30] A. B. Vander-Lugt. Signal detection by complex spatial filtering. *IEEE Trans. on Inf. Th.*, IT-10:139-145, 1964.

[31] L. M. K. Vandersypen, M. Steffen, G. Breyta, C. S. Yannoni, M. H. Sherwood, and I. L. Chuang.

Experimental realization of Shors quantum factoring algorithm using nuclear magnetic resonance. *Nature*, 414:883, 2001.

[32] P. Kok, W. J. Munro, K. Nemoto, and T. C. Ralph. Linear optical quantum computing with photonic qubits. *Rev. Mod. Phys*, 79:135, 2007.

[33] V. Vedral, M.B. Plenio, M.A. Rippin, and P. L. Knight. Quantifying entanglement. *Phys. Rev. Let.*, 78（12）:22752279, 1997.

[34] R. F.Werner and M. M.Wolf. Bell inequalities and entanglement. *Quant. Inf. Comp.*, 1（3）:125, 2001.

[35] D. P. DiVincenzo. The physical implementation of quantum computation. *Fortschritte der Physik*, 48:771, 2000.

[36] V. Bubzek, M. Hillery, and R. F. Werner. Optimal manipulations with qubits: universal-not gate. *Phy. Rev*, A 60（4）:2626-2629, 1999.

[37] E. Fredkin and T. Toffoli. Conservative logic. *Int. J. Theor. Phys*, 21:219, 1982.

[38] A. Zeilinger in G. Alber et al.（ed.）H. Weinfurter. *Quantum Information.* Springer, Berlin, 2001.

[39] C. H. Bennett and S. J. Wiesner. Communication via one- and twoparticle operators on Einstein-Podolsky-Rosen states. *Phy. Rev. Let.*, 20:2881-2884, 1992.

[40] N. Gisin, G. Ribordy, W. Tittel, and H. Zbinden. Quantum cryptography. *Rev. Mod. Phys.*, 74:145-160, 2002.

[41] D. Mayers. Unconditional security in quantum cryptography. *ACM J.*, 48:351-406, 2001.

[42] S. Chiangga, P. Zarda, T. Jennewein, and H. Weinfurter. Towards practical quantum cryptography. *App. Phy. B: Lasers and Optics*, 69:389-393, 1999.

[43] V. Scarani, H. Bechmann-Pasquinucci, N. J. Cerf, M. Dusek, N. Lutkenhaus, and M. Peev. The security of practical quantum key distribution. *Rev. Mod. Phys.*, 81:1301-1309, 2009.

第 12 章 纳米光子学信息系统

12.1 引言

纳米光子学是纳米技术的一个分支，涉及操纵纳米尺度光子器件的电磁和电子特性。该领域主要处理光和物质在短于光波长尺度上的相互作用。引起纳米尺度光与物质之间相互作用的方法是把光限制在这样的尺寸。这些相互作用发生在光的波长和亚波长尺度，取决于人工或自然纳米结构材料的物理、化学和结构特性。纳米光子学的关键问题是限制电磁波或量子力学波的不同方法。该技术受到不断增长的缩小电子芯片尺寸需求的驱动，现已经发展到一定精确程度，以致在这样的信息系统中实现光子流的控制是可能的。结合光子集成的需求和纳米技术的前景，纳米光子信息处理领域已经出现。

以光源、信号发射器和探测器以及信号互连形式出现的各种功能性器件，已在不同的实验室采用纳米光子技术而得以有效实现。此外，利用光激发转移，通过近场光，已经实现从一个纳米系统到另一个纳米系统的光子信息系统。在纳米尺度上，通过光与物质的相互作用，可以观察到光与物质之间的强耦合、自发辐射的有效控制、增强的非线性现象以及其他一些有趣的现象。

12.2 纳米光子器件

从广义上讲，纳米光子学对波长约为 300～1200 nm 光的行为进行研究，其中包括紫外线、可见光和近红外光，它们与纳米尺度的结构(约 100 nm 或以下)相互作用。所有纳米光子器件的基本作用都是提高其他形式的能量到光能的转换效率。相关的设备可以控制光的流动，有时可以将光区域化或限制在纳米体积内。因此，光在光子晶体、纳米光波导、微谐振器、等离子体中的区域化，或量子力学波在纳米结构(如量子阱、线和点)的区域化都是纳米光子器件的一些例子。这种器件可以采用胶体形式的材料，也可以是通过光刻、离子束铣削、溅射、化学气相沉积或激光烧蚀合成的材料。

对于纳米光子器件，光的产生和检测是两个非常重要的问题。人们已经进行了许多实验来发展纳米激光器，但似乎主要关注纳米发光二极管的发展。这些超小型激光器和在波长、亚波长尺度上的 LED 光源是光集成芯片中不可缺少且关键的组成部分。

光子探测器是整个光子信息技术中不可或缺的。探测器的基础尺寸已大大减少，这些小型探测器可以检测以语言、图片或图像形式调制的光子数字信息。应用纳米光子学的关键问题在于为这些器件增强灵敏度、带宽和速度提供更好的解决方案。

开发利用纳米光子器件的另外两个重要问题与纳米尺度上光的转换、传输和调制有关。光纤的发展及其在光子信号远距离传输中的应用是一个里程碑。光子学研究的重点已经转移到另一个重要问题：超紧凑集成光子芯片的高效信息传输，其中包括信息传输、调制交换、处理、计算功能，当然也包含了检测。这些纳米光子器件为发生在亚波长尺度上的光与物质相互作用和转化问题提供了非常有用的解决方案。

理论上，纳米光子器件的操作有时可以通过一个系统来解释，该系统由若干功能区组成：用于系统中驱动载流子的局部化光场（光近场）和用于提取一些信息的自由光子（辐射）场。在这种纳米光子学信息系统中，很重要的一点是光子的空间分布是局限在纳米空间而不是物质本身。从这一点来看，对这些器件的有价值操作是理所当然的。理论上，在一个纳米光子器件系统中，长波长近似这一约束是允许的。

本章只讨论两个已经研究且有用的纳米光子器件：光子晶体和等离子体器件。目前已确定它们可在商业上应用。

12.2.1　光子晶体

光子晶体（PhC）是实现光子器件小型化及其大规模功能集成的平台之一[1]。这些人工的周期介电结构可以被设计成频率带（光子带隙），在此范围内电磁波的传播是被禁止的，且不考虑传播方向。尽管对 100 nm 尺度的结构进行了大量研究，但由于受到纳米结构制造的限制，纳米光子学的实现与实际应用还有待开发。现在，大多数器件的结构尺寸大约是光波长的一半，因此，按照纳米技术定义的尺度，这些器件在严格意义上讲不能称之为纳米光子器件。

理想的光子晶体是由无数个任意形状的散射体组成的，形成一个、两个或三个周期的晶格来影响光子的行为，这与半导体的晶体结构影响电子的性质类似[2][3]。半导体的微观原子晶格产生半导体带隙，可以将光子晶体看作与半导体类似，它也通过建立光子带隙来改变光的传播。因此，代替速度相对缓慢的电子，利用光子作为信息的载体，光子晶体可以大幅度提高系统的速度和带宽。基本的现象是以衍射为基础的，因此光子晶体结构的周期在电磁波波长或至少半波长内（即对于工作于可见光的光子晶体约为 300 nm）。光子晶体的周期性类似于晶体的原子晶格，其长度尺度与带隙中光的波长成正比。

在光学波段的光子带隙制造需要微纳加工技术，这种制造是相当困难的，其难度取决于带隙所需的波长和尺寸。低频结构需要更大的尺寸，因此更容易制造[4]。然而，一维或二维光子晶体需要在一个或两个方向上周期性变化的电介质，因此相对于三维实现来说，这种结构容易制造。一维结构的一个方向（例如 z 方向）被认为是周期性的，在另一个平面上（如 x、y 平面）被认为是均匀的。二维结构在 x、y 平面上被认为是周期性的，在 z 方向上是不变的，并且传播在周期平面内。普通晶体的电磁模拟是三维光子晶体，即在三个不同轴的方向具有周期性的电介质[5][6]。三维光子晶体的例子包括蛋白石和反蛋白石结构、木料堆[7]以及层叠层结构等[8]。还有另一种周期性结构，即准二维光子晶体，其几何结构比二维光子晶体的复杂，但没有三维光子晶体结构复杂。典型的平面光子晶体（PPC）和光子晶体平板被认为是准二维结构[9]。图 12.1 显示了一维、二维和三维光子晶体结构，其中不同类型的灰色区域代表了具有不同介电常数的材料[10]。

如果光子晶体允许电磁波以任意极化在任何方向上传播，那么这种器件具有完全的光子带隙。层状介质中不可能有完全的带隙，但在三维的周期性空间，光子晶体可以有完全的带隙，因此可以控制光在各个方向的传播。这些结构可以在平面上的任意角度阻挡一定波长的光。该类器件甚至可以防止光线从第三维(即垂直于表面)的某些角度进入。因此有可能制作三维晶格结构以获得对所有三个维度光的完全控制。

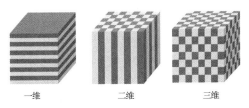

一维　　　　　　二维　　　　　　三维

图 12.1　具有代表性的一维、二维和三维光子晶体结构(图片来源于文献[11])

可以将光子晶体设计成一个反射镜,它能高效地从任何角度反射选定的光波。也可以将它们集成在发射层中以创建一个发光二极管,从而在特定方向发射特定波长的光。

12.2.1.1　光子带隙

由于晶格中原子的有序排列,半导体材料中电子势的周期性导致出现电子的禁止能量带(禁带),称之为电子带隙。同样,光子晶体介电晶格的周期性导致光子带隙,即光子的禁止能量带。光子带隙可以防止光以特定频率或一定范围的波长在特定方向传播[8]。

周期性结构主要由三个参数来表征:定义为晶格常数的空间周期、分数体积和组成材料之间的介电对比度。光子晶体的禁带还有另一特性——带隙维度,这与晶体周期性结构的维度数目直接相关。在这些周期性结构中,电磁模的分布及其色散关系与自由空间的差别很大。一维周期性结构只有一维光子带隙,一个合理设计的三维周期性结构就可以显示完整的三维光子带隙[2]。

麦克斯韦方程固有的可扩展性,可以解释可见光到微波波长范围内光子带隙的形成。这个公式建立了求解晶体模主方程的基础[12]。下面是在处理主方程时的假设:(a)问题中的混合电介质对自由电荷和电流是无效的,所以 $\rho = 0$ 和 $\mathbf{J} = 0$;(b)磁场强度足够小,因此在电极化率 χ 中,高阶项可以忽略;(c)材料是宏观且各向同性的;(d)介电常数的频率依赖性(材料色散)可以忽略不计;(e)材料在空间 $\mathbf{r}$ 的所有位置上具有纯实数和正的 $\varepsilon(\mathbf{r})$。根据假设,随时间和空间变化的麦克斯韦方程如下:

$$\nabla \cdot [\varepsilon(\mathbf{r})\mathbf{E}(\mathbf{r},t)] = 0$$

$$\nabla \times \mathbf{E}(\mathbf{r},t) + \mu_0 \frac{\partial \mathbf{H}(\mathbf{r},t)}{\partial t} = 0$$

$$\nabla \cdot \mathbf{H}(\mathbf{r},t) = 0 \tag{12.1}$$

$$\nabla \times \mathbf{H}(\mathbf{r},t) - \varepsilon_0 \varepsilon(\mathbf{r}) \frac{\partial \mathbf{E}(\mathbf{r},t)}{\partial t} = 0$$

其中 $\varepsilon(\mathbf{r})$ 表示空间介电函数。

假定解是随时间正弦变化(简谐波)的,那么复指数函数形式的解为

$$\mathbf{H}(\mathbf{r},t) = \mathbf{H}(\mathbf{r})e^{-j\omega t}$$

$$\mathbf{E}(\mathbf{r},t) = \mathbf{E}(\mathbf{r})e^{-j\omega t} \tag{12.2}$$

其中 $\mathbf{H}(\mathbf{r})$ 和 $\mathbf{E}(\mathbf{r})$ 是晶体模式中场的空间分布。

上述的解如下:

$$\nabla \cdot [\varepsilon(\mathbf{r})\mathbf{E}(\mathbf{r})] = 0$$

$$\nabla \times \mathbf{E}(\mathbf{r}) - \mathrm{j}\omega\mu_0\mathbf{H}(\mathbf{r}) = 0 \tag{12.3}$$

$$\nabla \cdot \mathbf{H}(\mathbf{r}) = 0$$

$$\nabla \times \mathbf{H}(\mathbf{r}) + \mathrm{j}\omega\varepsilon_0\varepsilon(\mathbf{r})\mathbf{E}(\mathbf{r}) = 0$$

这些散度方程表明，解是横电磁模。即对于波矢 $\mathbf{k}$ 和场分量 $\mathbf{a}$ 的平面波解，$\mathbf{a} \cdot \mathbf{k} = 0$。这说明如果沿 x 方向传播，EM 分量沿着 $\mathbf{a} = y$ 或 z 方向。两个模极化是横电(TE，$\mathbf{E}$ 与 $\mathbf{k}$ 正交)和横磁(TM，$\mathbf{H}$ 与 $\mathbf{k}$ 正交)。通过求解耦合旋度方程，代入 $\mathbf{E}(\mathbf{r})$ 和 $1/c = \sqrt{\varepsilon_0\mu_0}$，则主方程为

$$\nabla \times \left(\frac{1}{\varepsilon(\mathbf{r})}\nabla \times \mathbf{H}(\mathbf{r}) \right) = \left(\frac{\omega}{c} \right)^2 \mathbf{H}(\mathbf{r}) \tag{12.4}$$

该方程是光的圆角频率 ω 和空间介电函数 $\varepsilon(\mathbf{r})$ 的函数。利用这个方程还可以求解 PhC 的 $\mathbf{H}(\mathbf{r})$ 状态和它们在平面波基础上的特征值，同时还有助于绘制能够发现带隙和共振模式的色散图。

考虑到麦克斯韦方程的可扩展性是很重要的，因为绘制带隙图时要用归一化尺度因子(通常被称为 a)进行归一化。在光子晶体中，a 通常被设定为晶体的晶格常数，且其他所有尺寸都相对于晶格常数定义。由于这种归一化方案，主方程的所有特征值解都与结构的周期性有关。通过归一化频率和用该值除实际晶格的空间尺寸，可以获得任意特征值解的自由空间波长[13]。与均匀各向同性材料相比，一维光子晶体结构由介电常数为 ε_1 和 ε_2 的周期性连续层组成，周期是 a，如图 12.2 所示。

波长 $\lambda \ll a$ 的电磁波与结构之间的相互作用是允许的，产生的现象可以用几何光学的 Snell-Descartes 定律解释。在一维周期性结构中，电磁色散关系具有不允许传播电磁模的频率区域。在这种被禁止的频率间隙或布拉格频率中，由于布拉格反射，电磁波传播转瞬即逝，经历了指数衰减。

如果 $\lambda \gg a$，电磁波感知或经历的是由 ε_1 和 ε_2 各自厚度加权平均的均匀介电常数。正是由于在两个范围之间，当 $\lambda \sim a$ 时，其周期性结构的行为同布拉格反射镜的行为一样，所有连续的反射都是同相位的，波穿透介质时迅速衰减。

一维周期性介质中的传输特性由色散关系 $\omega(k)$ 进行了很好的描述，其中频率作为波矢 $\mathbf{k}$ 的函数给出。色散关系可由考虑了介电常数 $\varepsilon(z) = \varepsilon(z + a)$ 的周期性麦克斯韦方程获得。这种周期性介电常数可用傅里叶展开法分解：

$$\varepsilon(z) = \sum_m \varepsilon_m \mathrm{e}^{-\mathrm{j}Kmz} \tag{12.5}$$

其中 $K = \dfrac{2\pi}{\Lambda}$。

这个周期性系统的麦克斯韦方程的解是布洛赫波，由下式给出：

$$E(z) = e_m \mathrm{e}^{-j(k_z + mK)z}$$

$$H(z) = h_m \mathrm{e}^{-j(k_z + mK)z} \tag{12.6}$$

e_m 和 h_m 是周期性的。

在 $\pm K$ 变换下，布洛赫模式的波矢 $k_z + mK$ 不变。制约 k 空间的布里渊区[14]定义在区间 $-\dfrac{K}{2} < k \leqslant \dfrac{K}{2}$，有效折射率由 $n_{\mathrm{eff}}(\omega) = \dfrac{k_z(\omega)}{k_0}$ 给出，其中 $k_0 = \dfrac{2\pi}{\lambda}$。对于不同的 ε_1 和 ε_2 值，色

散关系或带隙图由图 12.2(b) 给出。当 $\varepsilon_1 \neq \varepsilon_2$ 时，对于 $k = \dfrac{K}{2}$，没有传播解存在，且存在光子带隙。当 $\varepsilon_1 = \varepsilon_2$ 时，不存在光子带隙。在光子带隙中，一维光子晶体的作用类同于布拉格反射镜，一维光子晶体的离散平移对称性使人们可以将电磁模与它们的波矢 **k** 区分开来。这些模式可以用半导体材料的布洛赫形式来解释，通常由与晶体周期有关的周期函数调制的平面波组成。布洛赫模式有一个基本的重要特征，即不同的 k 值不一定导致不同的模式。在布里渊区中，k 方向上与对称无关的最小区域被称为不可约或简化的布里渊区。

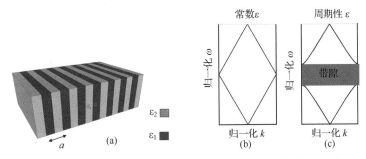

图 12.2　(a) 一个方向有电介质的一维周期性结构；(b) 对于同样的电介质，垂直于该结构方向上的光子带隙结构；(c) 当电介质具有图 (a) 的周期性时形成的光子带隙

同样，可以由一维周期性结构设想出两个方向有周期性和第三个方向不变的周期性系统，这种结构被称为二维光子晶体。由于存在带隙，这种几何结构可在平面的两个方向约束光，第三个方向 (垂直于对称平面) 的约束是由折射率差异引起的全内反射实现的[15]。最简单的二维光子晶体是一个具有周期 a 的空气孔的硅基块，如图 12.3(a) 所示。

在这种结构中，光线方程可以写成标准形式：

$$\frac{\omega a}{2\pi c_a} = \frac{1}{2n_{si}} \cdot \frac{ka}{\pi} \tag{12.7}$$

这种晶格结构的布里渊区以原点 $\varGamma$ 中心，如图 12.3(b) 所示。不可约区为灰色三角楔形。通常用 $\varGamma$、M 和 X 表示中心、角和面上的特殊点。图 12.4 的下部给出不同孔径的色散图。

在图 12.3 中，y 轴是归一化频率 $\dfrac{a}{\lambda} = \dfrac{\omega a}{2\pi c}$、$x$ 轴是归一化传播常数 $\dfrac{ka}{\pi}$。为了简化，光线被人为折回第一布里渊区。通过在该硅块中加入一个周期性的晶格孔，对色散进行了修正，带隙在布里渊区边缘打开。可以看出，随着孔径变大，带隙变宽且向高频率方向移动。后者可以归因于光和低介电常数材料 (空气) 之间的重叠增大。

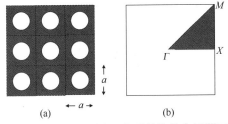

图 12.3　(a) 光子晶体的正方形晶格；(b) 正方形晶格的布里渊区 (不可约区为阴影区)

对于均匀、无图案材料 (如硅块)，光学性能的完整分析只需研究光在一个空间方向 (如 x 方向) 的传播就足够了，因为所有的方向都是等价的。在研究多维周期性介质时，情况并非如

此。周期性光子晶体晶格的引入降低了对称性。因此，为了描述图案介质的光学性质，研究光在不同方向上的传播就显得十分必要。例如，在电子带隙的情况下，研究光在周期性光子晶体晶格的对称方向的传播就足够了。在一个正方形晶格的示例中，图 12.5 给出了 ΓX、XM 和 $M\Gamma$ 标记的方向上，二维正方形晶格光子晶体的模传播色散曲线。可以看出，在电介质带的 M 点和空气带的 X 点之间，存在完全的带隙且比沿 ΓX 方向计算的禁带要窄。

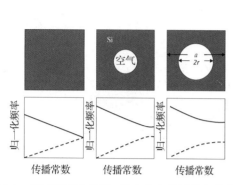

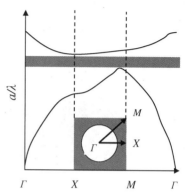

图 12.4　对于不同孔径沿 x 轴方向光传播的色散曲线　　图 12.5　沿二维光子晶体的高对称性方向计算的带图

　　二维光子晶体的核心问题是区分电磁场的两种极化：横电(TE)模式，磁场是平面法线方向，电场位于平面方向；横磁(TM)模式，磁场位于平面方向，电场是平面法线方向。TE 和 TM 模式的能带结构可以完全不同。特别是，可能对一种偏振存在光子带隙，而对另一种偏振不存在光子带隙。对于 TE 和 TM 模式，禁止传播的频带被称为总带隙。然而，无论对于 TE 或 TM 偏振，设计光子带隙是非常具有挑战性的，但也是可以实现的。二维光子晶体的高对称方向带图的差异如图 12.6 所示。

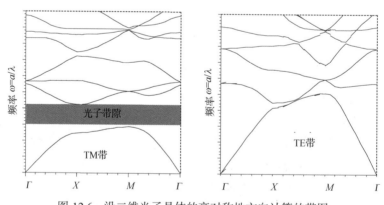

图 12.6　沿二维光子晶体的高对称性方向计算的带图

12.2.1.2　平面光子晶体

　　由于二维光子晶体结构的实现是很难的，因此有必要考虑一种平面光子晶体结构，其实质是一个第三维尺寸有限的二维光子晶体。在这种类型的结构中，光学薄半导体平板(厚度大约是 $\lambda/2$)被一种低折射率材料(通常是空气)包围着，这就是穿孔的二维晶格。由于两种机理的联合作用，在所有的三个维度，光的局域化或本地化是可能的。在这种结构的垂直方向上，由于高折射率平板与低折射率环境的折射率反差，光线通过全内反射(TIR)被限制在平板上。

在横向方向上，由于存在二维晶格孔而产生布拉格反射，光是被分布式布拉格反射控制的。在平面光子晶体(PPC)的第三维没有周期性或无限长的情况，如果光子以小角度(小于发生TIR 的临界角)入射到半导体平板与空气之间的界面，则能够脱离平板且耦合进入连续的辐射模[16]。因此，这些从平板泄漏的光子能量，代表了平面光子晶体的能量损失。

　　由于在所有频率，包括带隙区都存在辐射模，因此带隙在禁带附近闭合，在平面光子晶体中不存在完整的带隙。然而，对于平板的导模，也就是说限制在图案平板中的光子而言，禁止的频率范围仍然存在。正因为如此，任何光子晶格引入的缺陷都能把导模耦合到辐射模中，并且会散射在平板中传导的光。这些缺陷加强了向泄漏模的耦合且增加了 PPC器件的损耗。

　　与无限二维情况相反，有限厚度平板可以支持高阶垂直振动模式。如果平板过厚，这些模式的存在会导致带隙的闭合。垂直扩展结构(无限厚板)的二维分析将导致带图移向较低的频率，因为导模不是完全局限在平板中的，还可以延伸到空气中。PPC 的示意图如图 12.7 所示。

　　平面光子晶体的性质，如带隙的位置和宽度，强烈地依赖于一些重要的参数，如晶格的类型(三角形、正方形、蜂窝)、平板的厚度和有效折射率、平板周围的环境、晶格的周期性以及孔的大小。随着孔变大，带隙变宽。此外，当孔的尺寸增大时，由于与低介电层材料(空气)的重叠增加，带隙边移向更高的频率。当孔太大时，这导致了光子带隙的扩大，TE 模式的带隙可以闭合，TM 模式的带隙可以打开。但是，平板厚度仅影响带隙的位置，对带隙宽度的影响不大。

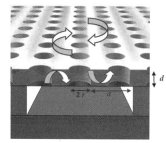

图 12.7　PPC 的示意图

不过，当平板变薄时，带隙边向更高频率的方向移动。当空气被折射率高于 1 的材料取代时，探索 PPC 的特性也是很有意义的。正如预期的那样，较大的孔结构对环境折射率的变化更为敏感。

　　对于某些应用，有必要使用具有低折射率的介电材料来制造 PPC。对于工作在可见光波长范围的 PPC，氮化硅(Si_3N_4)是有希望的候选材料，其折射率近似为 2.02。由于平板与环境之间折射率反差很小，带隙窄，特别是在孔较小的情况下，因此允许器件在可见光区域工作。

12.2.1.3　光子晶体结构中的缺陷

　　光子带隙可以将光限制在较小的体积内。当晶格中引入缺陷时，会产生有趣的结果[17]。半导体晶体在电子带隙中可以拥有施主和受主缺陷态，类比于半导体晶体，在光子晶体中引入缺陷也可以产生光子带隙内的态，可用于选择性地引导光或允许光在小的体积内共振。这些缺陷可以是各种尺寸的点缺陷、线缺陷和其他可能出现的缺陷。点缺陷只能发生在一维结构中。然而，在二维结构中，线缺陷和点缺陷都可能发生。在三维结构中，平面缺陷可以在点缺陷、线缺陷之上发生。基本上，当修改一个或多个晶格点的属性时，将创建一个对称性被破坏(有缺陷)的孤立区域，它被周期性光子晶体晶格包围。有两种扰动晶格创建缺陷的简单方法：在不该有的地方添加额外的介电材料或删除应该有介电材料的部分。第一种情况是介电缺陷，第二种情况是空气缺陷。

　　通过在晶格中移除一些适当尺寸的孔，可以在二维光子晶体结构中引入缺陷，以便支持光子带隙包围的模式，这样光被陷在其中，实现了光腔。可以改变一个晶格孔的半径，使其相对于周围的晶格孔更小或更大，或者完全填充空气孔。对称性的破坏在带隙内产生了共振状态，其频率是光的共振频率，与腔的几何形状相关。共振时，光子被困在空腔内，直到它们最终因泄漏、吸收或散射而损耗。时间常数 τ 是一个与光子在腔内能量衰减直接相关的可测量的量，称之为品质因素，通常被称为 Q 值，它将衰减时间常数与共振频率 ω_0 的可测量值和传输共振峰的半幅全宽（FWHM）联系起来。因此，Q 代表能量损失与腔内存储能量之比，

由 $Q = \omega_0 \tau = \dfrac{\omega_0}{\Delta \omega_{1/2}}$ 给出，其中 ω_0 是腔体的谐振频率，$\Delta \omega_0$ 是共振宽度。光在腔内谐振的时间越长，品质因数越高。FWHM 越小，获得的共振范围越窄和 Q 值越高。

此外，可以通过移除一行孔来创建线性缺陷。光通过这种缺陷传播，垂直方向的光受全内反射所限制，横向光受到光子晶体带隙产生的布拉格反射的限制。这种光子晶体波导缺少一行空气孔，通常称之为 W_1 光子晶体波导。W_1 光子晶体波导可以是单模，也可以是多模。W_2 则缺少了两行空气孔。一旦在波导中增加更多行的空气孔缺陷，就会增加更多带隙内的导带，而缩小波导宽度增加了导带的宽度。除了小面积弯曲，光子晶体波导还可以将光耦合到点缺陷。遵循同一原理，可以进行适当改变以构建不同类型的波导。

12.2.1.4　光子晶体光纤

相比于折射率导引光纤，光子晶体光纤（PCF）是一种新型光纤且很难制备[18]，它们具有类似人工晶体的微结构包层。光子晶体光纤的外观可能会有所不同，但是实心和空心光纤是很常见的[19]。根据 PCF 导光机理而不是其外观来进行分类是非常必要的。这种分类并不取决于纤芯特性，而是取决于包层的光子特性，两种机理都将光模式限制在纤芯，并允许低损耗、长距离传输[18]。一些光子晶体与多孔光纤的典型结构如图 12.8 所示。

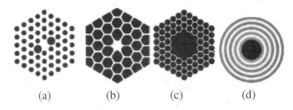

图 12.8　各种结构示意图：(a) 双折射 PCF；(b) 超小纤芯 PCF；(c) 空心 PCF；(d) 空心布拉格 PCF。
白色区域代表硅，黑色区域代表空气孔，灰色区域代表其他（玻璃或聚合物）材料

到目前为止，我们已经研究了两种不同类型的 PCF[19]，一种类型的光引导类似于标准的全内反射导引，另一种类型的光引导则基于光子带隙的存在。其中一个例子如图 12.9(a) 所示。图中左边的结构是一个有周期性空气孔的玻璃，周期性空气孔围绕着一个没有空气孔的玻璃芯。这种结构产生了通常被称为无截止单模的现象，在非常宽的波长范围内单模工作。这些结构也显示了不管结构的尺度如何，都可以在单模工作的能力。然而，这与标准单模光纤有很大不同，标准单模光纤工作在单模时必须要有一个较小的纤芯半径[20]。

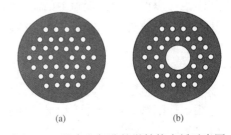

图 12.9　具有空气孔的微结构光纤示意图

在图 12.9 右边的结构中，光在中间的空气芯中

传播。根据传统的光纤理论，若纤芯的折射率小于包层的折射率，则不能引导光的。然而，由于包层中的周期性结构，能量或波长位于带隙内的光被限制在纤芯中。因此，纤芯是周期性光子晶体结构的一个缺陷。这种情况下，可以认为包层是三维的，某些光谱区域内的光从所有的径向衍射回到纤芯。这些空心光纤比标准光纤提供了一些非常可取的优势，如由于材料吸收和散射而产生的损耗较低，因为大多数光在空气中传播。这种结构的另一个很有前途的特点是，群速度色散在宽谱范围内是反常色散，允许支持非常短的脉冲。然而，这种空心结构的损耗还不能与传统光纤的低损耗相媲美。

当光在标准光纤中传播时，在纤芯轴线方向上，光传播常数 β 是固定的，在整个长度上不变。为了在这种结构的纤芯中形成一个导波模式，β 值必须满足关系式 $\beta \leqslant n_{cl}k_0$，其中 n_{cl} 为包层折射率、$k = \dfrac{2\pi}{\lambda}$。该模式的有效折射率可以定义为 $n_{\text{eff}} = \dfrac{\beta}{k_0}$，它允许模式传播。在正常光纤中，纤芯折射率大于包层，导模可以在有效折射率(纤芯和包层的折射率之间)中传播。图 12.9(a) 所示的结构也是如此。其中可以认为包层的折射率由于空气孔的存在而减小。对于空心光纤，可根据设计的结构、允许的带隙和不允许的折射率或传播常数来定义光的传播。

研究普通光纤和光子晶体光纤(PCF)的异同点是很有意义的。在玻璃芯/空气孔结构中，PCF 与普通光纤之间的主要差异是导引模和非导引模之间的区别。在传统光纤中，导引模具有实传播常数 β，是无损的，而非导引模有一个复数 β，其虚部与损耗有关。归一化的传播常数 β_{norm} 由下式给出：

$$\beta_{\text{norm}} = \frac{(\frac{\beta}{k})^2 - n_{cl}^2}{n_{co}^2 - n_{cl}^2} \tag{12.8}$$

图 12.10 显示了单模光纤和光子晶体光纤的折射率分布。在微结构光纤中，由于空气孔的周期性，所有的模式都经历了一些隧道效应，因而具有复数 β 和有效折射率。在图 12.11 中，感兴趣的区域主要有 4 个，涉及上述结构中光的行为。A 线以下区域代表光纤为多模工作，在 B 线以上区域(CF$_1$ 区域)，代表整个光纤部分填满传播基模，遵循传统的光纤理论。在 C 线以下区域，代表离开多模区域(CF$_2$ 区域)，该模式被强烈地限制在纤芯内。B 线和 C 线之间的区域(不包括 CF$_2$ 区域)是主要感兴趣的区域，对其他参数如结构中孔的宽度、孔间距和环数比较敏感。

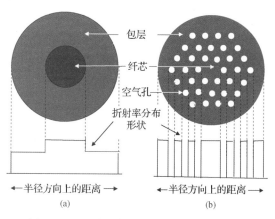

图 12.10　具有空气孔的微结构光纤示意图

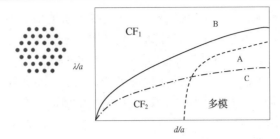

图 12.11　玻璃芯/空气孔光纤的特性（d 是孔径、λ 是间距）（参照文献[21]重新绘制）

无须使用电磁波理论的传播模式分析方法，可以利用 V 参数对模式传播进行简化分析。参数 V 通常用来表征光纤。V 参数由下式给出：

$$V(\lambda) = \frac{2\pi r}{\lambda} \sqrt{n_{\text{core}}^2 - n_{\text{clad}}^2} \tag{12.9}$$

其中 r 是光纤纤芯的半径。

对于光子晶体光纤（PCF），纤芯的半径不是很明确。然而，这些微结构光纤的参数 V 的表达式可近似为

$$V_{\text{pcf}}(\lambda) = \frac{2\pi r \Lambda}{\lambda} \sqrt{n_c^2(\lambda) - n_{cl}^2(\lambda)} \tag{12.10}$$

其中 $n_c(\lambda)$ 为纤芯中基模的有效折射率。同样 $n_{cl}(\lambda)$ 是空气填充模的有效折射率，也是 λ 的函数。

对于纤芯缺一个孔的光子晶体光纤，V_{pcf} 是 π，小于该值的光纤为单模工作。对所有光纤，可以近似计算出所有波长都是单模工作时，应满足 $\dfrac{d}{\lambda} \leqslant 0.45$，其中 d 为孔径。对于缺少多个孔的纤芯，可以得到不同的单模工作判据。光子晶体的无尽单模特性和微结构光纤同样允许大模面积光纤单模工作。由于纤芯和包层之间的折射率差不能无限制地减小，因此当纤芯半径增大时，阶跃光纤为多模工作。然而，光子晶体光纤的单模行为与纤芯半径大小无关，而只取决于包层的几何形状。

由于传统波导的全内反射导引机理无法解释 PCF 较高折射率包层包围的空气中的模式导引，因此可以采用一个矢量主方程来解释 PCF 中的模式导引。在结构化的介质中，方程的解涉及布洛赫定理的使用。布洛赫定理指出，可以将该解写成一个平面波，该平面波受到与介质结构相对应的函数调制。

在光子带隙光纤中，微结构包层代表一个二维光子晶体。由于边界条件的限制，只有有限数量的光波频率才能在光子晶体结构中传播。在一维光子晶体中，这种光子晶体的能带结构可以用与固态物理学相同的数学方法来推导。二维情况通常过于复杂，无法解析求解，需要采用数值方法计算这种二维光子晶体的能带结构。

类似晶体的电子能带结构，光子晶体的能带结构也可以用光子态密度（DOPS）来研究，DOPS 相当于电子结构的状态密度。光子态密度定义为单位频率间隔和单位传播常数间隔允许的电磁模的数目。在光子晶体光纤场中，对于一个完美光子结构（即纤芯没有缺陷），DOPS 通常是绘制成沿传播方向 $\dfrac{\beta}{\lambda}$ 的归一化频率 $\dfrac{k}{\lambda}$ 以及归一化波矢分量或有效折射率 n_{eff} 的图形。DOPS 也是传播方程解的映射，显示了周期性结构支持的所有模。它也清楚地指明了方程无解的区域（即在与 $\dfrac{k}{\lambda}$ 和 $\dfrac{\beta}{\lambda}$ 相关联的任意结构的任何部位都没有光传播）。

DOPS 如图 12.12 所示。图中表明存在几个无光状态的白色区域；这些区域是光子带隙区域，白色区域对应于无 DOPS。传输方程没有与 $\frac{k}{\lambda}-\frac{\beta}{\lambda}$ 对应的解，因而没有光子带隙存在。图 12.12 中的 DOPS 是以特定的频率给出的。带隙中任何具有有效折射率的光学模式都被限制在纤芯中，因为光不能通过包层泄漏。根据微观结构的制造质量，这种导引机理允许相对较小的损耗。为了实现在纤芯中的导引，纤芯模式需要位于真空线(空气折射率对应的线)下的 PBG(光子带隙)的白色区域内，如图 12.12 中的虚线所示。然而，当纤芯模到达光子带隙边缘时，纤芯模和包层模之间实现了强耦合，这是由于它们之间存在非常大的重叠积分。这将导致从纤芯到包层模式的能量转移，最终导致在带隙边缘纤芯模的传播损耗增加。因此，带隙光子晶体光纤的带宽是有限的。

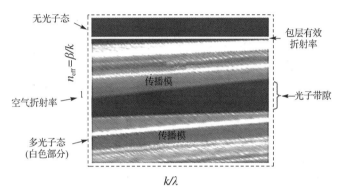

图 12.12　一个典型的光子态密度(DOPS)图

超连续谱光源(SC)是一种新型光源，它能同时提供高输出功率、宽光谱和高度空间相干性，允许紧凑聚焦。超连续谱光源通常由脉冲激光器和工作在非线性区的 PCF 组成。非线性区的联合非线性效应使窄带激光辐射展宽，而不会破坏激光空间的相干性。实心光子晶体光纤设计成在所有波长单模工作，这是通过选择合适的孔尺寸和孔距的组合实现的，采用常规光纤技术是不可能实现的。此特性被开发用于超连续谱光纤，以确保超连续辐射在基本模式下仍然保持导引或传输，尽管它的带宽非常大。同样，可以使用由光子晶体包层包围的空心光纤，经过合理设计将某些波长的光限制在纤芯中，其中纤芯充当一个完全无损耗的镜子。纤芯材料的选择并不重要，可以用气体填充或甚至将纤芯抽真空，这种光纤中光和材料之间的相互作用非常小。

这可能会导致极低的光学非线性特性，使得这些光纤适用于如功率传输、超短光脉冲等场合。图 12.13 显示了单模超连续光源与单模光纤耦合的白炽光光源的单模连续输出功率的比较。

当这些可能性以最佳方式组合时，光子晶体光纤最有前途的应用之一将出现在快速发展的小型化高功率掺杂光子晶体光纤激光器和放大器领域。在未来的光网络中，可行的技术将是可调谐组件或子系统模块，包括可重构路由器、交换机等。因此，开发允许构建可调谐组件的技术平台是至关重要的。

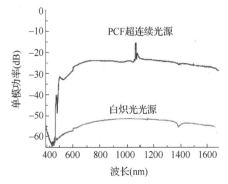

图 12.13　单模超连续光源与单模光纤耦合的白炽光光源的单模连续输出功率的比较

12.2.2 等离子体

表面等离子体新兴领域的出现预示着以光的频率,沿着尺寸小于光波长的金属表面产生、处理、传输、感知和检测信号有了希望。等离子体技术在许多领域获得了广泛的应用,包括生物光子学、传感、化学和医学等。但产生最深远影响的领域也许将是光子通信,因为等离子体波在光频率下振荡,可以实现以光带宽传输信息。

在等离子体中,信号处理的关键步骤是由一种被称为表面等离子极化或激元(SPP)的现象(而不是通过光子)来实现的。SPP 是一种电磁波,是耦合在负介电常数材料和正介电常数材料(如金属和绝缘体)之间的电荷密度振荡。表面等离子体激元是一种被俘获的表面模式,它是沿界面传播同时向两个介质中衰减的电磁场,但与振荡的表面电荷密度相关。如果以光频率振荡(如 190 THz)的光子照射到金属-绝缘体界面上,SPP 可以部分地将能量传递给界面上的电子,而电子可能开始以该频率振荡。信号处理完成后,SPP 再转换回光域。只有在满足能量和动量守恒的情况下,才有可能激发出光子 SPP。这可以通过正确选择入射角和界面处的材料成分来实现。

在等离子体系统中,信号的横向尺寸可以小于 100 nm,因此等离子体器件属于纳米光子器件家族。由于它们的紧凑性,可以加速光子信号处理。此外,等离子体器件不受速度限制。由于截面面积小,等离子体器件的强度很高,因此在较低的光功率下,可以在较小的器件上实现等离子体非线性器件。由于其大的带宽和紧凑的尺寸,等离子体器件在需要考虑速度、印刷电路板和 CMOS 兼容性方面的应用(如光子集成电路领域)中受到关注。

由于表面等离子体共振波长可以达到纳米级的光频率,因此等离子体可以超越亚衍射极限。近年来已经在许多领域利用等离子体技术在共振频率下操纵和引导光。表面等离子体波的等离子体共振取决于金属颗粒大小和几何形状。

离子或电子靠近固体(通常是离子晶体或金属)表面的周期运动可以产生表面极化。因此,固体中的离子或自由电荷载流子会受到恢复库仑力的影响,从而导致电荷的加速,产生振荡运动。周期性的极化运动是电磁场的来源,电磁场被束缚在固体表面并沿其传播。

更一般地说,激发表面电磁波的物理起源在于电荷载体、原子或分子的机械位移。这个位移导致依赖时间的极化或磁化形成并在界面产生随时间变化的电磁场。因此,机械和电磁激励不是相互独立的,而是相互耦合的。该耦合状态通常指表面极化,极化这一表述是在强调固体表面电磁场的存在。但是,在固体内部同样也存在非消失场[22]。取决于固体内部的激发特性,存在许多不同种类的表面极化,例如磁极化、光极化或偏振以及表面等离子体极化。

12.2.2.1 表面等离子体激元

表面等离子体激元(SPP)是在导体和介质的界面上聚集的电荷激发。这种激励可以解释为由于导体所提供的自由载流子的出现,使得电磁波被困在界面上。因此,这种激发在导体内部具有类似等离子体的特性,而在电介质内部更像自由电磁波。术语"表面等离子体激元(SPP)"是为了反映这种双重特性。

等离子体是金属中的等离子振荡。金属等离子振荡的处理可以考虑使用等离子体凝胶模型。可以认为金属由正离子形成的规则晶格和传导电子组成,其中电子在这个离子晶格中自由移动。在凝胶模型中,离子晶格被均匀的正背景代替,其密度等于平均电子密度但符号相反。电子表现为气体，其密度可能因外部激发、热振动等而波动。如果负电荷密度在局部减小，则正背景不再由负电子屏蔽。电荷和对邻近电子产生吸引力。这些电子转移到正电荷区域，累积的密度大于实现电荷中性所需的密度。现在，电子之间的库仑斥力产生了相反方向的运动。这一过程的继续造成电子气体的纵向振荡以建立等离子振荡。等离子体振子是等离子振荡的量子。

金属导体和电介质之间的界面也可以支持电荷密度振荡，称之为表面等离子体。这些振荡发生在体等离子振荡的不同频率，并局限于界面。周期性表面电荷密度在两种介质中形成宏观电场，其分量沿 y 方向和 z 方向。由于表面密度符号是交替的，在 z 方向上求和并给出了电场值的指数衰减。相关示意图如图 12.14 所示。

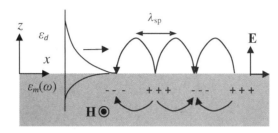

图 12.14　(a)$z = 0$ 定义的界面上 SPP 电磁场示意图；(b)沿 y 方向传播的 SPP
电磁波场分量 $|E_z|$ 在导体($z < 0$)和电介质($z > 0$)中的指数衰减

描述导体和电介质界面 SPP 的理论是基于经典场的理论[23]。所涉及材料的介电常数是决定 SPP 电磁场结构的一个参数。在大多数涉及介电常数的情况下，应用经典的 Drude 模型。

在单个界面系统中，SPP 电磁场可以由麦克斯韦方程推导得出。形式上，单个界面系统(所谓的分层介质)可被认为是一个常数 $\varepsilon = \varepsilon(z,\omega)$ 的非均匀介质。对于这样的系统，麦克斯韦方程的所有可能解一般分为 s 极化和 p 极化电磁波。从物理上来讲，s 偏振波的电场矢量平行于界面，只产生一个平行于界面的电荷运动。然而，对于理想的电荷载流子气体，无法形成恢复力，因此不能形成传播波。另一方面，p 极化波(其磁场矢量平行于界面)会引起界面本身的电荷积累，这是由于电场矢量在垂直于界面方向上具有非消逝分量。由于电荷载流子实际上被困在固体内部，所以它们不能逃逸，恢复力会增强。这样，SPP 可以看成是电荷载流子沿平行于传播方向移动的纵向波[24]。

用于激发 SPP 的几何体由半无限大的电介质(介质 1，后来被认为是空气)和半无限大(表面位于 $z = 0$)的导体(介质 2)组成。从 (y, z) 平面入射的 p 偏振电磁波可以在表面的 y 方向被耦合进一个 p 极化的表面倏逝波(即 SPP)且以指数衰减进入两种介质。

由于 SPP 是 p 极化电磁波，$\mathbf{H}$ 场矢量必须垂直于 (y, z) 平面，如图 12.15 所示，其中平面界面由两个介质定义，介质 1(电介质)和介质 2(导体)的界面位于 $z = 0$ 处。波矢 $\mathbf{k}$ 沿该界面传播(平行于 y 轴)，同时以指数衰减。垂直于 z 轴，SPP 电磁场矢量 $\mathbf{H}$ 和 $\mathbf{E}$ 以指数衰减[25]。

SPP 是一个 p 极化电磁波，因此磁场矢量垂直于 (y, z) 几何平面。如假定为指数衰减，则垂直

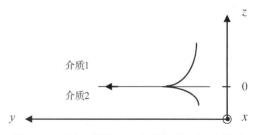

图 12.15　用于推导 SPP 电磁场的几何示意图

于界面的场矢量 **H** 在电介质材料中可以表示为

$$\mathbf{H}(y, z, t) = e^{j(ky-\omega t)} \cdot A_1 e^{-\beta_2 z} e^x, z < 0 \tag{12.11}$$

在导体中可表示为

$$\mathbf{H}(y, z, t) = e^{j(ky-\omega t)} \cdot A_2 e^{\beta_1 z} e^x, z > 0 \tag{12.12}$$

其中 $A_1 e^{-\beta_2 z}$ 和 $A_2 e^{\beta_1 z}$ 分别是电介质和导体材料中的包络函数。

SPP 的电场 $\mathbf{E}(y,z,t)$ 可以由 $\mathbf{H}(y,z,t)$ 导出。垂直于界面的 SPP，进入 $i = 1$（电介质）和 $i = 2$（导体）两个介质中的衰减常数是 $\beta_i = \sqrt{k^2 - \varepsilon_i \cdot \omega^2 / c^2}$。光的真空速度由 c 表示。垂直于界面，进入介质 i 的衰减长度 L_i 由 $L_i = 1 / \mathrm{Re}(\beta_i)$ 给出。沿传播方向的衰减长度由 $L_y = 1 / \mathrm{Im}(k)$ 给出，同时它描述了 SPP 沿传播方向的阻尼传输。这种阻尼是由于导体内部的电磁场能量耗散变成了焦耳热。

考虑到界面上切向电场和垂直方向磁场分量连续性的边界条件，即包络函数的连续性，可以得到如下方程：

$$\beta_2(\omega)\varepsilon_1(\omega) + \beta_1\varepsilon_2(\omega) = 0 \tag{12.13}$$

和

$$A_1 = A_2 \tag{12.14}$$

其中考虑了两种介质的色散。

第一个方程隐含了 SPP 的色散关系 $\omega = \omega(k)$，代入 β_i 值就可以看出。如果解确实存在，则介质 2 被称为表面活性物质，SPP 色散关系写为

$$k(\omega) = \frac{\omega}{c}\sqrt{\frac{\varepsilon_1(\omega)\varepsilon_2(\omega)}{\varepsilon_1(\omega) + \varepsilon_2(\omega)}} \tag{12.15}$$

上述方程中包含复数 $\varepsilon_1(\omega)$ 和 $\varepsilon_2(\omega)$。由于光速 c 和频率 ω 是实数，因此波矢 k 必须是复数，这是为了使 $\dfrac{1}{\mathrm{Im}(k)}$ 与 SPP 沿传播方向的衰减长度一致。SPP 的色散关系曲线如图 12.16 所示。

从图中可以看出，当频率较低时，SPP 的色散关系与介质 1 中自由电磁波的色散 $\omega = \dfrac{ck}{\sqrt{\varepsilon_1}}$ 有相同的斜率。当频率较高时，SPP 的色散关系在 $\dfrac{\omega_p}{\sqrt{1+\varepsilon_1}}$ 处饱和，其中 ω_p 就是所谓的导体（介质 2）等离子体频率。

特别是倏逝（非辐射）的 SPP 与自由传播电磁波的色散关系并不交叉。这意味着后者无法通过简单地辐射到导体表面而激发 SPP，因为这会违反动量守恒和能量守恒。因此，需要额外的方法来产生具有电磁辐射场的 SPP。现在只能给出一些重要结论。

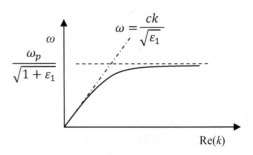

图 12.16 SPP 的色散关系曲线

在 $z = 0$ 时，场产生的分量 H_x 和 H_y 是连续的。对于 E_z，在界面处可以得到 $E_z(1)/E_z(2) = \varepsilon_2/\varepsilon_1$。一般情况下，介电常数 ε_1 和 ε_2 是复数，因此在界面处 E_z 的振幅和相位是变化的。

类似地，可以导出以下关系：

$$\frac{E_z}{E_y} = -\sqrt{\frac{\varepsilon_2}{\varepsilon_1}} \tag{12.16}$$

上式是对于 $z > 0$ 的情况；对于 $z < 0$，则有

$$\frac{E_z}{E_y} = \sqrt{\frac{\varepsilon_1}{\varepsilon_2}} \tag{12.17}$$

因此，根据介电函数 ε_1 和 ε_2 的值，这两个电场分量可以有不同的振幅。将 $k(\omega)$ 给出的 SPP 色散关系代入垂直衰减常数的 β_i 表达式，后者 (β_i) 以简单的形式给出：

$$\beta_1 = \frac{\omega}{c}\sqrt{\frac{-\varepsilon_1^2}{\varepsilon_1 + \varepsilon_2}} \tag{12.18}$$

和

$$\beta_2 = \frac{\omega}{c}\sqrt{\frac{-\varepsilon_2^2}{\varepsilon_1 + \varepsilon_2}} \tag{12.19}$$

总之，在界面上 SPP 电磁场结构由两种介质的介电常数 ε_1 和 ε_2 的值明确定义。通过使用金属和半导体的介电常数的具体值，可以得到 SPP 衰变长度 $L_1 = \dfrac{1}{\mathrm{Re}(\beta_1)}$、$L_2 = \dfrac{1}{\mathrm{Re}(\beta_2)}$ 和 $L_y = \dfrac{1}{\mathrm{Im}(k)}$。

THz 波段的频率对应于小的 $\mathrm{Re}(k)$ 值，其中 SPP 的色散曲线近似光线 $\omega = ck$。对于 $\mathrm{Re}(k) \to \infty$，色散曲线接近渐近极限 $\dfrac{\omega_p}{\sqrt{1+\varepsilon_1}}$。导体等离子体频率由 ω_p 决定，ε_1 是邻近导体的电介质的介电常数。

12.2.2.2　两个界面系统的表面等离子体激元

对于如图 12.17 所示的两个界面系统，可以进行类似的分析。两个界面系统具有厚度为 d 的薄电介质板，夹在半无限电介质(介质 1)和半无限导体(介质 2)之间。界面位于 $z = -d$(介质 2/介电薄膜)和 $z = 0$(介电薄膜/介质 1)处。

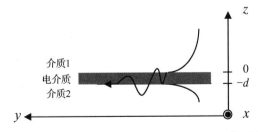

图 12.17　用于在两个界面系统中产生 SPP 的几何示意图

介电常数可以写成 $\varepsilon(z, \omega) = \varepsilon_1(\omega)$ $(z > 0)$，$\varepsilon_d(\omega)$ $(-d \leqslant z \leqslant 0)$ 和 $\varepsilon_2(\omega)$ $(z < -d)$。考虑到这种结构和 $d \ll \lambda$ 的情况，依然存在沿平板传输的唯一模式，即 TM_0 模式。实际上，在极限 $d = 0$ 和 $d \to \infty$ 处，TM_0 模式的色散关系可以证明为下式：

$$k = \frac{\omega}{c}\sqrt{\frac{\varepsilon_1 \varepsilon_2}{(\varepsilon_1 + \varepsilon_2)}} \tag{12.20}$$

和

$$k = \frac{\omega}{c}\sqrt{\frac{\varepsilon_d \varepsilon_2}{(\varepsilon_d + \varepsilon_2)}} \tag{12.21}$$

这些关系只不过是单界面系统的 SPP 色散关系。然而，即使对于导体上面非常薄的膜($d \ll \lambda$)，磁场几何分布与单一的界面系统相比也有大幅改变。这归因于与单界面系统相比出现了附加边界条件。

在介电薄膜(z 位于$-d$ 和 0 之间)外，场呈指数衰减。与单界面系统相比，其顶部的介电薄膜的存在几乎不影响进入导体的衰减长度 L_2。然而，与单界面系统相比，进入介质 1(电介质)的衰减长度 L_1 显著降低，也就是 SPP 模式被强烈地限制在导体表面。SPP 沿传播方向的阻尼增加，这归因于薄膜内部附加的电介质损耗。

12.2.2.3 自由电磁波与表面等离子体激元之间的耦合

自由传播电磁波和 SPP 的色散关系在任何频率都不相交。这说明不能简单地通过光照射金属表面来产生 SPP。相反，传播波和表面倏逝波之间的耦合需要额外的技术[26]。所有这些技术的共同点是，它们可以用来实现自由电磁辐射与表面倏逝波之间的耦合(输入耦合)或相反操作(输出耦合)，这种对称性实际上是麦克斯韦方程时间反转不变性的直接结果。

(a)棱镜耦合: 其中一种简单的输入耦合方法是基于第一变换的棱镜耦合方法，自由电磁波转成倏逝波，再耦合为 SPP。另一方面，产生倏逝场的方式和 k 空间中耦合过程的解释是完全不同的。折射率为 n_g 的电介质板用作折射率为 n_p 的棱镜与复介电常数为 $\varepsilon_m = n_m^2$ 的金属之间的间隔层。如果 $n_p > n_g$，入射角 α 大于临界角 α_c，即 $\arcsin\left(\dfrac{n_g}{n_p}\right)$，则全内反射(TIR)将在棱镜底部发生。通常在实验中，$n_g = 1$(空气间隙)和全内反射的情况下，反射场的穿透距离为 $1 / \left(\dfrac{\omega}{c}\sqrt{n_p^2 \sin^2\alpha - n_g^2}\right)$，以倏逝波的形式进入低折射率介质，穿透深度按波长大小排列。图 12.18 显示了棱镜耦合的结构配置。

对于沿金属导体/电介质界面传播的 SPP，色散关系由下式给出:

$$k(\omega) = k_{\mathrm{spp}}(\omega) = \frac{\omega}{c}\sqrt{\frac{\varepsilon_m \varepsilon_g}{\varepsilon_m + \varepsilon_g}} \tag{12.22}$$

色散关系如图 12.19 所示。棱镜内部 TIR 产生的倏逝波由波矢在棱镜基底上的投影获得，如下所示:

$$k(\omega) = k_{\mathrm{tir}}(\omega) = \frac{\omega}{c} n_p \sin\alpha(\omega) \tag{12.23}$$

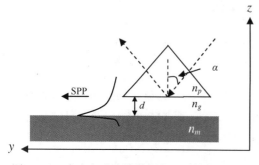

图 12.18 自由电磁波棱镜耦合通用结构示意图

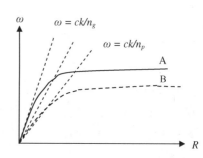

图 12.19 对于棱镜耦合的 SPP 色散关系

如果 $k_{\mathrm{spp}}(\omega)=k_{\mathrm{tir}}(\omega)$，倏逝波可以与 SPP 耦合。对于特定频率，这种关系只能满足一个特定的 $\alpha(\omega)$ 值，即所谓的共振角，由下式给出：

$$\alpha_{\mathrm{res}}(\omega) = \arcsin\left(\frac{1}{n_p}\sqrt{\frac{\varepsilon_m(\omega)\varepsilon_g}{\varepsilon_m(\omega)+\varepsilon_g}}\right) \tag{12.24}$$

其中，$\varepsilon_g = n_g^2$。只要 $\alpha_c \leqslant \alpha(\omega) \leqslant 90°$，总是可以找到一个共振角，即 $n_g/n_p \leqslant \sin\alpha(\omega) \leqslant 1$ 仍然有效。

(b) 光栅耦合：另一种耦合方法是光栅耦合[27]。如果光以角度 θ 照射到光栅常数为 a 的光栅，则波矢沿光栅平面，由下式给出：

$$k = \frac{\omega}{c}\sin\theta \pm \frac{2\pi}{a}n \tag{12.25}$$

其中 $n = 0, 1, 2\cdots$。因此，周期为 a 的光栅可以将动量传递到自由入射的电磁波中。在互易空间，这种转移导致了自由波色散关系 $\omega = ck/\sin\theta$（图 12.20 的实线）产生 $\frac{2\pi}{a}$ 的位移，其中 $n = 0, \pm 1, \pm 2, \cdots$。根据 3 个 n 值，图 12.20 给出了位移的色散关系（虚线）为 3 个 n 值的描述。位移的自由波色散关系与 SPP 色散关系（实线）的交点表示耦合。

由于光栅可以为入射的自由波提供由光栅周期性结构产生的附加动量，因此线性自由波色散关系变成一组直线，如图 12.20 所示，它可以与 SPP 色散关系相匹配。尽管这种光栅耦合可以实现高效率的场振幅耦合，但这种方法有两个主要缺点。首先，它需要对表面进行构造，这是很难实现的，通常也并不需要[28]。其次，只有一个频率（由光栅常数决定）可以有效地耦合到 SPP，因此光栅耦合是不适合用于宽带测量的[29]。

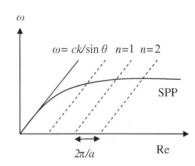

图 12.20　对于 3 个 n 值的位移的色散关系（虚线）

最近人们对 SPP 的兴趣与纳米技术的重大进展密切相关，有时称之为等离子体的革命，它的主要目标之一是光频工作的纳米光子电路制造[30][31]。在这种电路中，光可在亚波长尺度发射与多路并行传输，从而生产出更快、更小的器件[32][33]。

12.3　光子集成和纳米光子学信息系统

一般来说，光子集成是指像微电子一样在集成电路中大规模地集成纳米结构光子器件。这种大规模光子集成需要小型化光学和光子器件，表现为紧凑的互连、密集的封装，并集成在一个单芯片内。纳米光子学自然是有望解决这些问题的合理方案，并能对信息通信技术和更快、更小的器件提供一个有前途的技术路线。

纳米光子集成芯片充当了电到微电光学和光到电之间的转换器。这种互连最好使用光子技术，从而实现高速和密集比特率的光子调制、宽带通信以及光信号的低损耗传输。该方案的先决条件是需要用于密集波分复用/解复用器的纳米光子滤波器以及高效和高灵敏度的探测器。然而，真正的纳米光子集成方案仍处于不成熟的阶段，其整体结构仍无法明确建立。

发展纳米级光子互连器件有多种选择,既可以基于光子晶体中的光子带隙和缺陷(点缺陷用作腔,线缺陷用作波导),也可以基于硅纳米线中的全内反射,或使用环形谐振器。现在,使用低损耗的波导和高品质因数(Q 值)的腔,可实现一种基本信息处理模块,用于构建信道选择器。许多其他功能器件,如分路器、滤波器、存储器和开关也已开发成功。然而,光子集成电路信息处理所需的几个关键器件仍在开发中,其构建途径尚不清楚。其中包括光子二极管、隔离器、逻辑门和类似晶体管的光子晶体管,这些晶体管在光子 CPU 或光子集成电路中将起中心作用,与传统晶体管在当前微电子集成电路中所起的作用相同。这些发展涉及响应速度快、能耗低、带宽大等实现问题。由于功率带宽和信号完整性的限制,铜、碳纳米管或码分多址接入射频(RF)的互连问题将无法得到解决。找到一个合适的方法集成光学元件和 CMOS 晶体管,减少制造成本,利用标准的处理技术,不影响双方的技术功能,仍然是一个活跃的研究领域。

由于纳米光子模块的极端温度敏感性,温度波动会影响正常工作,因此使得集成相当困难。相反,未来的系统可能基于单片集成的纳米电子光子电路,信息处理主要依托电子,依赖特殊结构的长度尺度上的大部分信息的传递则使用光子。在纳米光子学领域,结构研究的一个有趣方面是尺度参数的变化,这必然会决定未来的设计,如 CMOS 的情况。因为纳米光子学是一个新兴技术,创造新器件并解决以往挑战的潜力是无限的。

为了在信息通信系统中获得很高的通信带宽,可以结合使用波分复用(WDM)和时分复用(TDM)技术。额外的带宽密度来自 TDM 和 WDM 的同时使用和单链路信息系统的纳米尺度宽度。时延特性分为两类:光器件的开关速度和光信号在链路中的速度。根据构造光网络的材料,单晶硅的连接速度为 10.45 ps/mm。这相当于高度优化的铜连接速度的两倍以上。使用由氮化硅制成的光子链路,以增加链路宽度和间隔,时延可以降低到大约 6 ps/mm。

光子链路的能量消耗是另一个问题。这可以分为两个主要部分:用于发射和接收光数据的电能以及激光器向光调制器提供光波长所需的能量。当光信号在源节点和目的节点之间传输时,会遇到多个功率损耗点。信号衰减的主要原因是光子链路粗糙度(由于制造缺陷)、链路材料的光吸收以及当光通过其他设备到达目的节点时的插入损耗。

在一个纳米光子信息通信链路接收机的探测器端,需要足够的光功率来降低潜在的误码。这个功率电平决定了前端激光器的特性,它必须提供足够的功率,以适应波导中潜在的多个波长,以解决到达探测器之前会遇到的所有插入损耗。根据网络结构和通信节点的数量,在未来的芯片多处理器中需要较高的激光功率。能量消耗的第二部分是来自发射机和接收机部分的功率损耗。

一个基本的光子链路(即一个链路由前端的调制器、数据传输链路和后端的接收机组成)的区域要求是由调制器的大小、链路的宽度和空间要求以及接收元件的尺寸决定的。调制器的大小取决于它引入系统中的光学插入损耗(由于弯曲引起的损耗)和它的制造材料。根据所需的驱动强度和技术手段,电驱动电路应该适合于调制器的小尺寸。链路的尺寸取决于它的材料组成。最后,接收机由两部分组成:光电探测器和一系列级联的放大级,用于将光信号转换为数字电压电平。锗基光电探测器一个方向的尺寸受单光子链路的宽度的限制,另一个方向的尺寸受吸收光所需长度的限制。专家预测,在不久的将来,光刻分辨率可能小到只有几纳米,这仅有 1550 nm 通信波长的百分之一左右。这些光刻技术可以用来实现亚波长特性,其光学特性由图案及其组成材料的密度和几何形状控制。

此外，数十甚至数百个芯片上的处理器之间的纳米光子通信网络需要一个非常复杂的光波导阵列。根据网络拓扑，可能需要波导交叉或多个波导层，后者类似于 CMOS 金属堆栈中不同的金属层。由于不能沉积单晶波导，因此多层是不可行的。氮化硅波导具有后端制作的优点，具有多个消除交叉的沉积层。

纳米光子学信息系统[34]可以突破衍射极限，具有独特的信息处理功能，如下所示。

(1) 低功耗：通常，一个光子系统消耗的激子能量来自一个高能态的电偶极子到一个低能态能(量)级的电偶极子所释放的能量。如果 $h(\omega)$ 表示激子-声子耦合能，$D(\omega)$ 表示能态密度，那么纳米光子学信息系统的弛豫速率 $\Gamma = 2\pi\hbar^2 \left| h(\omega)^2 D(\omega) \right.$。

(2) 单光子操作：当有一个以上的激子是从纳米光子器件(如量子点)产生时，电偶极子允许低能态能级，试图降低其能量以便更为接近对应激子分子的结合能。由于这个原因，能级与输入信号失谐，因此不再产生激子。此外，激子转移过程是一个共振过程。从实验中观察到，如果有一个以上的激子从一个纳米器件转移到另一个纳米器件，转移过程失去共振，呈现非共振，那么根本就没有发生转移。此外，伴随能量转移，只有当激子分子的结合能很大时，单个激子才能在给定的状态下保持稳定，并且在这种情况下，只有一个光子通过快速弛豫过程发射。

(3) 抗非侵入式攻击：这个问题唯一的解决方案是使用近场光学技术，可以超越衍射极限操作新型纳米光子学信息系统。此外，纳米光子学信息系统在真空甚至宏观自由空间都可以发挥互连的作用。因此，通过纳米颗粒之间的光子交换而无须互连传送信号是可能的。当信号强度是由纳米颗粒内部的能量损耗决定时，非侵入式攻击的可能性可完全去除。一般来说，新型纳米光子学信息系统突破了衍射极限的限制，在一个真空甚至宏观自由空间可以发挥互连的作用。

对于一个光子信息系统最重要的是，尽管系统中没有中央控制器，但光学激子的高效传输是可以实现的，从而解决了光学激发的自主行为。这可以为实现自组织、在因特网上分发复杂的信息和基于系统的通信技术奠定基础。使用这种分布式自治网络系统，可以避免不平衡的传输负荷和能源消耗。因而，上述网络拓扑不再依赖于单个故障点，并且还可以确保整体的可持续性和可靠性。此外，由于光学近场相互作用减弱，可以增强输出信号，因此可以实现针对故障的健壮性。采用纳米技术，可以很容易满足高能效数据传输的巨大需求，并具有更强的健壮性、整体的可持续性以及可靠性。

扩展阅读

1. *Introduction to Nanophotonics*: S. V. Gaponenko, , Cambridge University Press, Cambridge, 2010.

2. *Principles of Nano-Optics*: L. Novotny and B. Hecht, Cambridge University Press, Cambridge, 2012.

3. *Photonic Crystals*: Molding the Flow of Light: J. D. Joannopoulos, S. G. Johnson, J. N. Winn, and R. D. Meade, Princeton University Press, 2nd edition, 2008.

4. *Plasmonics—Fundamentals and Applications*: S. A. Maier, Springer, Heidelberg, 2007.

5. *Introduction to Metal-Nanoparticle Plasmonics*: M. Pelton and G. W. Bryant, John Wiley, New York, 2013.

6. *Monolithic Nanoscale Photonics-Electronics Integration in Silicon and Other Group IV Elements*: H. Radamson and L. Thylen, Academic Press, London, 2014.

7. *On-Chip Photonic Interconnects*: C. J. Nitta et al., Morgan and Claypool Publishers, California, 2013.

8. *Photonic Network-on-Chip Design*: K. Bergman et al., Springer, Heidelberg, 2013.

9. *Nanophotonic Information Physics*: M. Naruse（ed.）, Springer-Verlag, Berlin Heidelberg, 2014.

10. *Photonic Crystal Fibres*: F. Poli, A. Cucinotta, and S. Selleri, Springer, Dordrecht, 2007.

11. *Photonic Crystals*: I. A. Sukhoivanov and I. V. Guryev, Springer-Verlag, Berlin Heidelberg, 2009.

12. *Photonic Crystals Towards Nanoscale Photonic Devices*: J. M. Lourtioz et al., Springer-Verlag, Berlin, 2008.

13. *Progress in Nanophotonics*: M. Ohtsu（ed.）, Springer-Verlag, Berlin, Heidelberg, 2011.

14. *Surface Plasmon Nanophotonics*: M. L. Brongersma and P. G. Kik（ed.）, Springer, Dordrecht, 2007.

15. *Fundamentals of Photonic Crystal Guiding*: J. Yang and M. Skorobogatiy, Cambridge University Press, 2008.

16. *Photonic Crystal Fibres*: A. Bjarklev, J. Broeng, and A. S. Bjarklev, Kluwer Academic, Boston, 2003.

17. *Plasmonics*: Fundamentals and Applications: S. A. Maier, Springer, Germany, 2007.

18. *Surface Plasmons in Volume 111 Tracts in Modern Physics*, H. Raether（ed.）, Springer-Verlag, New York, 1988.

19. *Surface Plasmon Nanophotonics*: M. L. Brongersma and P. G. Kik, Springer, UK, 2007.

20. *Nanophotonics with Surface Plasmons in Advances in Nano-optics and Nano-photonics*: V. M. Shalaev and S. Kawata, Elsevier Science, UK, 2007.

21. S. V. Gaponenko, *Introduction to Nanophotonics*, Cambridge University Press, 2005.

22. *Handbook of Nanophysics. Nanoelectronics and Nanophotonics*: K. D. Sattler（ed.）, CRC Press, London, 2011.

23. *Principles of Nanophotonics*: M. Ohtsu, K. Kobayashi, T. Kawazoe, T. T. Yatsui, and M. Naruse, CRC Press, New York, 2008.

24. *Fundamentals of Photonic Crystal Guiding*: M. Skorobogatiy and J. Yang, Cambridge University Press, 2009.

25. *Plasmonics-From Basics to Advanced Topics*: S. Enoch and N.（ed.）: Springer-Verlag, Berlin, Heidelberg, 2012.

26. *Nanophotonic Information Physics*: M. Naruse（ed.）, Springer, Dordrecht, 2014.

27. *Optical Properties of Photonic Crystal*: K. Sakoda, Springer-Verlag, 2001.

28. *Foundations of Photonic Crystal Fibres*: F. Zolla, G. Renversez, A. Nicolet, B. Kuhlmey, S. Guenneau, and D. Felbacq, Imperial College Press, London, 2005.

参考文献

[1]　S. Fan, M. F. Yanik, Z. Wang, S. Sandhu, and M. L. Povinelli. Advances in theory of photonic crystals. *J. Lightwave Tech.*, 24:4493-4501, 2006.

[2]　E. Yablonovitch and T. J. Gmitter. Photonic band structure: The facecenteredcubic case. *Phy. Rev. Let.*, 63:1950-1953, 1989.

[3]　S. G. Johnson, P. R. Villeneuve, S. Fan, and J. D. Joannopoulos. Linear waveguides in photonic crystal slabs. *Phys. Rev. B*, 62:8212-8218, 200.

[4]　C. C. Cheng and A. Scherer. Fabrication of photonic bandgap crystals. *J. Vac. Sci. Tech.*（*B*）, 13（6）:2696-2700, 1995.

[5]　S. Y. Lin, J. G. Fleming, D. L. Hetherington, B. K. Smith, R. Biswas, K. M. Ho, M. M. Sigalas, W. Zubrzycki,

S. R. Kurtz, and J. Bur. A threedimensional photonic crystal operating at infrared wavelengths. *Nature*, 394:251-253, 1998.

[6] S. Noda, K. Tomoda, N. Yamamoto, and A. Chutinan. Full threedimensional photonic bandgap crystals at near-infrared wavelengths. *Science*, 289(5479):604-606, 2000.

[7] H. S. Sozuer and J. P. Dowling. Photonic band calculations for woodpile structure. *J. Mod. Opt.*, 41:231-236, 1994.

[8] K. M. Ho, C. T. Chan, C. M. Soukoulis, R. Biswas, and M. Sigalas. Photonic band gaps in three dimensions: new layer-by-layer periodic structures. *Solid State Comm.*, 89(5):413-416, 1994.

[9] H. Y. D. Yang. Theory of photonic band-gap materials. *Electromagnetics*, 19(3):Special Issue, 1999.

[10] G. Kurizki and J. Haus, Photonic band structures. *Special Issue, J. Mod. Opt.*, 41(2), 1994.

[11] J. D. Joannaopoulos, S. D. Johnson, J. N. Winn, and Meade R. D. *Photonic Crystals Molding the Flow of Light.* Princeton University Press, Princeton, NJ, 2008.

[12] S. Guo and S. Albin. Simple plane wave implementation for photonic crystal calculations. *Opt. Exp.*, 11:167-175, 2003.

[13] Z. Zhang and S. Satpathy. Electromagnetic wave propagation in periodic structures: Bloch wave solution of Maxwell's equation. *Phy. Rev. Let.*, 60:2650-2653, 1990.

[14] L. Brillouin. Wave propogation in periodic structures. Dover Publications, New York, 1953.

[15] P. P. Villeneuve and M. Piche. Photonic bandgaps in two-dimensional square and hexagonal lattices. *Phy. Rev. (B)*, 46:4969-4972, 1990.

[16] S. Shi, C. Chen, and D. W. Prather. Plane-wave expansion method for calculating band structure of photonic crystal slabs with perfectly matched layers. *J. Opt. Soc. Am. (A)*, 21:1769-1775, 2004.

[17] D. R. Smith, R. Dalichaouch, N. Kroll, S. Scholtz, S. L. McCall, and P. M. Platzman. Photonic band structure and defects in one and two dimensions. *J. Opt. Soc. Am. (B)*, 10(2):314-321, 1993.

[18] J. C. Knight et al. All-silica single-mode optical fiber with photonic crystal cladding. *Opt. Let.*, 21,19:1547-1549, 1996.

[19] P. J. Russell. Photonic crystal fibers. *J. Lightwave Tech.*, 24(12):4729-4749, 2006.

[20] T. A. Birks, J. C. Knight, and P. J. Russell. Endlessly single-mode photonic crystal fiber. *Opt. Let.*, 22,13:961-963, 1997.

[21] B. T. Kuhlmey, R. C. McPhedran, M. de Sterke, C. P. A. Robinson, G. Renversez, and D. Maystre. Microstructured optical fibers: where's the edge? *Opt. Exp.*, 10(22):1285-1290, 2002.

[22] W. A. Murray and W. L. Barnes. Plasmonic materials. *Adv. Mater*, 19:3771-3776, 2007.

[23] J. M. Pitarke, V. M. Silkin, E. V. Chulkov, and P. M. Echenique. Theory of surface plasmons and surface-plasmon polaritons. *Rep. on Progress in Phy.*, 70:1, 2007.

[24] P. Berini. Plasmon-polariton modes guided by a metal film of finite width. *Opt. Let.*, 24,15:1011-1013, 1999.

[25] P. Berini. Plasmon-polariton waves guided by thin lossy metal films of finite width: Bound modes of asymmetric structures. *Phys. Rev. B*, 63,12:125417, 2001.

[26] A. Giannattasio and W. L. Barnes. Direct observation of surface Plasmon polariton dispersion. *Opt. Exp.*, 13(2):428-434, 2005.

[27] F. Pincemin and J. J. Greffet. Propagation and localization of a surface plasmon polariton on a finite grating.

J. Opt. Soc. Am. (*B*), 13:1499-1509, 1996.

[28] R. H. Ritchie, E. T. Arakawa, J. J. Cowan, and R. N. Hamm. Surface-plasmon resonance effect in grating diffraction. *Phy. Rev. Let.*, 21(22):1530-1533, 1968.

[29] J. Gomez-Rivas, M. Kuttge, P. Bolivar, P. Haring, H. Kurz, and J. A. Sanchez-Gill. Propagation of surface plasmon polaritons on semiconductor gratings. *Phys. Rev. Let.*, 93, 2004.

[30] A. Polman. Plasmonics applied. *Science*, 322:868-869, 2008.

[31] W. L. Barnes, A. Dereux, and T. W. Ebbesen. Surface plasmon subwavelength optics. *Nature*, 424,6950:824-830, 2003.

[32] S. A. Kalele, N. R. Tiwari, S. W. Gosavi, and S. K. Kulkarni. Plasmonassisted photonics at the nanoscale. *J. Nanophotonics*, 1:012501-012520, 2007.

[33] M. Kobayashi, T. Kawazoe, S. Sangu, and T. Yatsui. Nanophotonics: design, fabrication, and operation of nanometric devices using optical near fields. *J. Selected Topics in Quan. Elect.*, 8:839-862, 2002.

[34] Y. Fainman, K. Ikeda, M. Abashin, and D. Tan. Nanophotonics for information systems. *J. of Physics Conf.*, 206, 2010.